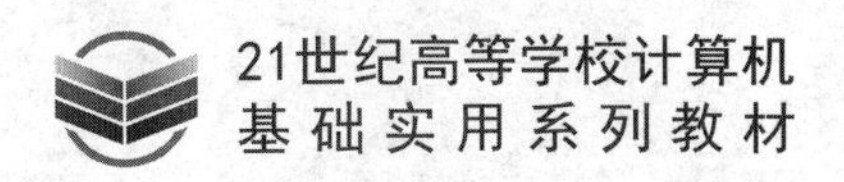

办公软件与多媒体
高级应用

◎ 叶苗群　编著

清华大学出版社
北京

内容简介

本书通过精选实际应用案例进行技术剖析和操作详解，为想在短时间内学习并掌握常用办公与多媒体软件高级使用方法的读者量身打造。本书实用性强，理论知识与实践操作结合紧密，案例循序渐进、由易到难，具有层次性和针对性，各案例中任务要求的设置都能体现出各章节的主要知识点，帮助读者将所学知识尽快应用到实际工作中。

本书共分为两部分，第一部分为办公软件高级应用，包含 Word 高级应用、Excel 高级应用、PowerPoint 高级应用。第二部分为多媒体技术应用，包含多媒体技术基础、图像编辑与处理（Photoshop）、动画设计与制作（Animate）、音频编辑与处理（Audition）、视频编辑与合成（Premiere、After Effects）。

本书可作为高等院校的"办公软件高级应用""多媒体应用""计算机应用高级教程"等课程的实践案例教材，也可作为其他技术人员的自学参考书。

图书在版编目（CIP）数据

办公软件与多媒体高级应用/叶苗群编著. —北京：清华大学出版社，2022.1（2022.12重印）
21 世纪高等学校计算机基础实用系列教材
ISBN 978-7-302-59533-5

Ⅰ. ①办… Ⅱ. ①叶… Ⅲ. ①办公自动化－应用软件－高等学校－教材 ②多媒体技术－高等学校－教材 Ⅳ. ①TP317.1 ②TP37

中国版本图书馆 CIP 数据核字(2021)第 231304 号

责任编辑： 闫红梅 薛 阳
封面设计： 刘 键
责任校对： 徐俊伟
责任印制： 丛怀宇

出版发行： 清华大学出版社
网 址： http://www.tup.com.cn，http://www.wqbook.com
地 址： 北京清华大学学研大厦 A 座 **邮 编：** 100084
社 总 机： 010-83470000 **邮 购：** 010-62786544
投稿与读者服务： 010-62776969，c-service@tup.tsinghua.edu.cn
质量反馈： 010-62772015，zhiliang@tup.tsinghua.edu.cn
课件下载： http://www.tup.com.cn，010-83470236
印 装 者： 三河市铭诚印务有限公司
经 销： 全国新华书店
开 本： 185mm×260mm **印 张：** 23 **字 数：** 559 千字
版 次： 2022 年 1 月第 1 版 **印 次：** 2022 年12月第 3 次印刷
印 数： 3001～4500
定 价： 65.00 元

产品编号：093403-01

前　言

Office系列软件是目前流行的办公自动化软件，在社会各行各业中的应用非常广泛，提高Office系列软件的高级应用能力已成为各类办公人员的迫切需求。多媒体技术的发展日新月异，多媒体技术的应用已经渗入日常生活的各个领域，如图像处理、动画设计、视频编辑、视频合成等。

本书以案例及实际应用为主线，把办公软件高级应用与多媒体软件高级应用有机地融合，结合日常办公软件典型的实用案例进行讲解，遵循"计算机以用为本"的理念，帮助读者迅速提升办公软件高级应用水平，从而提高工作效率，也有助于读者举一反三，发挥创意，灵活有效地处理工作中的问题。本书适用于大学计算机基础课程的拓展和延续，旨在帮助读者进一步提高和扩展计算机相关知识和高级应用实践能力。

本书借鉴CDIO——构思（Conceive）、设计（Design）、实现（Implement）和运作（Operate）的相关理念，采用"做中学""学中做"的教学方法，以学生为主、教师为辅，让学生通过实践轻松掌握技术应用，而非教师"满堂灌"的强行灌输方式。注重理论与实践相结合，以练为主线，尽量通过一些具体的可操作的案例来说明或示范，也给出了具体的教学方法，使学生在"做中学"，教师在"做中教"。

本书共分为两部分，第一部分为办公软件高级应用，包含前三章内容。第1章Word高级应用，以5个案例为基础，介绍Word 2019软件制作长文档和特殊文档的方法和技巧。第2章Excel高级应用，以5个案例为基础，介绍Excel 2019软件对数据进行管理和分析的方法和技巧。第3章PowerPoint高级应用，以2个案例为基础，介绍PowerPoint 2019软件制作演示文稿的方法和技巧。第二部分为多媒体技术应用，包含后几章内容。第4章多媒体技术基础，介绍多媒体技术的基本概念等。第5章图像编辑与处理，以10个案例为基础，介绍Photoshop 2020软件图像编辑与处理的方法和技巧。第6章动画设计与制作，以10个案例为基础，介绍Animate 2020软件动画设计与制作的方法和技巧。第7章音频编辑与处理，以1个案例为基础，介绍Audition 2020软件音频编辑与处理的方法和技巧。第8章视频编辑与合成，以4个案例为基础，介绍Premiere 2020软件视频编辑与After Effects 2020软件影视特效合成的方法和技巧。

通过本书的学习，读者能运用Office办公软件编辑各种文档，掌握文本编辑与美化的基本方法与高级应用技巧；能使用Photoshop软件进行平面设计，并根据任务需要进行处理与修改，掌握图像制作的基本方法与高级应用技巧；能运用Animate软件绘制矢量图形、制作二维动画，并能运用动画制作方法与技巧进行简单动画作品的创作；能使用Audition声音编辑软件，根据任务需要进行音频裁剪、合成等后期编辑；能运用Premiere软件编辑视频，制作特技效果和字幕，合成和发布主题视频作品等；能运用After Effects软件进行视频特效制作及有机融合 Adobe 其他作品等。

编者已经创建了本教材专用的微信公众号：办公软件高级应用。本教材所有案例及素材都会陆续发布在该公众号中，敬请关注。

这里要感谢有关专家、教师在本书出版过程中给予的关心、支持与帮助。本书获得了宁波大学信息科学与工程学院计算机学科建设专项经费资助。

由于编者水平有限，书稿虽经反复修改，书中难免存在疏漏与不足之处，恳请专家和广大读者批评指正。

编　者

2021 年 6 月

目录

第一部分　办公软件高级应用

第二部分 多媒体技术应用

第一部分

办公软件高级应用

办公自动化(Office Automation,OA)是指将计算机技术、通信技术、信息技术和软件科学等先进技术及设备运用于各类办公人员的各种办公活动中,从而实现办公活动的科学化、自动化,尽可能充分利用信息资源,最大限度地提高工作质量、工作效率,从而辅助决策和改善工作环境。

随着计算机技术的发展,办公自动化系统从最初的汉字输入、文字处理、排版编辑、查询检索等应用软件逐渐发展成为现代化的网络办公系统。通过联网将单项办公业务系统连成一个办公系统,再通过远程网络将多个系统连成更大范围的办公自动化系统。OA系统可分为组织机构、办公制度、办公人员、办公环境、办公信息和办公活动的技术手段6个基本要素。各部分有机结合、相互作用,构成有效的OA系统。

办公软件是针对办公环境设计的软件,将向智能化、集成化、网络化的方向发展,是可以进行文字处理、表格制作、幻灯片制作、简单数据库处理等方面工作的软件。目前,在所有办公软件中,最为常用的办公软件即为微软公司的Office办公软件。

Microsoft Office是微软公司开发的办公软件套装。常用组件有Word、Excel、PowerPoint等。Microsoft Office版本主要有Office 97、Office 2000、Office XP、Office 2003、Office 2007、Office 2010、Office 2013、Office 2016、Office 2019等。本书以Office 2019讲解Word、Excel、PowerPoint高级应用。

Word是Office中的字处理程序,主要用来进行文本的编辑、排版、打印等工作。Excel是Office中的电子表格处理程序,主要用来进行烦琐计算任务的预算、财务、数据汇总、图表、透视表和透视图等的制作。PowerPoint是Office中的演示文稿程序,可用于创建动感美观演示文稿等。

第1章 Word 高级应用

1.1 Word 相关知识

1.1.1 视图

Word 是一套“所见即所得”的文字处理软件，用户从屏幕上所看到的文档效果，和最终打印出来的效果完全一样，因而深受广大用户的青睐。为了满足用户在不同情况下编辑、查看文档效果的需要，Word 向用户提供了多种不同的页面视图方式(草稿视图、Web 版式视图、页面视图、阅读视图、大纲视图等)，它们各具特色，各有千秋，分别使用于不同的情况。

1. 页面视图

页面视图方式即直接按照用户设置的页面大小进行显示，此时的显示效果与打印效果完全一致，用户可从中看到各种对象(包括文字、页眉、页脚、水印和图形图片等元素)在页面中的实际打印位置，这对于编辑页眉和页脚，调整页边距，以及处理边框、图形对象及分栏等都是很有用的。

切换到页面视图的方法是，选择“视图”选项卡“视图”组中的“页面视图”，或按 Ctrl＋Alt＋P 组合键可切换到页面视图。

该视图中，按 Ctrl 键同时滚动鼠标可放大或缩小显示比例，如果放大超过一定显示比例，文档有些内容将不直接在窗口中显示，可通过移动水平滚动条显示其他内容。

2. Web 版式视图

Web 版式视图方式是一种按照窗口大小进行折行显示的视图方式，这样就避免了 Word 窗口比文字宽度要窄，用户必须左右移动光标才能看到整排文字的尴尬局面，并且 Web 版式视图方式显示字体较大，方便了用户的联机阅读。Web 版式视图方式的排版效果与打印结果并不一致，Web 页预览显示了文档在 Web 浏览器中的外观。

切换到该视图的方法是，选择“视图”选项卡“视图”组中的“Web 版式视图”，可切换到 Web 版式视图。

在该视图中，按 Ctrl 键同时滚动鼠标可折行显示文档内容。

3. 草稿视图

草稿视图显示速度相对较快，因而非常适合于文字的录入阶段。用户可在该视图方式下进行文字的录入及编辑工作，并对文字格式进行编排。草稿视图可以显示文本格式、分页符、分节符，但简化了页面的布局，所以可便捷地进行输入和编辑。在草稿视图中，不显示页边距、页眉和页脚、背景、图形图片等。

选择“视图”选项卡“视图”组中的“草稿”，或按 Ctrl+Alt+N 组合键均可切换到草稿视图方式。

4. 大纲视图

对于一个具有多重标题的文档而言，用户往往需要按照文档中标题的层次来查看文档(如只查看前两个级别标题)，大纲视图方式则正好可解决这一问题。大纲视图能够显示文档的结构。大纲视图方式是按照文档中标题的层次来显示文档，用户可以折叠文档，只查看部分标题，或者扩展文档，查看整个文档的内容，从而使得用户查看文档的结构变得十分容易。大纲视图中的缩进符号并不影响文档在普通视图中的外观，而且也不会打印出来。大纲视图中不显示页边距、页眉和页脚、图片和背景等。

采用大纲视图方式显示文档的办法为：选择“视图”选项卡“视图”组中的“大纲视图”，或按 Ctrl+Alt+O 组合键。在大纲视图中，不仅可查看文档的结构，还可以通过拖动标题来移动、复制和重新组织文本，也可以将正文或标题“提升”到更高的级别或“降低”到更低的级别。要在大纲中提升、降低大纲级别，可以使用大纲视图中“大纲工具”栏上的各个按钮。如图 1.1 所示，图 1.1(a)折叠显示了前面的几个视图，单击行首加号可展开显示折叠的内容。图 1.1(b)只显示前两个级别标题。

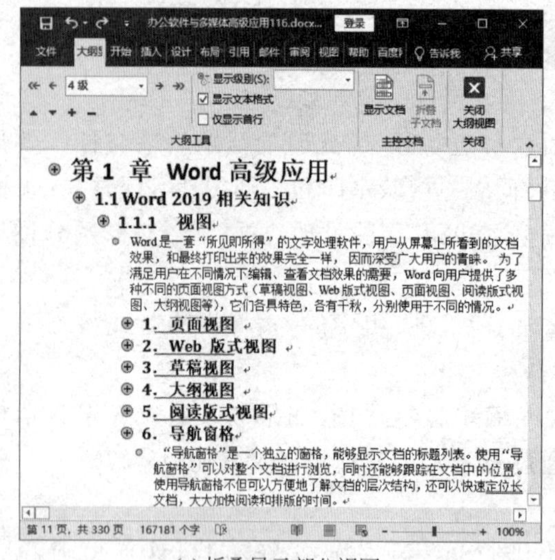

(a) 折叠显示部分视图

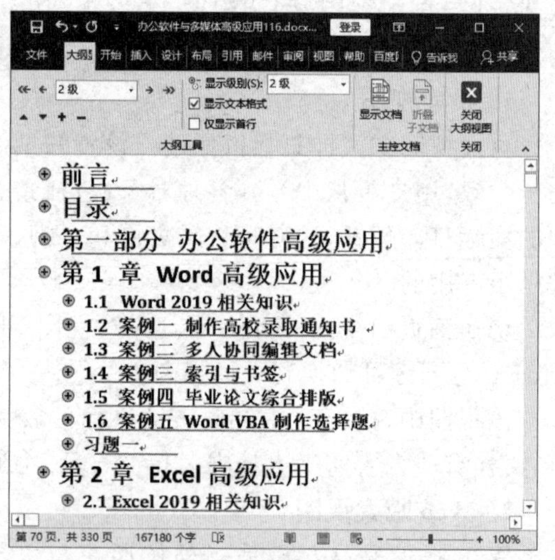

(b) 只显示前两个级别标题

图 1.1 大纲视图

在大纲视图中，“主控文档”组包括主控文档和子文档的设置按钮。默认情况下，“主控文档”组中只有“显示文档”和“折叠子文档”，更多按钮需要单击“显示文档”才会出现。

主控文档是一组单独文件的容器，可创建并管理多个子文档。主控文档有助于使较长文档(如有很多部分的报告或多章节的书)的组织和维护更为简单易行。如图 1.2 所示，“VBNET 程序设计.docx”文档就是一个主控文档，该文件链接管理了 8 个文档(第 1 章 入门、第 2 章 语言基础……)，可以单击大纲视图中“主控文档”组中的“展开子文档”按钮显示后，修改子文档信息。主控文档也可以转换成普通文档。

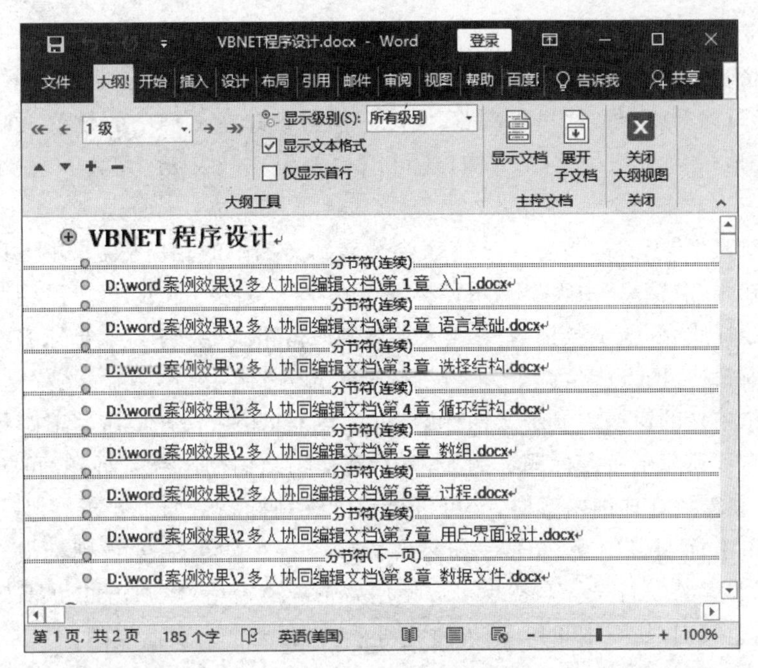

图 1.2　主控文档

5. 阅读视图

阅读视图是 Word 的一种视图显示方式，阅读视图以图书的分栏样式显示 Word 文档，"文件"菜单、功能区等窗口元素被隐藏起来。在阅读视图中，用户可以单击"工具"按钮选择各种阅读工具。

切换到该视图的方法是，选择"视图"选项卡"视图"组中的"阅读视图"，可切换到阅读视图。按 Ctrl 键同时滚动鼠标可折行显示文档内容，如图 1.3 所示。

图 1.3　阅读视图

6. 导航窗格

“导航窗格”是一个独立的窗格，能够显示文档的标题列表，可与其他视图结合使用。使用“导航窗格”可以对整个文档进行浏览，同时还能够跟踪在文档中的位置。使用导航窗格不但可以方便地了解文档的层次结构，还可以快速定位长文档，大大缩短阅读和排版的时间。

单击“导航窗格”中的标题后，Word 就会跳转到文档中的相应标题，并将其显示在窗口的顶部，同时在“导航窗格”中突出显示该标题。在“导航窗格”显示时，可看到两类格式的标题，即内置标题样式(标题 1 至标题 9)或大纲级别段落格式(级别 1 到级别 9)。

打开“导航窗格”的方法是选中“视图”选项卡“显示”组中的“导航窗格”复选框。“导航窗格”将在一个单独的窗格中显示文档标题，可在整个文档中快速漫游并追踪特定位置。在“导航窗格”中，可只显示所需标题。例如，要看到文档结构的高级别标题，可折叠(即隐藏)低级别标题。在需要看详细内容时，又可再显示低级别标题。如果要折叠某一标题下的低级别标题，则单击标题旁的 ◢ 符号。如果要显示某一标题下的低级别标题(每次一个级别)，则单击标题旁的 ▷ 符号。当然也可以使用右击导航窗格，在弹出的快捷菜单中选择所需要显示的标题级别，如图 1.4 所示，左框为导航窗格，右框为页面视图。

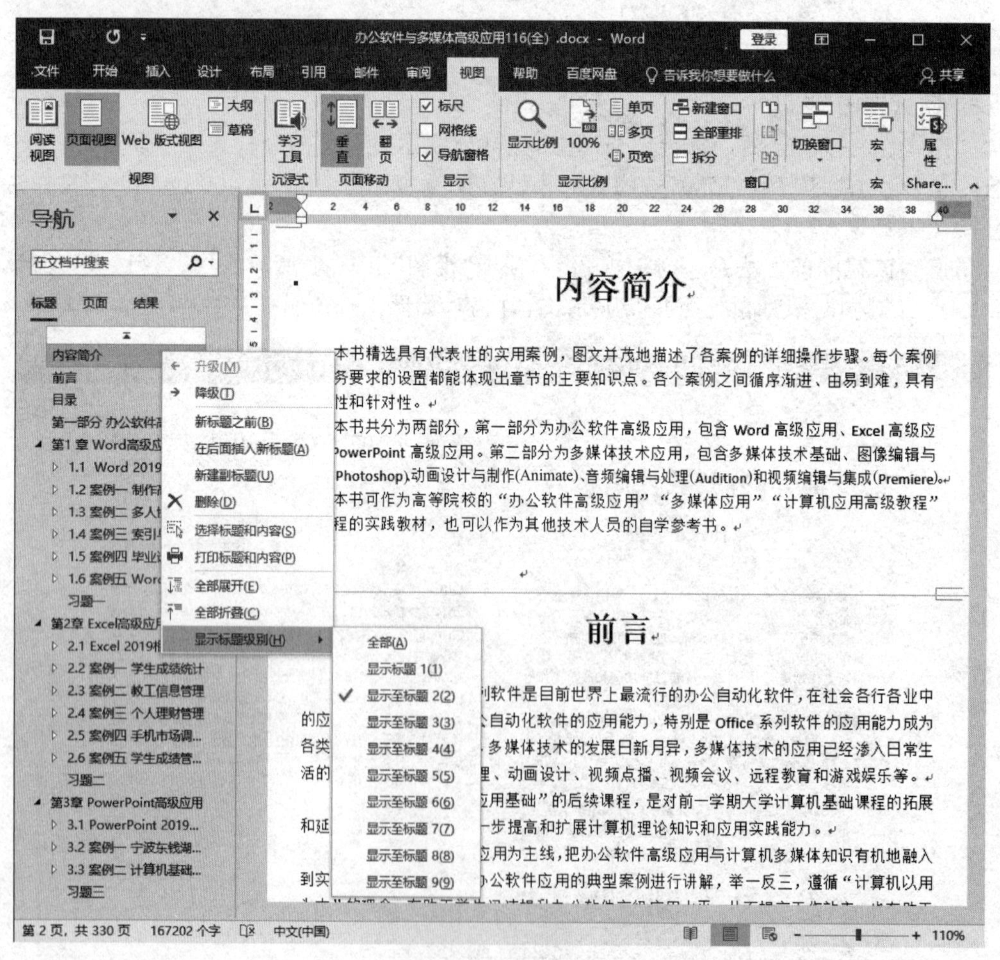

图 1.4　导航窗格

如果要调整“导航窗格”的大小，先将鼠标指针指向窗格右边，当指针变为双向空心箭头形状时，向左或向右拖动即可。如果标题太长，超出“导航窗格”的宽度，不必调整窗格大小，只需将指针在标题上稍作停留，即可看到整个标题。

导航窗格的文件导航功能有标题导航、页面导航和关键字导航。标题导航很实用，但是事先必须设置好文档的各级标题级别才能使用；页面导航比较便捷，但精确度不高，只能定位到相关页面；关键字导航比较精确，可以在结果中显示具体位置。

1.1.2 样式

在编排一篇长文档或是一本书时，需要对许多文字和段落进行相同的排版工作，如果只是利用字体和段落格式编排功能，不但很费时间，让人厌烦，更重要的是，很难使文档格式一直保持一致。高级 Word 排版提倡的是用样式对全文中的格式进行规范管理。应用样式可以快速完成对文字、图、表、脚注、题注、尾注、目录、书签、页眉、页脚等多种页面元素统一设置和调整。

1. 什么是样式

那么，什么是样式呢？样式是应用于文档中的文本、表格和列表的一套格式特征，它是一组已经命名的字符和段落格式。它规定了文档中标题、题注以及正文等各个文本元素的格式。用户可以将一种样式应用于某个段落，或者段落中选定的字符上。使用样式定义文档中的各级标题，如标题 1、标题 2、标题 3、…、标题 9，就可以智能化地制作出文档的标题目录。

使用样式能减少许多重复的操作，在短时间内排出高质量的文档。用户要一次改变使用某个样式的所有文字的格式时，只需修改该样式即可。例如，标题 2 样式最初为“四号、宋体、两端对齐、加粗”，如果用户希望标题 2 样式为“三号、隶书、居中、常规”，此时不必重新修改已经应用标题 2 的每个实例，只需改变标题 2 样式的属性就可以了。

2. 样式的类型

Word 本身自带了许多样式，称为内置样式。要列出 Word 的所有内置样式可使用方法：单击“样式”窗格右下角的“选项”，打开“样式窗格选项”对话框，将“选择要显示的样式”设置为“所有样式”。

但有时候这些样式不能满足用户的全部要求，这时可以创建新的样式，称为自定义样式。内置样式和自定义样式在使用和修改时没有任何区别。但是用户可以删除自定义样式，却不能删除内置样式。

用户可以创建或应用下列类型的样式。

1）段落样式

段落样式是指由样式名称来标识的一套字符格式和段落格式，控制段落外观的所有方面，如文本对齐、制表位、边框、行间距和段落格式等，也可以包括字符格式。光标位于段落任意位置中，或者选中任意文本或整个段落时，此时应用段落样式，会将其段落格式和字符格式同时作用于该段落。

2）字符样式

字符样式是指由样式名称来标识的字符格式的组合，它提供字符的字体、字号、字符间距和特殊效果等。段落内选定文字的外观，如文字的字体、字号、加粗及倾斜格式。字符样式仅作用于段落中选定的字符。

3）链接段落和字符样式

链接段落和字符样式有时表现为段落样式，有时表现为字符样式。

当将光标位于段落中时，链接段落和字符样式对整个段落有效，此时等同于段落样式。当只选定段落中的部分文字时，其只对选定的文字有效，此时等同于字符样式。

4）表格样式

可为表格的边框、阴影、对齐方式和字体提供一致的外观。

5）列表样式

可为列表应用相似的对齐方式、编号或项目符号字符以及字体。

3. 新建和应用样式

如果要在文档中新建样式，单击“开始”选项卡“样式”组中的“样式”启动器，打开“样式”窗格，单击左下角的“新建样式”按钮，打开“根据格式化创建新样式”对话框，如图 1.5 所示。设置合适的名称、样式类型，再单击左下角的“格式”按钮设置不同的字符、段落等格式后，最后单击“确定”按钮即可。

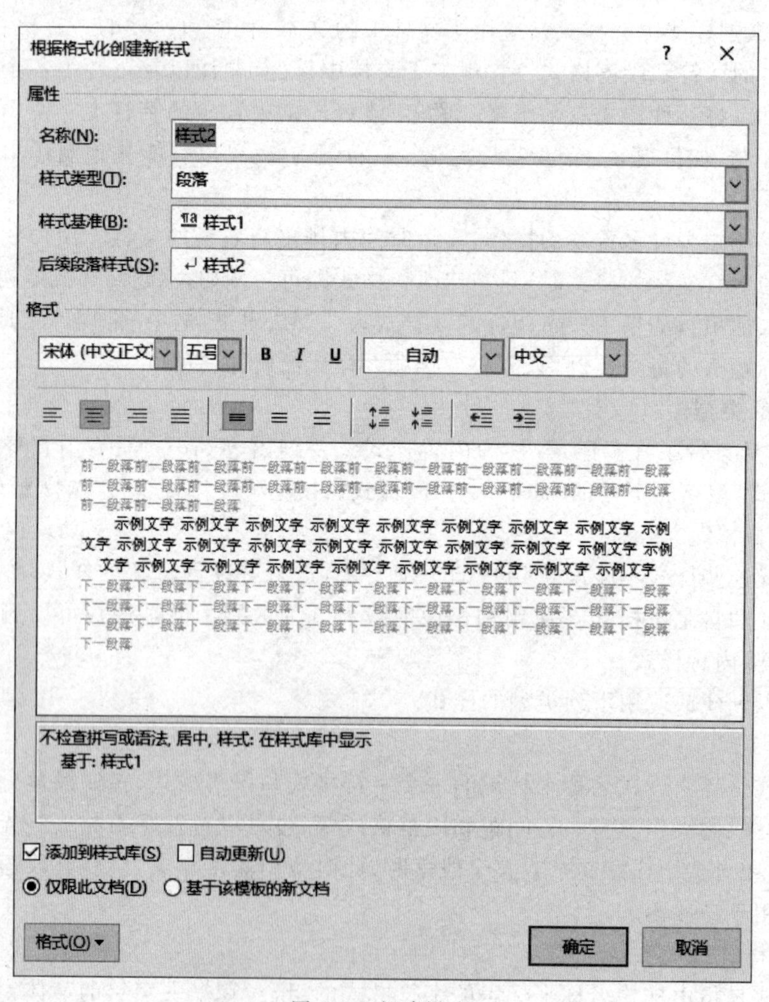

图 1.5　新建样式

如果要在文档中应用样式，可以选中相应文字，或者把光标定位在要使用样式的段落中任一位置，如果要应用于多个段落，可以用鼠标选中多个段落，然后按照下面的方法进行应用样式的操作。

（1）打开“样式”窗格，在打开的下拉列表框中选取一种样式名，所选择段落就会应用该样式而重排文字和段落的版式。

（2）使用快捷键来应用其相应样式：按 Ctrl＋Alt＋1 组合键，应用标题 1；按 Ctrl＋Alt＋2 组合键，应用标题 2；按 Ctrl＋Alt＋3 组合键，应用标题 3，此处的数字“1”“2”“3”只能按主键盘区上的数字键才有效，不能使用辅助键区中的数字键。标题 4 及之后的标题没有快捷键。

（3）使用格式刷：光标先放置定位在已经使用某样式的段落或文本上，双击格式刷，再拖动选择要使用该样式的段落或文本。

一般来说，没有选中任何文字时或者包含某个段落结束符的多段文字被选择时应用样式，表现为段落样式类型。字符样式类型只对选中的文字起作用。

【例 1.1】 在“国际货币基金组织.docx”文档中创建各种类型的样式，样式中字体或段落格式如同其名称：字符样式“红隶书 28”，链接段落和字符样式“绿琥珀悬挂缩进”，段落样式“蓝首行缩进 1.2 倍行距”，并应用于不同段落或文字。

完成效果如图 1.6 所示，第一段“国际货币基金组织”文字使用样式“红隶书 28”；第三段使用样式“蓝首行缩进 1.2 倍行距”；第五段使用样式“绿琥珀悬挂缩进”，观察有悬挂缩进效果，此时等同于段落样式；第六段文字“是通过一个常设机构来促进国际”使用样式“绿琥珀悬挂缩进”，观察第六段并没有悬挂缩进效果，此时等同于字符样式。

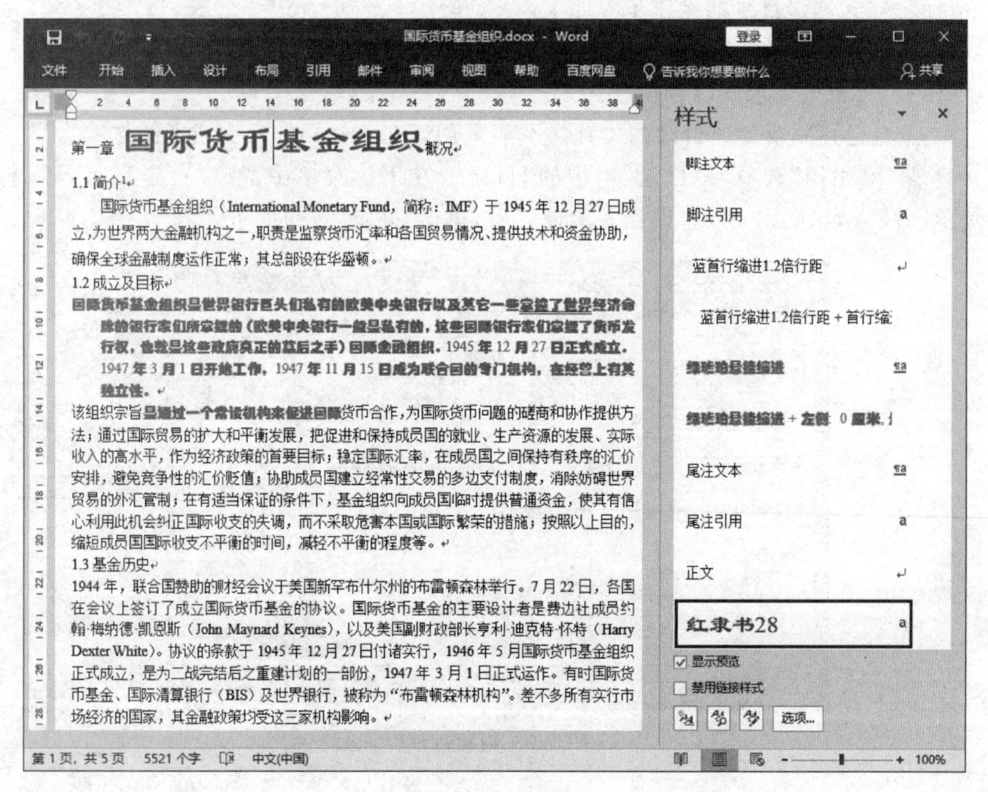

图 1.6 样式举例

观察右边的样式窗格，其中样式名后带 **a** 符号的表示字符样式，带 ↵ 符号的表示段落样式，带 ¶a 符号的表示链接段落和字符样式。

1.1.3 目录

目录通常位于文章之前，由文档中的各级标题及页码构成。目录通常是文档不可缺少的部分，有了目录，用户就能很容易地知道文档中有什么内容，以及如何查找内容等。

Word 提供了自动创建目录的功能，使目录的制作变得非常简便，既不用费力地去手工制作目录、核对页码，也不必担心目录与正文不符。目录也是一种域，自动生成的目录都带有灰色的域底纹。当标题和页码发生变化时，目录可以用更新域的方式更新：右击目录区，在弹出的快捷菜单中选择“更新域”，在“更新目录”对话框中选择“只更新页码”或“更新整个目录”，单击“确定”按钮就可以完成目录的更新。

下面介绍两种文档目录的自动创建方法。

1. 通过标题样式创建目录

通过标题样式创建目录时，是将文字设为标题样式，Word 在自动创建目录时只需查找文中的标题样式将其引用到目录中即可。在创建目录之前，应确保希望出现在目录中的标题应用了内置的标题样式(标题 1 到标题 9)，一般可将章一级标题定为“标题 1”，节一级标题定为“标题 2”，小节一级标题定为“标题 3”。一个文档的结构性是否好，可以从文档的“导航窗格”或者是“大纲视图”中看到。如果文档的结构性能比较好，创建出有条理的目录就会变得非常简单快速。

由标题样式创建目录的操作步骤如下。

(1) 对所有要显示在目录中的标题全部应用内置标题样式，一般应有标题 1、标题 2、标题 3 等样式，可根据要求修改各标题样式。

(2) 将光标移到要创建目录的位置。一般是创建在该文档的开头或者结尾。

(3) 选择“引用”选项卡“目录”组中的“目录”，在下拉菜单中选择“自定义目录”，打开“目录”对话框，如图 1.7 所示，根据要求设置后，单击“确定”按钮即可。

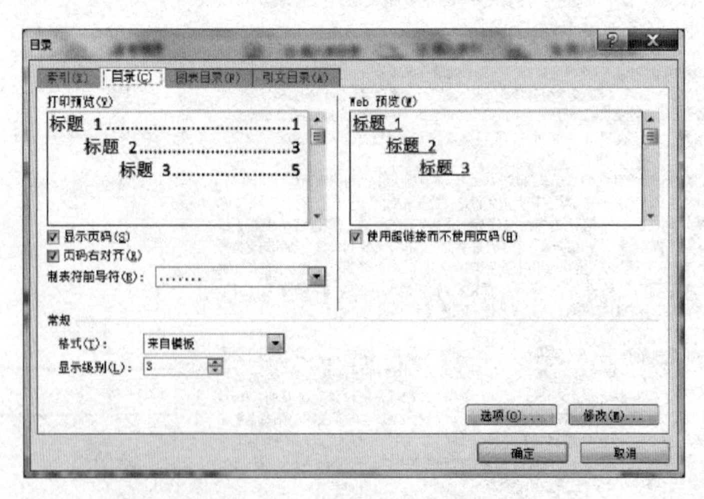

图 1.7　创建目录

一篇长文章可能由多个文档组成，可以把刚创建的目录复制到一个新文档中，再把几个文档的目录都合成在一起，之后就可以把整篇文章的完整目录自动创建出来了。但这样完成的目录是独立的一个文档，不能进行自动更新。如果使用的是主控文档或把多个文档合并到一个文档中，就可以一次性把整篇文档的目录创建出来了。

2. 通过目录项域创建目录

假如文档中本来没有应用标题等样式，全部是正文文字，如果也不想修改正文，此时要插入目录，可以通过目录项域的方法创建目录，此种方法适用于字符样式文字检索的目录。

目录项，就是可被引用创建为目录的文字。通过目录项域创建目录的一般步骤为：先标记目录项(标记目录项也是创建目录时的一个标识，目录项本身也是一个域)，将目录项域插入文档，再由目录项域创建目录。下面采用实例来讲解具体步骤。

【例 1.2】 有一篇文档“古诗”，内容为《登鹳雀楼》《回乡偶书》《赤壁》3 首古诗，每首诗为单独一页，文档中所有文字均为宋体、五号字。要求在不改变原来文字样式的情况下，创建目录，把诗名创建成目录项。

操作步骤如下。

(1) 采用如下方法之一标记目录项。

标记目录项方法一：在文档中选中包含在目录中的第一首诗名“登鹳雀楼”，按 Shift+Alt+O 组合键，打开如图 1.8 所示的“标记目录项”对话框，在“级别”框中，选择目录的级别，如 2 级别，单击“标记”按钮，完成目录项标记。

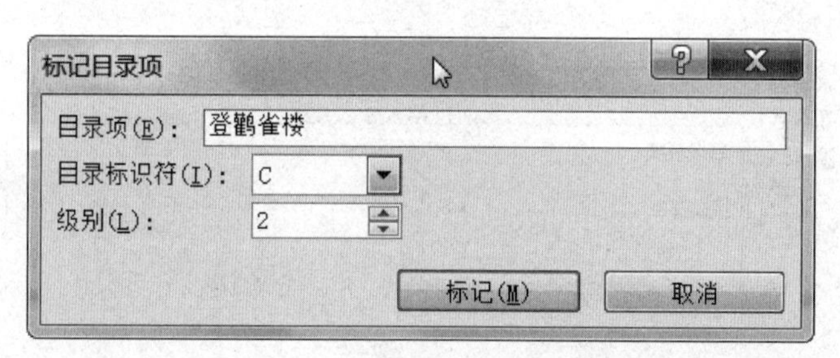

图 1.8 “标记目录项”对话框

标记目录项方法二：将光标定位在第一首诗名“登鹳雀楼”后面，不要选中文字，选择“插入”选项卡“文本”组中的“文档部件”，在下拉菜单中选择“域”，打开“域”对话框，如图 1.9 所示。类别选择“索引和目录”，域名选择 TC，文字项输入“登鹳雀楼”，大纲级别设置为 2，单击“确定”按钮，完成目录项标记。

(2) 用上述方法之一继续标记完成其他诗名目录项。

(3) 将光标移到要插入目录的位置(一般是文档的开头或结尾处)。选择“引用”选项卡“目录”组中的“目录”，在下拉菜单中选择“自定义目录”，打开“目录”对话框(这里也可以采用插入 TOC 域的方式，打开该对话框)，单击“选项”按钮，在打开的“目录选项”对话框中，选中“目录项字段”复选框，如图 1.10 所示，单击“确定”按钮，返回“目录”对话框。

(4) 单击“确定”按钮，即可在指定的地方插入由目录项字段创建的目录，如图 1.11 所示。图中{TC……}是目录项域标记文字，编辑文档时可以通过“开始”选项卡→“段落”组→“显示/隐藏编辑标记”按钮将其显示或者隐藏。文档打印出来这些标记符号文字是不显示的。

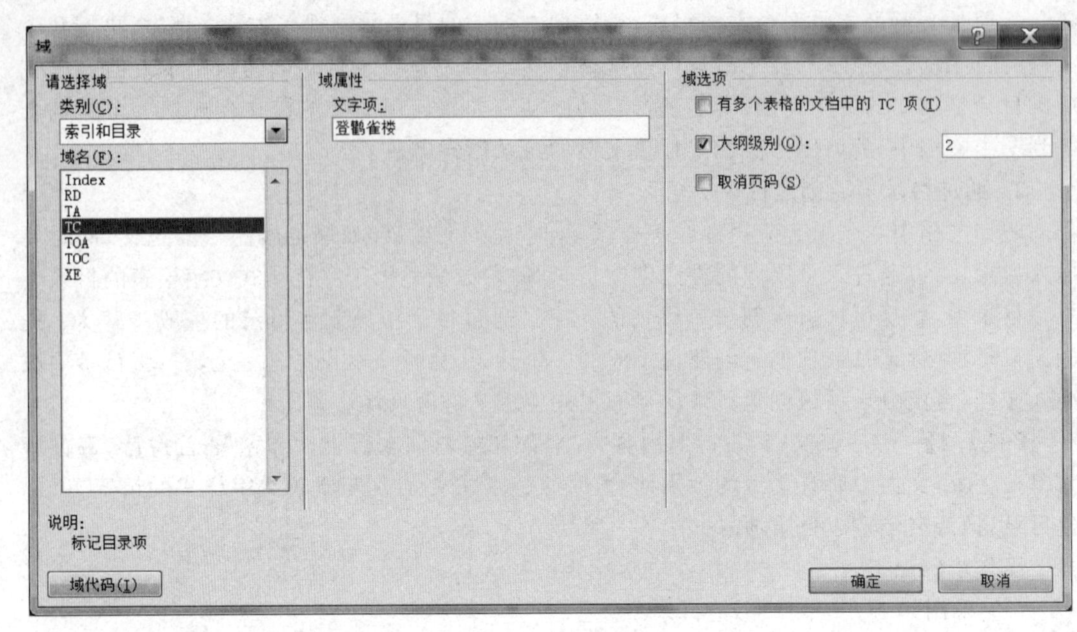

图 1.9 “域”对话框

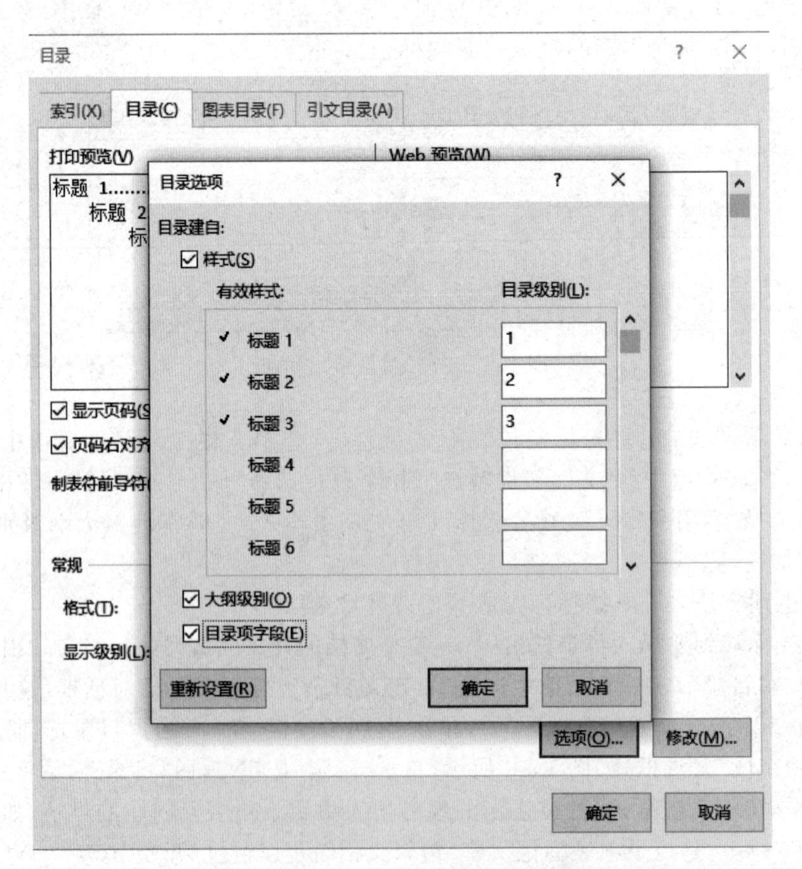

图 1.10 选中“目录项字段”复选框

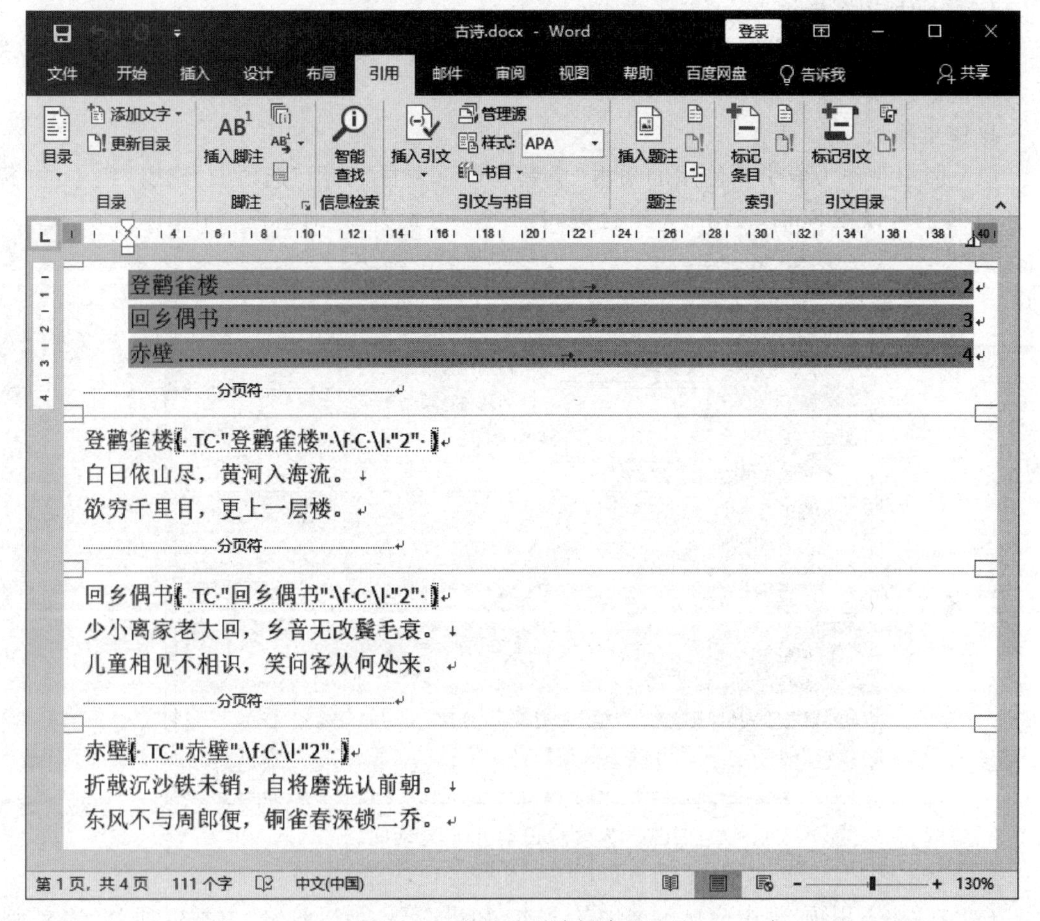

图 1.11　由目录项域创建的目录

Word 目录分为文档目录、图表目录、引文目录类型。除了文档目录外，图表目录是一种常用的目录，可以在其中列出图片、图表、图形、幻灯片或其他插图的说明，以及它们出现的页码。要插入图表目录，首先确认要建立图表目录的图片、表格、图形添加有题注。在建立图表目录时，用户可以根据图表的题注或者自定义样式的图表标签，并参考页序按排序级别排列，最后在文档中显示图表目录。要创建引文目录，就要在文档中先标记引文。

1.1.4　索引

索引是根据一定需要，把文档中的主要概念或各种题名摘录下来，标明页码，按一定次序分条排列，以供人查阅资料。它是图书中重要内容的地址标记和查阅指南。Word 提供了图书编辑排版的索引功能。

要编制索引，应该首先标记文档中的概念名词、短语和符号之类的索引项。标记索引项可以采用手动标记，也可以采用索引文件自动标记。建索引的一般步骤为先标记索引项（有手动标记索引项和自动标记索引项），然后创建索引。

1. 手动标记索引项

【例 1.3】 有一篇文档“古诗.docx”,每首诗为单独一页,要把诗名创建成索引项,要求手动标记索引项。

操作步骤如下。

(1) 选中要作为索引项使用的文本“登鹳雀楼”,选择“引用”选项卡“索引”组中的“标记条目”,也可以按 Shift+Alt+X 组合键,打开“标记索引项”对话框,如图 1.12 所示。

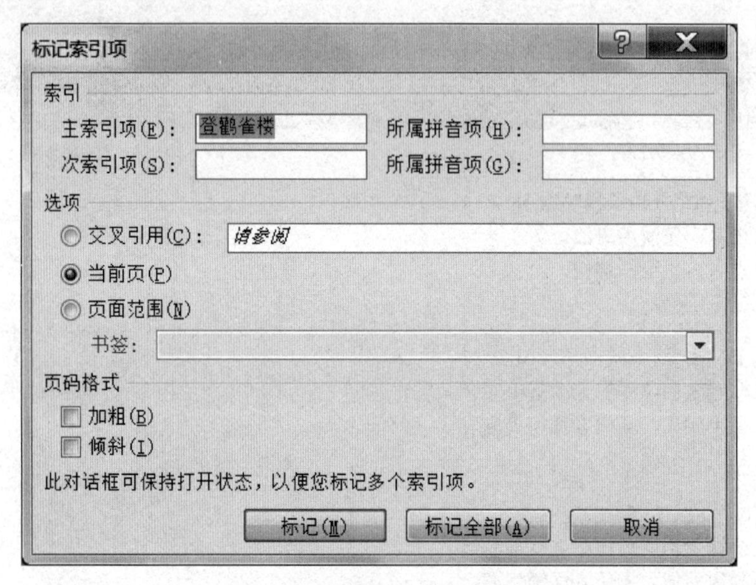

图 1.12 “标记索引项”对话框

(2) 在“主索引项”框中会显示选中的文本,如果必要,可以编辑“主索引项”框的文字。如果要创建次索引项,可以在“次索引项”框中输入索引项。单击“标记”按钮,即可标记此索引项。

(3) 不要关闭“标记索引项”对话框,滚动鼠标,直接在文档窗口中选中其他要制作索引的文本,然后单击“标记索引项”对话框中的“标记”按钮即可实现继续标记。如果单击“标记全部”按钮,可以标记文档中所有该文本索引项。

2. 自动标记索引项

通过创建索引文件,可以自动标记索引项。索引文件是一个 Word 文档,其内容是一个多行两列表格,表格第一列是建立需要索引的文本或符号;表格第二列为索引项文本(显示在新建好的索引中),可以在主索引项后面添加次索引项以“:”分隔。

【例 1.4】 有一篇文档“唐诗宋词”,每首诗或者词为单独一页,要把诗名或者词名创建成索引项,要求自动标记索引项。

操作步骤如下。

(1) 新建 Word 文档“唐诗宋词索引文件.docx”,内容如图 1.13 所示;第一列为要建立索引的文字;第二列“唐诗”或者“宋词”为主索引项,第二列冒号后边的文字为次索引项。保存并关闭该文件。

(2) 打开要编制索引的文档(“唐诗宋词.docx”),选择“引用”选项卡“索引”组中的“插

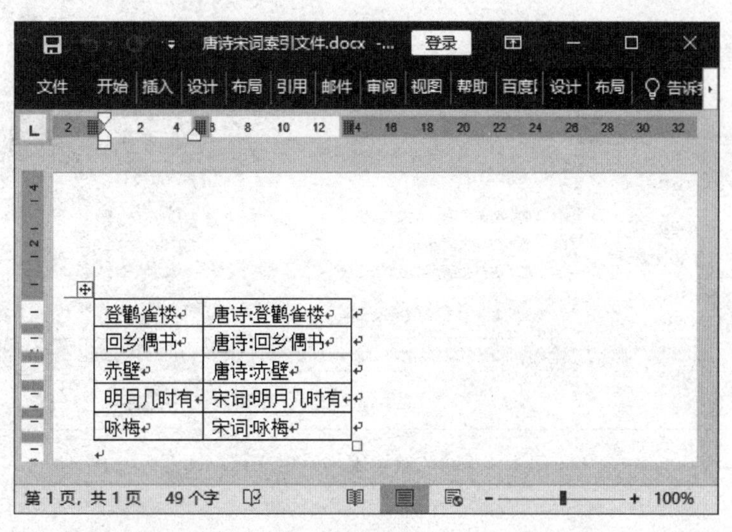

图 1.13 “唐诗宋词索引文件”Word 的文档

入索引”，打开“索引”对话框，如图 1.14 所示，单击“自动标记”按钮。

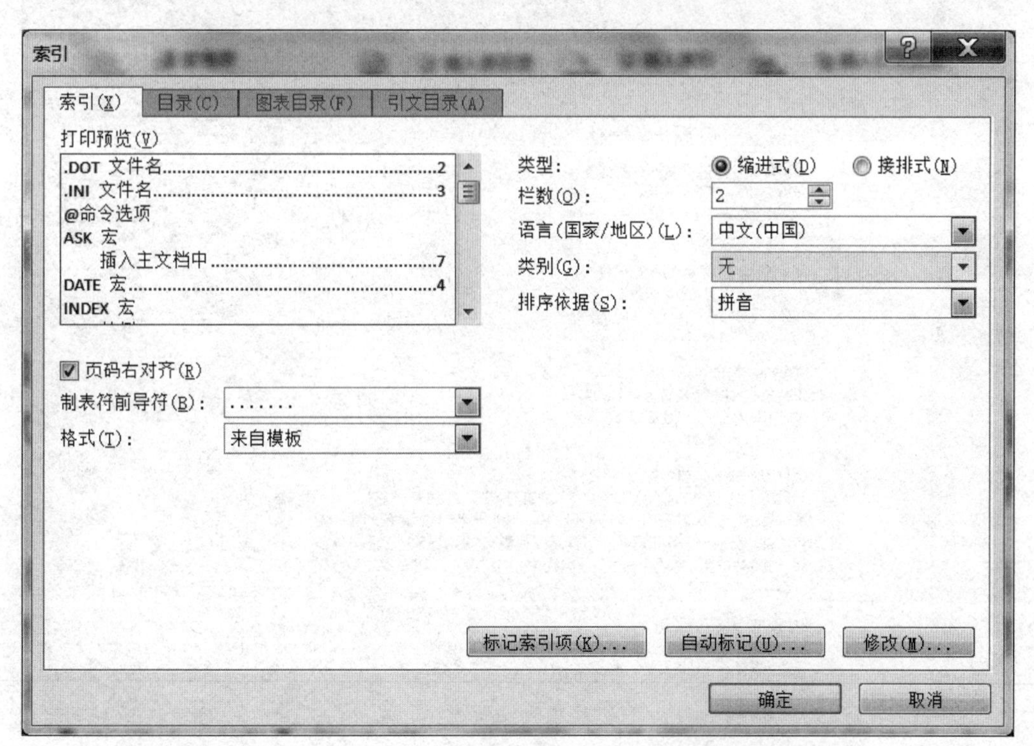

图 1.14 “索引”对话框中自动标记选择

(3) 打开“打开索引自动标记文件”对话框，选取“唐诗宋词索引文件.docx”，如图 1.15 所示，单击“打开”按钮。此时已经完成索引项自动标记。

(4) 选择“开始”选项卡“段落”组中的“显示/隐藏编辑标记”，使其显示编辑标记。“唐诗宋词.docx”已完成索引项标记，如图 1.16 所示，出现{XE"唐诗:登鹳雀楼"}等标记。

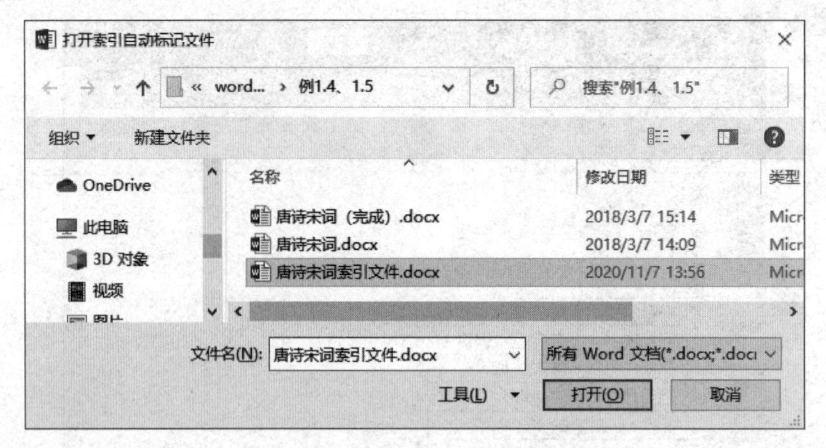

图 1.15　选取"唐诗宋词索引文件.docx"

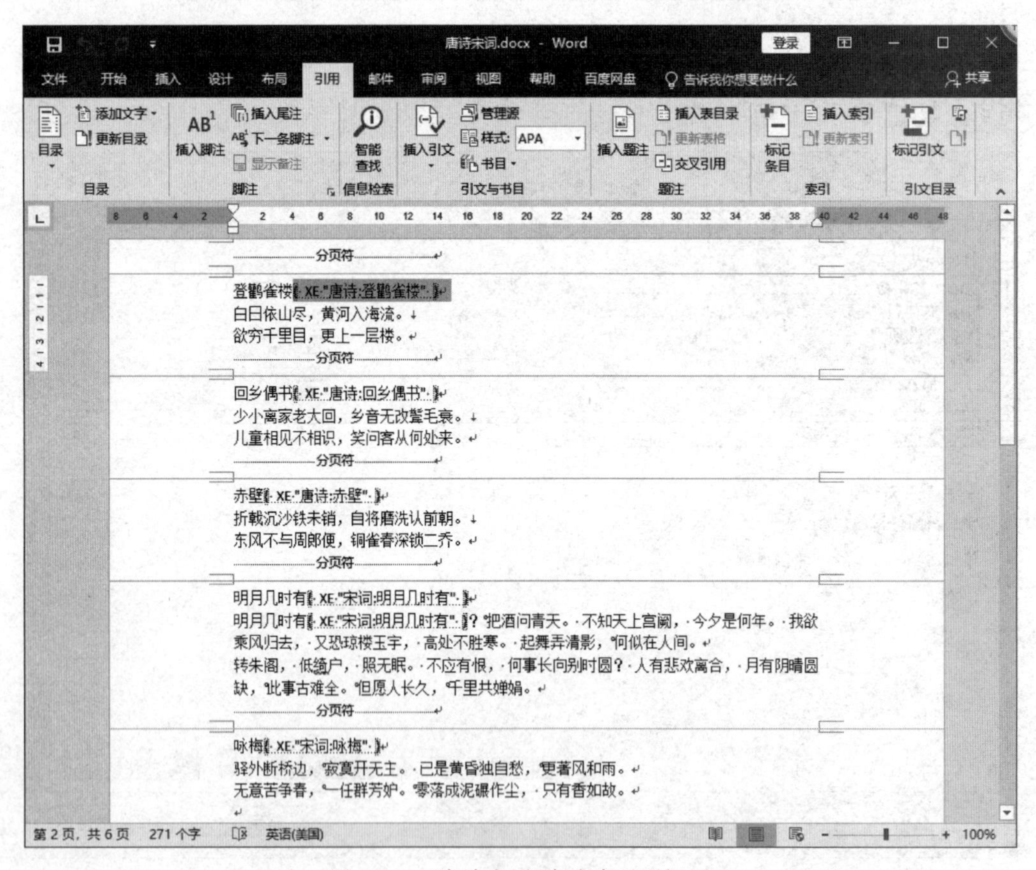

图 1.16　"唐诗宋词"完成索引项标记

3. 创建索引

当完成上面的索引项标记之后，就可以提取所标记的索引项创建索引了。

【例 1.5】 有文档"唐诗宋词.docx"，每首诗或者词为单独一页，已把诗名或者词名创建成索引项，要求创建索引。

创建索引的操作步骤如下。

(1) 将光标插入点移到要出现索引的位置上(如文档最前面),选择“引用”选项卡“索引”组中的“插入索引”,打开“索引”对话框,如图 1.14 所示。

(2) 设置是否“页码右对齐”,如果选中“页码右对齐”复选框,页码将右排列,而不是紧跟在索引项的后面。在“栏数”框中指定栏数以编排索引,如果索引比较短,默认选择两栏。在“类型”区中选择索引的类型,如果选择“缩进式”,次级索引项相对于主索引项将缩进;如果选择“接排式”,主索引项和次索引项将排在一行中。在“排序依据”列表框中指定按什么方式排序,可以是拼音或者笔画。

这里假设选中“页码右对齐”复选框,“栏数”框为 1,“类型”选择“缩进式”,“排序依据”列表框选择“拼音”。单击“确定”按钮产生索引,“唐诗宋词.docx”完成索引创建后效果如图 1.17 所示。

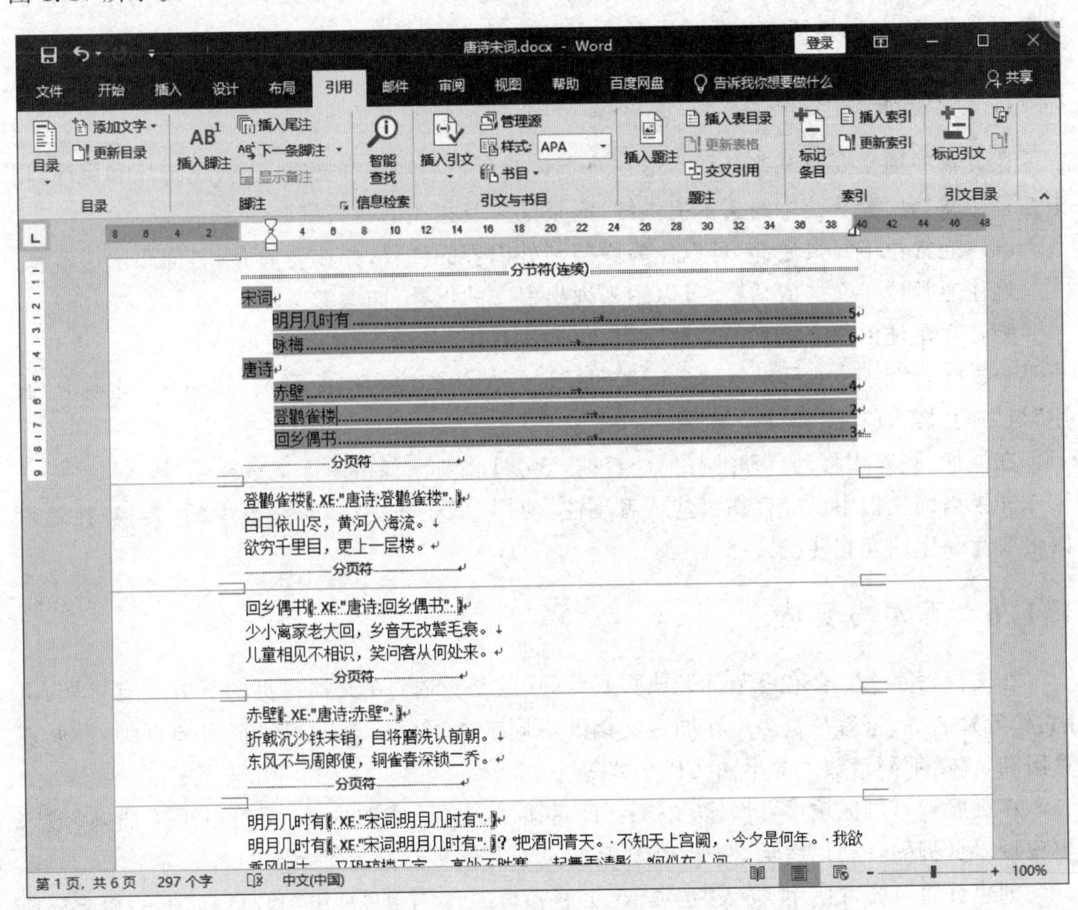

图 1.17 “唐诗宋词”完成索引创建

这里的索引创建完成后,其样式和目录效果有些类似。其实两者有不同,目录是按页码排序的,索引只能按笔画或者拼音排序;目录按 Ctrl 键同时单击可以超链接到具体页码,而索引一般没有超链接。

4. 如何更新索引

一般情况下,要在输入全部文档内容之后再进行索引工作,如果此后又进行了内容的修改，原索引就不准确了，这就需要更新索引。更新索引的方法是，在要更新的索引中单击鼠标，然后按 F9 键；又或者在希望更新的索引中右击，此时在弹出的快捷菜单中选择“更新域”菜单项即可更新索引。在更新整个索引后，将会丢失更新前完成的索引或添加的格式。

5. 更改或删除索引

在标记了索引项和创建了索引后，用户还可以对它们做一些修改或者删除它们。更改或删除索引的步骤如下。

(1) 如果文档中的索引项没有显示出来，选择“开始”选项卡“段落”组中的“显示/隐藏编辑标记”。

(2) 定位到要更改或删除的索引项。

(3) 如果要更改索引项，更改索引项引号内的文字即可编辑或者设置索引项的格式；如果要删除索引项，连同{}符号选中整个索引项，然后按 Delete 键。

1.1.5 脚注与尾注

在文章中通常要对某些名词术语在页下边或章节后加解释文字，这就是脚注和尾注，用于在打印文档中为文档中的文本提供解释、批注以及相关的参考资料。

脚注通常位于每页底部，可以作为文档某处内容的注释，如作者简介、名词和术语解释。

尾注通常位于文档的结尾，可以用来列出引文的出处，如参考文献。

脚注和尾注由两个关联的部分组成，包括注释引用标记及其对应的注释文本。用户可让 Word 自动为标记编号或创建自定义的标记。创建脚注和尾注可选择“引用”选项卡“脚注”组中的“插入脚注”和“插入尾注”。

在添加、删除或移动自动编号的注释时，Word 将对注释引用标记重新编号。

如果当前文档中已经存在脚注或者尾注，使用“脚注和尾注”对话框中的“转换”按钮可以将脚注和尾注互相转换。

1.1.6 页眉与页脚

在文档每页上方会有章节标题或页码等，这就是页眉；在文档每页的下方会有日期、页码、作者姓名等，这就是页脚。在同一文档的不同节中可以设置不同的页眉和页脚、奇偶页页眉和页脚、不同章节中的不同页码形式等。

在页眉和页脚区域中可以输入文字、日期、时间、页码或图形等，也可以手工插入“域”，实现页眉页脚的自动化编辑，例如，在文档的页眉右侧自动显示每章节的名称等。

创建页眉页脚可使用“插入”选项卡“页眉和页脚”组中的“页眉”和“页脚”下的相应选项进行操作。

1.1.7 题注与交叉引用

题注就是给图片、表格、图表、公式等项目添加的名称和编号。例如，在本书的图片中，就在图片下面输入了图编号和图题。这可以方便读者查找和阅读。

使用题注功能可以保证长文档中图片、表格或图表等项目能够按顺序地自动编号。如果移动、插入或删除带题注的项目时，Word 可以自动更新题注的编号。插入题注既可以方便地在文档中创建图表目录，又可以不用担心题注编号会出现错误。而且一旦某一项目带有题注，还可以对其进行交叉引用。

交叉引用是将编号项、标题、脚注、尾注、题注、书签等项目与其相关正文或说明内容建立的对应关系，既方便阅读，又为编辑操作提供了自动更新手段。创建交叉引用前要先对项目做标记（如先插入题注），然后将项目与交叉引用链接起来。

插入题注和创建交叉引用，可使用“引用”选项卡“题注”组中的“插入题注”和“交叉引用”。

1.1.8 批注与修订

当需要对文档内容进行特殊的注释说明时就要用到批注，Word 2019 允许多个审阅者对文档添加批注，并以不同的颜色标识。批注是文档的审阅者为文档附加的注释、说明、建议和意见等信息，并不对文档本身的内容进行修改。“审阅”选项卡中的“批注”组有新建批注、删除、上一条、下一条等按钮，可以完成相应操作。

修订功能用于审阅者标记对文档中所做的编辑操作，让作者可以根据这些修订来接受或拒绝所做的修订内容。修订是显示对文档所做的诸如插入、删除或者其他编辑操作的标记。启用修订功能，审阅者的每次编辑操作都会被标记出来，作者可以根据需要接受或拒绝每处的修订，只有接受修订，对文档的编辑修改才生效，否则文档内容保持不变。“审阅”选项卡中的“修订”组有修订、显示标记等按钮，当修订按钮为选中状态时，可以对文档进行修订编辑；“审阅”选项卡中的“更改”组有接受、拒绝等按钮，决定是否接受修改。

批注与修改的区别在于批注不在原文的基础上进行修改，而是在文档页面的空白处添加相关的注释信息，并用带颜色的方框括起来。而修订会记录对文档所做的修改。

1.1.9 节

“节”是贯穿 Word 高级应用的重要概念。“节”是文档版面设计的最小有效单位，通常用分节符表示。在插入分节符将文档分节后，选择将操作应用于本节，则可在指定的节内改变格式。在页面设置中的各个选项中，包括文字方向、页边距、纸张、版式和文档网格，都可以操作应用于本节，也可以以节为单位设置页眉和页脚、页码、脚注和尾注等多种格式类型。

Word 将新建的整篇文档默认为一节，在同一文档中，如果要设置不同的页面布局，就需要先分节，再对各节设置不同的布局；同一文档中如果要设置各章不同的页眉页脚，也必须先对各章进行分节，然后再设置不同的页眉页脚内容。

多节划分主要是通过插入分节符实现的。插入分节操作可选择“布局”选项卡“页面设置”组中的“分隔符”，如图 1.18 所示，然后选择所需的分节符类型。如果插入有误或者插入多余的分节符，可切换至草稿视图方式下，用删除字符的方法删除分节符。

分节符类型共有四种，如表 1.1 所示。

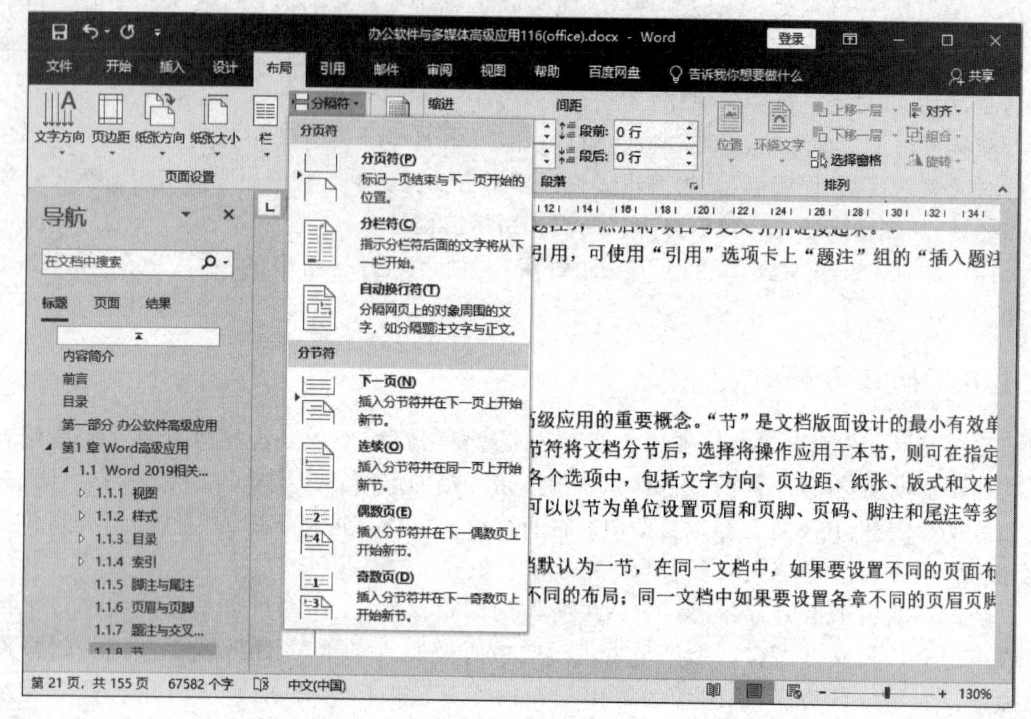

图 1.18　分节符插入

表 1.1　分节符类型

分节符类型	功　能	草稿视图方式显示
下一页	新节从下一页开始	……分节符(下一页)……
连续	新节从同一页开始	……分节符(连续)……
偶数页	新节从下一个偶数页开始	……分节符(偶数页)……
奇数页	新节从下一个奇数页开始	……分节符(奇数页)……

如果一本书进行排版时，要求每章设置不同的页眉，而且要求每章从奇数页开始，这时就需要在每章前先插入“奇数页”分节符，再设置不同的页眉。

1.1.10　域

1. 域定义

域是文档中可能发生变化的数据或邮件合并文档中套用信封、标签的占位符。可能发生变化的数据包括目录、索引、页码、打印日期、存储日期、编辑时间、作者、文件命名、文件大小、总字符数、总行数、总页数等，在邮件合并文档中为收信人单位、姓名、头衔等。

简单地讲，域就是引导 Word 在文档中自动插入文字、图形、页码或其他信息的一组代码。每个域都有一个唯一的名字，它具有的功能与 Excel 中的函数非常相似。

在前面的应用中已有多处出现了域，如插入页眉和页脚中的“页码”、自动添加的“章节编号和名称"、题注的引用、自动创建的目录等这些在文档中可能发生变化的数据，都是域。Word 提供了 9 大类 74 个域，我们不可能全部掌握，只需要对经常用到的域做简单了解就行了。

域由三部分组成：域名、域参数和域开关。域名是关键字；域参数是对域的进一步说明；域开关是特殊命令，用来引发特定操作。使用时不必直接书写域，可以用插入域的方式，在"域"对话框中选择插入即可。

2. 插入和修改域

插入域操作为选择"插入"选项卡"文本"组中的"文档部件"，在出现的下拉项中选择"域"，打开"域"对话框。在该对话框中选择"类别""域名""域属性""域选项"参数设置即可。不同"域"，其属性、选项都不同。当选中某个时，在"域名"下方有说明，通过此说明可以了解"域"；单击"域代码"按钮，可以将域代码显示出来。

如果对域的结果不满意可以直接编辑域代码，从而改变域结果。按 Alt+F9(对整个文档生效)或 Shift+F9(对所选中的域生效)组合键，可在显示域代码或显示域结果之间切换。当切换到显示域代码时，就可以直接对它进行编辑修改，完成后再次按 Alt+F9 组合键查看域结果。

3. 常用域

要想对"域"有深入的了解，可以选择相应书籍深入学习。这里希望读者了解一些常用域，如表 1.2 所示。

表 1.2　Word 2019 常用域

域　类　别	域　　名	作　　用
编号	Page	插入当前页的页码
编号	Section	插入当前节的编号
链接和引用	StyleRef	插入具有类似样式的段落中的文本
链接和引用	Hyperlink	插入带有提示文字的超级链接
链接和引用	IncludePicture	通过文件插入图片
日期和时间	CreateDate	插入文档的创建日期和时间
日期和时间	Date	插入当前日期
文档信息	FileName	插入文档文件名
文档信息	Author	插入文档作者的姓名
文档信息	FileSize	插入按字节计算的文档大小
文档信息	NumPages	插入文档的总页数
文档信息	NumWords	插入文档的总字数
邮件合并	MergeField	插入邮件合并域名
文档自动化	If	根据比较两个值结果插入相应的文字
索引和目录	TOC	使用标题样式或基于 TC 域建立目录
索引和目录	TC	标记目录项
索引和目录	Index	基于 XE 域创建索引
索引和目录	XE	标记索引项

【例 1.6】 本例运用 StyleRef 域。有"唐诗宋词(styleref).docx"文档，每首诗或词都为单独一页。现要求应用合适样式后将页眉设置成诗名或者词名；页脚设置成"唐诗"或者"宋词"，并加上编号。

操作步骤如下。

(1) 打开"唐诗宋词(styleref).docx"文档,应用样式如下:唐诗和宋词为标题 1 样式(大纲视图对应于 1 级);各诗名或者词名为标题 2 样式(大纲视图对应于 2 级),修改标题 2 使其加上编号,并使宋词重新开始编号;其他文字为正文,大纲视图如图 1.19 所示。

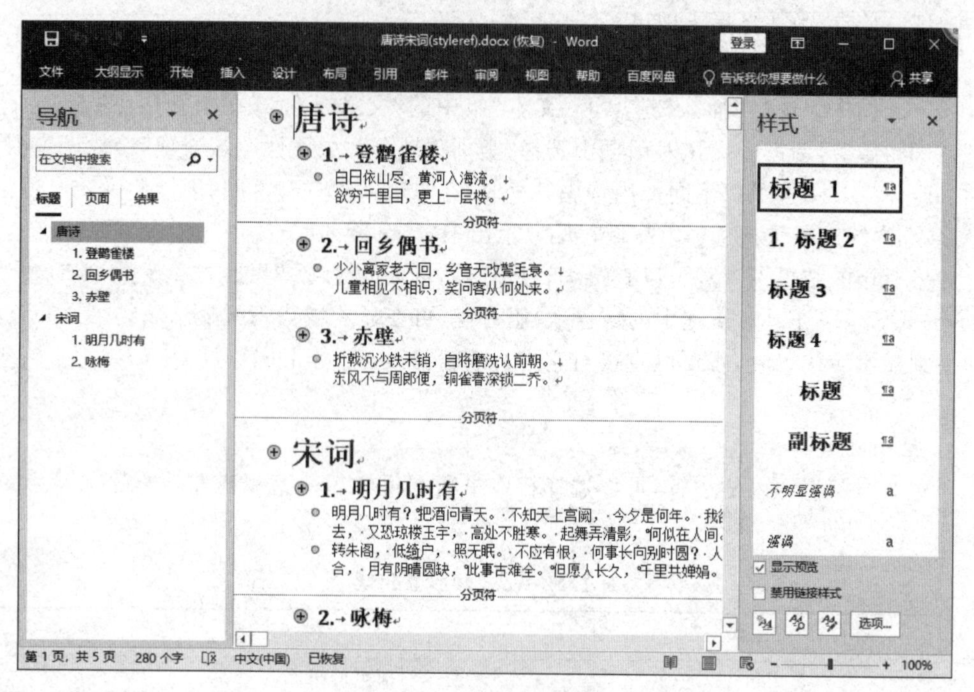

图 1.19 标题格式设置

(2) 选择"插入"选项卡"页眉和页脚"组中的"页眉"→"编辑页眉",进入页眉编辑状态。选择"插入"选项卡"文本"组中的"文档部件",在出现的下拉项中选择"域",打开"域"对话框。在该对话框中选择"类别"为"链接和引用"、"域名"为 StyleRef、"域属性"为"标题 2",其他默认,如图 1.20 所示,单击"确定"按钮,插入页眉。

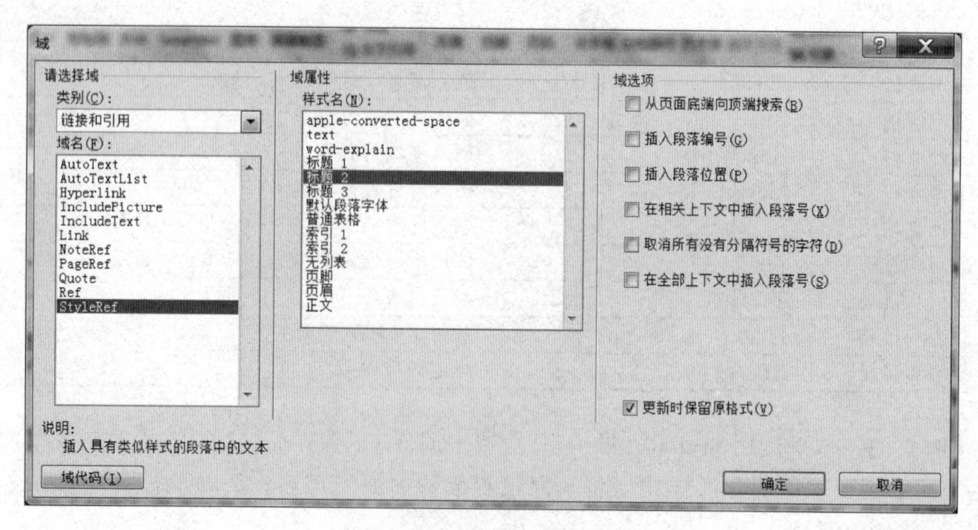

图 1.20 插入 StyleRef 域

（3）选择“页眉和页脚工具设计”选项卡“导航”组中的“转至页脚”，进入页脚编辑状态。打开“域”对话框，在该对话框中选择“类别”为“链接和引用”、“域名”为 StyleRef、“域属性”为“标题 1”，其他默认，单击“确定”按钮。

（4）打开“域”对话框，在该对话框中选择“类别”为“链接和引用”、“域名”为 StyleRef、“域属性”为“标题 2”，选中“域选项”中“插入段落编号”复选框，单击“确定”按钮。设置合适的页眉和页脚格式后，选择“视图”选项卡“显示比例”组中的“多页”，按 Ctrl 键后滚动鼠标，效果如图 1.21 所示。

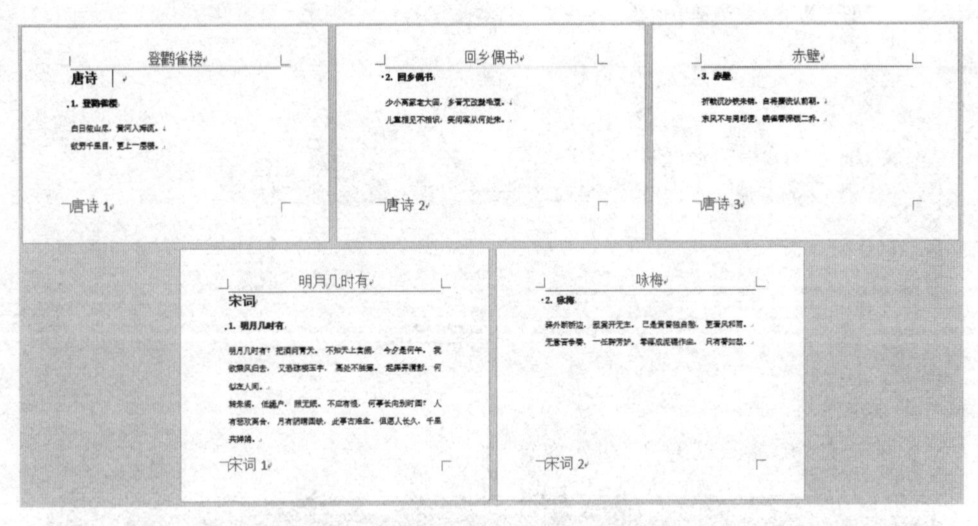

图 1.21 “唐诗宋词(styleref)”文档完成效果

【例 1.7】 本例运用 MergeField 域和 If 域。开学初每个学生都参加了体能测试。测试成绩已经保存在“体能测试成绩. xlsx”文件中，如图 1.22 所示。请通过邮件合并给每个学生生成一份体能测试结果，如图 1.23 所示，对于测试合格的同学表示祝贺；对于测试不合格的同学要求下周末参加补考。

体能测试成绩.xlsx - Excel

	A	B	C	D
1	学号	姓名	测试结果	
2	206000154	鲍蕾	合格	
3	206000156	卢洁	不合格	
4	206000157	吕博宇	合格	
5	206000197	叶佳辉	合格	
6	206000213	李晓春	不合格	
7	206000261	范琴	合格	
8	206000233	方志远	合格	
9				

图 1.22 体能测试成绩

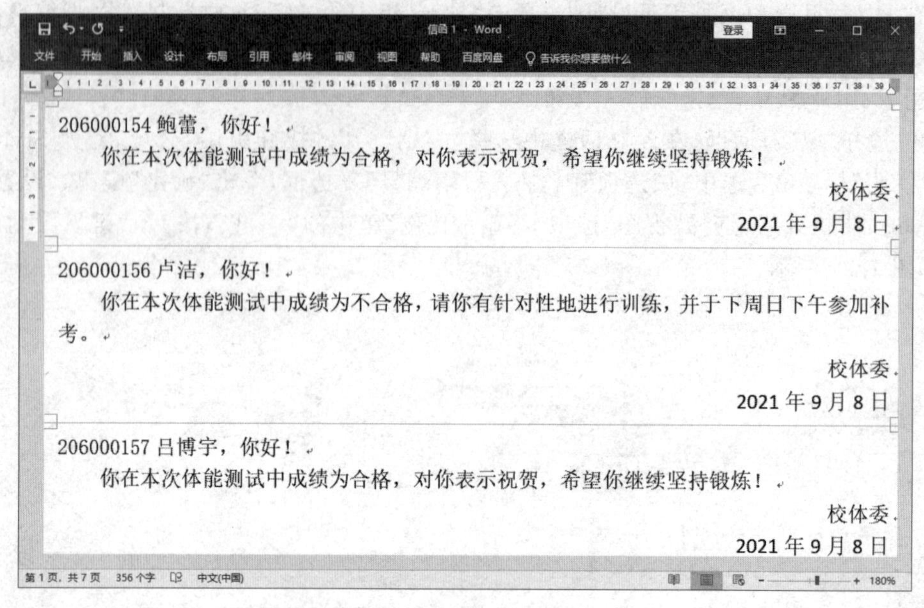

图 1.23　体能测试结果

操作步骤如下。

(1) 创建文件“体能测试通知”初始内容，如图 1.24 所示，当然括号内容也可以为空。

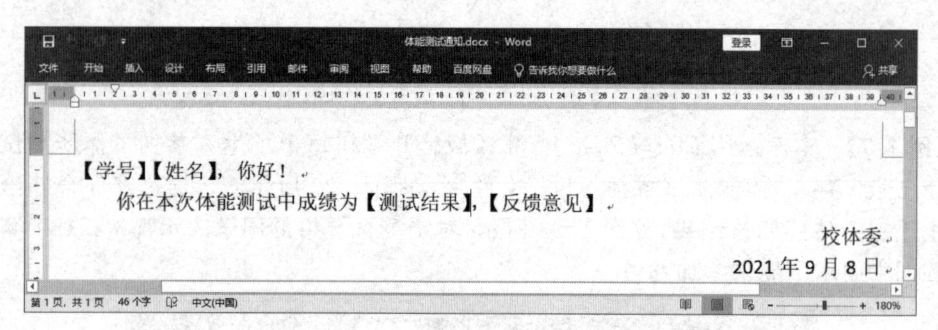

图 1.24　“体能测试通知”原始内容

(2) 选择“邮件”选项卡，单击“开始邮件合并”组中的“选择收件人”→“使用现有列表”，打开“选取数据源”对话框，选择“体能测试成绩.xlsx”，单击“打开”按钮；打开“选择表格”对话框，再单击“确定”按钮。选择“邮件”选项卡“编写和插入域”组中的“插入合并域”，内容如图 1.25 所示。

(3) 分别选中文件“体能测试通知”中“学号”“姓名”“测试结果”文字，插入相对应的图 1.25 合并域中的学号、姓名、测试结果。

(4) 选中“反馈意见”，选择“邮件”选项卡“编写和插入域”组中的“规则”→“如果…那么…否则…”，打开“插入 Word 域：如果”对话框，如图 1.26 所示，“域名”选择“测试结果”，“比较条件”选择“等于”，“比较对象”输入“合格”，“则插入此文字”输入“对你表示祝贺，希望你继续坚持锻炼！”，“否则插入此文字”输入“请你有针对性地进行训练，并于下周日下午参加补考。”

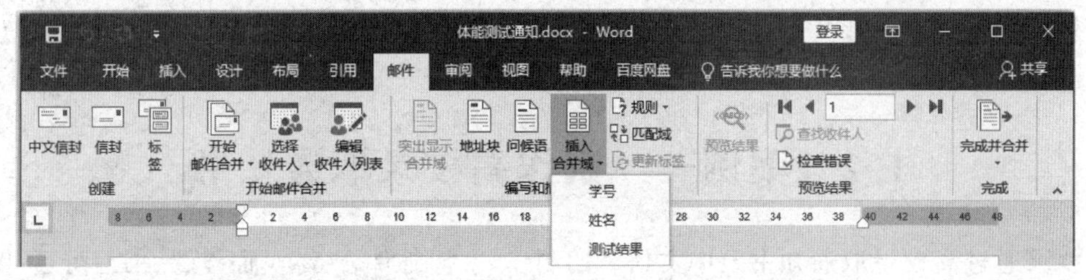

图 1.25　邮件合并链接 Excel 数据源成功

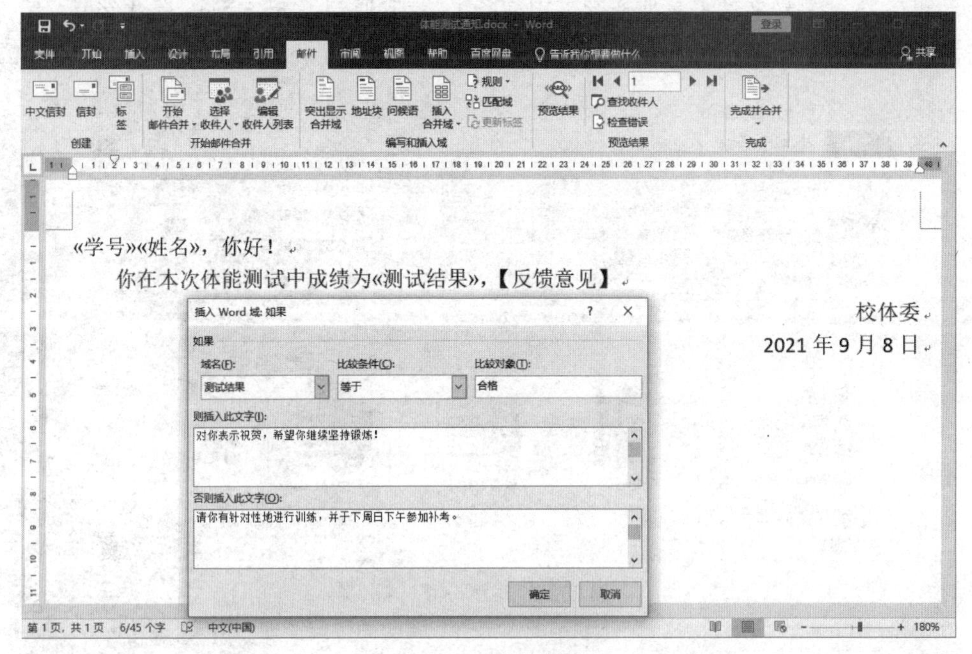

图 1.26　IF 域设置

(5) 单击“确定”按钮，按 Alt+F9 组合键，显示域代码如图 1.27 所示，可以根据需要修改文字信息。

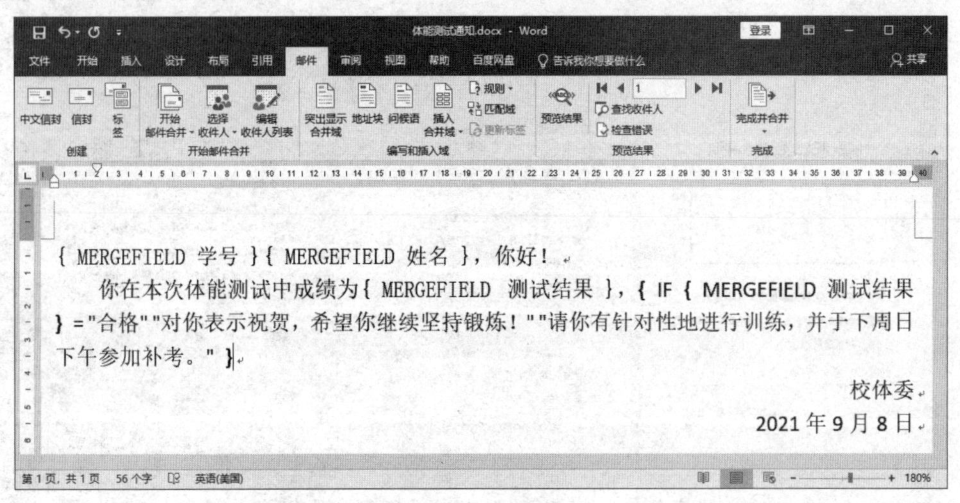

图 1.27　域代码显示

（6）单击“完成”组中的“完成并合并”→“编辑单个文档”，打开“合并到新文档”对话框，单击“确定”按钮，完成整个通知文件制作，保存文件。

1.2 案例一 制作高校录取通知书

视频讲解

要求通过高校录取通知书及中文信封的制作，掌握邮件合并、页面设置、书籍折页、图片域、数据合并域、页面边框和中文信封等应用。

已知在D盘学号文件夹录取通知书中准备了“录取通知书.docx”和“学生名单.xlsx”；学生照片和学校图片在picture文件夹中，如图1.28所示。

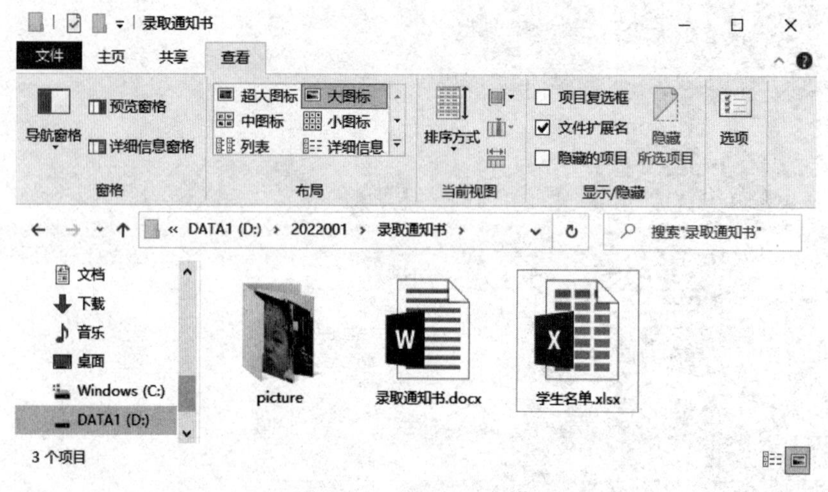

图1.28 案例一原材料

具体操作步骤如下。

1. 页面设置

（1）打开“录取通知书.docx”原文件，选择“开始”选项卡“段落”组中的“显示/隐藏编辑标记”；选择“视图”选项卡“显示比例”组中的“多页”，按Ctrl键同时滚动鼠标，可缩小显示原文档内容如图1.29所示。

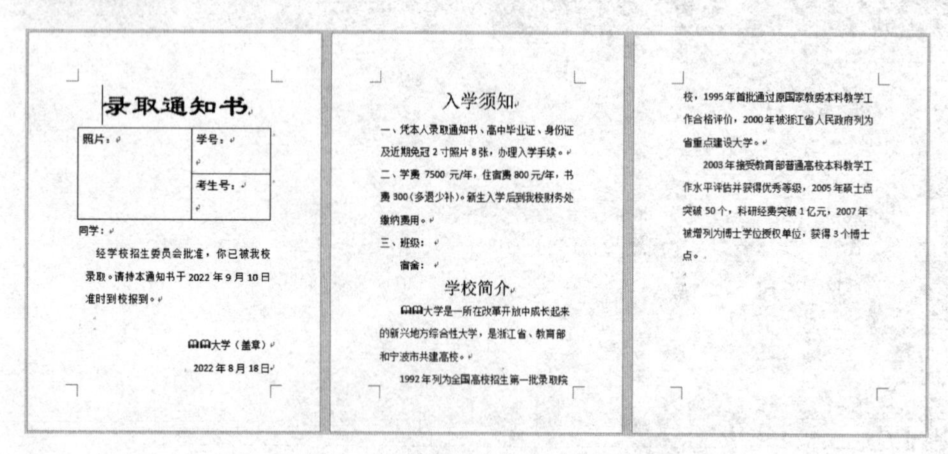

录取通知书

照片：

学号：

考生号：

同学：

经学校招生委员会批准，你已被我校录取。请持本通知书于2022年9月10日准时到校报到。

□□大学（盖章）

2022年8月18日

入学须知

一、凭本人录取通知书、高中毕业证、身份证及近期免冠2寸照片8张，办理入学手续。

二、学费7500元/年，住宿费800元/年，书费300(多退少补)。新生入学后到我校财务处缴纳费用。

三、班级：

宿舍：

学校简介

□□大学是一所在改革开放中成长起来的新兴地方综合性大学，是浙江省、教育部和宁波市共建高校。

1992年列为全国高校招生第一批录取院校，1995年首批通过原国家教委本科教学工作合格评价，2000年被浙江省人民政府列为省重点建设大学。

2003年接受教育部普通高校本科教学工作水平评估并获得优秀等级，2005年硕士点突破50个，科研经费突破1亿元，2007年被增列为博士学位授权单位，获得3个博士点。

图1.29 “录取通知书.docx”原文件内容

(2) 选择“布局”选项卡，单击“页面设置”组右下角的对话框启动器 ，打开“页面设置”对话框，在“纸张”选项卡中，设置纸张大小为 A4；在“页边距”选项卡中，单击“多页”下拉按钮，选择“书籍折页”选项，此时纸张方向自动设置为“横向”，并且出现“每册中页数”下拉按钮，将其设置为 4，如图 1.30 所示，单击“确定”按钮。

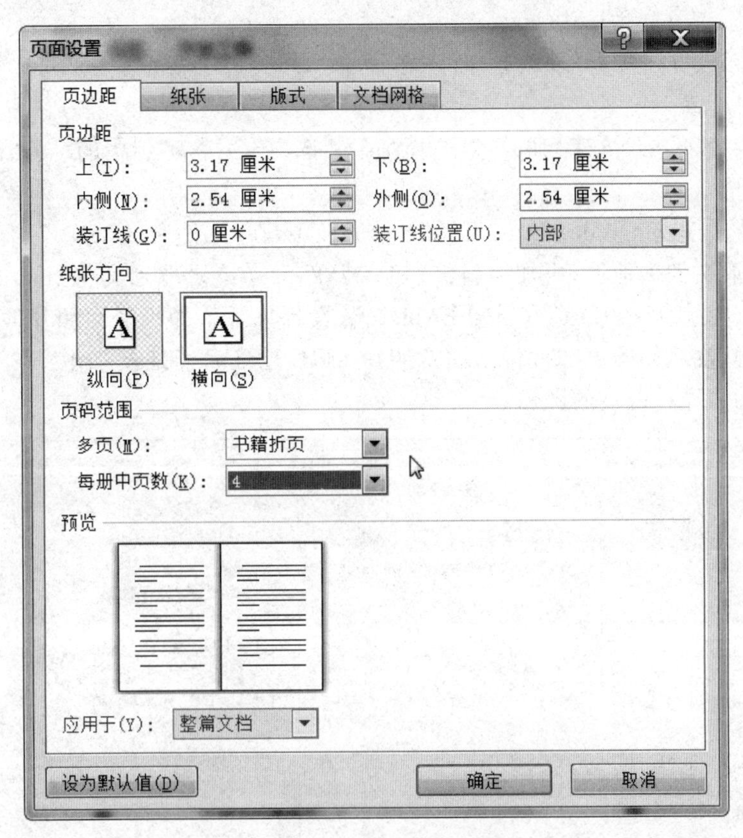

图 1.30 “页面设置”对话框

(3) 将光标定位在文本“照片”之前，选择“布局”选项卡“页面设置”组中的“分隔符”→“下一页”，插入一个“下一页”分节符。同样地，将光标定位在文本“入学须知”之前，插入一个“下一页”分节符；将光标定位在文本“学校简介”之前，插入一个“下一页”分节符，多页效果如图 1.31 所示。如果有多余空白页则将其删除。

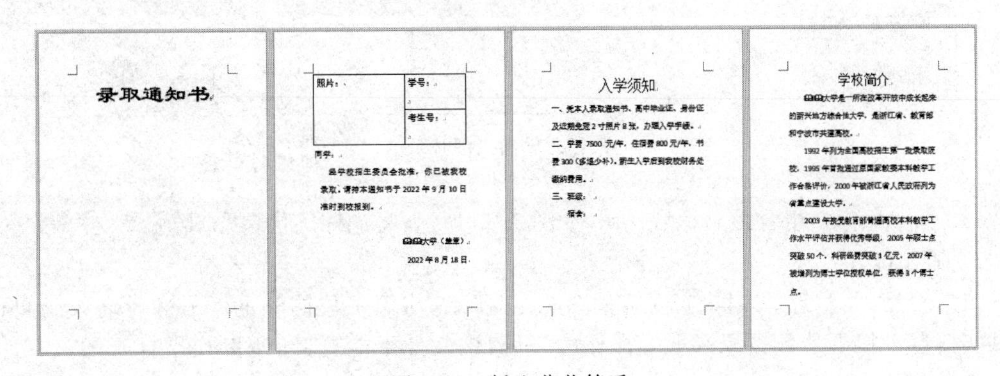

图 1.31 插入分节符后

(4) 将光标定位在第 1 页中,选择"布局"选项卡"页面设置"组中的"文字方向"→"垂直",此时纸张方向自动改成了"纵向";选择"布局"选项卡"页面设置"组中的"纸张方向"→"横向"。

(5) 打开"页面设置"对话框,在"版式"选项卡中,选择页面"垂直对齐方式"为"居中",此时文字水平垂直方向均居中。

(6) 将光标定位在文本"录取通知书"之前,插入"学校图.jpg"图片。

2. 插入图片域

(1) 选中第 2 页中的文字"照片:",选择"插入"选项卡"文本"组中的"文档部件"→"域",打开"域"对话框。

(2) 选择域名为"IncludePicture"的域;域属性中,在"文件名或 URL"文本框中填写或者复制照片存放文件夹地址,再加上斜杠,如"D:\2022001\录取通知书\picture\"(这里假设照片就放在 D:\2022001\录取通知书\picture 文件夹下。如果保存照片的路径有变化,则需要做相应修改),如图 1.32 所示,注意照片 URL 地址后面还要加上"\"。单击"确定"按钮,此时还无法显示链接的图像。

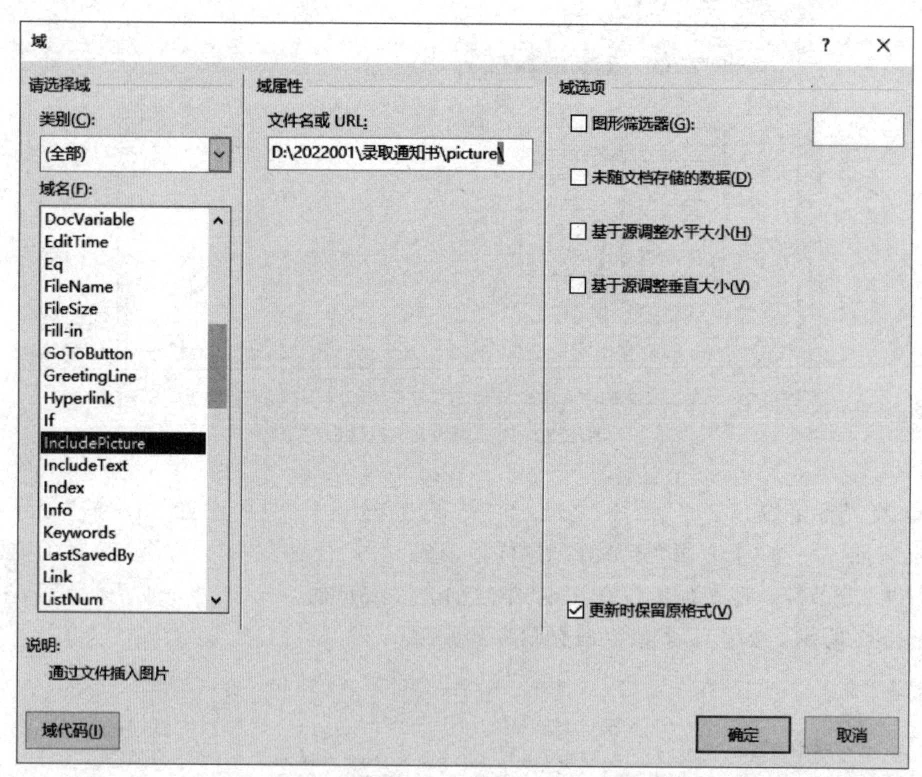

图 1.32　插入图片域

(3) 按 Alt+F9 组合键显示域代码,如图 1.33 所示,将光标定位在"picture\\"与""之间。

3. 邮件合并

(1) 查看"学生名单.xlsx",内容如图 1.34 所示,将第一位同学的学号和姓名改为自己的真实信息。接下来数据源选取等操作的时候,该文件不能打开,所以如果打开了该文件,务必先保存并关闭。

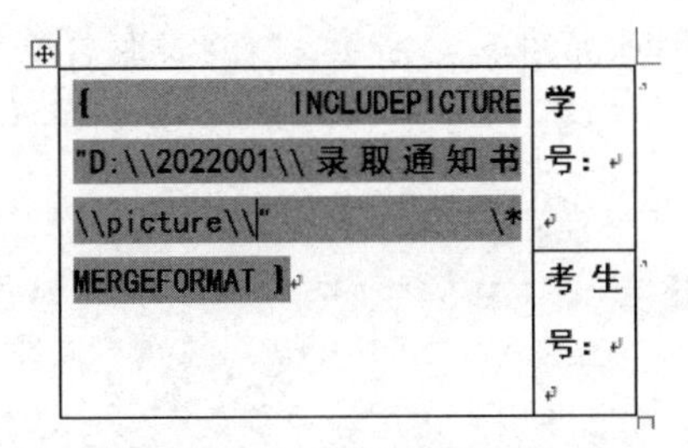

图 1.33　图片域代码显示

	A	B	C	D	E	F	G	H	I	J
1	学号	班级名	考生号	姓名	性别	照片	出生年月	学院名	专业	宿舍
2	226040154	2022级电子信息类1班	22330110150948	鲍小蕾	女	1.jpg	2005/1/3	阳明学院	电子信息类	南门公寓1-
3	226040156	2022级电子信息类2班	22330110150119	卢小洁	女	2.jpg	2004/12/13	阳明学院	电子信息类	南门公寓4-
4	226040157	2022级电子信息类3班	22330758150627	吕博	男	3.jpg	2004/5/15	阳明学院	电子信息类	南门公寓3-
5	226040197	2022级电子信息类4班	22330222150218	叶佳	男	4.jpg	2004/7/28	阳明学院	电子信息类	南门公寓2-
6	226040213	2022级电子信息类5班	22330224152786	方晓春	男	5.jpg	2004/5/6	阳明学院	电子信息类	南门公寓1-
7	226040261	2022级电子信息类7班	22330221150001	范青琴	女	6.jpg	2005/11/21	阳明学院	电子信息类	南门公寓5-
8	226040233	2022级电子信息类6班	22330101158569	徐远	男	7.jpg	2004/2/22	阳明学院	电子信息类	南门公寓3-

图 1.34　学生名单

（2）选择“邮件”选项卡“开始邮件合并”组中的“开始邮件合并”→“信函”，选择“选择收件人”→“使用现有列表”，打开“选取数据源”对话框，如图 1.35 所示，选择“学生名单.xlsx”，单击“打开”按钮。

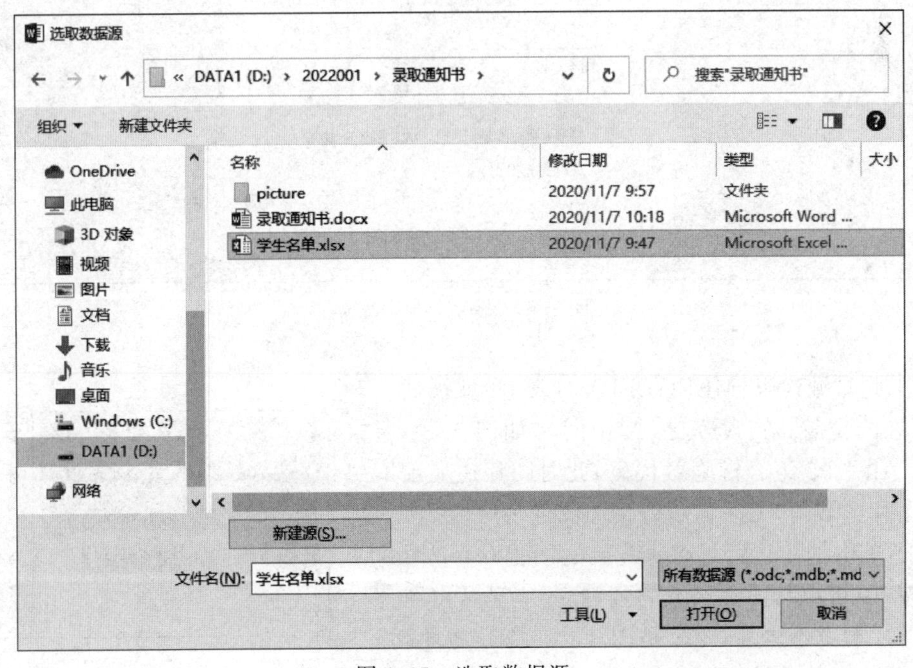

图 1.35　选取数据源

（3）打开“选择表格”对话框，如图 1.36 所示，选择“录取名单 $”工作表，单击“确定”按钮。

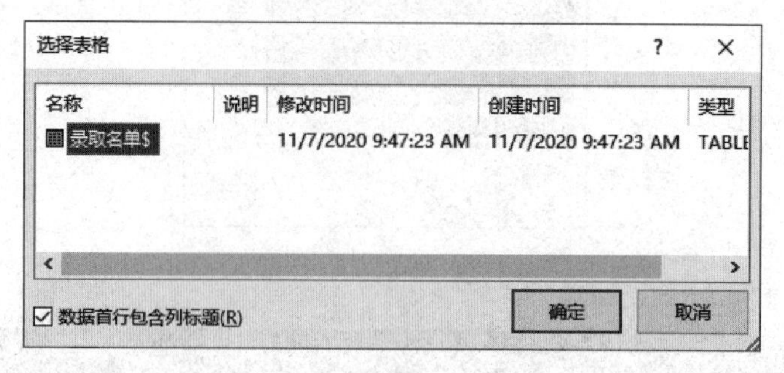

图 1.36　选择录取名单表

（4）将光标定位在“picture\\”与“"”之间，选择“邮件”选项卡“编写和插入域”组中的“插入合并域”，弹出学号、班级名、考生号、姓名、照片等项，如图 1.37 所示，选择“照片”。

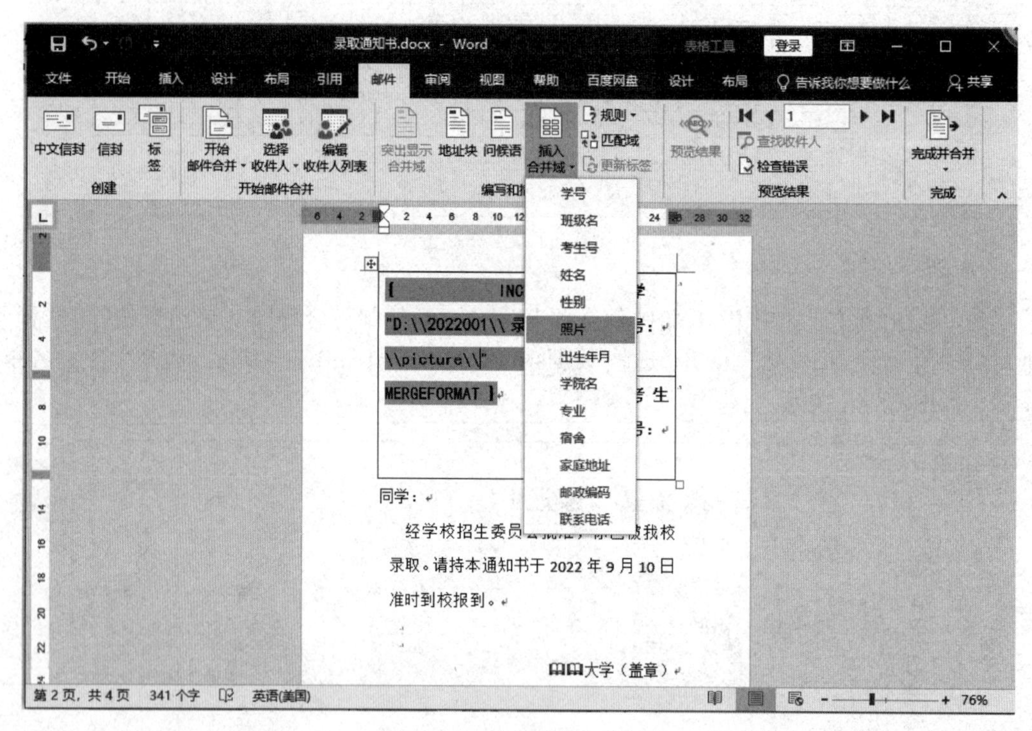

图 1.37　插入照片合并域

（5）此时域代码{MERGEFIELD 照片}就被插入光标所在的位置（在“\\”与“"”中间），如图 1.38 所示。按 Alt+F9 组合键隐藏代码，此时图片还显示不出来，图片区域为“无法显示链接的图像……”。

（6）单击选中“无法显示链接的图像……”图片区域，按 F9 键更新图片区域内容，此时应显示出图片（如果图片显示不出来，要么是图片文件夹位置不对，要么是照片合并域插错了位置，需要返回重新操作），

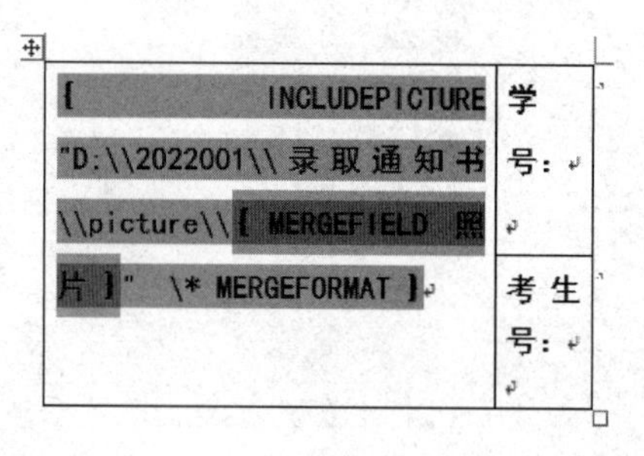

图 1.38　域代码显示

调整图片大小，设置学号和考生号字体大小为三号。

(7) 光标定位到“学号：”下面，选择“邮件”选项卡“编写和插入域”组中的“插入合并域”，插入学号。用同样的方法，插入考生号、姓名、学院名、专业、班级名、宿舍等合并域。

(8) 单击表格左上角田字格⊞，选中整个表格，选择“表格工具”→“设计”→“边框”中的“无框线”，将表格边框去除。此时第2页效果如图1.39所示，适当调整照片大小，保证此页内容在同一页显示。

(9) 在第3页相应位置插入班级名、宿舍合并域。选择“设计”选项卡“页面背景”组中的“页面边框”，打开“边框和底纹”对话框，在“页面边框”选项卡中选择“艺术型”边框，边框设置后效果如图1.40所示。

(10) 选择“邮件”选项卡“完成”组中的“完成并合并”→“编辑单个文档”，打开“合并到新文档”对话框，选择“全部”，单击“确定”按钮。

«姓名»同学：

经学校招生委员会批准，你已被我校«学院名»«专业»录取。请持本通知书于2022年9月10日准时到校报到。

▯▯大学（盖章）

2022年8月18日

图1.39　合并域插入后

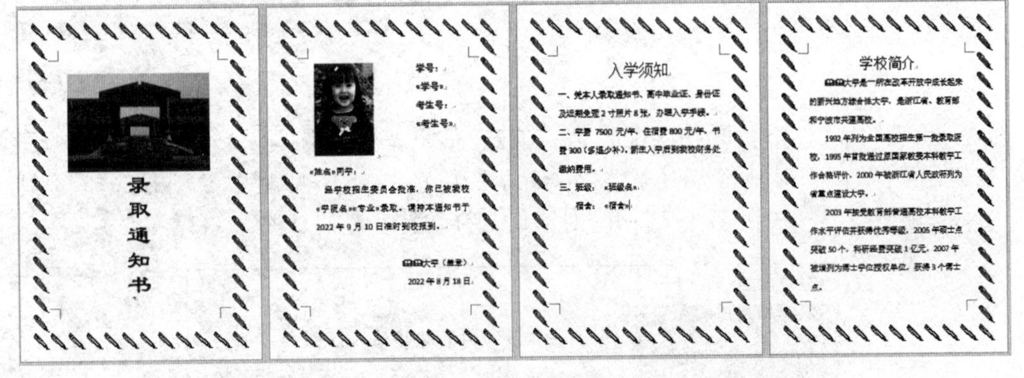

图1.40　加入页面边框后

(11) 生成“信函1”新文档，内容为所有考生的录取通知书，此时考生照片均相同。

(12) “信函1”中，按Ctrl+A组合键选中所有文本，按F9键更新，考生照片显示应不相同。

(13) 将“信函1”另存为“录取通知书(完成).docx”，完成效果如图1.41所示。保存“录取通知书”文件。

(14) 在文档首页插入文本框，并输入学号和姓名，以后每个完成的文档首页都加上学号和姓名。

4. 生成信封

(1) Word应用程序中，选择“邮件”选项卡“创建”组中的“中文信封”，打开“信封制作向导”对话框，单击“下一步”按钮，出现“选择信封样式”信息框，单击“下一步”按钮。

(2) 出现“选择生成信封的方式和数量”信息框，选中“基于地址簿文件，生成批量信封”选项，再单击“下一步”按钮。

图 1.41　录取通知书完成后效果

（3）出现“从文件中获取并匹配收信人信息”信息框，如图 1.42 所示，单击“选择地址簿”按钮，打开“打开”对话框，如图 1.43 所示，右下角 Text 类型改成 Excel，选择“学生名单.xlsx”，单击“打开”按钮，关闭“打开”对话框，返回图 1.42 信息框。

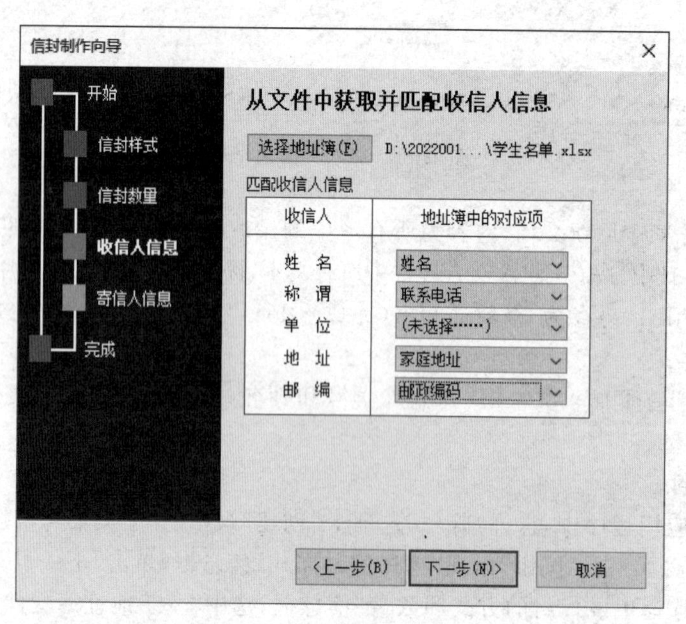

图 1.42　选择地址簿

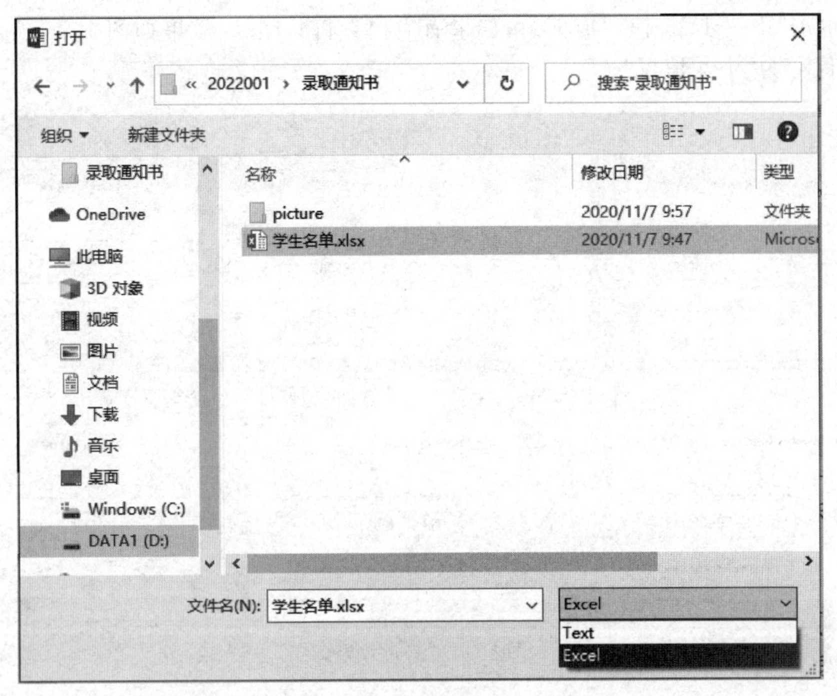

图 1.43　学生名单选择

(4) 在“匹配收信人信息”中,“姓名”对应“姓名”,“称谓”对应“联系电话”,“地址”对应“家庭地址”,“邮编”对应“邮政编码”,再单击“下一步”按钮。

(5) 出现“输入寄信人信息”信息框,输入自己的姓名、单位、地址及邮编等信息,如图 1.44 所示。

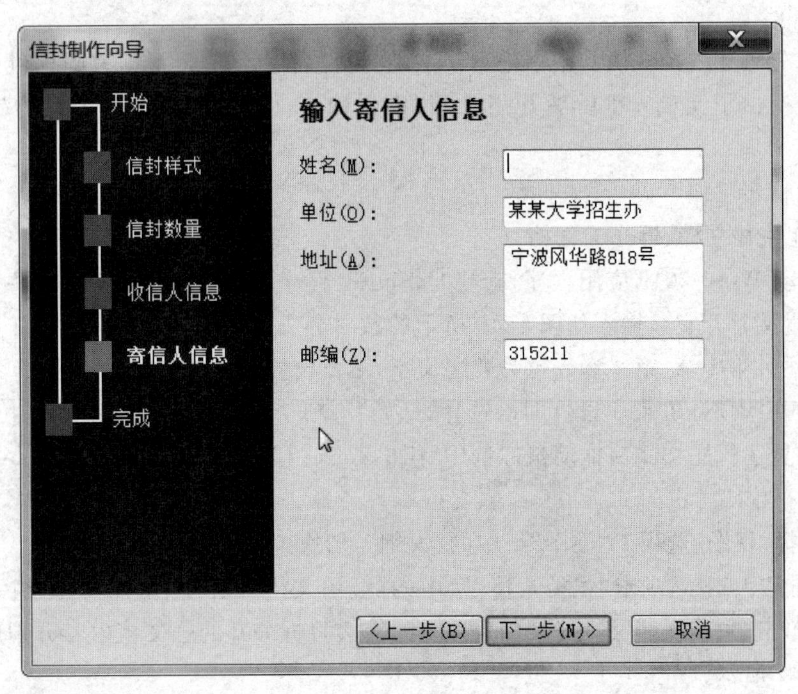

图 1.44　输入寄信人信息

(6) 单击“下一步”按钮生成信封,如果有空白页将其删除,效果如图 1.45 所示,生成的信封文件保存为“中文信封”。

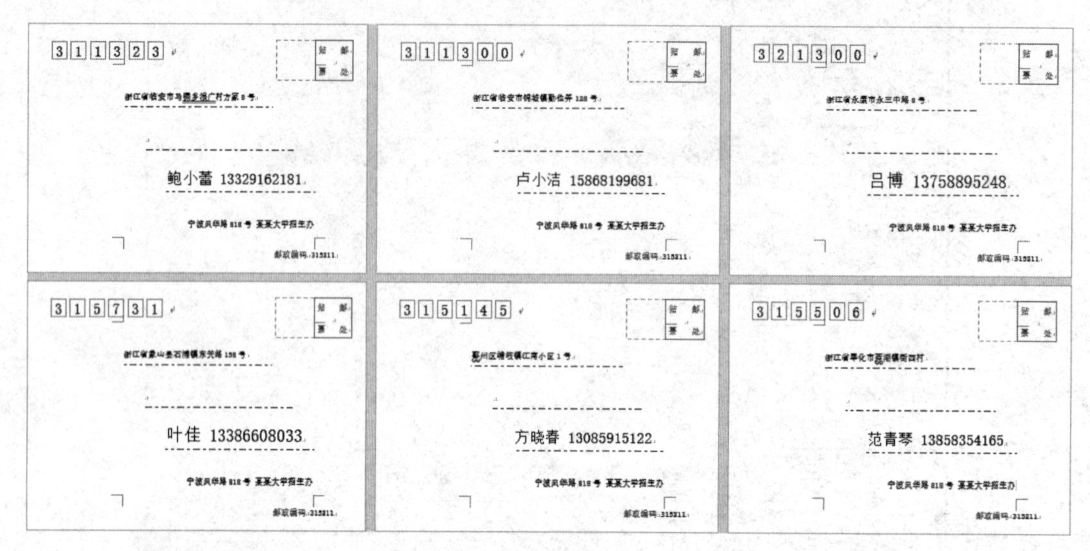

图 1.45 信封效果图

视频讲解

1.3 案例二 多人协同编辑文档

对于篇幅较长的文档,如编写教材等,往往需要由几个人共同编写才能完成。在 Word 2019 中可以使用协同工作来进行多人共同编辑,大纲视图下的主控文档功能可以解决这个难题。

现要求先创建主控文档和空白内容子文档(文件名固定);再根据教师提供的编写完成的文档覆盖空白子文档;然后展开子文档,审阅修订文档;最后汇总另存为完整的普通文档。

具体操作步骤如下。

1. 建立主控文档、拆分子文档

(1) 启动 Word 2019 应用程序,新建“VBNET 程序设计. docx”文档(如果教师提供此原文件,可直接打开它),输入如图 1.46 所示的教材分工目录,“第 1 章”与“入门”之间输入一个空格,注意第 1 章、第 2 章等也为普通文字,不要设置为自动编号文字。

(2) 选中“VBNET 程序设计”行,选择“开始”选项卡“样式”组的“其他”下拉框中的“标题”,把它设置为标题样式。拖动鼠标选中“第 1 章 入门”“第 2 章 语言基础”……所有章,将其设置为“标题 1”样式。

(3) 选择“视图”选项卡“视图”组中的“大纲”,切换到大纲视图。

(4) 选择“大纲”选项卡“主控文档”组中的“显示文档”,展开“主控文档”组。拖动鼠标选中各章,单击“主控文档”组中的“创建”项,系统会将拆分开的子文档内容分别用框线围起来,如图 1.47 所示。

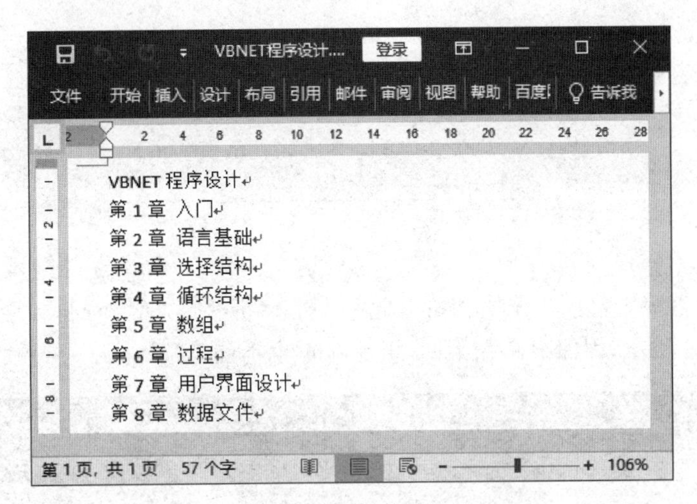

图 1.46 教材分工目录

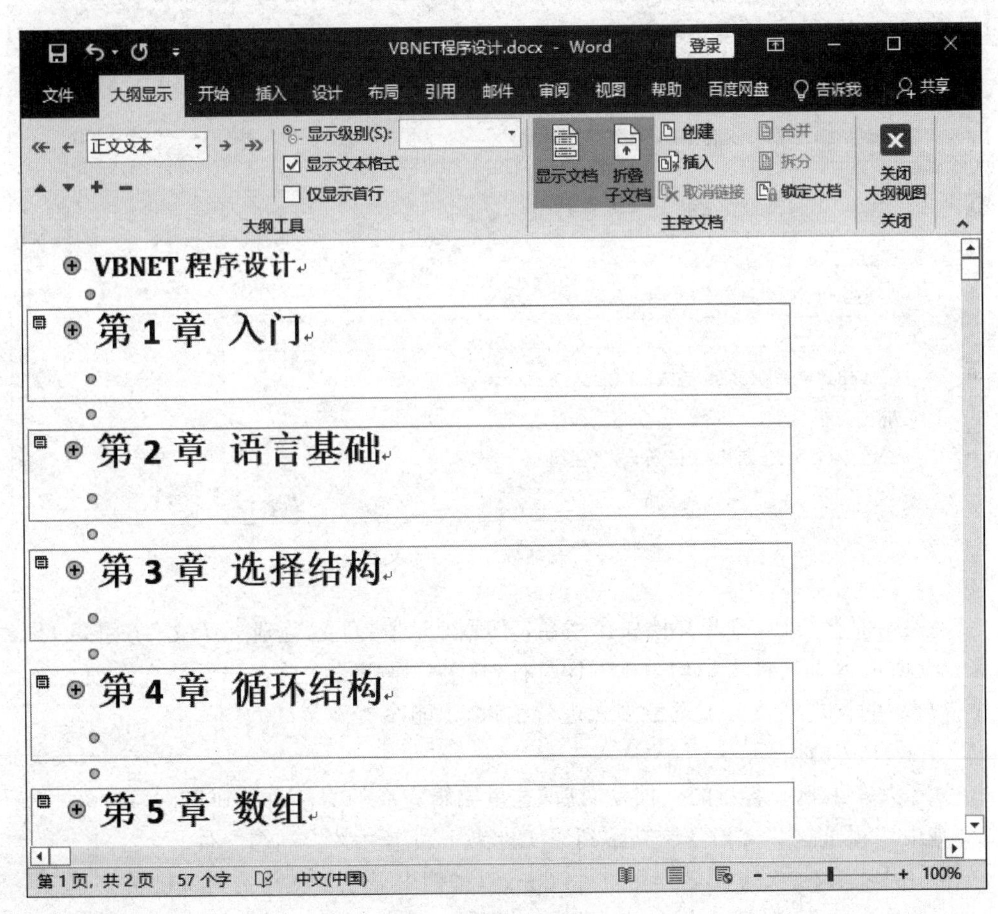

图 1.47 大纲视图开始时显示内容

(5) 选择“大纲显示”选项卡，单击“主控文档”组中的“折叠子文档”项，打开 Microsoft Word 对话框，如图 1.48 所示，单击“确定”按钮。

图 1.48　信息框

(6) 此时大纲视图已经将子文档折叠起来,原来"折叠子文档"项自动变成了"展开子文档"项,如图 1.49 所示,因保存路径不同,可能显示也不同。

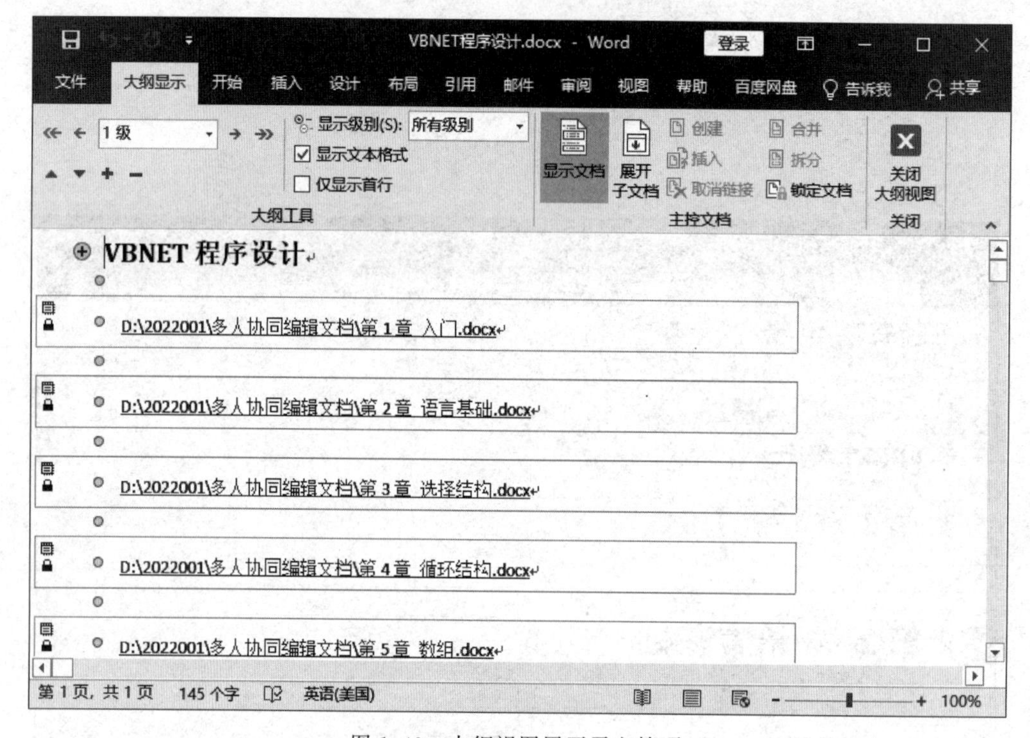

图 1.49　大纲视图展开子文档项

(7) 关闭保存文档,打开文档保存路径,发现该文件夹下已生成 8 个文件,如图 1.50 所示,观察此时的 8 个文件大小均为 12KB 左右,其实只是空白文件。如果是合作编写教材的话,把拆分后的子文档按分工发给多人进行编辑,不能改文件名。

2. 汇总子文档

(1) 等大家编辑好各自的文档发回后(这里编辑完成的文件由教师提供,在"教材编写"子文件夹中),再把这些文档复制粘贴到原文件夹下覆盖并替换同名文件。

(2) 打开主文档"VBNET 程序设计.docx",文档中显示子文档的地址链接。

(3) 切换到大纲视图,选择"大纲显示"选项卡,单击"主控文档"组中的"展开子文档"项,选择"视图"选项卡,选中"显示"组中的"导航窗格"项,可显示各文档内容,如图 1.51 所示。

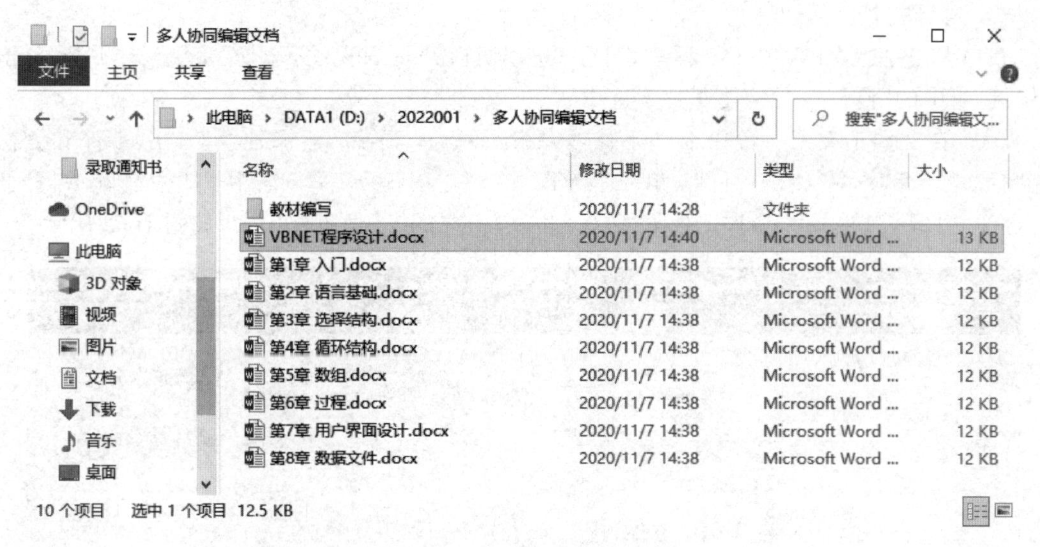

图 1.50 自动生成的子文档

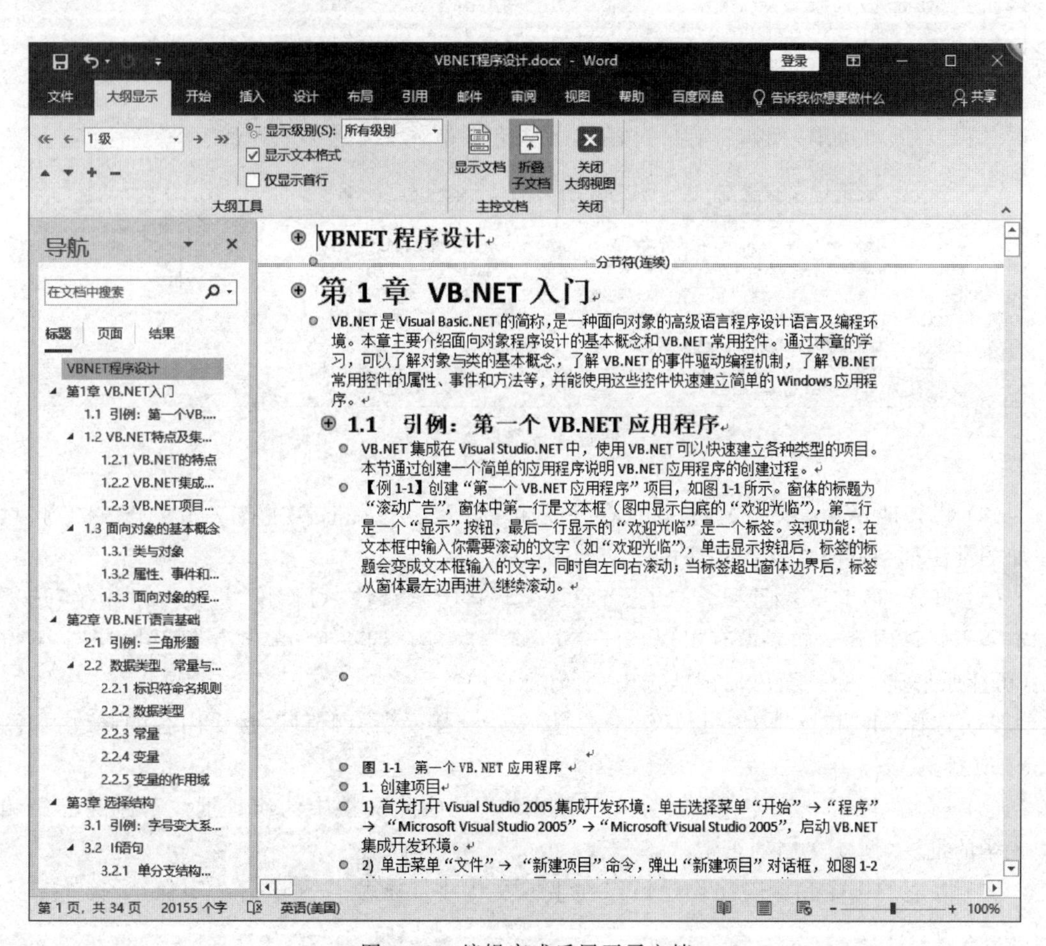

图 1.51 编辑完成后展开子文档

3. 修订文档

(1) 将主控文档"VBNET 程序设计.docx"切换到页面视图，选择"审阅"选项卡，单击"修订"组中的"修订"项，使其处于选中状态。

(2) 在文档正文第一段中做如下修改：删除两处"，了解"后添加"、"；在"事件和方法等"后添加"等"；将"1.1　引例：第一个 VB.NET 应用程序"一行居中；选中"【例 1-1】"插入批注"引例 1"(选择"审阅"选项卡，单击"批注"组中的"新建批注"项)，如图 1.52 所示。

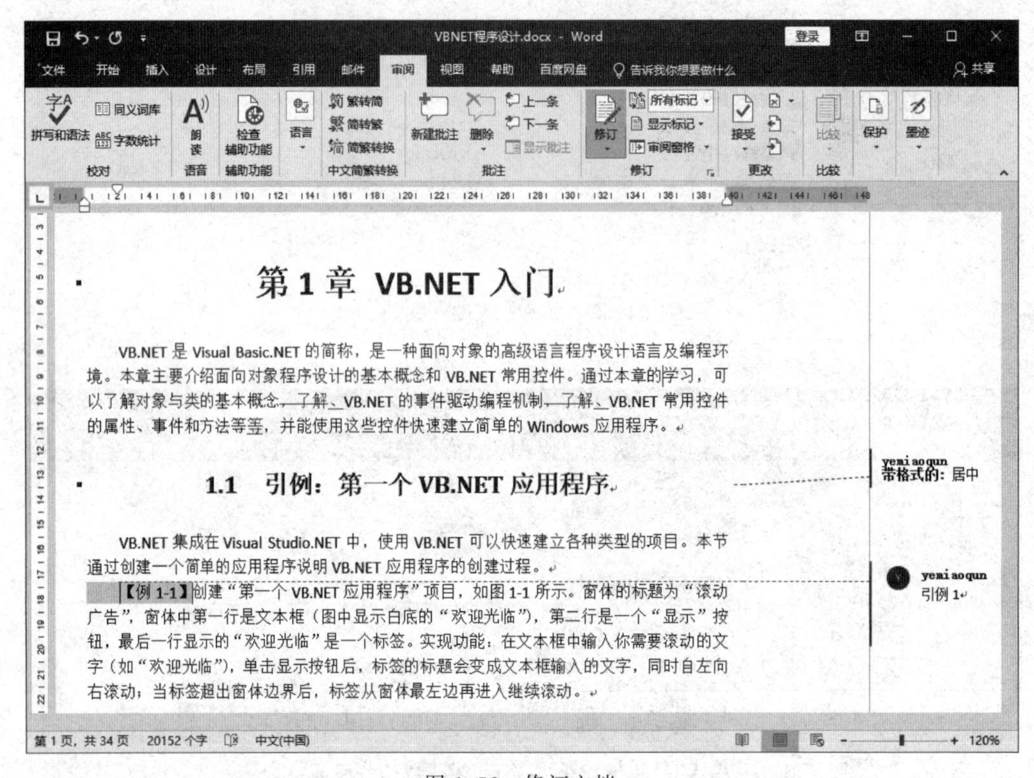

图 1.52　修订文档

(3) 将其他 Word 文档关闭后，保存并关闭主控文档。此时在主控文档中修改的内容、添加的批注都会同时保存到相应的子文档中。

(4) 打开"第 1 章入门.docx"子文档，可发现内容被修改，可使用"接受"或"拒绝"选项决定是否修订内容。如果没有出现修订标记，选择"审阅"选项卡，单击"修订"组的右上下拉框(可能原来显示的是简单标记)，选中"所有标记"项。

(5) 选择"审阅"选项卡"更改"组中的"接受"→"接受所有修订"，接受内容的修改，如图 1.53 所示。

(6) 选择"审阅"选项卡"批注"组中的"删除"→"删除文档中的所有批注"，删除已经阅读完毕的批注，恢复文档到正常状态。

(7) 以上的接受和删除操作也可以在主控文档中完成操作。最后关闭保存"第 1 章入门.docx"子文档。

4. 主控文档合成为普通文档

(1) 打开主控文档"VBNET 程序设计.docx"(此文档接下来不要进行保存操作，因为

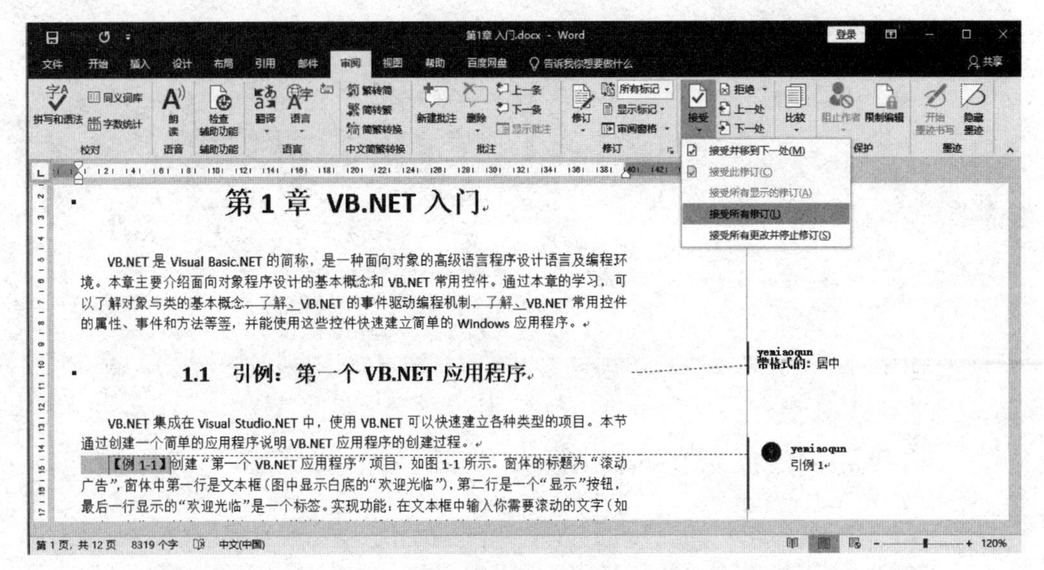

图 1.53 接受修订

该文件要求保存为主控文档)，切换到大纲视图，选择“大纲显示”选项卡，单击“主控文档”组中的“展开子文档”项，以完整显示所有子文档内容。

(2) 选择“审阅”选项卡，单击“修订”组中的“修订”项，取消选中“修订”。

(3) 删除“第 1 章 VB. NET 入门”前面所有内容，包括空行。

(4) 按 Ctrl＋A 组合键，选择所有文档内容。

(5) 选择“大纲显示”选项卡“主控文档”组中的“显示文档”，展开“主控文档”区；再单击“取消链接”项(如果该项为灰色不能用状态，一般是因为没有删除第 1 章前的空行)。

(6) 选择“文件”→“另存为”，文档另存为“VBNET 程序设计(合). docx”。此时“VBNET 程序设计(合). docx”文档可能有 7218KB 左右，而“VBNET 程序设计. docx”文档只有 18KB 左右，两个文档大小差距明显。将此合成的文档单独复制到其他位置打开，应该可以看到所有章节内容，表示合成正确。

1.4 案例三 索引与书签

视频讲解

现有“城市排名. docx”文档，由两页组成，使用阅读视图观察其内容，如图 1. 54 所示。本案例完成的操作有：将文档重新分节分页、页面设置、样式设置、添加索引、添加域和制作书签等。

具体要求如下。

(1) 第一页中第一行内容为“一线城市”，样式为“标题 1”；“一线”和“准一线”样式为“标题 2”；页面垂直对齐方式为“居中”；页面方向为纵向、纸张大小为 16 开；仅第一页添加页眉为“城市排名”。

(2) 第二页中第一行内容为“二线城市”，样式为“标题 2”；“二线强”“二线中”和“二线弱”样式为“标题 3”；页面垂直对齐方式为“顶端对齐”；页面方向为横向、纸张大小为 A4；对该页面添加行号，起始编号为 1。

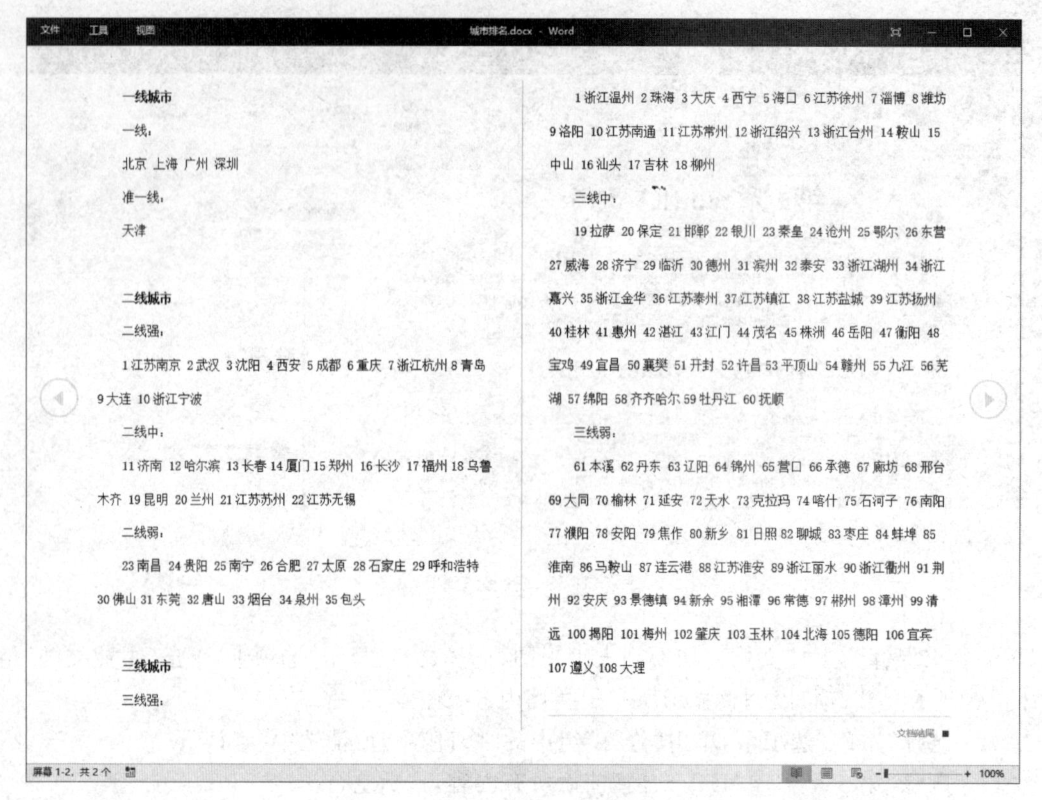

一线城市
一线：
北京 上海 广州 深圳
准一线：
天津

二线城市
二线强：
1江苏南京 2武汉 3沈阳 4西安 5成都 6重庆 7浙江杭州 8青岛 9大连 10浙江宁波
二线中：
11济南 12哈尔滨 13长春 14厦门 15郑州 16长沙 17福州 18乌鲁木齐 19昆明 20兰州 21江苏苏州 22江苏无锡
二线弱：
23南昌 24贵阳 25南宁 26合肥 27太原 28石家庄 29呼和浩特 30佛山 31东莞 32唐山 33烟台 34泉州 35包头

三线城市
三线强：
1浙江温州 2珠海 3大庆 4西宁 5海口 6江苏徐州 7淄博 8潍坊 9洛阳 10江苏南通 11江苏常州 12浙江绍兴 13浙江台州 14鞍山 15中山 16汕头 17吉林 18柳州
三线中：
19拉萨 20保定 21邯郸 22银川 23秦皇 24沧州 25鄂尔 26东营 27威海 28济宁 29临沂 30德州 31滨州 32泰安 33浙江湖州 34浙江嘉兴 35浙江金华 36江苏泰州 37江苏镇江 38江苏盐城 39江苏扬州 40桂林 41惠州 42湛江 43江门 44茂名 45株洲 46岳阳 47衡阳 48宝鸡 49宜昌 50襄樊 51开封 52许昌 53平顶山 54赣州 55九江 56芜湖 57绵阳 58齐齐哈尔 59牡丹江 60抚顺
三线弱：
61本溪 62丹东 63辽阳 64锦州 65营口 66承德 67廊坊 68邢台 69大同 70榆林 71延安 72天水 73克拉玛 74喀什 75石河子 76南阳 77濮阳 78安阳 79焦作 80新乡 81日照 82聊城 83枣庄 84蚌埠 85淮南 86马鞍山 87连云港 88江苏淮安 89浙江丽水 90浙江衢州 91荆州 92安庆 93景德镇 94新余 95湘潭 96常德 97郴州 98潭州 99清远 100揭阳 101梅州 102肇庆 103玉林 104北海 105德阳 106宜宾 107遵义 108大理

文档结尾

图 1.54 “城市排名.docx”文档原内容

(3) 第三页中第一行内容为“三线城市”，样式为“标题 2”；“三线强”“三线中”和“三线弱”样式为“标题 3”；页面垂直对齐方式为“底端对齐”；页面方向为纵向、纸张大小为 A4。

(4) 第四页中第一行内容为“索引”，样式为正文，页面垂直对齐方式为“顶端对齐”；页面方向为纵向、纸张大小为 A5。

(5) 在文档页脚处插入页码，形式为“第 X 节　　第 Y 页共 Z 页”，X 是使用插入的域自动生成的当前节，并以中文数字(壹、贰、叁)的形式显示；Y 为当前页，Z 为总页数，以一般数字的形式居中显示。

(6) 使用自动索引方式，建立索引自动标记文件“自动索引.docx”，其中，标记索引项的文字 1 为“上海”，主索引项 1 为“上海”，次索引项 1 为“shanghai”；标记索引项的文字 2 为“浙江”，主索引项 2 为“浙江”，次索引项 2 为“zhejiang”；标记索引项的文字 3 为“江苏”，主索引项 3 为“江苏”，次索引项 3 为“jiangsu”。使用自动标记文件，在文档“城市排名”第四页第二行中创建索引。

(7) 使用域在文档的最后几行分别插入该文档的文件名称、该文档创建日期(格式为“yyyy 年 M 月 d 日星期 W”)以及该文档的作者(如果一开始此文档作者不是你的姓名，请修改为你的姓名)。

(8) 第一页“一线城市”设置为书签(名为 Top)，文档最后加上一行插入书签 Top 标记的文本。

具体操作步骤如下。

1. 插入分节符进行分页

建立新文档时，Word 将整篇文档默认为一节，在同一节中只能应用相同的版面设计。为了使版面设计多样化，只有将文档分割成不同的节，才可以根据需要为每节设置不同的节格式。虽然在题目中并没有出现要求分节，但题中不同页面要求设置不同的页面布局，实际必须将所需的页面置于不同的节中才能实现。

(1) 打开"城市排名"文档，将光标定位于"二线城市"前，选择"布局"选项卡，单击"页面设置"组中的"分隔符"→"下一页"分节符，插入一个分节符。

(2) 将光标定位于"三线城市"前，插入一个"下一页"分节符。

(3) 将光标定位于文档最后，插入一个"下一页"分节符，并输入"索引"文字。这样文档就被三个分节符分成了四节，共有四页。

选择"视图"选项卡"视图"组中的"草稿"，可观察到三个分节符，选择"页面视图"返回页面视图。

之所以提早插入分节符，是为了避免将本页的页面设置带入下一页。设定分节符后，当前节所有的页面设置内容将默认为应用于"本节"。

2. 第一页页面设置、插入页眉

(1) 选中"一线城市"，选择"开始"选项卡"样式"组中的"标题 1"；类似地，"一线"和"准一线"样式为"标题 2"。

(2) 选择"布局"选项卡，设置"页面设置"组中的"纸张方向"为"纵向"，"纸张大小"为"16 开"。

(3) 单击"页面设置"组右边的对话框启动器，打开"页面设置"对话框，选择"版式"选项卡，"垂直对齐方式"选择"居中"，单击"确定"按钮。

(4) 将光标定位在"二线城市"一节，选择"插入"选项卡"页眉和页脚"组中的"页眉"→"编辑页眉"，进入页眉编辑状态。选择"页眉和页脚工具设计"选项卡"导航"组中的"链接到前一条页眉"，使其处于未选中状态，此时页眉右上角的"与上一节相同"文字消失。单击"导航"组中的"上一条"，页眉处输入"城市排名"。

3. 第二、三、四页页面设置等

(1) 在第二页中，选中"二线城市"，选择"开始"选项卡"样式"组中的"标题 2"；类似地，"二线强""二线中"和"二线弱"样式为"标题 3"。如果默认不显示标题 3 样式，可使用组合键 Ctrl＋Alt＋3。

(2) 打开"页面设置"对话框，参照之前的方法，设置页面垂直对齐方式为"顶端对齐"；纸张方向为横向、纸张大小为 A4。行号设置：在"页面设置"对话框的"版式"选项卡中，单击"行号"按钮，打开"行号"对话框，如图 1.55 所示，选中"添加行编号"复选框，起始编号选择 1。

(3) 第三页中"三线城市"样式为"标题 2"；"三线强""三线中"和"三线弱"样式为"标题 3"。第三页页面垂直对齐方式为"底端对齐"，纸张方向为纵向、纸张大小为 A4。

(4) 第四页设置页面垂直对齐方式为"顶端对齐"；纸张方向为纵向、纸张大小为 A5。

4. 创建页脚

(1) 选择"插入"选项卡"页眉和页脚"组中的"页脚"→"编辑页脚"，进入页脚编辑状态。先使用"居中"按钮使页脚居中，再在页脚中输入文字"第节　第页 共页"。

(2) 将光标置于“第节”两个字中间。选择“插入”选项卡“文本”组中的“文档部件”→“域”,打开“域”对话框,“类别”选择“编号”,“域名”选择 Section,“域属性”选择“壹,贰,叁,…”,如图 1.56 所示,单击“确定”按钮。

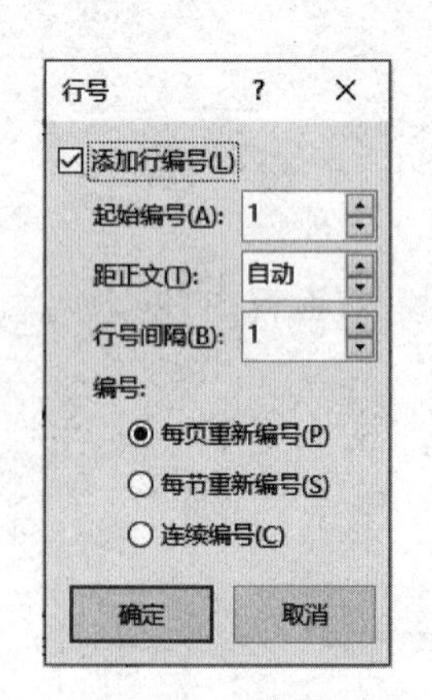

图 1.55 添加行号

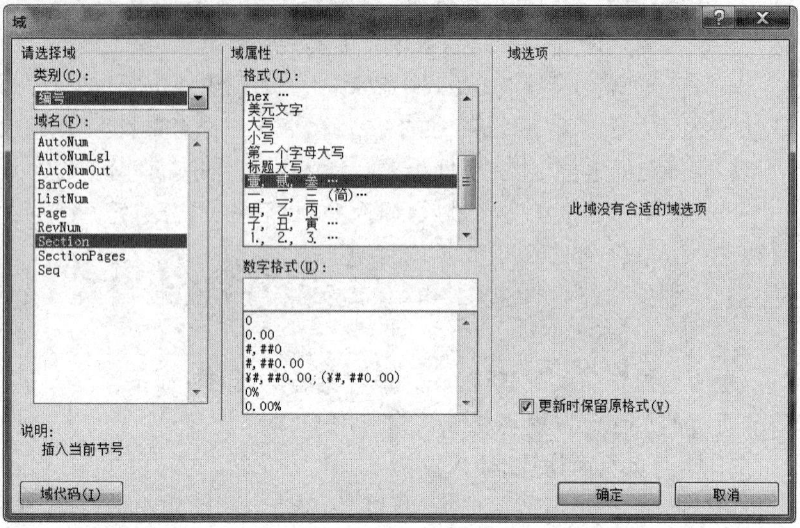

图 1.56 Section 域

(3) 将光标置于“第页”两个字中间,打开“域”对话框,“类别”选择“编号”,插入 Page 域,“域属性”选择“1,2,3,…”。将光标置于“共页”两个字中间,打开“域”对话框,“类别”选择“文档信息”,插入 NumPages 域,“域属性”选择“1,2,3,…”。插入页脚后,可以观察到所有页页脚均已生成,其中第二页页脚如图 1.57 所示。

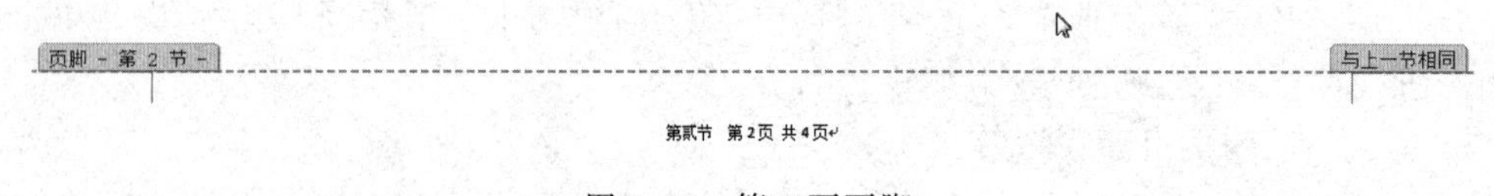

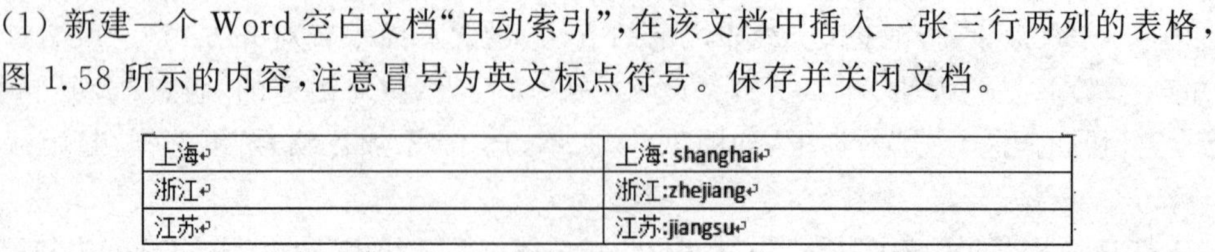

图 1.57 第二页页脚

5. 创建索引

(1) 新建一个 Word 空白文档“自动索引”,在该文档中插入一张三行两列的表格,并输入如图 1.58 所示的内容,注意冒号为英文标点符号。保存并关闭文档。

上海	上海:shanghai
浙江	浙江:zhejiang
江苏	江苏:jiangsu

图 1.58 自动索引表格

(2) 将光标定位于文档“城市排名”第四页第二行(也就是“索引”文字的下面一行),选择“引用”选项卡“索引”组中的“插入索引”,打开“索引”对话框,如图 1.59 所示,单击“自动标记”按钮。

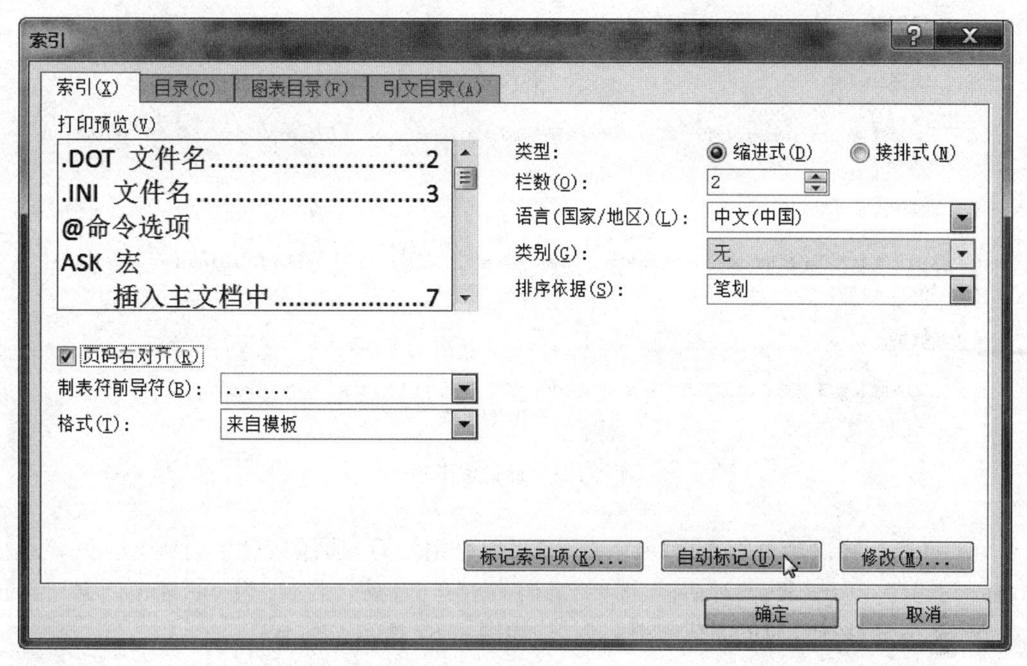

图 1.59 “索引”对话框

(3) 打开“打开索引自动标记文件”对话框,如图 1.60 所示,选择刚创建完成的“自动索引.docx”文档,单击“打开”按钮。

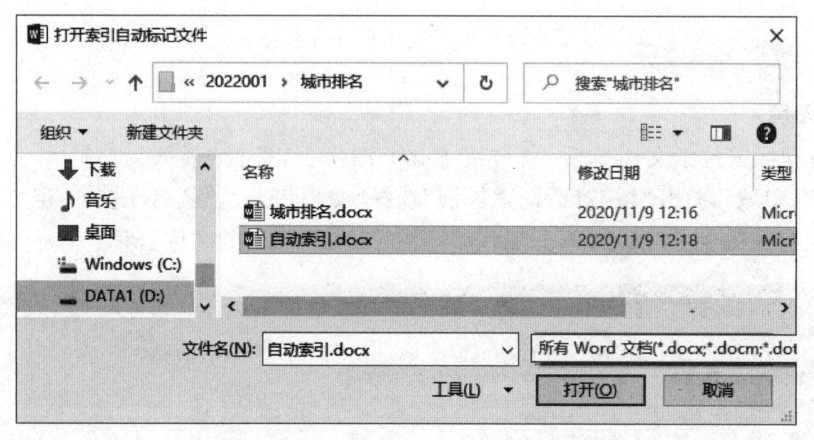

图 1.60 “打开索引自动标记文件”对话框

(4) Word 会自动在整篇文档中搜索“自动索引.docx”文档中表格第一列中文字的确切位置,并使用表格第二列中的文本作为索引项进行标记。文档中“上海、浙江、江苏”已经被自动标记索引项,其中第二页标记如图 1.61 所示,江苏标记{ XE "江苏:jiangsu" },浙江标记{ XE "浙江:zhejiang" },如果被索引文本在一个段落中重复出现多次,只对其在此段落中的首个匹配项进行标记。

(5) 取消选中“开始”选项卡“段落”组中的“显示/隐藏编辑标记”¶,使其隐藏编辑标记¶,保存文件。

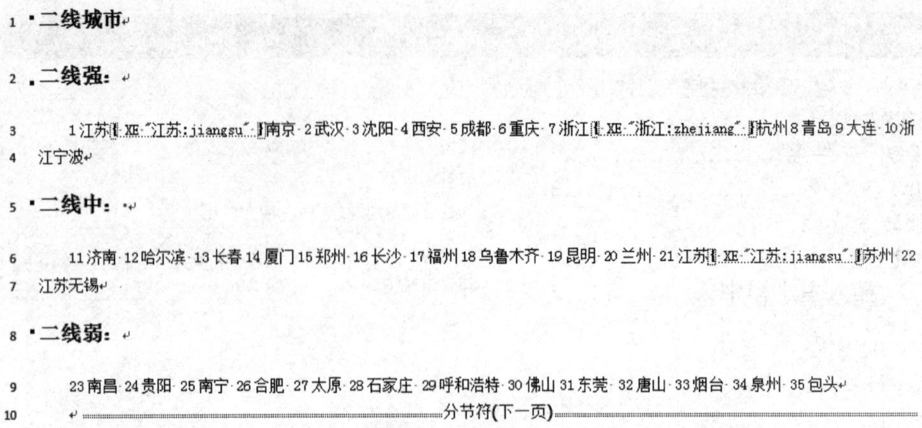

1 ·二线城市

2 .二线强：

3 1 江苏{ XE "江苏:jiangsu" }南京 2 武汉 3 沈阳 4 西安 5 成都 6 重庆 7 浙江{ XE "浙江:zhejiang" }杭州 8 青岛 9 大连 10 浙
4 江宁波

5 ·二线中：

6 11 济南 12 哈尔滨 13 长春 14 厦门 15 郑州 16 长沙 17 福州 18 乌鲁木齐 19 昆明 20 兰州 21 江苏{ XE "江苏:jiangsu" }苏州 22
7 江苏无锡

8 ·二线弱：

9 23 南昌 24 贵阳 25 南宁 26 合肥 27 太原 28 石家庄 29 呼和浩特 30 佛山 31 东莞 32 唐山 33 烟台 34 泉州 35 包头
10 ::::::::::::::::::::分节符(下一页)::::::::::::::::::::

图 1.61　标记索引项

(6) 将光标再次定位于文档“城市排名”第四页第二行，选择“引用”选项卡“索引”组中的“插入索引”，打开“索引”对话框，选中“页码右对齐”选项，“栏数”为 2，“排序依据”为“笔画”，单击“确定”按钮，即可完成索引的创建，如图 1.62 所示。

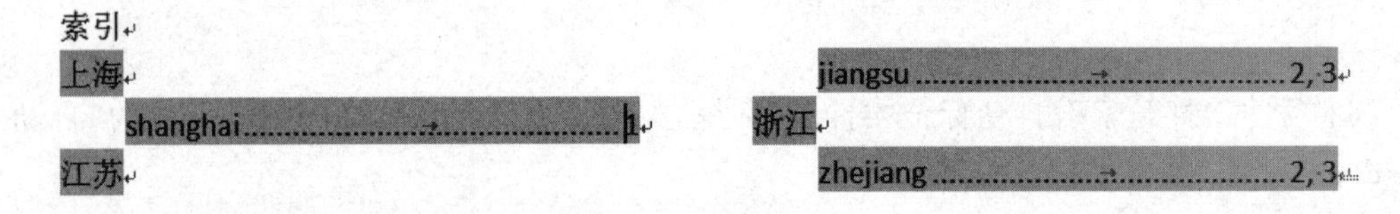

图 1.62　完成索引创建

6. 插入域

(1) 将光标定位于文档最后一行，按 Enter 键换行，选择“插入”选项卡“文本”组中的“文档部件”→“域”，打开“域”对话框，“类别”选择“文档信息”，“域名”选择 FileName，“域属性”选择“无”，如图 1.63 所示，单击“确定”按钮，插入该文档的文件名称。

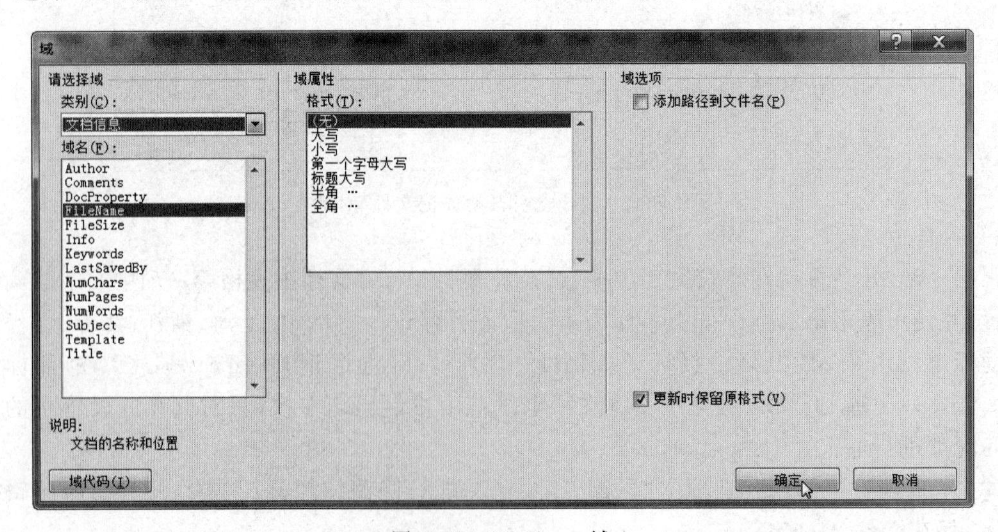

图 1.63　FileName 域

(2) 按 Enter 键换行后,再次打开“域”对话框,“类别”选择“日期和时间”,“域名”选择 CreateDate,“域属性”选择日期格式“yyyy 年 M 月 d 日星期 W”,单击“确定”按钮,插入文档创建的日期。

(3) 选择“文件”→“选项”,打开“Word 选项”对话框,选择“常规”选项,填写“用户名”为你的名字,保存文档,关闭“城市排名. docx”文件。

(4) 在计算机中找到“城市排名”文件,右击它,在弹出的快捷菜单中选择“属性”,打开“城市排名. docx 属性”对话框,选择“详细信息”选项卡,如图 1.64 所示。在“作者”文本框中输入你的真实姓名。其中最后一次保存者信息是由步骤(3)决定的,这里不能修改。

(5) 重新打开“城市排名. docx”文件,到最后一行按 Enter 键换行后,再次打开“域”对话框,“类别”选择“文档信息”,“域名”选择 Author,“域属性”选择“无”,单击“确定”按钮,插入该文档的作者,此时文档中应显示你的姓名。

7. 创建书签

(1) 选中第一页“一线城市”文字,选择“插入”选项卡“链接”组中的“书签”,打开“书签”对话框,“书签名”输入 Top,单击“添加”按钮,即可创建书签。再次打开“书签”对话框,可看到 Top 已经在列表中,表示已经创建,如图 1.65 所示。

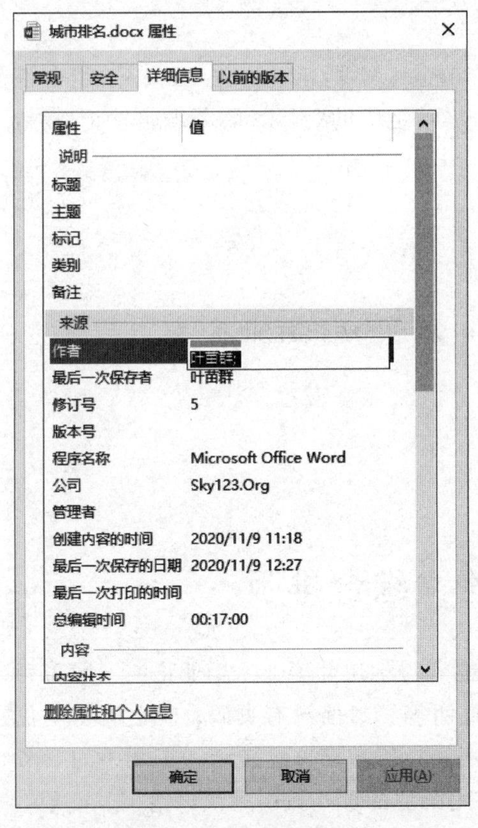

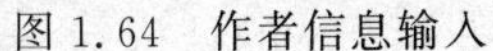
图 1.64　作者信息输入

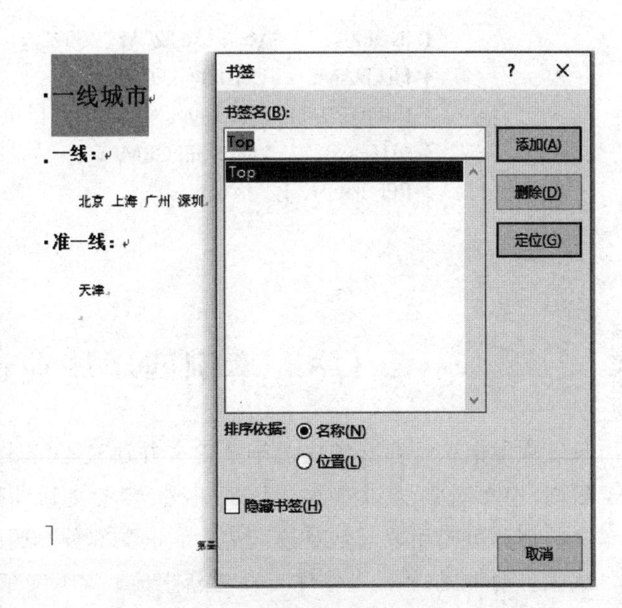

图 1.65　书签插入

(2) 将光标定位于文档最后一行,按 Enter 键换行,选择“插入”选项卡“链接”组中的“交叉引用”,打开“交叉引用”对话框,“引用类型”选择“书签”,“引用内容”选择“书签文字”,

“引用哪一个书签”选择 top，单击“插入”按钮。

(3) 插入书签标记过的文本后，光标指向该文字，会出现“Top，按住 Ctrl 并单击可访问链接”的提示，表示可以超链接到第一页。

(4) 插入域后，光标指向最后一行文字，效果如图 1.66 所示，最后几行单击都有底纹，表示是可以更新的域文字。

索引

上海
shanghai.. 1
江苏
jiangsu.. 2, 3
浙江
zhejiang.. 2, 3

城市排名.docx
2020 年 11 月 9 日星期一
叶苗群
Top
按住 Ctrl 并单击可访问链接
一线城市

图 1.66 插入域后效果

(5) 按 Alt+F9 组合键，观察最后一页域代码，如图 1.67 所示。再按 Alt+F9 组合键恢复正常文字显示。单击取消选中“开始”选项卡“段落”组中的“显示/隐藏编辑标记”，使其隐藏编辑标记。保存“城市排名”文件。

```
索引
{ INDEX \e "    "\o "S" \c "2" \z "2052" }
{ FILENAME    \* MERGEFORMAT }
{ CREATEDATE   \@ "yyyy 年 M 月 d 日星期 W"    \* MERGEFORMAT }
{ AUTHOR    \* MERGEFORMAT }
{ REF Top \h }
```

图 1.67 域代码显示

视频讲解

1.5 案例四 毕业论文综合排版

大学本科毕业必须完成毕业论文并通过答辩才能获得学位并毕业。毕业论文一般需有封面、中文摘要、英文摘要、目录、正文、参考文献和致谢等。封面没有页码；中文摘要至正文前部分页码用罗马数字连续表示；正文部分页码用阿拉伯数字连续表示。正文中的章节编号自动生成；图、表题注自动更新生成；参考文献用脚注的形式按引用次序给出。

现有“毕业论文”文档，通过本案例的任务完成，读者将对毕业论文的结构有一个整体的认识，并学会大型文稿的高级排版，排版以后的论文文档结构清晰，符合要求。

具体任务要求如下。

第一，将各内容分节处理。

摘要、英文摘要(Abstract)、目录、正文各章、参考文献、致谢等分别进行分节处理,每个内容单独一节。

第二,对正文排版。

(1) 使用多级列表对章名、小节名进行自动编号,代替原始的编号。要求:

① 章号为一级标题,使用样式“标题1”。自动编号格式为:第×章(如第1章),其中,×为自动序号,阿拉伯数字。字体为“宋体、加粗、小二号”,对应级别1,居中显示。

② 小节名1为二级标题,使用样式“标题2”。自动编号格式为:X.Y(如1.1),其中,X为章数字序号,Y为节1数字序号。字体为“宋体、加粗、四号”,对应级别2,左对齐显示。

③ 小节名2为三级标题,使用样式“标题3”。自动编号格式为:X.Y.Z(如1.1.1),其中,X为章数字序号,Y为节1数字序号,Z为节2数字序号。字体为“宋体、加粗、五号”,对应级别3,左对齐显示。

(2) 摘要、英文摘要、参考文献、致谢的标题使用样式“标题1”,居中,删除章编号。

(3) 对正文中的图添加题注“图”,位于图下方,居中。要求:

① 编号为“章序号”-“图在章中的序号”。例如,第2章第1幅图,题注编号为“2-1”。

② 图的说明使用图下面一行的文字,格式同编号,图居中。

(4) 对正文中出现“如下图所示”的“下图”,使用交叉引用,改为“图X-Y”,其中,X-Y为图题注的编号。

(5) 对正文中的表添加题注“表”,位于表上方,居中。要求:

① 编号为“章序号”-“表在章中的序号”。例如,第2章第1张表,题注编号为“2-1”。

② 表的说明使用表上面一行的文字,格式同编号,表居中,表内文字不要居中。

(6) 对正文中出现“如下表所示”的“下表”,使用交叉引用,改为“表X-Y”,其中,X-Y为表题注的编号。

(7) 对正文中出现的“1、2、3、…”或“(1)、(2)、…”等有编号文字处,进行自动编号,编号格式不变。

(8) 新建一个样式,样式名为你的学号,样式要求:字体为“楷体”,字号为“五号”,段落格式为首行缩进2字符,1.3倍行距。将新建的样式应用到正文中无编号的文字,不包括章名、小节名、表文字、题注、脚注等。

第三,在正文前按序插入三节,使用Word提供的功能,自动生成如下内容。

(1) 第1节:目录。其中,“目录”使用样式“标题1”,居中,“目录”下为目录项。

(2) 第2节:图索引。其中,“图索引”使用样式“标题1”,居中,“图索引”下为图索引项。

(3) 第3节:表索引。其中,“表索引”使用样式“标题1”,居中,“表索引”下为表索引项。

第四,添加论文的页脚。

(1) 封面不显示页码,摘要至正文前采用“i,ii,iii,…”格式,页码连续。

(2) 正文页码采用“1,2,3,…”格式,页码连续。

(3) 更新目录、图索引和表索引。

第五,添加论文的页眉。

(1) 封面不显示页眉,摘要至正文前部分的页眉显示“**大学本科毕业论文”。

(2) 添加正文的页眉。

① 对于奇数页,页眉中的文字为“章序号”+“章名”。

② 对于偶数页，页眉中的文字为“节序号”+“节名”。

(3) 添加致谢、参考文献的页眉为各自的标题文字。

具体操作步骤如下。

1. 分节处理

(1) 打开素材“毕业论文.docx”文档，将光标定位于“摘要”前，选择“布局”选项卡“页面设置”组中的“分隔符”→“下一页”，插入分节符。

(2) 将光标分别定位于“英文摘要”“第一章”“第二章”“第三章”“第四章”“第五章”“参考文献”“致谢”前，也同样插入“下一页”分节符。

(3) 选择“视图”选项卡“视图”组中的“草稿”，可观察到分节符，如图 1.68 所示。首页相应位置输入学号和姓名后，选择“页面视图”返回页面视图。

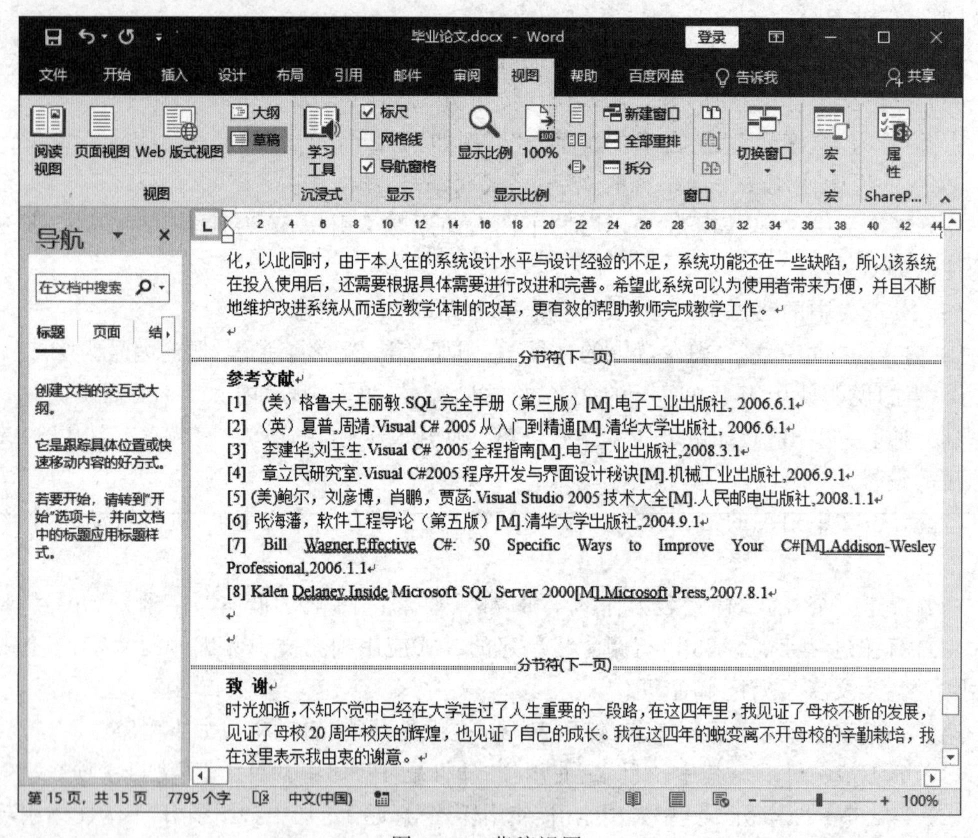

图 1.68 草稿视图

2. 章节自动编号

(1) 光标定位于“第一章 绪论”行，选择“开始”选项卡“段落”组中的“多级列表”，在下拉项中选择“定义新的多级列表”，打开“定义新多级列表”对话框。

(2) 单击左下角的“更多”按钮，展开对话框其他内容。在“单击要修改的级别”列表框中选择“1”选项；在“输入编号的格式”文本框中，在“1”的左右两侧分别输入文字“第”和“章”，构成“第1章”的形式；在“将级别链接到样式”下拉列表中选择“标题 1”选项，如图 1.69 所示。此时不要单击“确定”按钮，接着设置其他级别内容。

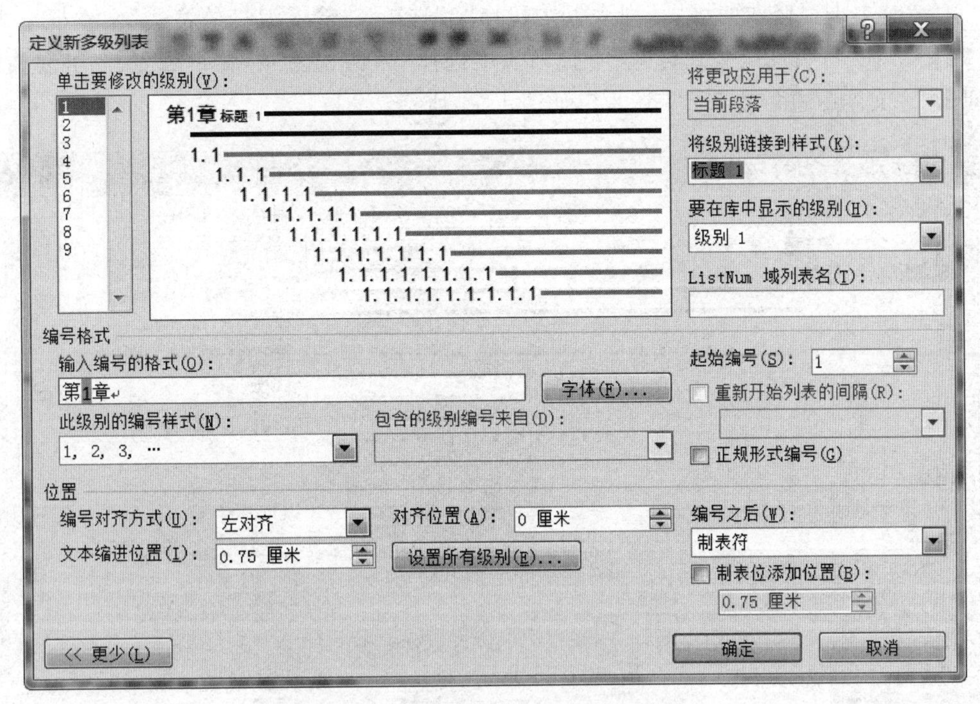

图 1.69　定义新多级列表标题 1 设置

(3) 在"单击要修改的级别"列表框中选择"2"选项；"输入编号的格式"文本框中内容为"1.1"；在"将级别链接到样式"下拉列表中选择"标题 2"选项，修改设置"对齐位置"为"0 厘米"、"文本缩进位置"为"1 厘米"，如图 1.70 所示。

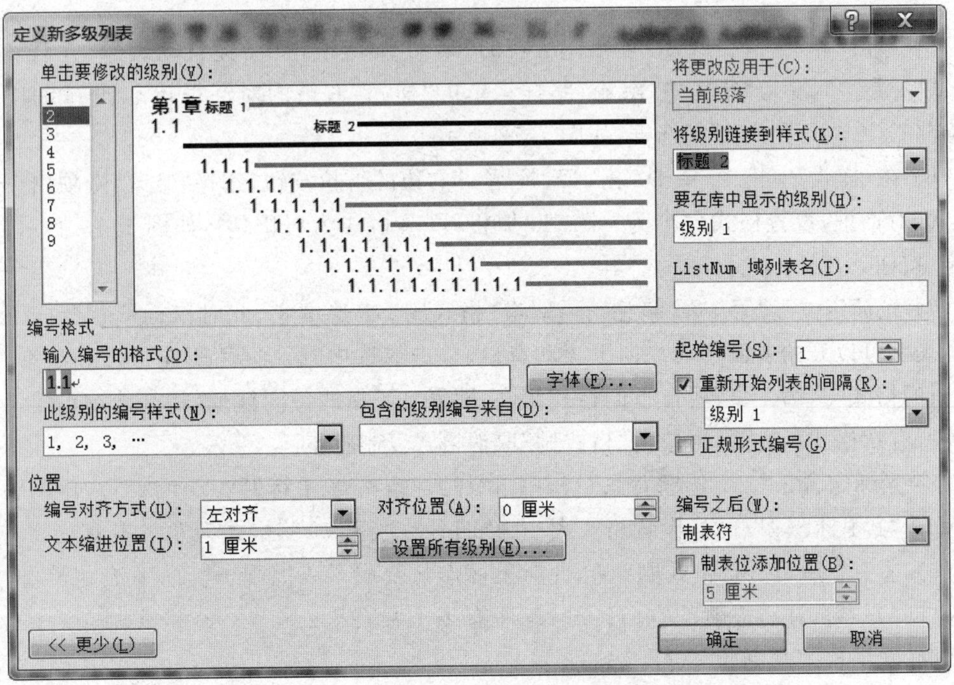

图 1.70　定义新多级列表标题 2 设置

(4) 在“单击要修改的级别”列表框中选择“3”选项；“输入编号的格式”文本框中内容为“1.1.1”；在“将级别链接到样式”下拉列表中选择“标题 3”选项，修改设置“对齐位置”为“0 厘米”、“文本缩进位置”为“1 厘米”，如图 1.71 所示。

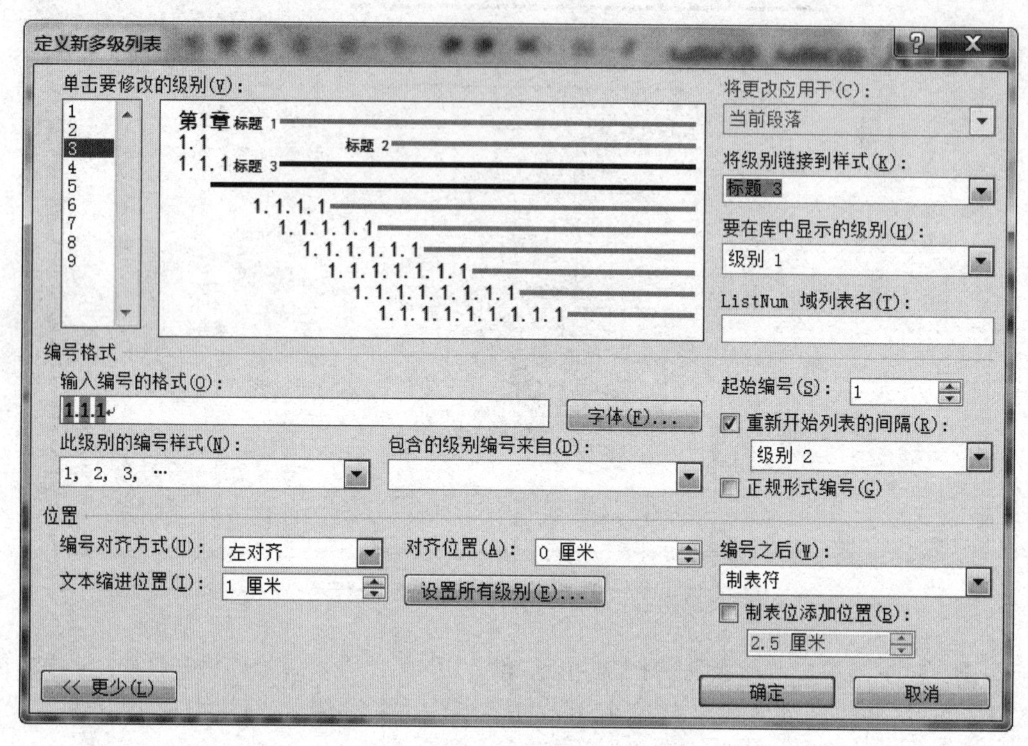

图 1.71 定义新多级列表标题 3 设置

(5) 单击“确定”按钮后，此时光标所在的“第一章 绪论”行已经自动编号，并已经应用了样式“标题 1”，变为“**第 1 章 绪论**”字样。单击“样式”右边的对话框启动器，打开“样式”窗格，选中“显示预览”复选框，如图 1.72 所示。

(6) 在“样式”窗格中，单击“第 1 章 标题 1”右边的下拉按钮，选择“修改”选项，打开“修改样式”对话框，设置格式大小为“小二”，加粗，段落格式为居中，如图 1.73 所示，单击“确定”按钮。

(7) 光标定位于“第 1 章 绪论”行，双击“格式刷”选中它，此时鼠标形状变成了一把刷子，表示可以开始复制格式。向下滚动窗口，单击或选中“第二章”所在行，此时“第二章”所在行的格式与“第 1 章”所在行的格式相同，即复制了格式。同样地，将其他章也使用格式刷，等所有章格式刷完后，再单击“格式刷”取消格式复制状态。

(8) 光标定位于“1.1 选题背景”行，单击“样式”窗格“**1.1 标题 2**”，使该行应用标题 2 样式。修改“1.1 标题 2”样式，设置格式大小为“四号”，加粗，段落格式为左对齐。

(9) 选中它后，双击“格式刷”，此时鼠标形状变成了一把刷子。向下滚动窗口，将光标移动到“1.2”所在行左侧的空白区域，等所有类似“1.2”“2.1”“3.2”格式刷完后，再单击“格式刷”取消格式复制状态。

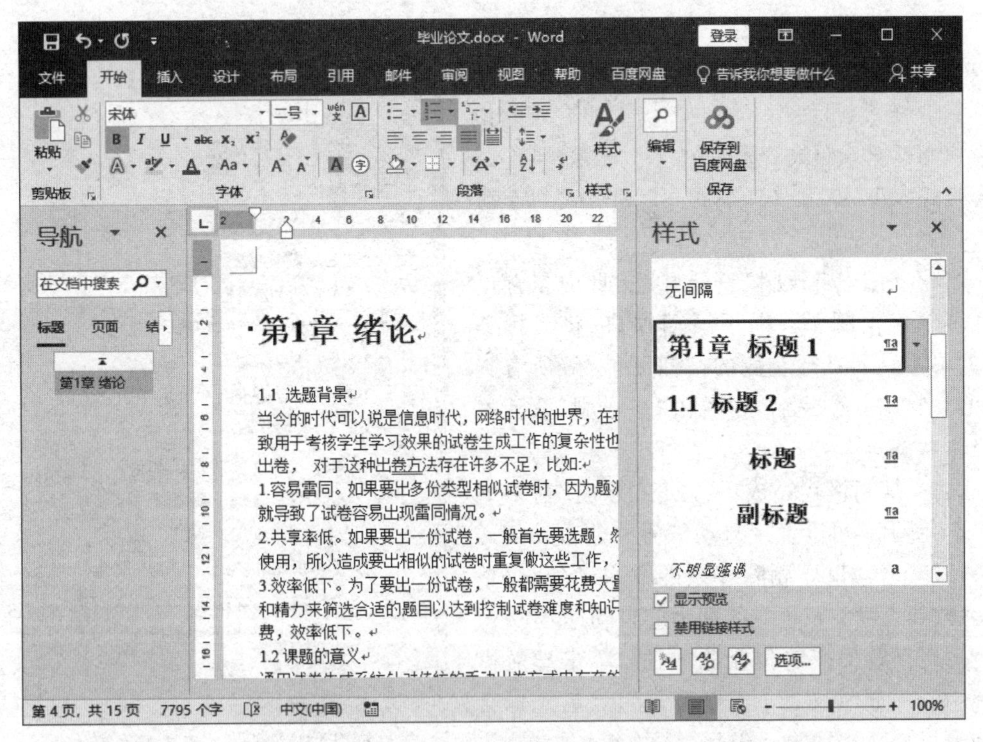

图 1.72　打开“样式”窗格

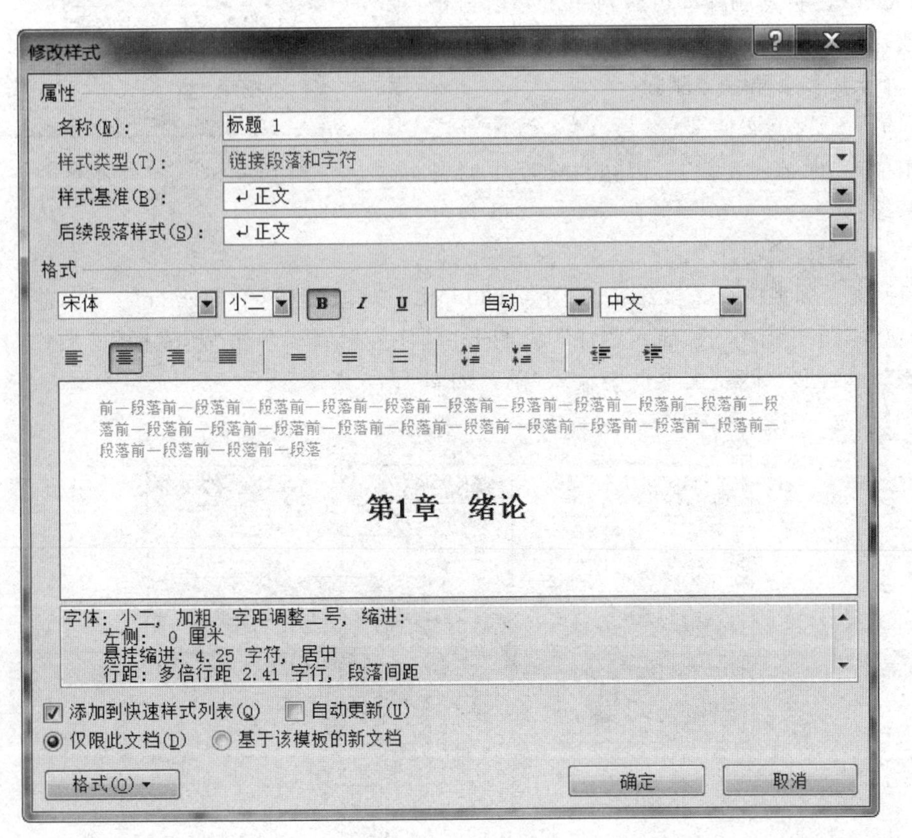

图 1.73　修改样式

(10) 光标定位于“2.3.1 公共语言运行库”行，单击“样式”窗格“**1.1.1 标题 3**”(如果不显示标题3样式，可使用Ctrl+Alt+3组合键)，使该行应用标题3样式。修改“1.1.1 标题 3”样式，设置格式大小为“五号”，加粗，段落格式为左对齐。

(11) 双击“格式刷”选中它，此时鼠标形状变成了一把刷子。向下滚动窗口，将光标移动到“2.3.2”所在行左侧的空白区域，等所有类似“3.1.1”格式刷完后，再单击“格式刷”取消格式复制状态。

(12) 复制格式完成后，观察“导航”窗格如图1.74所示。可以发现自动编号和非自动编号完全重复了，这里要删除多余的非自动编号(单击编号，如果没有灰色底纹即为非自动编号)。

这里推荐便捷定位删除方法：单击导航窗格其中一项如“1.1 1.1 选题背景”，然后光标会自动定位到文档非自动编号(第二个1.1)前，按几次Delete键将其删除即可。再单击导航窗格下一项，按几次Delete键将多余文字删除，如此反复，将所有多余原编号删除。

(13) 摘要、英文摘要、参考文献、致谢等文字使用样式“标题1”，居中，删除自动产生的多余的章编号。

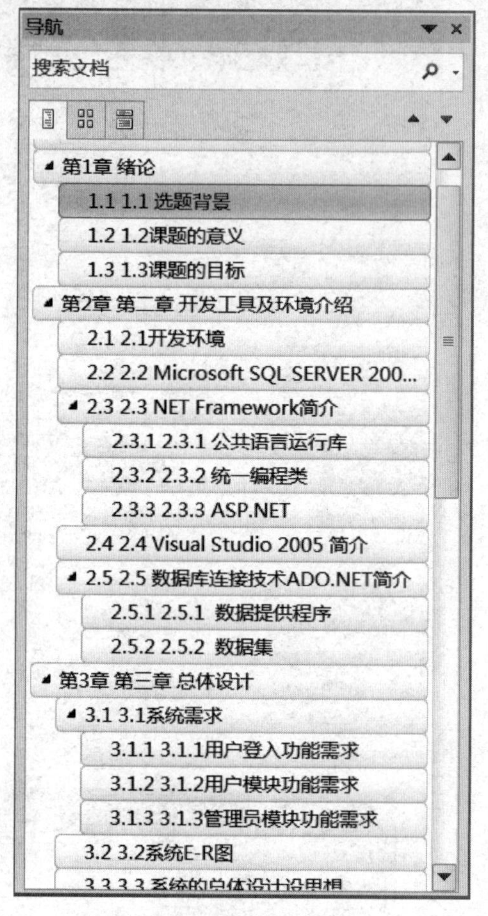

图1.74 “导航”窗格

3. 插入图、表题注

(1) 将光标定位在正文第一张图“ADO. NET 对象模型”下面一行的文字前，选择“引用”选项卡“题注”组中的“插入题注”，打开“题注”对话框，单击“新建标签”按钮，打开“新建标签”对话框，“标签”文本框中输入“图”，如图1.75所示。

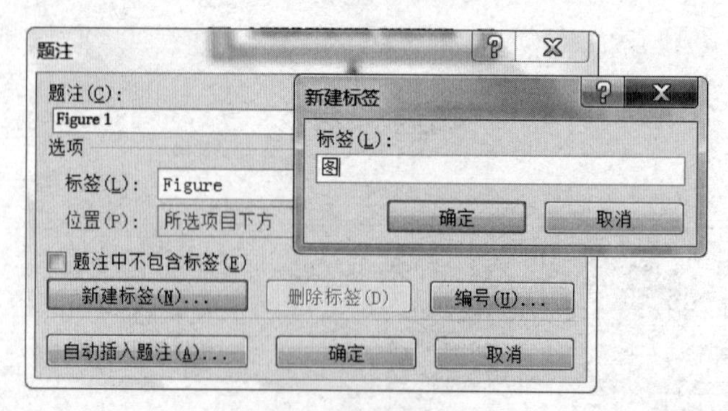

图1.75 题注标签建立

(2) 单击“确定”按钮，返回“题注”对话框，单击“编号”按钮，打开“题注编号”对话框，选中“包含章节号”复选框，如图 1.76 所示，单击“确定”按钮返回。

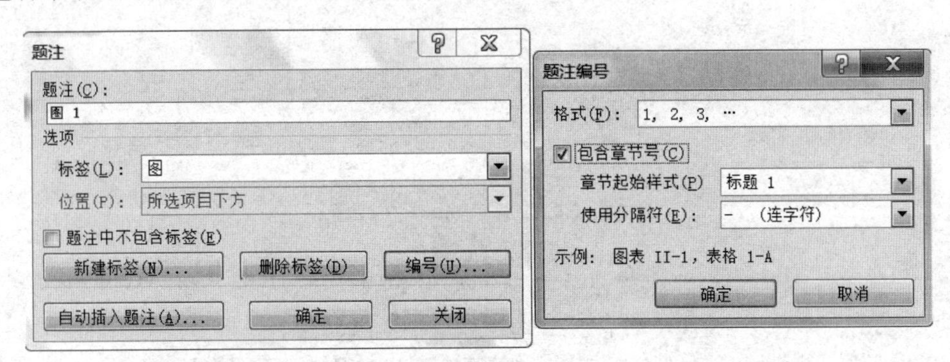

图 1.76 题注编号设置

(3) 返回“题注”对话框，“题注”文本框下方自动显示“图 2-1”，如图 1.77 所示，表示题注标签创建完毕。单击“确定”按钮，插入图题注，单击“居中”按钮将题注居中、图居中，如图 1.78 所示。

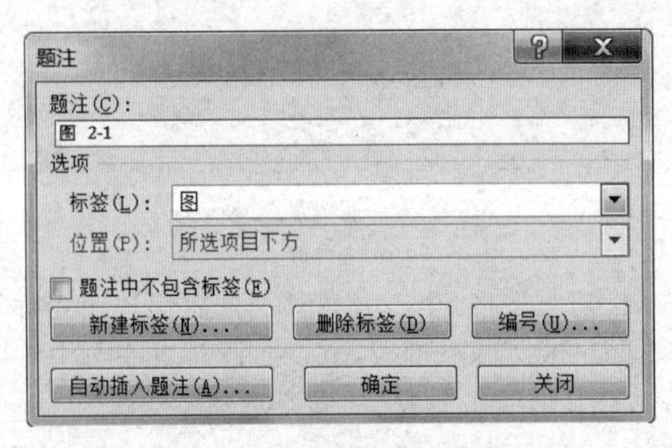

图 1.77 “题注”对话框

(4) 将光标分别定位在其余图下面一行的文字前，选择“引用”选项卡“题注”组中的“插入题注”，打开“题注”对话框后，直接单击“确定”按钮即可完成之后图的题注的插入，然后再设置题注居中、图居中。

(5) 表题注操作类似，不同的地方在于：光标定位于表上方一行的文字前，新建“表”标签，再插入题注，设置题注居中、表居中。

说明：不管图题注、表题注有没有操作完成，如果所操作的计算机里没有“图”或“表”标签，就需要新建。如果没有“图”或“表”标签，会影响到之后的交叉引用、图索引和表索引的创建。

4. 插入交叉引用

(1) 选中文档中某图上下文附近的“如下图所示”文字的“下图”两个字，选择“引用”选项卡“题注”组中的“交叉引用”，打开“交叉引用”对话框。“引用类型”选择“图”，“引用内容”选择“仅标签和编号”，“引用哪一个题注”选择要根据选中的“下图”所对应的图来决定，如图 1.79 所示。单击“插入”按钮插入交叉引用。单击插入的引用观察一下，应该有底纹出现，如“如图 2-1 所示”。

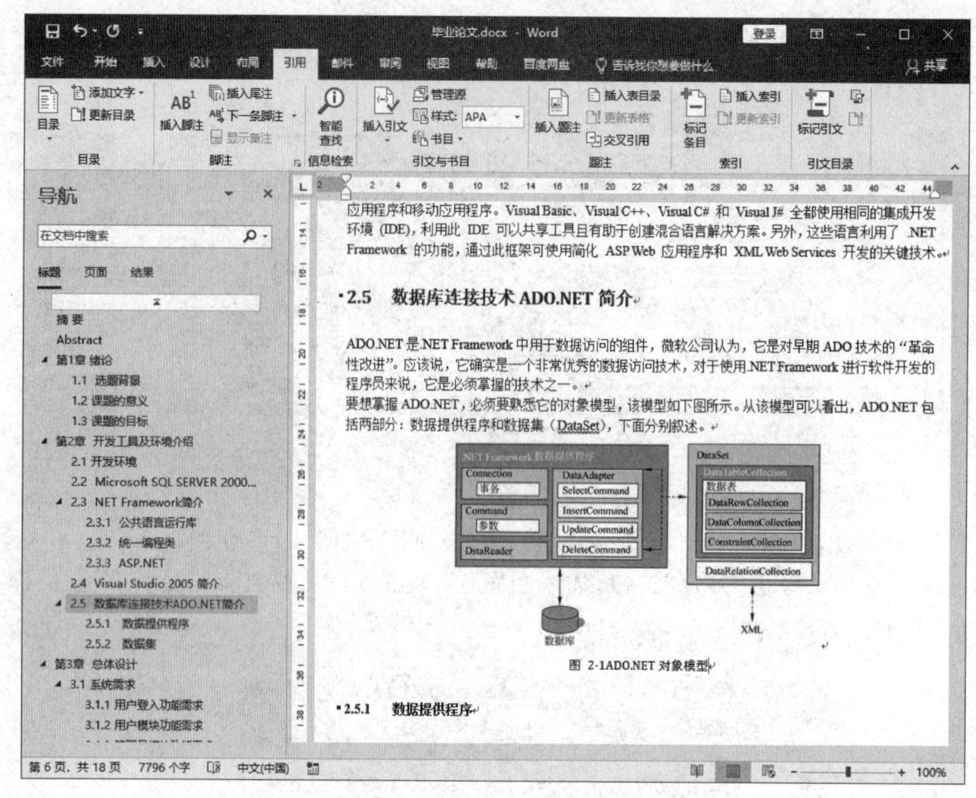

图 1.78 插入题注效果

（2）不要关闭“交叉引用”对话框，单击文档其他任意位置使光标定位在文档中，滚动鼠标找到并选中之后的“如下图所示”文字的“下图”两个字，重新选择“引用哪一个题注”，再单击“插入”按钮。等全部交叉引用操作完成后，再关闭该对话框。

（3）选中文档中“如下表所示”的“下表”两个字，打开“交叉引用”对话框，“引用类型”选择“表”，其他操作类似，插入表交叉引用，如图 1.80 所示。

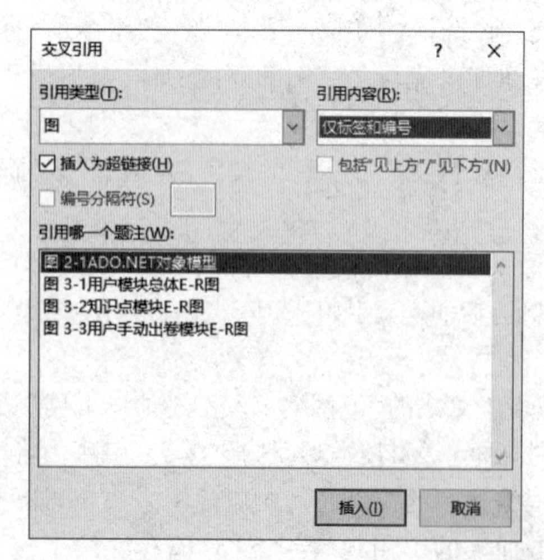

图 1.79 图交叉引用

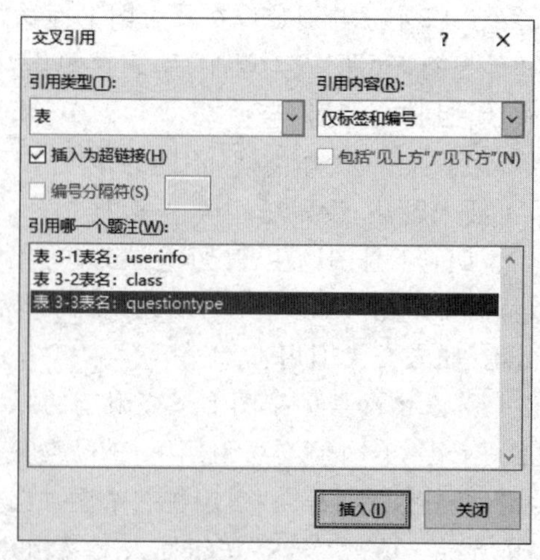

图 1.80 表交叉引用

5. 序号自动编号和新建样式

(1) 要对正文中出现的"1、2、3、…"或"(1)、(2)、…"等有编号段进行自动编号,编号格式不变。推荐方法:如果编号段落连续的话,鼠标拖动选中连续有编号的段落,选择"开始"选项卡"段落"组中的"编号"即可;如果是单行的话,只要将光标放在那一行,单击"编号"按钮即可。完成自动编号后,单击编号文字应该有底纹。

(2) 光标放在正文中除标题行和编号行之外的任意位置(如"当今的时代可以说是信息时代"),单击"样式"窗格左下角的"新建样式"按钮,新建一个样式;样式名为你的学号,样式要求:字体为"楷体",字号为"五号",段落格式为首行缩进 2 字符,1.3 倍行距,如图 1.81 所示,务必将名称改为你的真实学号。

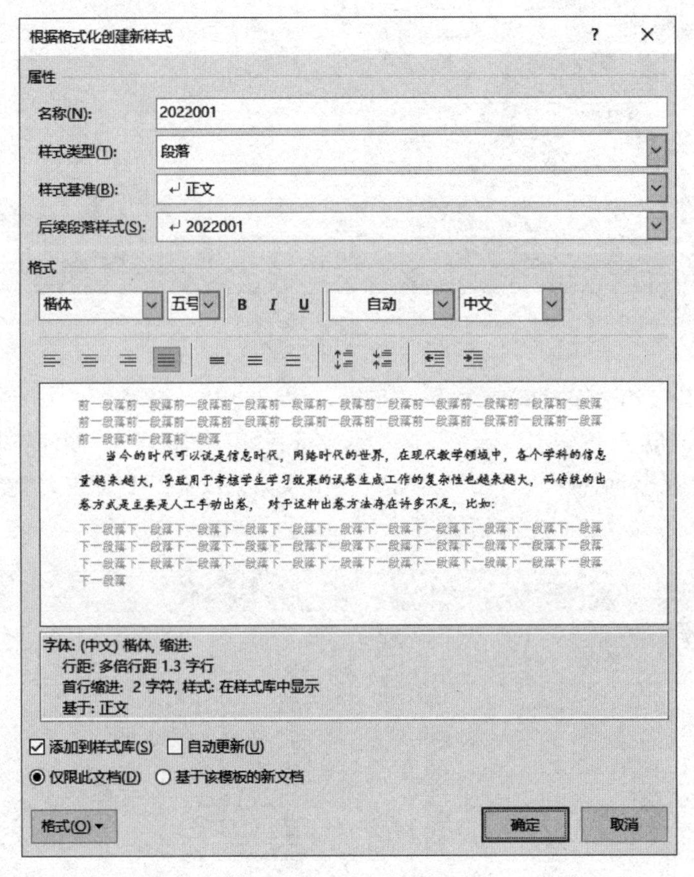

图 1.81　新建样式

(3) 使用"格式刷"将新建的样式应用到正文中无编号的文字,不包括章名、小节名、表文字、题注、脚注等。

6. 插入目录及图、表索引

(1) 光标单击"第 1 章",选择"布局"选项卡"页面设置"组中的"分隔符"→"下一页",插入分节符,重复操作两次。这样正文前共生成三张空白页。

(2) 光标定位于第一张空白页,在第一行输入"目录",并将文字前自动生成的"第 1 章"字样删除。光标定位于"目录"后,按 Enter 键。选择"引用"选项卡"目录"组中的"目录"→"自定义目录”，打开“目录”对话框。“显示级别”设定为“3”，如图 1.82 所示，单击“确定”按钮。

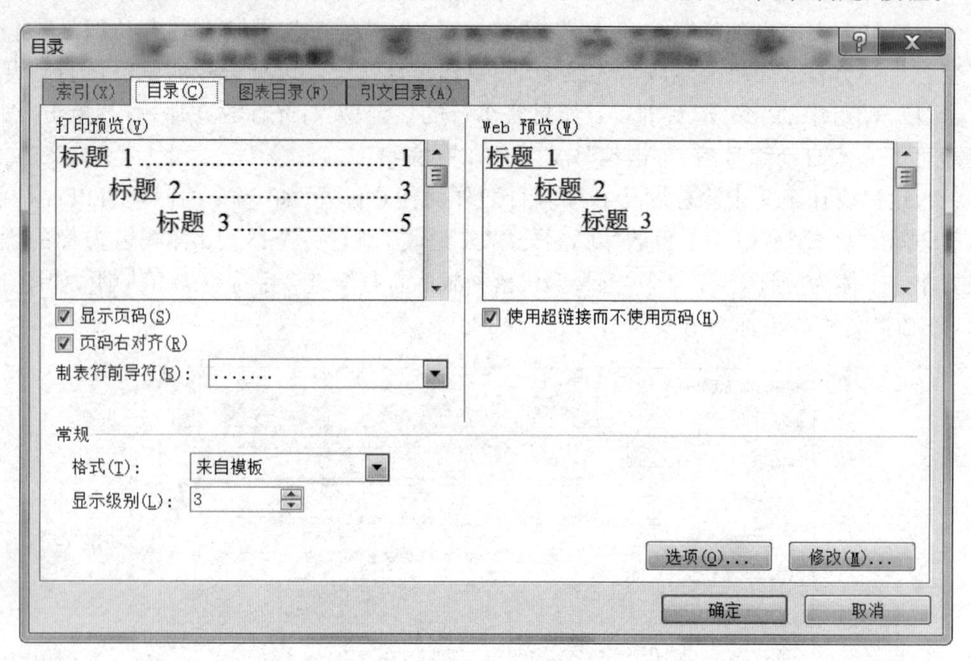

图 1.82 “目录”对话框

(3) 光标定位于第二张空白页，在第一行输入“图索引”，并将文字前自动生成的“第 1 章”字样删除。光标定位于“图索引”后，按 Enter 键。选择“引用”选项卡“题注”组中的“插入表目录”，打开“图表目录”对话框。“题注标签”选择“图”(如果没有“图”标签，请参照图 1.75 新建该标签)，如图 1.83 所示，单击“确定”按钮。

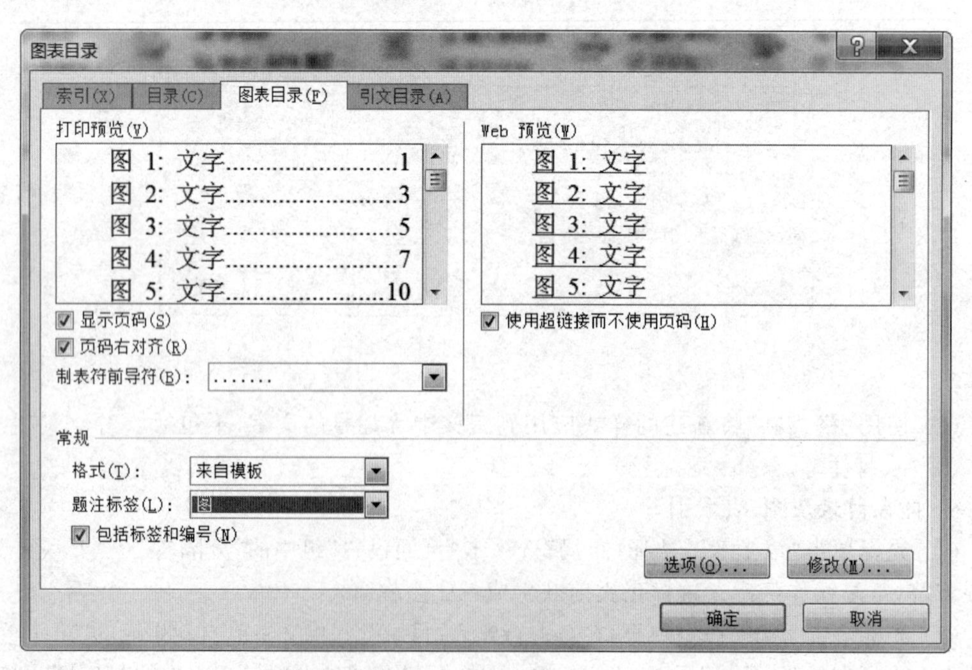

图 1.83 制作图索引目录

（4）光标定位于第三张空白页，在第一行输入“表索引”，并将文字前自动生成的“第1章”字样删除。光标定位于“表索引”后，按Enter键。选择“引用”选项卡“题注”组中的“插入表目录”，打开“图表目录”对话框。“题注标签”选择“表”，单击“确定”按钮。

7. 插入页码

（1）将光标定位在“摘要”一节，选择“插入”选项卡“页眉和页脚”组中的“页脚”→“编辑页脚”，进入页脚编辑状态，如图1.84所示。选择“页眉和页脚工具设计”选项卡“导航”组中的“链接到前一条页眉”，使其处于未选中状态，此时页脚右边的“与上一节相同”文字会消失。这样本节页脚的操作就不会影响到上一节了。

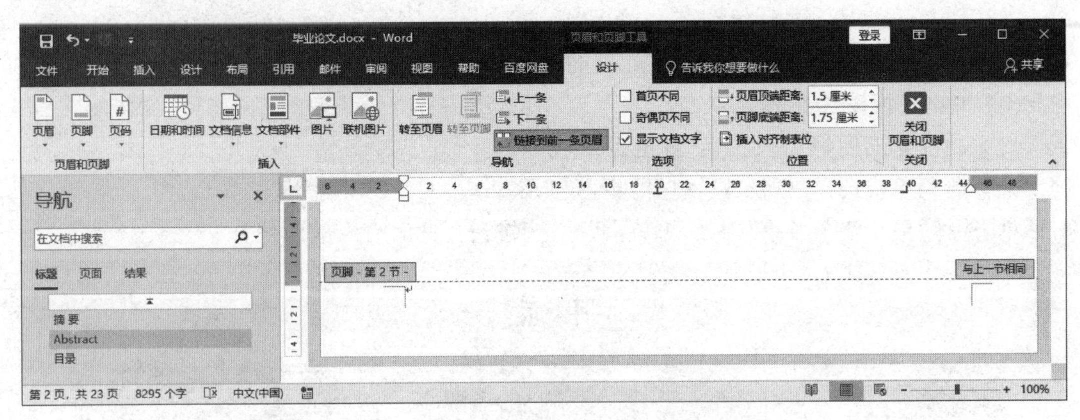

图 1.84　页脚编辑状态

（2）将光标居中后，选择“插入”选项卡“文本”组中的“文档部件”→“域”，打开“域”对话框，“类别”选择“编号”，“域名”选择Page，“域属性”选择“i，ii，iii，…”，如图1.85所示，单击“确定”按钮。

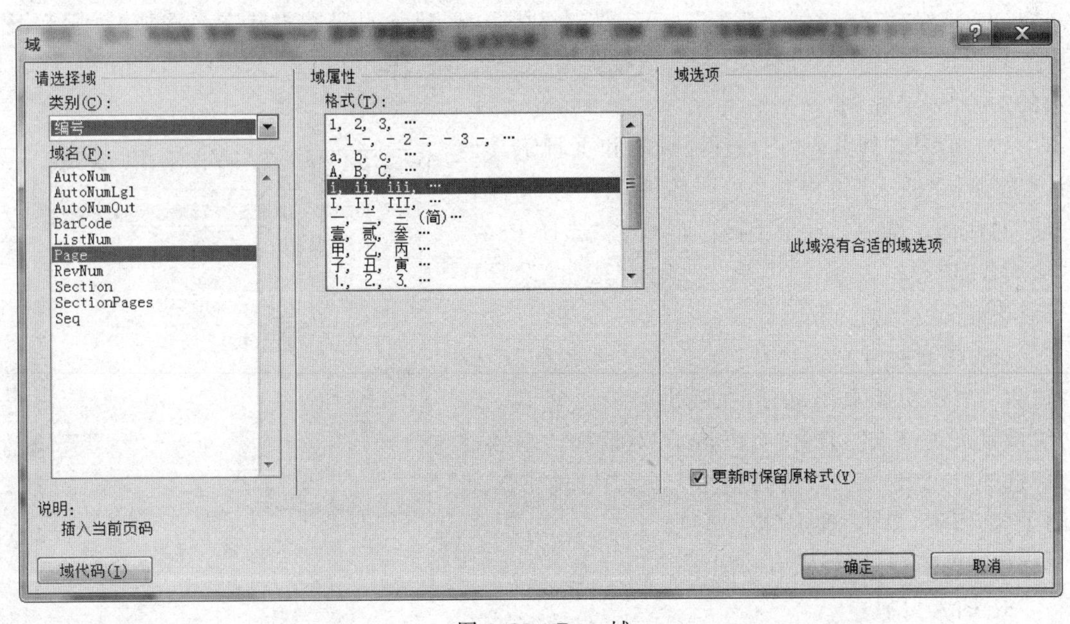

图 1.85　Page 域

(3) 选中刚插入的页码“i”,右击,在弹出的快捷菜单中选择“设置页码格式”,打开“页码格式”对话框,“编号格式”选择“i,ii,iii,…”,“页码编号”选择“起始页码”为“i”,如图 1.86 所示,单击“确定”按钮。

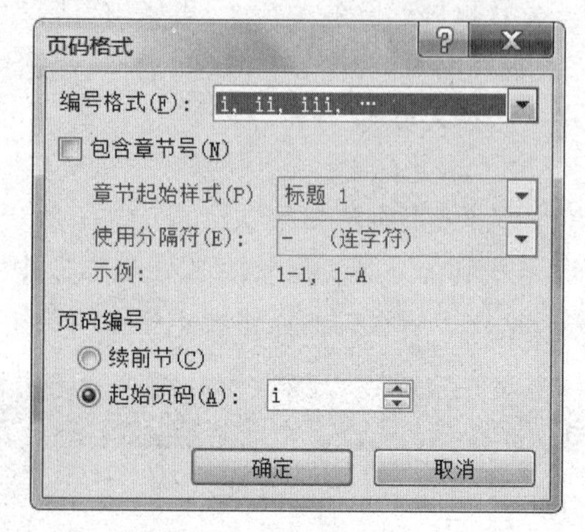

图 1.86 页码格式设置

(4) 选择“页眉和页脚工具设计”选项卡“导航”组中的“下一条”,将光标定位到下一节,右击页脚“i”,在弹出的快捷菜单中选择“设置页码格式”,打开“页码格式”对话框,“编号格式”选择“i,ii,iii,…”,“页码编号”选择“续前节”,单击“确定”按钮。下面几节的页脚(一直到正文前的表索引)都要如此进行设置。

(5) 设置完成后,更新目录:右击目录项,在弹出的快捷菜单中选择“更新域”,打开“更新目录”对话框,选择“更新整个目录”选项,再单击“确定”按钮。此时目录前面部分如图 1.87 所示。

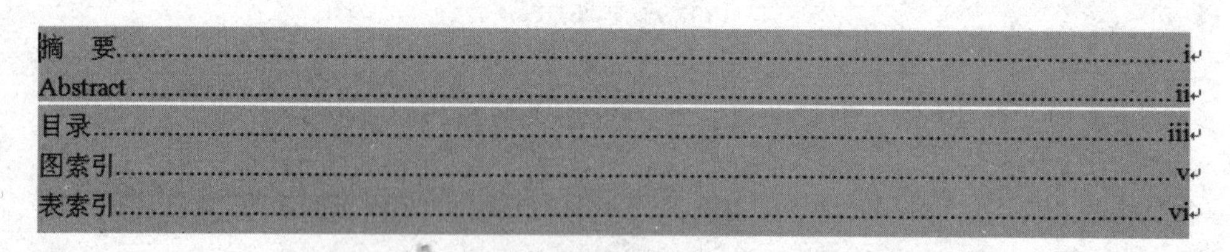

图 1.87 目录效果

(6) 将光标定位在“第 1 章”一节,双击页脚区域,进入页脚编辑状态。选择“页眉和页脚工具设计”选项卡“导航”组中的“链接到前一条页眉”,使其处于未选中状态,此时页脚右边的“与上一节相同”文字消失。

(7) 选中页脚页码“i”,选择“页眉和页脚工具设计”选项卡“插入”组中的“文档部件”→“域”,打开“域”对话框,“类别”选择“编号”,“域名”选择 Page,“域属性”选择“1,2,3,…”,单击“确定”按钮,设置页码居中。

(8) 将光标分别定位在“第 2 章”“第 3 章”……“致谢”,右击页脚页码部分,在弹出的快捷菜单中选择“设置页码格式”,打开“页码格式”对话框,“编号格式”选择“1,2,3,…”,“页码编号”选择“续前节”,如图 1.88 所示,单击“确定”按钮。

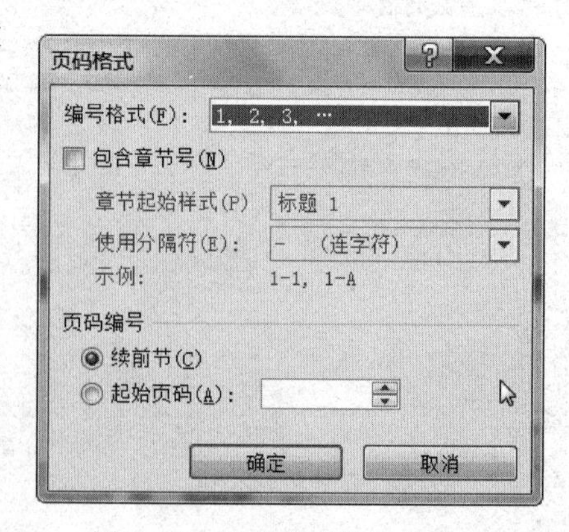

图 1.88 页码格式设置续前节

(9) 更新目录、表索引和图索引。

8. 插入页眉

(1) 将光标定位在“摘要”一节,选择“插入”选项卡“页眉和页脚”组中的“页眉”→“编辑页眉”，进入页眉编辑状态。选择“页眉和页脚工具设计”选项卡“导航”组中的“链接到前一条页眉”，使其处于未选中状态，此时页眉右边的“与上一节相同”文字已消失，选中“奇偶页不同”复选项；此时左上角页眉显示“奇数页页眉”，在页眉中输入“ ** 大学本科毕业论文”，如图 1.89 所示。

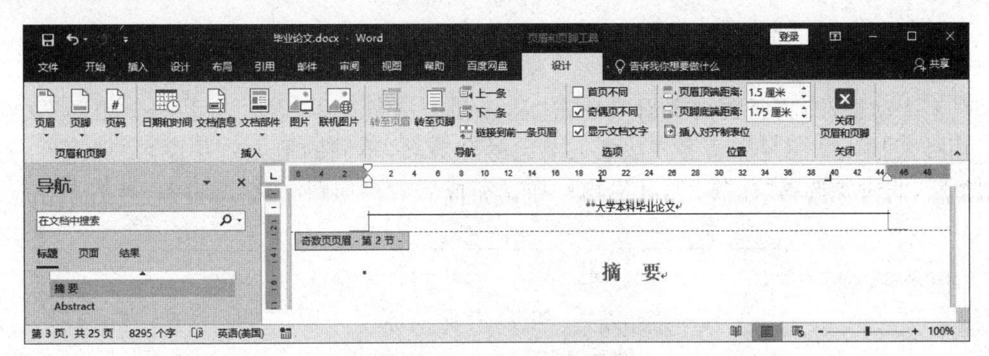

图 1.89　奇数页页眉编辑

(2) 选择“页眉和页脚工具设计”选项卡“导航”组中的“下一条”，左上角页眉显示“偶数页页眉”，单击“链接到前一条页眉”，使“与上一节相同”文字消失，在页眉处输入“ ** 大学本科毕业论文”。

(3) 将光标定位在“第 1 章”一节，双击页眉区域，进入页眉编辑状态。单击“链接到前一条页眉”，使“与上一节相同”文字消失。删除页眉原来的文字，打开“域”对话框，“类别”选择“链接和引用”，“域名”选择 StyleRef，“域属性”选择“标题 1”，选中“插入段落编号”域选项，如图 1.90 所示，单击“确定”按钮，插入章编号。

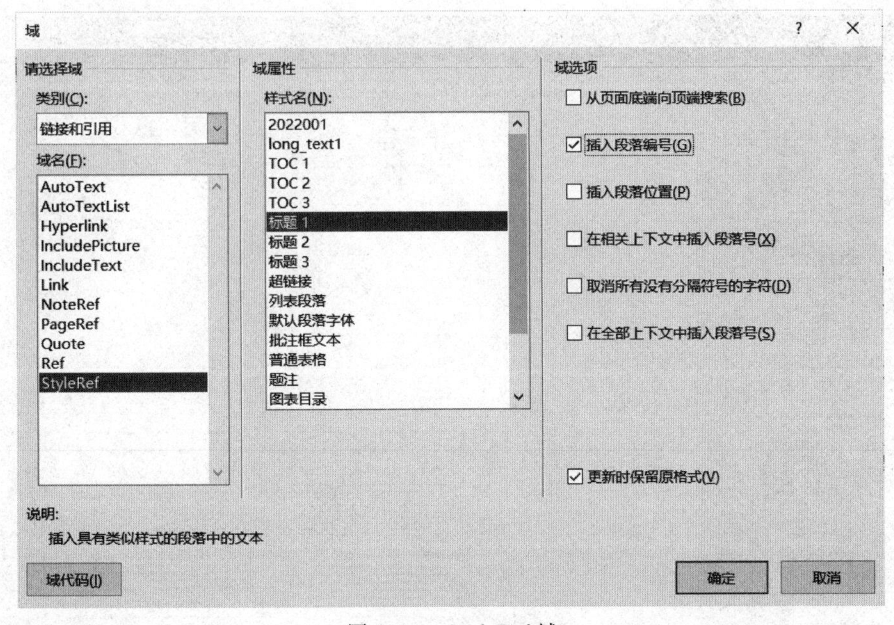

图 1.90　StyleRef 域

(4) 输入一个空格后，打开“域”对话框，“类别”选择“链接和引用”，“域名”选择 StyleRef，“域属性”选择“标题 1”，取消选中“插入段落编号”域选项，单击“确定”按钮，插入章名。选中插入的页眉,可以看到灰色底纹,因为插入的是域,如图 1.91 所示。

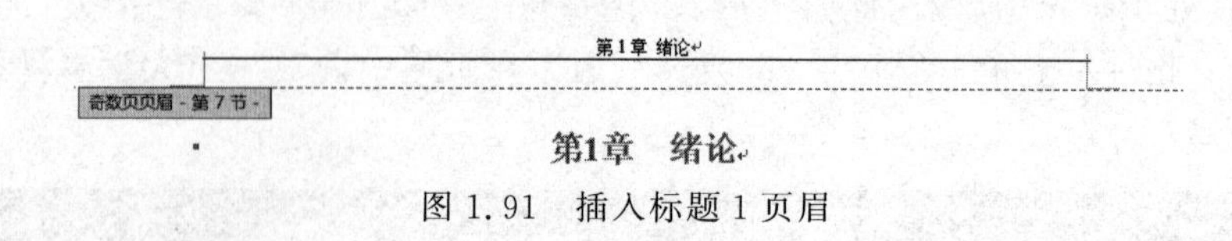

图 1.91 插入标题 1 页眉

(5) 滚动鼠标到“偶数页页眉”,单击“链接到前一条页眉”,使“与上一节相同”文字消失。用类似插入章编号和章名方法插入节编号和节名,不同的地方就是原来“域属性”选择“标题 1”,此时要选择“标题 2”,其他均一样。完成后效果如图 1.92 所示。

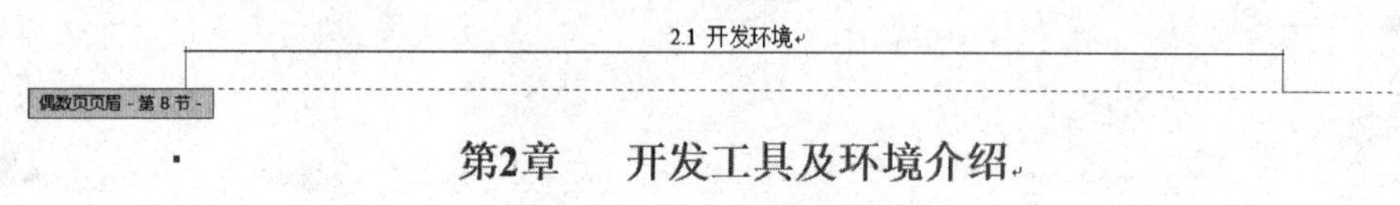

图 1.92 插入标题 2 页眉

(6) 修改参考文献和致谢两节页眉,使得页眉仅显示标题文字。

(7) 因为设置了“奇偶页不同”,所以页脚中也要做相应处理:光标移到第“i”页(摘要页)页脚,将页脚复制到下一页;光标移到第“1”页页脚,复制页脚,光标移到下一页,取消“与上一节文字相同”文字后,将页脚粘贴过来,如果页码格式不对,也要进行修改,使页码连续编号。正文前面偶数页页眉也要做相应处理。

(8) 更新目录、图索引、表索引,将毕业论文封面的学号和姓名填写完整,按 Ctrl 键同时滚动鼠标,可以显示毕业设计论文的排版效果,如图 1.93 所示,保存文件。

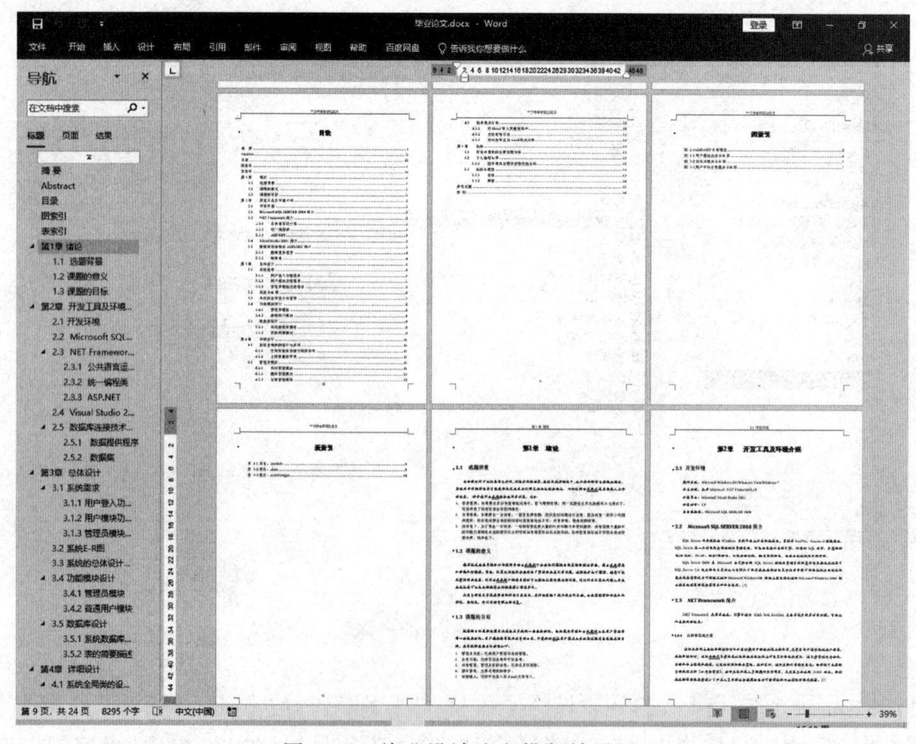

图 1.93 毕业设计论文排版效果图

1.6 案例五　用 Word VBA 制作选择题

Visual Basic for Applications(VBA)可用来扩展 Microsoft Word 2019,VBA 的特点是将 VB 语言与应用对象模型结合起来,处理各种应用需求。Word VBA 是将 VB 应用于 Word 对象模型,或者说是用 VB 语言来操控这些 Word 对象模型,以达到各种应用的要求。所以,如果想通过 VBA 控制 Word,必须同时熟悉 VB 语言和 Word 对象模型。

现要求使用 Word VBA 制作考卷中的选择题,包括单选题和多选题。其中,要使用到窗体控件选项按钮和复选框,并进行 VBA 代码编程实现选择题自动批改。通过本案例的学习,可以对 Word VBA 有一定的了解。

具体操作步骤如下。

1. 准备工作

(1) 打开 Word 素材文件“用 Word 制作选择题.docx”,选择“文件”→“选项”,打开“Word 选项”对话框,选择左边选项“信任中心”,单击“信任中心设置”按钮,打开“信任中心”对话框,选择左边选项“宏设置”,选中“启用所有宏(不推荐,可能会运行有潜在危险的代码)”单选按钮,选中“信任对 VBA 工程对象模型的访问”复选框,如图 1.94 所示,单击“确定”按钮。

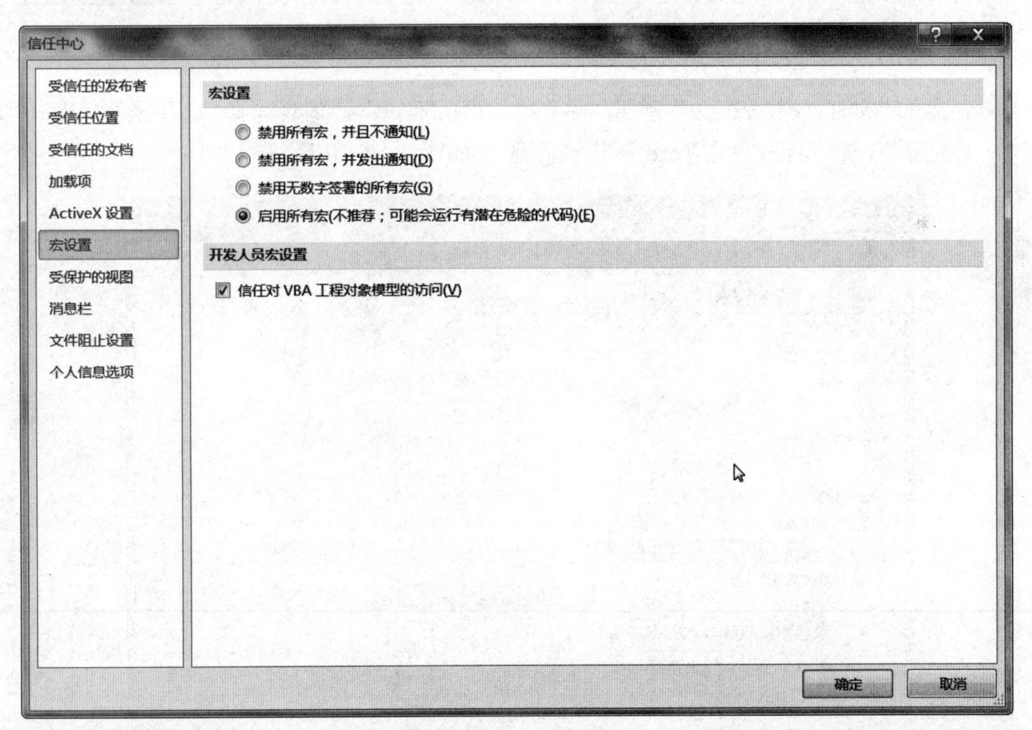

图 1.94　宏设置

(2) 在“Word 选项”对话框中,选择左边选项“自定义功能区”,在右上角“自定义功能区”下拉框中选择“主选项卡”,选中“开发工具”选项。假设没有该选项,要从左边列表框中添加,如图 1.95 所示。单击“确定”按钮后,Word 应用程序主菜单会增加“开发工具”选项。

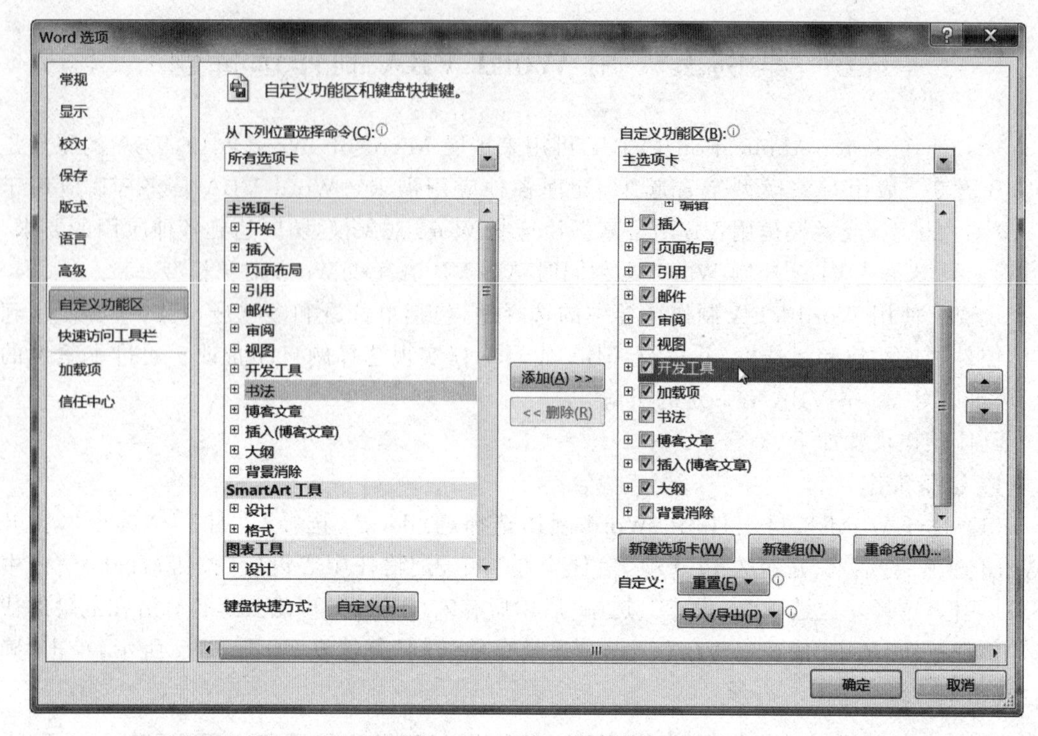

图 1.95　开发工具添加

(3) 选择“文件”→“另存为”，弹出“另存为”对话框，保存类型选择“启用宏的 Word 文档（*.docm)”，文件名为“用 Word 制作选择题”，如图 1.96 所示。

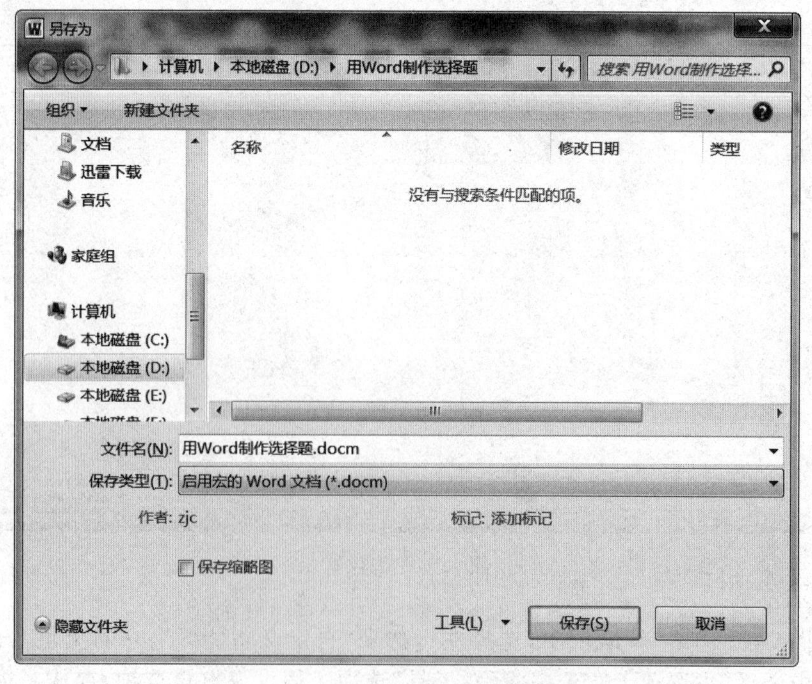

图 1.96　带有宏文档保存

2. 单选题前插入选项按钮

(1) 光标定位在第1题“A. ”前，选择“开发工具”选项卡“控件”组中的“旧式工具”，打开“旧式窗体”，单击 ActiveX 控件下的“选项按钮(ActiveX 控件)”，如图 1.97 所示。此时在“A. ”前插入了 OptionButton1 选项按钮。

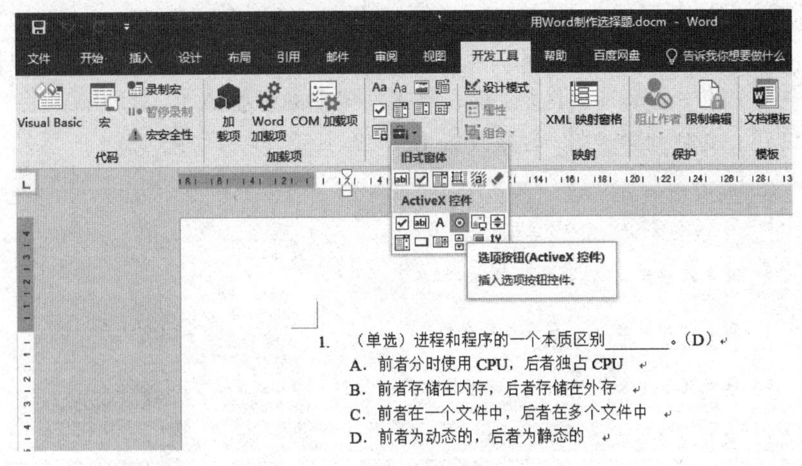

图 1.97 插入选项按钮

(2) 剪切A选项所有内容“A. 前者分时使用 CPU，后者独占 CPU”，右击 OptionButton1 选项按钮，在弹出的快捷菜单中选择“属性”，打开“属性”窗格。在(名称)右边的框中输入“Op11”。在 GroupName 右边的框中输入“d1”。选中 Caption 属性右边的框文字，按 Ctrl+V 组合键粘贴刚才剪切的内容。双击 AutoSize、WordWrap 属性，使其属性分别为 True、False。此时“设计模式”自动处于选中状态，如图 1.98 所示。

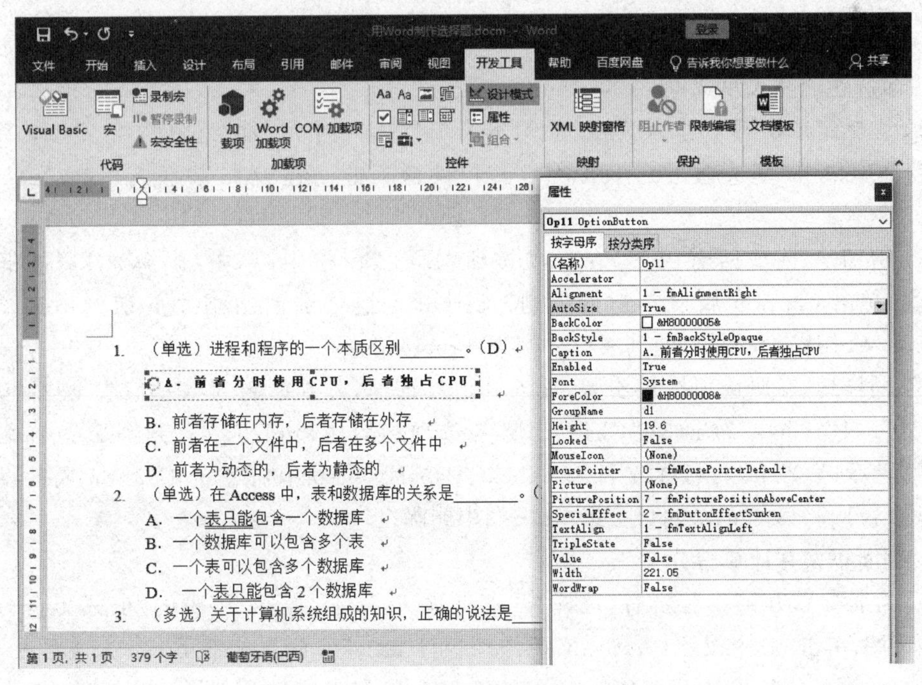

图 1.98 选项按钮属性设置

(3) 复制 Op11 选项按钮到 B 选项前，剪切 B 选项所有内容，右击新复制的选项按钮，打开“属性”窗格。在(名称)右边的框中输入“Op12”。选中 Caption 属性右边的框文字，按 Ctrl+V 组合键粘贴刚才剪切的内容。同样的操作，复制其他选项，并修改其 Caption 属性，名称分别命名为“Op13”“Op14”。

(4) 复制第 1 题中完成的四个选项到第 2 题中，名称命名为“Op21”“Op22”“Op23”“Op24”，Caption 属性改为各个选项。修改该题所有选项的 GroupName 属性为“d2”。

(5) 选中第 1 题中原来答案区域，插入旧式窗体中的标签 **A** 控件 Label1，将其 ForeColor 属性设置成红色；复制到第 2 题，名称改为 Label2，其他不变，如图 1.99 所示。

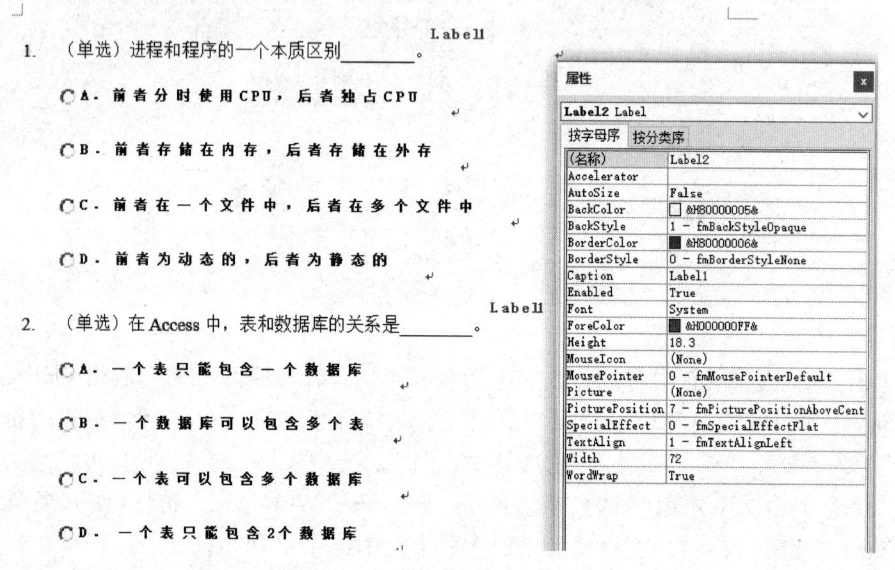

图 1.99　完成单选选择题设计

3. 多选题前插入复选框

(1) 光标定位在第 3 题“A.”前，选择“开发工具”选项卡“控件”组中的“旧式工具”，打开“旧式窗体”，单击“复选框(ActiveX 控件)”控件 ☑。此时在“A.”前插入了 CheckBox1 选项按钮。

(2) 剪切 A 选项所有内容，在选项按钮“属性”窗格中，单击(名称)右边的框输入“Ch31”。单击 Caption 属性右边的框，按 Ctrl+V 组合键粘贴刚才剪切的内容。双击 AutoSize、WordWrap 属性，使其属性分别为 True、False。

(3) 同样地，参照选项按钮步骤，插入其他复选框，分别命名为“Ch31”“Ch32”“Ch33”“Ch34”“Ch41”“Ch42”“Ch43”“Ch44”。将各选项内容也修改好。复制第 2 题答案区域 Label2 标签到第 3、4 题，名称改名为 Label3、Label4。将所有标签的 Caption 属性设置为空。如图 1.100 所示，记录题目答案，在文档中删除之。

4. 判断正误并计算得分

(1) 光标定位在第 4 题之后，选择“开发工具”选项卡“控件”组中的“旧式工具”，打开“旧式窗体”，单击“命令按钮(ActiveX 控件)”控件。将命令按钮 Caption 属性改为“判断正误并计算得分”，双击 AutoSize、WordWrap 属性，使其属性分别为 True、False。

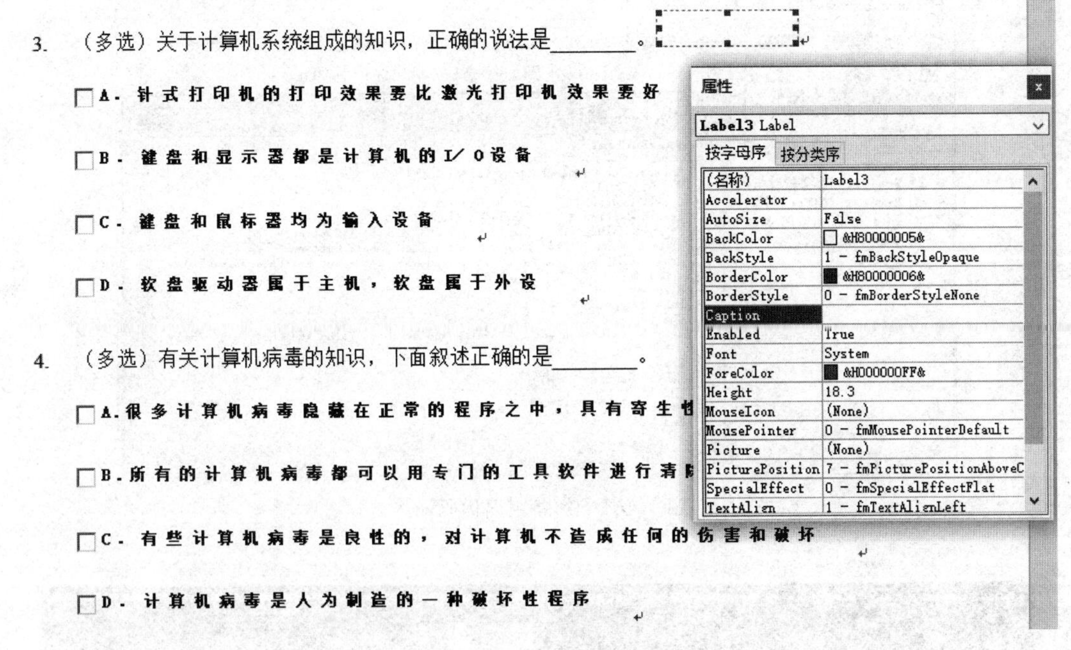

图 1.100　完成多选选择题设计

(2) 双击该按钮，进入 VBA 代码编写窗口，输入以下代码，如图 1.101 所示。

```
d = 0: s = 0
Label1.Caption = "": Label2.Caption = ""
Label3.Caption = "": Label4.Caption = ""
If Op14.Value = True Then d = d + 1 Else Label1.Caption = "错"
If Op22.Value = True Then d = d + 1 Else Label2.Caption = "错"
If Not Ch31.Value And Ch32.Value And Ch33.Value And Not Ch34.Value Then
    s = s + 1
Else
    Label3.Caption = "错"
End If
If Ch41.Value And Not Ch42.Value And Not Ch43.Value And Ch44.Value Then
    s = s + 1
Else
    Label4.Caption = "错"
End If
MsgBox ("你的得分是: " & d * 20 + s * 30)
```

(3) 关闭 Microsoft Visual Basic for Applications 窗口，加入文本框输入学号和姓名后，保存文件。

(4) 选择“开发工具”选项卡“控件”组中的“设计模式”，取消其选中状态。在保护组中单击“限制编辑”，打开“限制编辑”任务窗格，选中“仅允许在文档中进行此类型的编辑”复选框，在下拉框中选择“不允许任何更改(只读)”，如图 1.102 所示。

(5) 单击“是，启动强制保护”按钮，打开“启动强制保护”对话框，设置密码为“123”，如

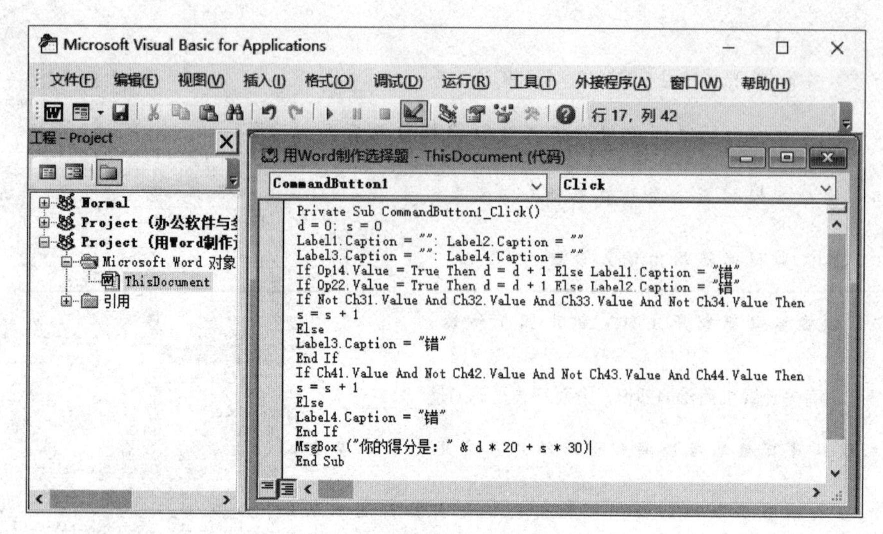

图 1.101　判断正误代码输入

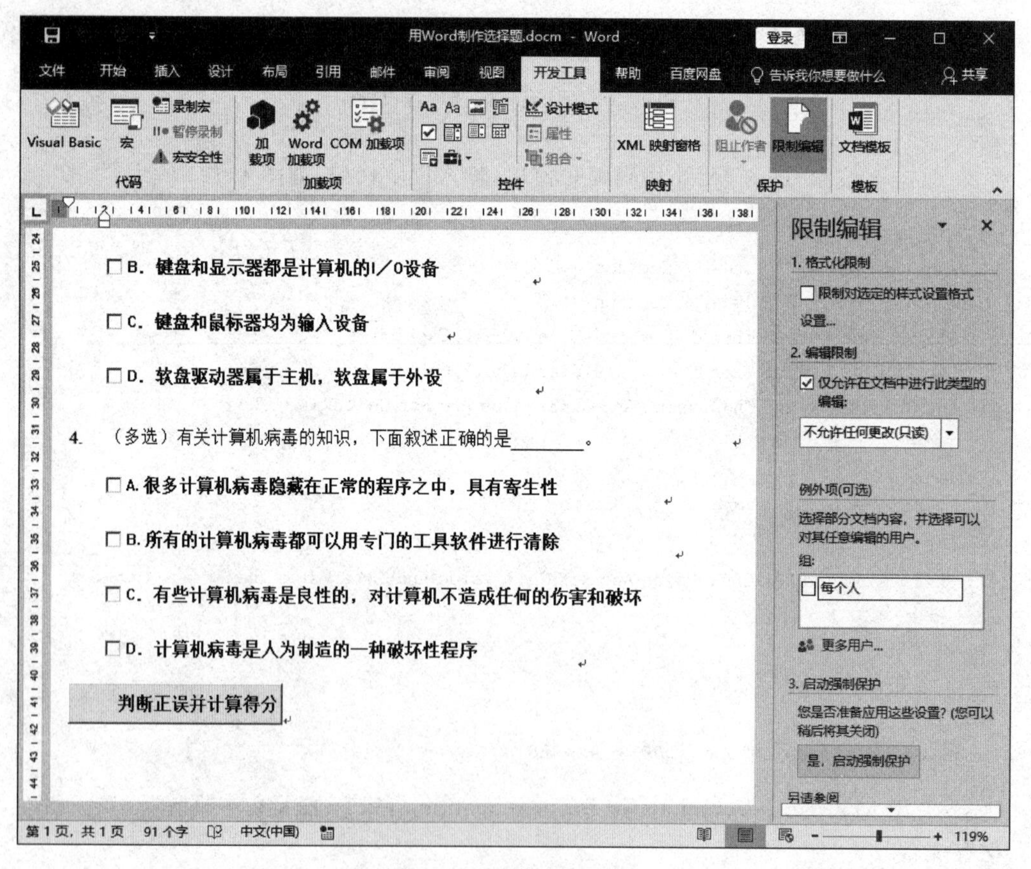

图 1.102　限制编辑设置

图 1.103 所示。保存文档，并另存为“用 Word 制作选择题(保护)”。注意：接下来调试期间不要再重新保存了。

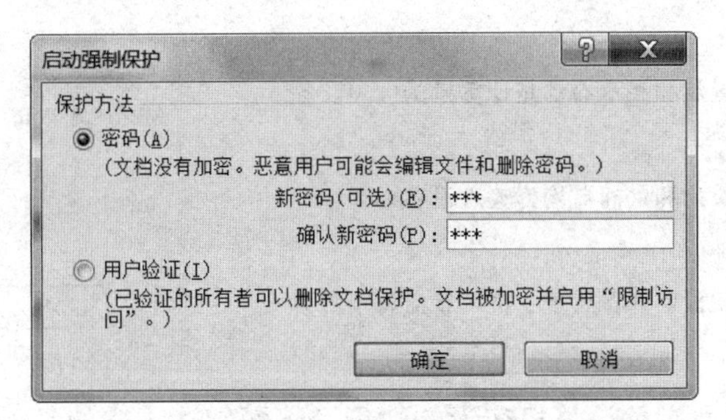

图 1.103　密码保护

(6) 开始做题调试,选择选项按钮和复选框,单击“判断正误并计算得分”按钮可得最后分数。如图 1.104 所示为全部做对了,如图 1.105 所示为有部分错误,在题目右上角会有错误提示。注意:多次调试需要重新打开文档“用 Word 制作选择题(保护)”,期间不要保存该文件。

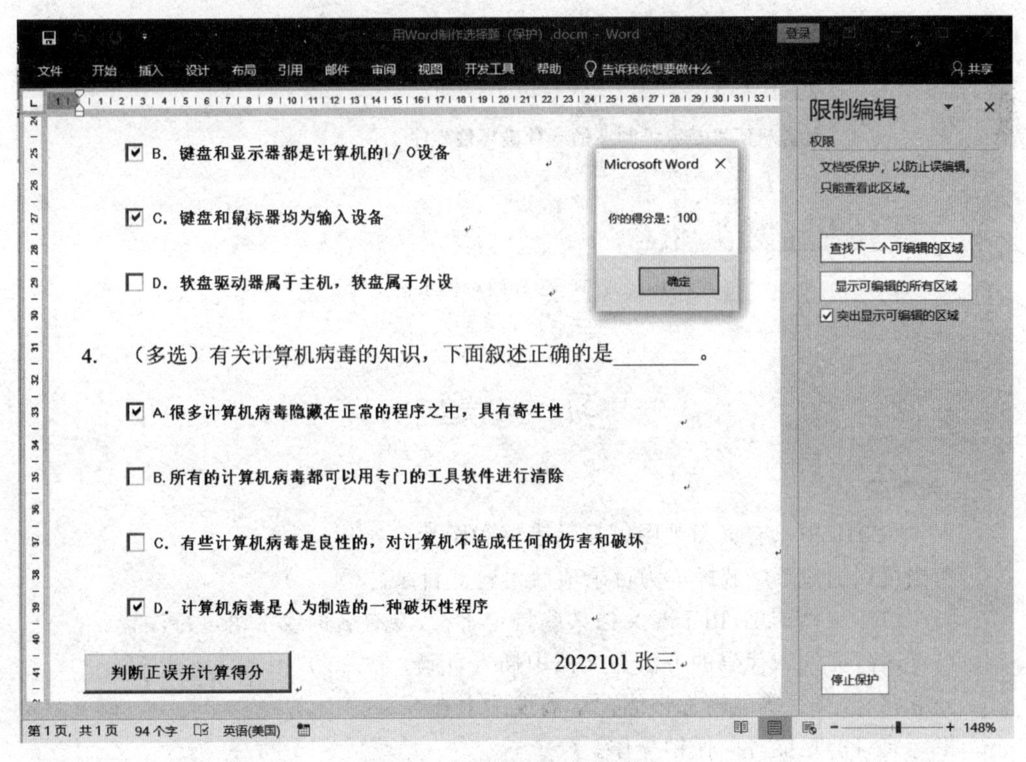

图 1.104　全部做对提示信息

(7) 如果测试完全符合要求,测试后关闭文档,不要保存文档,操作结束。

(8) 如果测试不完全符合要求,不要保存文档,关闭文档。重新打开文档“用 Word 制作选择题(保护)”。选择“开发工具”选项卡,在保护组中单击“限制编辑”,单击“限制编辑”窗格中的“停止保护”按钮,输入密码“123”。取消选中“限制编辑”窗格中的“仅允许在文档中进行此类型的编辑”复选框。单击“控件”组中的“设计模式”,使其再次处于选中状态,此时可以重新编辑修改。

(9) 修改完成后,返回到步骤(4)重新保护文档,再调试测试,直到完全正确。

☑ B. 键盘和显示器都是计算机的I/O设备

☑ C. 键盘和鼠标器均为输入设备

☐ D. 软盘驱动器属于主机，软盘属于外设

错

4. （多选）有关计算机病毒的知识，下面叙述正确的是________。

☑ A.很多计算机病毒隐藏在正常的程序之中，具有寄生性

☑ B.所有的计算机病毒都可以用专门的工具软件进行清除

☐ C. 有些计算机病毒是良性的，对计算机不造成任何的伤害和破坏

☑ D. 计算机病毒是人为制造的一种破坏性程序

判断正误并计算得分　　2022101 张三

图 1.105　部分做对提示信息

习　题

一、判断题

1. Word 2019 中只有页面视图可显示表格和图片。(　　)
2. 文档可以通过 TC 域标记为目录项后再建立目录。(　　)
3. 脚注位于文档结尾,用于对文档某些特定字符、专有名词或术语进行注释。(　　)
4. 可以通过插入域代码的方法在文档中插入页码。(　　)
5. 分节符、分页符等编辑标记能在草稿视图中查看。(　　)
6. 拒绝修订的功能等同撤销操作。(　　)
7. 链接段落和字符样式有时表现为段落样式,有时表现为字符样式。(　　)
8. 在审阅时,对于文档中的所有修订标记只能全部接受或全部拒绝。(　　)
9. 打印时,在 Word 2019 中插入的批注将与文档内容一起被打印出来,无法隐藏。(　　)
10. Word 域就像一段程序代码,文档中显示的内容是域代码运行的结果。(　　)

二、选择题

1. Word 2019 插入题注时如需加入章节号,如"图 1-1",无须进行的操作是________。
   A. 将章节起始位置套用内置标题样式　　B. 将章节起始位置应用多级符号
   C. 将章节起始位置应用自动编号　　D. 自定义题注样式为"图"

2. 在同一个页面中,如果希望页面上半部分为一栏,后半部分分为两栏,应插入的分隔符号为________。

A. 分页符　　B. 分栏符

C. 分节符(连续)　　D. 分节符(奇数页)

3. Word 中的手动换行符(又叫软回车,以一个直的向下的箭头↓表示)是通过________产生的。

A. 插入分页符　　B. 插入分节符　　C. 输入 Enter　　D. 按 Shift+Enter

4. 如果 Word 文档中要设置不允许别人修改内容或格式,可以通过________。

A. 格式设置限制　　B. 编辑限制

C. 设置文件修改密码　　D. 以上都是

5. 若文档被分为多个节,并将页眉和页脚设置为奇偶页不同,则以下关于页眉和页脚说法正确的是________。

A. 文档中所有奇偶页的页眉必然都不相同

B. 文档中所有奇偶页的页眉可以不相同

C. 每个节中奇数页页眉和偶数页页眉必然不相同

D. 每个节的奇数页页眉和偶数页页眉可以不相同

6. Word 2019 中插入图片域时,可以按________组合键显示或隐藏域代码。

A. Ctrl+F8　　B. Esc+F9　　C. Alt+F9　　D. Tab+F8

7. 插入域操作可以使用“插入”→“________”→“域”命令,在打开的“域”对话框中设置参数。

A. 书签　　B. 文档部件　　C. 文本框　　D. 公式

8. Word 2019 中输入标题的时候,如果要让标题居中,一般________。

A. 单击“居中”按钮☰来自动实现　　B. 用 Tab 键来调整

C. 用空格键来调整　　D. 用鼠标定位来调整

9. 在 Word 中,选取已设置好格式的某文本后,双击“格式刷进”行格式应用时,“格式刷”可以使用的次数为________。

A. 1　　B. 2　　C. 无限次　　D. 有限次

10. 在 Word 中,能将所有的标题分级显示出来,但不显示图形对象的视图是________。

A. 页面视图　　B. 大纲视图　　C. Web 版式视图　　D. 草稿视图

11. 在用 Word 撰写毕业论文时,要求只用 A4 规格的纸输出。在打印预览中,发现最后一页只有一行。如果想把这一行提到上一页,最好的办法是________。

A. 改变纸张大小　　B. 增大页边距

C. 减小页边距　　D. 页面方向改为横向

12. 下列有关脚注和尾注说法错误的是________。

A. 脚注和尾注由两个关联的部分组成,包括注释引用标记及其对应的注释文本

B. 在添加、删除或移动自动编号的注释时,Word 不会对注释引用标记重新编号,需手动更改

C. 脚注一般位于页面底部

D. 尾注一般位于文档末尾

13. 在 Word 2019 中,一组已经命名的字符和段落格式,应用于文档中的文本、表格和列表的一套格式特征称为________。

A. 母版　　B. 项目符号　　C. 样式　　D. 格式

14. 下列关于 Word 主控文档,叙述正确的是________。

A. 在主控文档中不可以修改子文档中的文本

B. 主控文档中的子文档只可展开不可折叠

C. 主控文档能转换为普通文档保存

D. 主控文档中的子文档只可折叠不可展开

15. 防止文件丢失的方法是________。

A. 自动备份　　B. 自动保存　　C. 另存一份　　D. 以上都是

第2章 Excel 高级应用

2.1 Excel 相关知识

2.1.1 单元格引用

单元格作为一个整体以单元格地址的描述形式参与运算称为单元格引用。单元格引用方式分为相对引用、绝对引用和混合引用。

1. 相对引用

相对引用是指将一个含有单元格地址的公式复制到一个新的位置时，公式中的单元格地址会随着改变。

调整规则如下：

新行(列)地址＝原行(列)地址＋行(列)地址偏移量

例如，在 F2 中输入相对引用公式"＝C2＋D2＋E2"，如果复制 F2 公式到 G6，那 G6 中公式为"＝D6＋E6＋F6"。

2. 绝对引用

绝对引用是指在把公式复制或填入到新位置时，使其中的单元格地址保持不变。

例如，在 F2 中输入绝对引用公式"＝$C$2＋$D$2＋$E$2"，如果复制 F2 公式到 G6，那 G6 中公式为"＝$C$2＋$D$2＋$E$2"。

选中相对引用，按 F4 键可变成绝对引用。

3. 混合引用

混合引用是指在一个单元格地址中，既有绝对地址引用又有相对地址引用。

例如，在 F2 中输入混合引用公式"＝C2＋$D$2＋$E2"，如果复制 F2 公式到 G6，那 G6 中公式为"＝D6＋$D$2＋$E6"。

2.1.2 数组公式

数组是单元的集合或是一组需要处理的值的集合。可以写一个数组公式，即输入单个的公式，它执行多个输入操作并产生多个结果，每个结果显示在一个单元格区域中。数组公式可以看成有多重数值的公式，它与单值公式的不同之处在于它可以产生一个以上的结果。一个数组公式可以占用一个或多个单元区域，数组元素的个数最多为 6500 个。

数组公式应用的一般步骤为：

(1) 选中要显示结果的目标列(多个单元格)。

(2) 在编辑栏中输入"="，拖动鼠标选择操作列地址，编辑更改公式。

(3) 按 Shift+Ctrl+Enter 组合键完成多个数据的计算。

要注意的是，数组公式不需要使用填充柄来完成。数组公式完成后，修改或删除单个单元格公式是不允许的，否则系统提示错误，避免了误操作。如果一定要修改数组公式，只能全选整列数组公式在编辑栏中进行修改，修改数组过程中数组标记"{}"会消失，需重新按 Shift+Ctrl+Enter 组合键确认修改。删除操作也必须针对整列数据进行操作。

【例 2.1】 已知有"学生成绩管理.xlsx"Sheet1 工作表，第一行为标题行(学号、姓名、语文、数学、英语、总分、平均分)，共 10 行。请使用数组公式，按语文(C 列)、数学(D 列)、英语(E 列)计算总分和平均分，将其计算结果保存到表中的"总分"列和"平均分"列中。

操作步骤如下。

(1) 拖动鼠标选中"总分"全列(F2：F10) 后，光标定位在编辑栏，输入"="。

(2) 拖动鼠标选中"语文"全列(C2：C10)，输入"+"；拖动鼠标选中"数学"全列(D2:D10)，输入"+"；拖动鼠标选中"英语"全列(E2:E10)；此时编辑栏变成=C2:C10+D2:D10+E2:E10。

(3) 按 Shift+Ctrl+Enter 组合键，编辑栏变成{=C2:C10+D2:D10+E2:E10}，"总分"列数据全部自动出来。

(4) 用同样的方法计算"平均分"列，编辑栏中显示{=F2:F10/3}。完成数组公式后，可以删除 F2:G10 任意一个单元格试一试，如果弹出"不能更改数组的某一部分"提示框，表示确为数组公式无误。

2.1.3 高级筛选

按多种条件的组合进行查询的方式称为高级筛选。对于有些筛选条件比较复杂的情况，必须使用高级筛选功能来处理。

使用高级筛选功能首先需建立一个条件区域，用来指定筛选条件。一般情况下，条件区域与数据列表不能重叠，需用空行或空列隔开。

条件区域的第一行是所有作为筛选条件的字段名，这些字段名与数据列表中的字段名必须一致，条件区域的其他行则输入筛选条件。同一行的条件是"与"运算，同一列的条件是"或"运算。也就是说，条件写在同一行：表示条件之间是"与"的关系，要求同一行各条件同时成立。条件写在不同行：表示每个条件之间是"或"的关系，同一行各条件只要成立一个即可。条件区域筛选条件也可以使用通配符表示，"?"表示可以代替任一个字符，"*"表示可替代任意多个字符。

实现高级筛选操作一般分为以下三步。

(1) 建立筛选条件区域，这也是最重要的一步。

(2) 选中数据区或光标放在数据区，选择"数据"选项卡"排序和筛选"组中的"高级"。

(3) 打开"高级筛选"对话框，选择方式为"在原有区域显示筛选结果"或"将筛选结果复制到其他位置"；列表区域和条件区域选择。

【例 2.2】 已知有"学生成绩.xlsx"Sheet1 工作表，要求筛选"数学"大于或等于 85 分，或者"平均分"大于 80 分的男生，将筛选结果放在 A12 开始的位置。

操作步骤如下。

(1) 在“成绩”数据表旁I2开始区域建立条件区域(注意这里条件行的关系运算符>、>=必须为半角英文标点符号)。标题字段在同一行,“>=85”在“数学”列下,表示“数学”大于或等于85分;“男”和“>80”在同一行表示要同时成立;数学条件是“或者”,表示只要成立一个条件即可。

(2) 光标放在数据区域,选择“数据”选项卡“排序和筛选”组中的“高级”,打开“高级筛选”对话框。列表区域就是数据区域,已经自动选择;选中“将筛选结果复制到其他位置”选项;光标定位在“条件区域”,选中I2:K4区域;光标定位在“复制到”,单击选中A12单元格;单击“确定”按钮,设置内容和结果如图2.1所示。

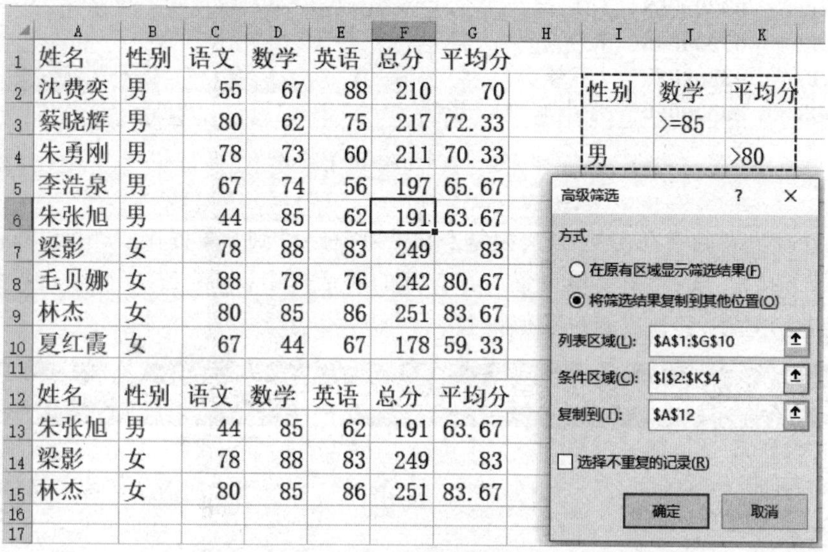

	A	B	C	D	E	F	G
1	姓名	性别	语文	数学	英语	总分	平均分
2	沈费奕	男	55	67	88	210	70
3	蔡晓辉	男	80	62	75	217	72.33
4	朱勇刚	男	78	73	60	211	70.33
5	李浩泉	男	67	74	56	197	65.67
6	朱张旭	男	44	85	62	191	63.67
7	梁影	女	78	88	83	249	83
8	毛贝娜	女	88	78	76	242	80.67
9	林杰	女	80	85	86	251	83.67
10	夏红霞	女	67	44	67	178	59.33
11							
12	姓名	性别	语文	数学	英语	总分	平均分
13	朱张旭	男	44	85	62	191	63.67
14	梁影	女	78	88	83	249	83
15	林杰	女	80	85	86	251	83.67
16							
17							

	I	J	K
2	性别	数学	平均分
3		>=85	
4	男		>80

高级筛选

方式

○ 在原有区域显示筛选结果(F)

◉ 将筛选结果复制到其他位置(O)

列表区域(L): $A$1:$G$10

条件区域(C): $I$2:$K$4

复制到(T): $A$12

☐ 选择不重复的记录(R)

确定　取消

图2.1　高级筛选举例

思考:如果要求筛选出总分大于或等于220分或者姓名中含有“张”字的学生,该如何建立条件区域呢?

2.1.4　透视表与透视图

数据透视表是一种对大量数据快速汇总和建立交叉列表的交互式表格,不仅能够改变行和列以查看源数据的不同汇总结果,也可以显示不同页面以筛选数据,还可以根据需要显示区域中的明细数据。数据透视图是将数据透视表结果赋以更加生动、形象的表示方式。因为数据透视图需利用数据透视表的结果,因此其操作是与透视表相关联的。

【例2.3】 已知有“成绩表”工作表,要求制作数据透视表,使其能查询各个班级男女同学每门课程及总分的平均分。制作数据透视图,比较男女同学各门课程的平均分。

操作步骤如下。

(1) 制作数据透视表。光标放在数据区域,选择“插入”选项卡“表格”组中的“数据透视表”,打开“创建数据透视表”对话框,如图2.2所示,单击“确定”按钮。

(2) 在出现的“数据透视表字段”中,拖动“班级”到“筛选”框中;拖动“性别”到“行”框

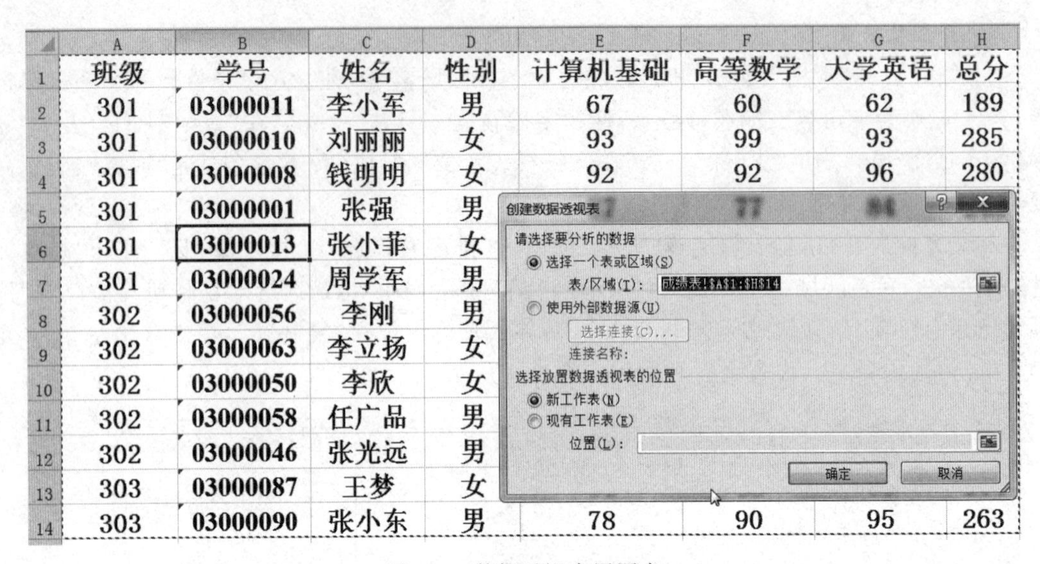

班级	学号	姓名	性别	计算机基础	高等数学	大学英语	总分
301	03000011	李小军	男	67	60	62	189
301	03000010	刘丽丽	女	93	99	93	285
301	03000008	钱明明	女	92	92	96	280
301	03000001	张强	男				
301	03000013	张小菲	女				
301	03000024	周学军	男				
302	03000056	李刚	男				
302	03000063	李立扬	女				
302	03000050	李欣	女				
302	03000058	任广品	男				
302	03000046	张光远	男				
303	03000087	王梦	女				
303	03000090	张小东	男	78	90	95	263

图 2.2　数据透视表用原表

中；拖动“计算机基础”“高等数学”“大学英语”和“总分”到 Σ 值 框中。单击“数值”框中的“大学英语”下拉框，选择“值字段设置”，在打开的对话框中，如图 2.3 所示，选择“值字段汇总方式”为“平均值”，其他成绩也类似设置。

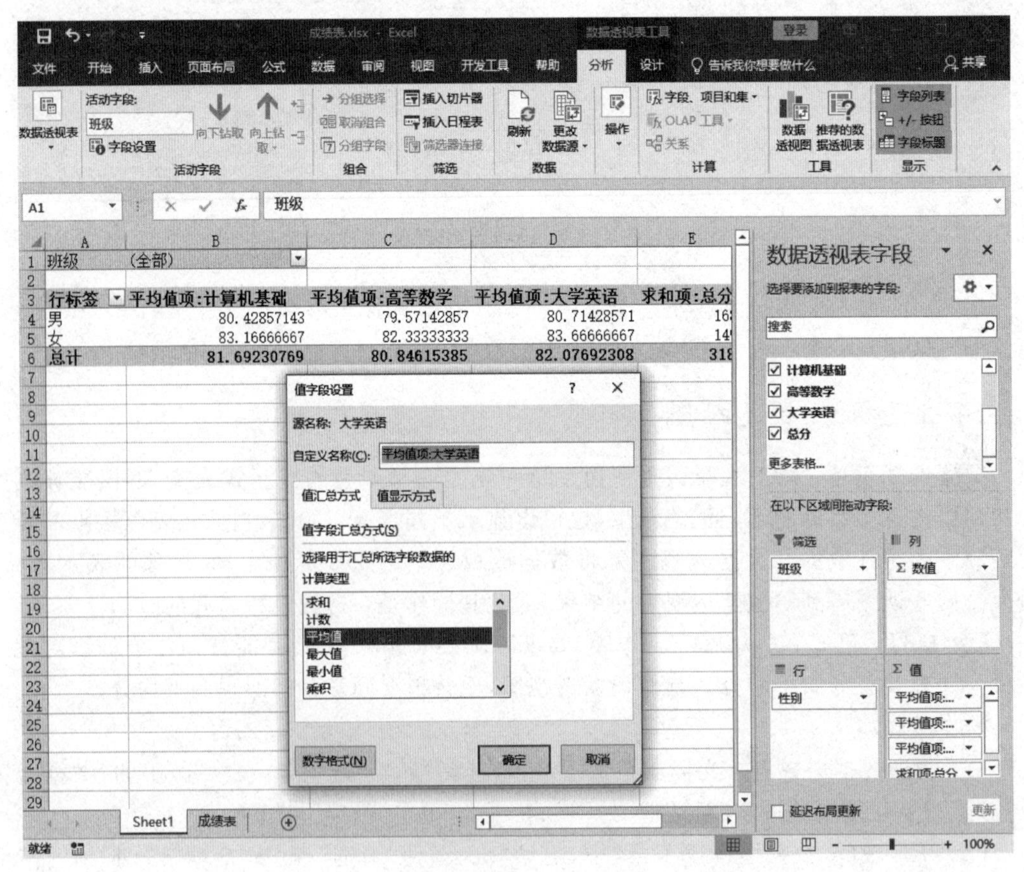

图 2.3　数据透视表举例

（3）制作数据透视图。光标放在“成绩表”数据区域，选择“插入”选项卡“图表”组中的“数据透视图”，在出现的“数据透视图字段”中，拖动“性别”到“轴（类别）”框中；拖动“计算机基础”“高等数学”“大学英语”到 Σ 值 框中。单击“数值”框中的“大学英语”下拉框，选择“值字段设置”，在打开的对话框中，选择“值字段汇总方式”为“平均值”，其他成绩也类似设置。数据透视图制作完成后效果如图 2.4 所示。

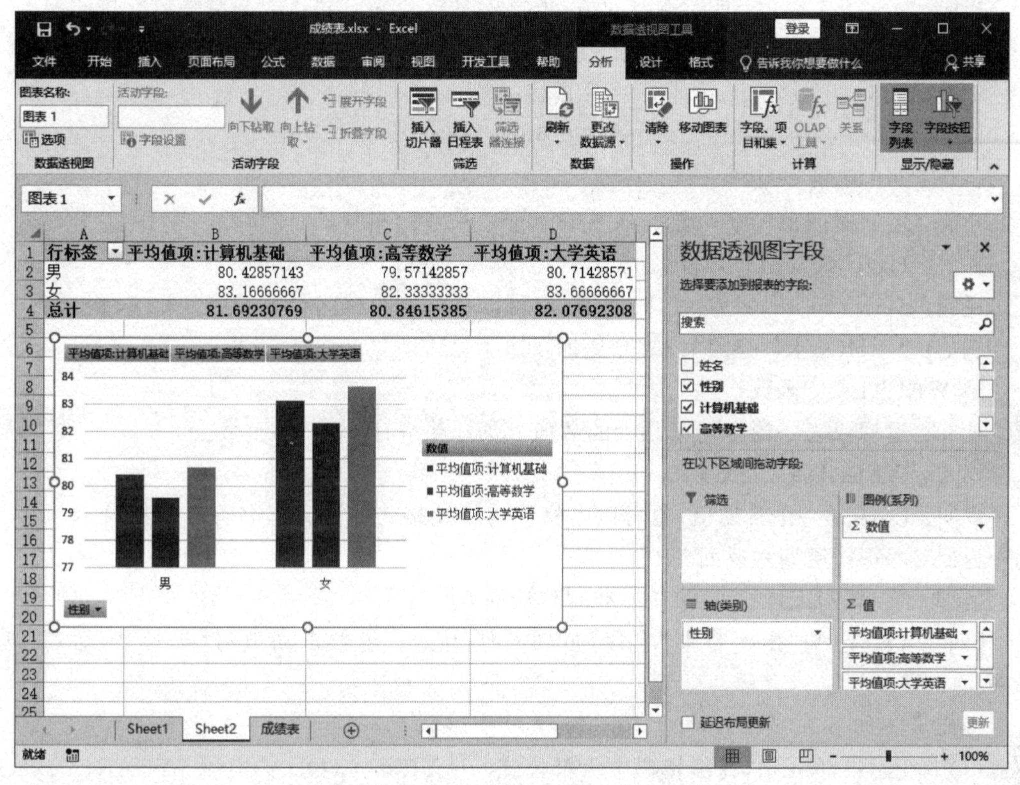

图 2.4　数据透视图举例

2.1.5　常用函数

1. 日期时间函数

1）YEAR 函数

功能：返回某日期对应的年份，返回值为 1900～9999 的整数。

格式：YEAR(Date)。

说明：Date 是一个日期值，也可以是格式为日期格式的单元格名称；取出 Date 的 4 位年份整数。

例如：“=YEAR("2018/9/27")”返回 2018。

类似地，还有 MONTH(Date)、DAY(Date)函数，分别返回月份和天数。

例如：“=MONTH("2018/9/27")”返回 9，“=DAY("2018/9/27")”返回 27。

2）TODAY 函数

功能：返回当前日期。

格式：TODAY()。

类似地，还有 NOW()函数，返回当前日期和时间。

3) MINUTE 函数

功能：返回时间值中的分钟，即一个介于 0～59 的整数。

格式：MINUTE(Serial_number)。

说明：Serial_number 是一个时间值，也可以是格式为时间格式的单元格名称。

例如："＝MINUTE("18:13:36")"返回 13。

类似地，还有 SECOND(Serial_number)函数，返回时间值中的秒数。

例如："＝SECOND("18:13:36")"返回 36。

4) HOUR 函数

功能：返回时间值的小时数。即一个介于 0～23 的整数。

格式：HOUR(Serial_number)。

说明：Serial_number 是一个时间值，也可以是格式为时间格式的单元格名称。

例如："＝HOUR("18:13:36")"返回 18。

5) WEEKDAY 函数

功能：返回代表一周中的第几天的数值。即一个介于 1～7 的整数。

格式：WEEKDAY (Date)。

说明：Date 是一个日期值，也可以是格式为日期格式的单元格名称。星期日返回 1，星期一返回 2，……，星期六返回 7。

例如："＝WEEKDAY("2018/3/23")"返回 6。

【例 2.4】 已知"出生日期"字段(E 列)，使用日期函数自动填写"年龄"字段(G 列)结果。

操作步骤如下。

(1) 单击 G2 单元格，在编辑栏中编辑公式" ＝YEAR(TODAY())－YEAR(E2)"(或者"＝YEAR(NOW())－YEAR(E2)")。

(2) G2 单元格产生结果 42，用拖动引用公式的方法自动填充整个列的年龄数据。

2. 逻辑函数

1) AND(与)函数

功能：在其参数组中，所有参数逻辑值为 TRUE，即返回 TRUE。

格式：AND(Logical1,Logical2,…)。

说明：Logical1, Logical2, … 为需要进行检验的 1～30 个条件，分别为 TRUE 或 FALSE。

例如："＝AND(2＞1,"4"＞"31")"返回 TRUE。"4"＞"31"说明：数字字符比较是从左到右一个一个字符比较，与一般数字比较方式不同。

2) OR(或)函数

功能：在其参数组中，任何一个参数逻辑值为 TRUE，即返回 TRUE。

格式：OR(Logical1,Logical2,…)。

说明：Logical1, Logical2, … 为需要进行检验的 1～30 个条件，分别为 TRUE 或 FALSE。

例如：“＝OR(1＞2,"4"＞"31")”返回 TRUE。如果指定的逻辑条件参数中包含非逻辑值时，则函数返回错误值“＃VALUE!”或“＃NAME”。

3) IF 函数

功能：执行真假值判断，根据逻辑计算的真假值，返回不同结果。

格式：IF(logical_test,value_if_true,value_if_false)。

说明：logical_test 表示计算结果为 TRUE 或 FALSE 的任意值或表达式，value_if_true 是 logical_test 为 TRUE 时返回的值，value_if_false 是 logical_test 为 FALSE 时返回的值。

例如：“＝IF(1＞2,"成立","不成立")”返回“不成立”。

【例 2.5】 使用函数判断年份(A2)是否为闰年，如果是，结果为“闰年”，如果不是，则结果为“平年”，并将结果保存在“是否为闰年”列中。

分析：

(1) 闰年的条件：能被 400 整除的年份，或者年数能被 4 整除而不能被 100 整除。

(2) 方法：

IF(________①________,"闰年","平年")

①：OR(MOD(A2,400)＝0,______②______)

②：AND(MOD(A2,4)＝0 ,MOD(A2,100)＜＞0)

(3) 合成后：

＝IF(OR(MOD(A2,400)＝0,AND(MOD(A2,4)＝0,MOD(A2,100)＜＞0)),"闰年","平年")

(4) 操作说明：

① 编辑公式中的各种符号应使用英文半角字符(其他公式编辑也同样，不再赘述)。

② 公式中的字符信息前后必须使用定界符"　"。

【例 2.6】 根据“折扣表”中的商品折扣率，利用相应的函数，将其折扣率自动填充到采购表中的“折扣”列中。

操作步骤如下。

(1) 光标定位在折扣列(D10)。

(2) 这里折扣率计算分为四种情况，可用三个嵌套 IF 函数来完成。在编辑栏中输入“＝IF(B10＞＝＄A＄6,＄B＄6,IF(B10＞＝＄A＄5,＄B＄5,IF(B10＞＝＄A＄4,＄B＄4,＄B＄3)))”，如图 2.5 所示。注意 B10 为相对引用地址，其他为绝对引用地址，按 F4 键可切换。也可以采用第二种写法：编辑栏中输入“＝IF(B10＜＄A＄4,＄B＄3,IF(B10＜＄A＄5,＄B＄4,IF(B10＜＄A＄6,＄B＄5,＄B＄6)))”来完成。

(3) 按 Enter 键后显示结果，折扣列其他行使用填充完成。

3. 算术与统计函数

1) ABS 函数

功能：返回给定数值的绝对值，即不带符号的数值。

格式：ABS (Number)。

说明：Number 代表需要求绝对值的数值或引用的单元格。

例如：“＝ABS(－3)”返回 3。如果 Number 参数不是数值，而是一些字符(如 A 等)，则返回错误值“＃VALUE!”。

=IF(B10>=$A$6, $B$6, IF(B10>=$A$5, $B$5, IF(B10>=$A$4, $B$4, $B$3)))

	A	B	C	D
1	折扣表			
2	数量	折扣率	说明	
3	0	0%	0-99件的折扣率	
4	100	6%	100-199件的折扣率	
5	200	8%	200-299件的折扣率	
6	300	10%	300件的折扣率	
7				
8	采购表			
9	项目	采购数量	采购时间	折扣
10	衣服	20	2008/1/12	=IF(B10>=$A$6, $B$6, IF(B10>=$A$5, $B$5, IF(B10>=$A$4, $B$4, $B$3)))
11	裤子	45	2008/1/12	IF(logical_test, [value_if_true], [value_if_false])
12	鞋子	70	2008/1/12	

图 2.5　嵌套 IF 函数举例

2) ROUND 函数

功能：按指定的位数对数值进行四舍五入。

格式：ROUND (Number，num_digits)。

说明：Number 是数值，num_digits 是指定的位数。

例如："=ROUND(3.1415，3)"返回 3.142，"=ROUND(123，-2)"返回 100。

3) INT 函数

功能：将数值向下取整为最接近的整数，注意是向下，所以任意数取整后都会小于这个数。当数值为负数时，需要注意。

格式：INT (Number)。

说明：Number 代表需要求取整的数值或引用的单元格。

例如："=INT(3.1415)"和"=INT(3.8)"返回 3，"=INT(-3.1415)"和"=INT(-3.8)"返回-4。

4) RANK 函数

功能：为指定单元的数据在其所在行或列数据区所处的位置排序。

格式：RANK(Number，Reference，Order)。

说明：Number 是被排序的值，Reference 是排序的数据区域，Order 是升序、降序选择，其中，Order 取 0 值按降序排列，Order 取 1 值按升序排列，默认为 0。

【例 2.7】 "成绩"表中，根据"总分"自动生成"排名"列的相应值。

操作步骤如下。

(1) 选中 H2 单元格，单击编辑栏中的"插入函数"按钮 fx，打开"插入函数"对话框，找到或搜索到 RANK，单击"确定"按钮。

(2) 打开"函数参数"对话框，光标定位在 Number 处，单击 G2 单元格；光标定位在 Ref 处，拖动鼠标选中 G2：G10 区域，按 F4 键，使其变成绝对引用地址 $G$2：$G$10，如图 2.6 所示，单击"确定"按钮。此参数必须用绝对引用方式，如使用相对引用方式则排序错误。

(3) 观察编辑栏，公式为"=RANK(G2，$G$2：$G$10)"。其实也可以在编辑栏中直接输入函数公式。

(4) N3 单元格产生结果"4"，用填充生成整个排名列数据。

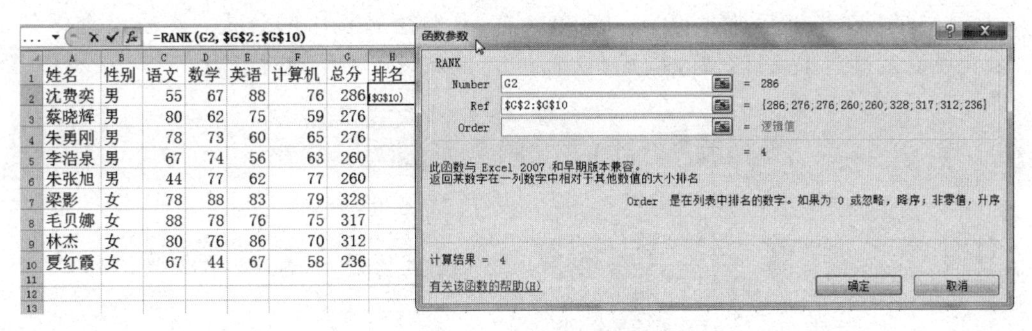

姓名	性别	语文	数学	英语	计算机	总分	排名
沈费奕	男	55	67	88	76	286	$G$10)
蔡晓辉	男	80	62	75	59	276	
朱勇刚	男	78	73	60	65	276	
李浩泉	男	67	74	56	63	260	
朱张旭	男	44	77	62	77	260	
梁影	女	78	88	83	79	328	
毛贝娜	女	88	78	76	75	317	
林杰	女	80	76	86	70	312	
夏红霞	女	67	44	67	58	236	

图 2.6　RANK 函数举例

5) MOD 函数

功能：返回两数相除的余数。

格式：MOD(Number,Divisor)。

说明：Number 为被除数,Divisor 为除数。

例如："=MOD(13,4)"返回 1。

6) MAX 函数

功能：返回一组值中的最大值。

格式：MAX(Number1,Number2,…)。

说明：Number1,Number2,…是要从中找出最大值的 1～30 个数字参数。

类似地,还有 MIN(Number1,Number2,…)函数,返回一组值中的最小值。

7) COUNTIF 函数

功能：计算区域中满足给定条件的单元格的个数。

格式：COUNTIF(Range,Criteria)。

说明：Range 为需要计算其中满足条件的单元格数目的单元格区域。Criteria 为确定哪些单元格将被计算在内的条件,其形式可以为数字、表达式、单元格引用或文本,例如,条件可以表示为 59、"59"、">59" 或 "apple"等。

【例 2.8】 "数学成绩"表中,用 COUNTIF 函数统计各个分数段 90～100(含 90、100)、80～90(含 80、不含 90)、70～80(含 70、不含 80)、60～70(含 60、不含 70)、60 以下的人数。

分析：在不同的分数段分别使用 COUNTIF 函数公式如下。

分数位于 0～59 分的人数：

=COUNTIF(C2：C81,"<60")

分数位于 60～69 分的人数：

=COUNTIF(C2：C81,"<70")-COUNTIF(C2：C81,"<60")

分数位于 70～79 分的人数：

=COUNTIF(C2：C81,"<80")-COUNTIF(C2：C81,"<70")

分数位于 80～89 分的人数：

=COUNTIF(C2：C81,"<90")-COUNTIF(C2：C81,"<80")

分数位于 90～100 分的人数：

=COUNTIF(C2：C81,"<=100")-COUNTIF(C2：C81,"<90")

计算后结果如图 2.7 所示，单击 F5 单元格，观察编辑栏中的公式。本题没有用到填充，公式可以复制过来后进行修改，其中 C2：C81 区域可以不用绝对引用。

F5 =COUNTIF(C2:C81,"<70")-COUNTIF(C2:C81,"<60")

	A	B	C	D	E	F
1	学号	姓名	数学			
2	226110009	张辰	70		分数位于90到100分的人数	29
3	226110010	原浩之	85		分数位于80到89分的人数	31
4	226150002	刘畅	74		分数位于70到79分的人数	13
5	226220001	曹欣悦	45		分数位于60到69分的人数	5
6	226220009	白晓赫	81		分数位于0到59分的人数	2
7	226230001	周徐均	93			
8	226230002	汪赫	85			
9	226330275	陈依文	80			
10	226330279	陈银铃	86			
11	226330284	金春花	94			
12	226330287	任张炎	96			
13	226330293	陈铭	82			
14	226330295	李晓波	82			
15	226330313	孟一苇	88			

图 2.7　COUNTIF 函数举例

如果本题不限制函数，也可以使用第二种方法，也就是使用 COUNTIFS 函数。COUNTIFS 函数与 COUNTIF 函数功能类似，用法有些不同。分数位于 60～69 分的人数可使用公式＝COUNTIFS(C2:C81,"＞＝60",C2:C81,"＜70")。

8) SUMIF 函数

功能：根据指定条件对若干单元格求和。

格式：SUMIF(Range,Criteria,Sum_range)。

说明：Range 为用于条件判断的单元格区域。Criteria 为确定哪些单元格将被相加求和的条件，其形式可以为数字、表达式或文本。Sum_range 为用于求和的单元格区域。

类似地，还有 AVERAGEIF(Range,Criteria,Average_range)函数，根据指定条件对若干单元格求平均值。

【例 2.9】 “订书”表中，用 SUMIF 函数统计 c1、c2、c3、c4 用户的支付总额。

操作步骤如下。

(1) 光标定位在 K4 单元格，单击编辑栏中的“插入函数”按钮 *fx*，打开“插入函数”对话框，找到或搜索到 SUMIF，单击“确定”按钮。

(2) 打开“函数参数”对话框，光标定位在 Range 处，拖动鼠标选中 A2:A51 区域，按 F4 键，使其变成绝对引用地址。

(3) 光标定位在 Criteria 处，单击 J4 单元格。

(4) 光标定位在 Sum_range 处，拖动鼠标选中 H2:H51 区域，按 F4 键，使其变成绝对引用地址，单击“确定”按钮。

(5) 观察编辑栏，公式为“＝SUMIF($A$2:$A$51,J4,$H$2:$H$51)”。其实也可以在编辑栏中直接输入函数公式。

(6) K5：K7 使用填充完成，如图 2.8 所示。

4. 查找函数

1) VLOOKUP 函数

功能：按垂直列查找，在表格或数值数组的首列查找指定的数值，并由此返回表格或数组当前行中指定列处的数值。

K4 fx =SUMIF($A$2:$A$51,J4,$H$2:$H$51)

	A	B	C	D	E	F	G	H	I	J	K
1	客户	ISSN	教材名称	出版社	作者	订数	单价	金额			
2	c3	7-212-03456-2	计算机网络技术	北京航大	张应辉	63	35	2205			
3	c4	7-356-54321-5	电子商务	北京理工	申自然	421	30	12630		用户	支付总额
4	c1	7-121-02828-9	数字电路	电子工业出版社	贾立新	555	34	18870		c1	721301
5	c3	7-121-32958-7	投资与理财	电子工业出版社	魏涛	71	24	1704		c2	53337
6	c3	7-355-98654-9	计算技术	东北财经大学出版社	姚珑珑	75	25	1875		c3	65122
7	c2	7-309-03201-4	管理心理学	复旦大学	苏东水	106	30	3180		c4	71253
8	c4	7-04-113245-8	经济法（含学习卡）	高等教育	曲振涛	589	35	20615			
9	c4	7-04-213489-0	市场营销学	高等教育	毕思勇	472	25	11800			
10	c1	7-04-513245-8	高等数学 下册	高等教育出版社	同济大学	3700	25	92500			
11	c1	7-04-813245-9	高等数学 上册	高等教育出版社	同济大学	3500	24	84000			
12	c1	7-04-414587-1	概率论与数理统计教程	高等教育出版社	沈恒范	1592	31	49352			
13	c1	7-04-345678-0	电路	高等教育出版社	邱关源	869	35	30415			
14	c1	7-04-021908-1	复变函数	高等教育出版社	西安交大	540	29	15660			
15	c1	7-04-001245-2	大学文科高等数学 1	高等教育出版社	姚孟臣	518	26	13468			
16	c2	7-04-015710-6	现代公关礼仪	高教	施卫平	160	21	3360			

图 2.8　SUMIF 函数举例

格式：VLOOKUP(Lookup_value,Table_array,Col_index_num,Range_lookup)。

说明：

Lookup_value：被查找的列的值，可以为数值、单元格引用或文本字符串。Lookup_value 的值必须与 Table_array 第一列的内容相对应。例如 A11，其为相对引用地址。

Table_array：需要在其中查找数据的数据表，引用的数据表格、数组或数据库，如 $F$3:$G$5，其为绝对引用地址。

Col_index_num：一个数字，代表要返回的值位于 Table_array 中的第几列。

Range_lookup：一个逻辑值，表示函数 VLOOKUP 查找时是精确匹配，还是近似匹配。如果为 TRUE 或者 1 或者省略，则返回近似匹配值，也就是说，如果找不到精确匹配值，则返回小于 Lookup_value 的最大数值。如果该值为 FALSE 或者 0 时，函数只会查找完全符合的数值，如果找不到，则返回错误值"#N/A"。

VLOOKUP 函数也可以理解为：用一个数与一张表格数据依次进行比较，发现匹配的数值后，将表格中对应的数值提取出来。

【例 2.10】 根据"价格表"中的商品单价，使用 VLOOKUP 函数，将其单价自动填充到"采购表"中的"单价"列中。根据"折扣表"中的折扣率，使用 VLOOKUP 函数，将其折扣率自动填充到"采购表"中的"折扣"列中。

分析：在 table 表（价格表）第 1 列中查找 A11（衣服），找到后，返回 table 表中的衣服所在行（第 3 行）的第 2 列单价（120）到 Look 表（采购表）的 D11，如图 2.9 所示。

操作步骤如下。

(1) 光标定位在 D11，插入 VLOOKUP 函数，打开"函数参数"对话框，Lookup_value 为 A11，Table_array 为"$F$3:$G$5"，Col_index_num 为 2，Range_lookup 为 FALSE。在编辑栏中输入"=VLOOKUP(A11,$F$3:$G$5,2,FALSE)"也可实现。填充实现"单价"列其他数据，如图 2.10 所示。

(2) 光标定位在 E11，在编辑栏中输入"=VLOOKUP(B11,$A$3:$B$6,2,TRUE)"，这里最后一个参数使用 TRUE，表示用近似匹配实现折扣列数据提取。填充实现"折扣"列。

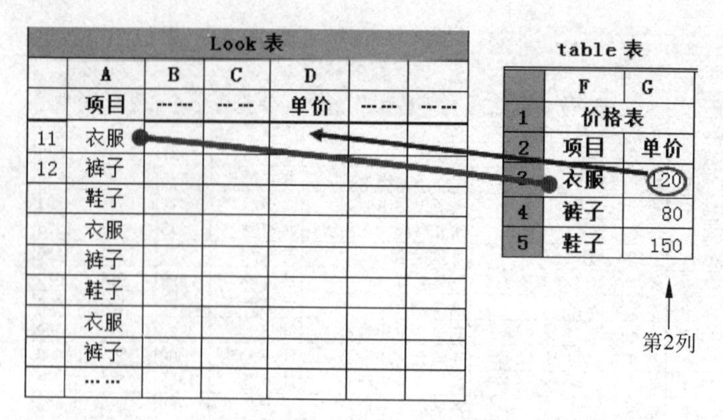

图 2.9　VLOOKUP 函数图例

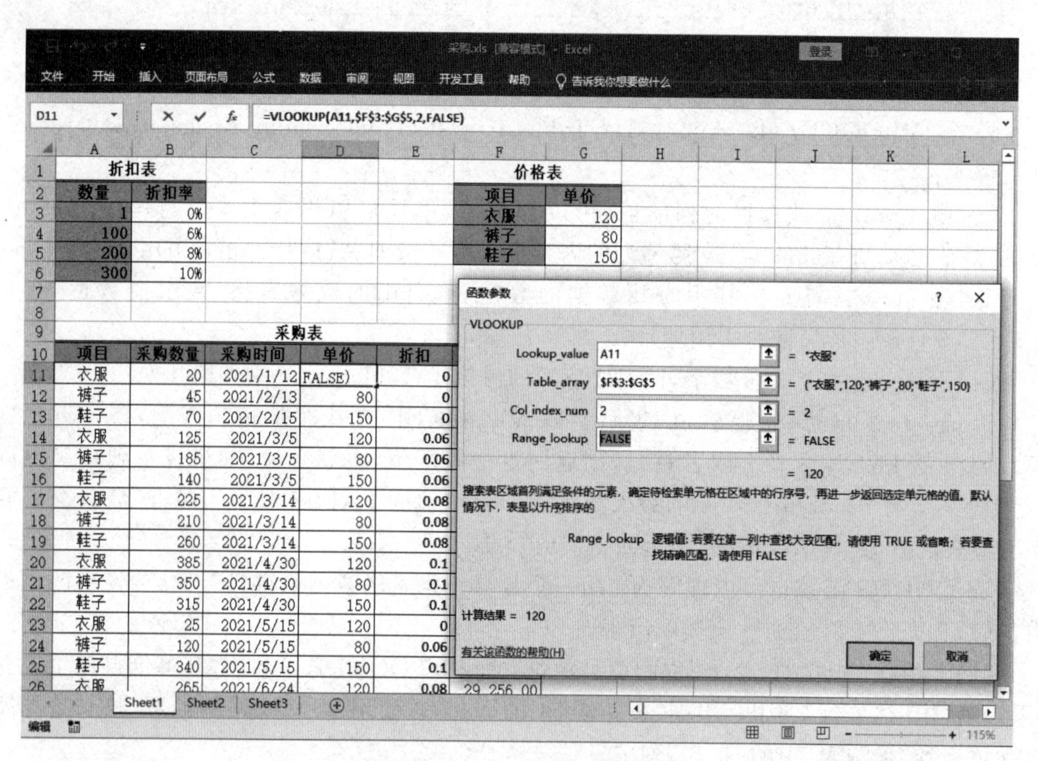

图 2.10　VLOOKUP 函数举例

2）HLOOKUP 函数

说明：按水平行查找，HLOOKUP 函数的用法与 VLOOKUP 基本一致，不同在于 HLOOKUP 函数的 Table_Array 数据表的数据信息是以行的形式出现，如图 2.11 所示。

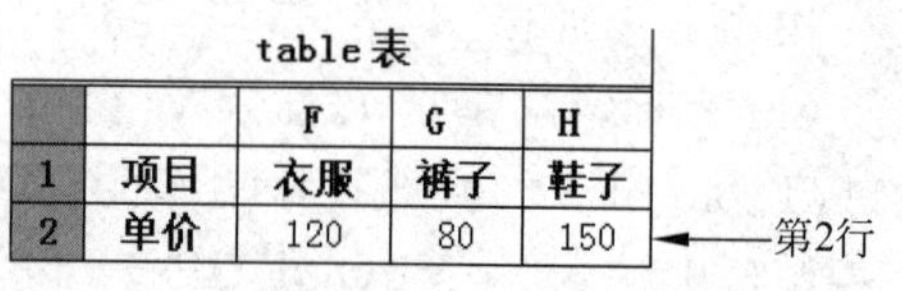

table 表

		F	G	H
1	项目	衣服	裤子	鞋子
2	单价	120	80	150

图 2.11　HLOOKUP 函数数据表格式

5. 文本函数

1）REPLACE 函数

功能：使用其他文本字符串并根据所指定的字符数替换某文本字符串中的部分文本。

也就是将某几位的文字以新的字符串替换。

格式：REPLACE(Old_text,Start_num,Num_chars,New_text)。

说明：

Old_text：旧的文本数据，是要替换其部分字符的文本。

Start_num：从第几个字符位置开始替换，是要用 New_text 替换的 Old_text 中字符的开始位置。

Num_chars：共替换多少字符，是希望 REPLACE 使用 New_text 替换 Old_text 中字符的个数，如果 Num_chars 为"0"，是在指定位置插入新字符。

New_text：用来替换的新字符串，是用于替换 Old_text 中部分字符的文本。

【例 2.11】 对"原电话号码"列中的电话号码进行升级。升级方法是在区号(0574)后面加上"8"，并将其计算结果保存在"升级电话号码"列的相应单元格中。

分析提示：

在相应编辑栏中编辑公式"=REPLACE(F2,1,4,"05748")"，这个是用替换的方法；也可以使用插入的方法"= REPLACE(F2,5,0, "8")"。

2) RIGHT 函数

功能：从字符串右边开始取几个字符。

格式：RIGHT(Text,Num_chars)。

说明：Text 是包含要提取字符的文本字符串。Num_chars 是从字符串右边取的字符数。

类似地，LEFT(Text,Num_chars)函数则表示从字符串左边开始取几个字符，两者用法相同。

3) MID 函数

功能：返回文本字符串中从指定位置开始的特定数目的字符。

格式：MID(Text,Start_num,Num_chars)。

说明：Text 是包含要提取字符的文本字符串，Start_num 是文本中要提取的第一个字符的位置，Num_chars 指定希望 MID 从文本中返回字符的个数。

4) CONCATENATE 函数

功能：将几个文本字符串合并为一个文本字符串。

格式：CONCATENATE (Text1,Text2,…)。

说明：Text1,Text2,…为 1～30 个将要合并成单个文本项的文本项。

【例 2.12】 仅使用文本函数 MID 函数和 CONCATENATE 函数，对 Sheet1 中的"出生日期"列进行自动填充。填充的内容根据"身份证号码"列的内容来确定，身份证号码中的第 7～10 位表示出生年份，第 11～12 位表示出生月份，第 13～14 位表示出生日。填充结果的格式为 xxxx 年 xx 月 xx 日(注意：不得使用单元格格式进行设置)。

分析提示：

在相应单元格编辑栏中编辑公式：

=CONCATENATE (MID(E3,7,4),"年",MID(E3,11,2),"月",MID(E3,13,2),"日")

如果不使用 CONCATENATE 函数，也可以使用字符连接运算符 & 来完成公式：=MID(E3,7,4)& "年"& MID(E3,11,2) & "月" & MID(E3,13,2) & "日"

5）COUNTBLANK 函数

功能：计算某个单元格区域中空白单元格的数目。

格式：COUNTBLANK(Range)。

例如：COUNTBLANK(B2:E11)。

6）ISTEXT 函数

功能：判定 Value 是否为文本。

格式：ISTEXT(Value)。

例如：IF(ISTEXT(C21),TRUE,FALSE)。

7）UPPER 函数

功能：将文本字符串中的字母全部转换成大写形式。

格式：UPPER (Text)。

说明：Text 是文本字符串。

类似地，LOWER(Text)函数是将文本字符串中的字母全部转换成小写形式；PROPER(Text)函数是将一个文本字符串中各英文单词的第一个字母转换成大写，将其他字符转换成小写。

例如："=PROPER("I am a sTUDENT")"结果为"I Am A Student"。

6. 数据库函数

数据库函数是用于对存储在数据清单或数据库中的数据进行分析，判断其是否符合特定的条件。

典型的数据库函数，表达的完整格式为：

```
函数名称(Database,Field,Criteria)
```

说明：

Database(数据库)：构成数据清单或数据库的单元格区域。数据库是包含一组相关数据的数据清单，其中包含相关信息的行称为记录，包含数据的列称为字段。

Field(字段)：指定数据库函数所作用(计算或者获取)的数据列。可以是单元格地址，也可以是代表清单中数据列位置的数字：1 表示第 1 列，2 表示第 2 列，以此类推。

Criteria(条件区域)：一组包含给定条件的单元格区域。此区域至少包含一个列标志和列下方用于设定条件的单元格。例如，在 Sheet2 表中自己先构建条件区间，如$J$10:$K$11。

如图 2.12 所示给出了各个参数的例子。

Database:

field1	field2	语文	数学	……
数据	数据	数据	数据	……
……				
……	……	……		

Criteria:

	J	K
10	数学	数学
11	>=80	<=100

图 2.12　数据库函数参数

主要数据库函数列举如下。

1）DCOUNT

功能：计数数据库中满足指定条件的记录字段(列)中包含数值的单元格的个数。

2）DCOUNTA

功能：对满足指定条件的数据库中记录字段(列)的非空单元格进行计数。

3）DSUM

功能：数据库中符合指定条件的单元格的值的总和。

4）DAVERAGE

功能：数据库中符合指定条件的单元格的值的平均值。

5）DGET

功能：获取数据库的列中提取符合指定条件的单元格的值。

6）DMAX

功能：数据库的列中满足条件的最大值。

【例 2.13】 如图 2.13 所示，在 Sheet1 中，利用数据库函数及已设置的条件区域，根据以下情况计算，并将结果填入相应的单元格中。

(1) 计算："语文"和"数学"成绩都大于或等于 85 的学生人数。

(2) 计算："体育"成绩大于或等于 90 的"女生"姓名。

(3) 计算："体育"成绩中男生的平均分。

(4) 计算："体育"成绩中男生的最高分。

(5) 计算：男生的总获奖次数。

	A	B	C	D	E	F	G	H	I	J	K
1	学生成绩表									条件区域1：	
2	学号	新学号	姓名	性别	语文	数学	体育	获奖次数		语文	数学
3	001	2021001	钱梅宝	男	88	98	90	2		>=85	>=85
4	002	2021002	张平光	男	100	98	87	3			
5	003	2021003	许动明	男	89	87	70	1			
6	004	2021004	张 云	女	77	76	85	0		条件区域2：	
7	005	2021005	唐 琳	女	98	96	80	2		体育	性别
8	006	2021006	宋国强	男	50	60	76	0		>=90	女
9	007	2021007	郭建峰	男	97	94	81	2			
10	008	2021008	凌晓婉	女	88	95	86	1			
11	009	2021009	张启轩	男	98	96	92	3		条件区域3：	
12	010	2021010	王 丽	女	78	92	78	1		性别	
13	011	2021011	王 敏	女	85	96	94	2		男	
14	012	2021012	丁伟光	男	67	61	74	0			
15											
16	情况							计算结果			
17	"语文"和"数学"成绩都大于或等于85的学生人数：										
18	"体育"成绩大于或等于90的"女生"姓名：										
19	"体育"成绩中男生的平均分：										
20	"体育"成绩中男生的最高分：										
21	男生的总获奖次数：										

图 2.13 数据库函数举例

分析提示：

(1) H17 单元格公式：=DCOUNT(A2:H14,E2,J2:K3)，其中，第 2 个参数 E2 也可以是 F2、G2、H2，还可以是 5、6、7、8。只要是能统计学生人数的数值类型字段均可。

(2) H18 单元格公式：=DGET(A2:H14,C2,J7:K8)，其中，第 2 个参数 C2 也可以是 3。

(3) H19 单元格公式：=DAVERAGE(A2:H14,G2,J12:J13)。

(4) H20 单元格公式：=DMAX(A2:H14,G2,J12:J13)。

(5) H21 单元格公式：=DSUM(A2:H14,H2,J12:J13)。

完成效果如图 2.14 所示。

16	情况	计算结果
17	“语文”和“数学”成绩都大于或等于85的学生人数：	8
18	“体育”成绩大于或等于90的“女生”姓名：	王 敏
19	“体育”成绩中男生的平均分：	81.428571
20	“体育”成绩中男生的最高分：	92
21	男生的总获奖次数：	11

图 2.14 数据库函数举例结果

7. 财务函数

1) PMT 函数

功能：基于固定利率及等额分期付款方式，返回贷款的每期付款额。

格式：PMT(Rate,Nper,Pv,[Fv],[Type])。

说明：

PMT 可以理解成 payment，即欠款、贷款。

Rate：贷款利率(年利率)。

Nper(total number of periods，总期数)：该项贷款的总贷款期限或者总投资期(贷款年限)。

Pv(present value，现值)：从该项贷款(或投资)开始计算时已经入账的款项(贷款总金额)。

Fv(future value，未来值)：未来值，或在最后一次付款后希望得到的现金余额，如忽略该值，将自动默认为 0。

Type：一个逻辑值，用以指定付款时间是在期初还是在期末，1 表示期初，0 表示期末，如忽略该值，默认为 0。

【例 2.14】 某人向银行贷款 100 万元，年利率为 5.58%，贷款年限为 15 年，计算贷款按年偿还和按月偿还的金额各是多少。

分析：在计算时要注意利率和期数的单位要一致，即年利率对应年期数，月利率对应月期数，其中，月利率为年利率除以 12，月期数为年期数乘以 12。

提示：各个单元格输入的公式如下。

E2 单元格公式：=PMT(B4,B3,B2,,1)

E3 单元格公式：=PMT(B4,B3,B2,,0)

E4 单元格公式：=PMT(B4/12,B3 * 12,B2,,1)

E5 单元格公式：=PMT(B4/12,B3 * 12,B2)

最终执行函数后，结果如图 2.15 所示。

E4 =PMT(B4/12, B3*12, B2, , 1)

	A	B	C	D	E
1	贷款情况			需还款情况	
2	贷款金额	1000000		按年偿还贷款（年初）	¥-94,862.62
3	贷款年限	15		按年偿还贷款（年末）	¥-100,155.95
4	年利率	5.58%		按月偿还贷款（月初）	¥-8,175.33
5				按月偿还贷款（月末）	¥-8,213.35

图 2.15 PMT 函数举例 1

【例 2.15】 某人的年金计划，计算在固定年利率 6%下，连续 20 年每个月存多少钱才能最终得到 100 万元？

提示：B6 单元格输入的公式为=PMT(B3/12,B2*12,0,B4)，如图 2.16 所示。

B6 =PMT(B3/12,B2*12,0,B4)

	A	B
1	年金计划	
2	年限	20
3	年利率	6.00%
4	最后一次付款后希望得到的现金余额	1000000
5		
6	每个月要存的钱	¥-2,164.31

图 2.16　PMT 函数举例 2

2) IPMT 函数

功能：基于固定利率及等额分期付款方式，返回投资或贷款在某一给定期限内的利息偿还额。

格式：IPMT(Rate,Per,Nper,Pv,[Fv],[Type])。

说明：

Rate：各期利率(月利率=年利率/12)。

Per：用于计算利息数额的期数，介于 1～Nper(可以是第 3 月)。

Nper：总投资(或贷款)期，即该项投资(或贷款)的付款期总数(年数×12 月)。

Pv：从该项投资(或贷款)开始计算时已经入账的款项(贷款金额)。

Fv 和 Type：同 PMT 函数。

【例 2.16】 某人向银行贷款 100 万元，年利率为 5.58%，贷款年限为 15 年，如果贷款按月偿还(期末)，计算前 3 个月每月应付的利息金额为多少元。

操作提示：各个单元格输入的公式如下。

E8 单元格公式：=IPMT($B$4/12,1,$B$3*12,$B$2)

E9 单元格公式：=IPMT($B$4/12,2,$B$3*12,$B$2)

E10 单元格公式：=IPMT($B$4/12,3,$B$3*12,$B$2)

IPMT 函数举例结果如图 2.17 所示。

E8 =IPMT($B$4/12,1,$B$3*12,$B$2)

	A	B	C	D	E
1	贷款情况			需还款情况	
2	贷款金额	1000000		按年偿还贷款（年初）	¥-94,862.62
3	贷款年限	15		按年偿还贷款（年末）	¥-100,155.95
4	年利率	5.58%		按月偿还贷款（月初）	¥-8,175.33
5				按月偿还贷款（月末）	¥-8,213.35
6					
7				贷款利息	
8				第1个月贷款利息	¥-4,650.00
9				第2个月贷款利息	¥-4,633.43
10				第3个月贷款利息	¥-4,616.78

图 2.17　IPMT 函数举例

3) FV 函数

功能：基于固定利率及等额分期付款方式，返回某项投资的未来值。

格式：FV(Rate,Nper,Pmt,[Pv],[Type])。

说明：

Rate：各期利率(年利率)。

Nper：总投资(或贷款)期，即该项投资(或贷款)的付款期总数(再投资年限)。

Pmt：各期所应支付的金额(每年再投资金额)。

Pv：现值，即从该项投资开始计算时已经入账的款项，也称为本金(先投资金额)。

【例 2.17】 某人为某项工程先投资 50 万元，年利率为 6%，并在接下来的 8 年中每年再投资 10 000 元，使用财务函数，根据“投资情况表 1”中的数据，计算 8 年以后得到的金额，并将结果填入 B7 单元格中。

提示：B7 单元格输入的公式为"=FV(B3,B5,B4,B2)",如图 2.18 所示。一般投资金额为付出金额,所以应为负数。

4) PV 函数

功能：一系列未来付款的当前值的累积和,返回的是投资现值。

格式：PV(Rate,Nper,Pmt,[Fv],[Type])。

说明：

Rate：贷款利率(年利率)。

Nper：该项贷款的总贷款期限或者总投资期(年限)。

Pmt：各期所应支付的金额(每年投资金额)。

【例 2.18】 某个项目预计每年投资 20 000 元,投资年限为 10 年,其回报年利率是 10%,那么预计投资多少金额?

提示：单元格输入的公式为"=PV(B3,B4,B2)",如图 2.19 所示。

B7 =FV(B3, B5, B4, B2)

	A	B
1	投资情况表1	
2	先投资金额:	-500000
3	年利率:	6%
4	每年再投资金额:	-10000
5	再投资年限:	8
6		
7	**8年以后得到的金额:**	¥895, 898. 72

图 2.18　FV 函数举例

B6 =PV(B3, B4, B2)

	A	B
1	投资情况表2	
2	每年投资金额:	-20000
3	年利率:	10%
4	再投资年限:	10
5		
6	**预计投资金额:**	¥122, 891. 34

图 2.19　PV 函数举例

5) RATE 函数

功能：基于固定利率及等额分期付款方式,返回某项投资的固定利率。

格式：RATE (Nper,Pmt,Pv,[Fv],[Type],[Guess])。

说明：

Nper：总投资(或贷款)期。

Pmt：各期所应付给(或得到)的金额。

Pv：现值,即从该项投资开始计算时已经入账的款项,也称为本金。

Guess：预期利率(估计值),如果省略预期利率,则假设该值为 10%,如果函数 RATE 不收敛,则需要改变 Guess 的值。通常情况下当 Guess 位于 0~1 时,RATE 函数是收敛的。

【例 2.19】 某人买房申请了 10 年期贷款 200 000 元,每月还款 2250 元,那么贷款的月利率是多少?

提示：单元格输入的公式为"=RATE(B4*12,B3,B2)",如图 2.20 所示。

6) SLN 函数

功能：返回某项资产在一个期间中的线性折旧值。

格式：SLN(Cost,Salvage,Life)。

说明：

Cost：资产原值。

Salvage：资产在折旧期末的价值(也称为资产残值)。

B6 =RATE (B4*12, B3, B2)

	A	B	C
1	**贷款情况表**		
2	贷款总额	200000	
3	每月还款额	-2250	
4	年限	10	
5			
6	**月利率**	0.5245%	

图 2.20　RATE 函数举例

Life：折旧期限(有时也称作资产的使用寿命)。

【例 2.20】 某企业拥有固定资产总值为 100 000 元，使用 10 年后的资产残值估计为 10 000 元，那么每天、每月、每年固定资产的折旧值为多少？

提示：各个单元格输入的公式如下。

B6 单元格公式：=SLN(B2,B3,B4 * 365)

B7 单元格公式：=SLN(B2,B3,B4 * 12)

B8 单元格公式：=SLN(B2,B3,B4)

SLN 函数举例结果如图 2.21 所示。

B6 fx =SLN(B2, B3, B4*365)

	A	B	C
1	折旧情况表		
2	固定资产金额	100000	
3	资产残值	10000	
4	使用年限	10	
5			
6	每天折旧值	¥24.66	
7	每月折旧值	¥750.00	
8	每年折旧值	¥9,000.00	

图 2.21 SLN 函数举例

2.2 案例一 学生成绩统计

此案例完成学生成绩统计(总分、平均分、排名、考评等)，主要知识点有数组公式、高级筛选、算术函数、文本函数、统计函数、逻辑函数、数据库函数和数据透视表等。已知“学生成绩统计.xlsx”原文件 Sheet1 内容如图 2.22 所示。

1	学生成绩表											
2	学号	新学号	姓名	性别	语文	数学	英语	总分	平均	考评	排名	三科成绩是否均超过平均
3	001		吴兰兰	女	88	88	82					
4	002		许光明	男	100	98	100					
5	003		程坚强	男	89	87	87					
6	004		姜玲燕	女	77	76	80					
7	005		周兆平	男	98	89	89					
8	006		赵永敏	女	50	61	54					
9	007		黄永良	男	97	79	89					
10	008		梁泉涌	女	88	95	100					
11	009		任广明	男	98	86	92					
12	010		郝海平	男	78	68	84					
13	011		王 敏	女	85	96	74					
14	012		丁伟光	男	67	59	66					
15												
16												
17		条件区域1			条件区域2			条件区域3				
18		语文	数学		英语	性别		性别		数学分数统计		人数
19		>=85	>=85		>=90	女		男		<60		
20										60～69		
21		情况						计算结果		70～79		
22		“语文”和“数学”成绩都大于或等于85的人数								80～89		
23		“英语”成绩大于或等于90的“女生”姓名								90～100		
24		“语文”成绩中男生的平均分										
25		“数学”成绩中男生的最高分										

Sheet1 Sheet2 Sheet3

图 2.22 “学生成绩统计.xlsx”原文件内容

要求如下：

(1) 使用 REPLACE 函数，将 Sheet1 中“学生成绩表”的学生学号进行更改，并将更改的学号填入“新学号”列中，学号更改的方法为：在原学号的前面加上 2022。例如："001"－＞"2022001"。

(2) 使用数组公式，对 Sheet1 计算总分和平均分(保留 1 位小数)，将其计算结果保存到表中的“总分”列和“平均”列中。

(3) 使用 IF 函数，根据以下条件，对 Sheet1 中“学生成绩表”的“考评”列进行计算。条件：如果总分大于或等于 210，填充为“合格”；否则，填充为“不合格”。

(4) 使用逻辑函数判断 Sheet1 中每个同学的每门功课是否均高于平均分，如果是，保存结果为 TRUE，否则，保存结果为 FALSE，将结果保存在表中的“三科成绩是否均超过平均”列中。

(5) 使用 RANK 函数，对 Sheet1 中的每个同学总分排名情况进行统计，并将排名结果保存到表中的“排名”列中。

(6) 在 Sheet1 中，使用统计函数，统计“数学”考试成绩各个分数段的同学人数，将统计结果保存到相应位置。

(7) 在 Sheet1 中，利用数据库函数及已设置的条件区域，根据以下情况计算，并将结果填入相应的单元格中。

① 计算：“语文”和“数学”成绩都大于或等于 85 的学生人数。

② 计算：“英语”成绩大于或等于 90 的“女生”姓名。

③ 计算：“语文”成绩中男生的平均分。

④ 计算：“数学”成绩中男生的最高分。

(8) 将 Sheet1 中的“学生成绩表”复制到 Sheet2 中(将标题项“学生成绩表”连同数据一同复制、粘贴时，数据表必须顶格放置)，并对 Sheet2 进行高级筛选。要求：

① 筛选条件为(条件区域建立在 F16 开始的位置)：

“性别”—男；“英语”— >90 或者“三科成绩是否均超过平均”—TRUE；“性别”—女

② 将筛选结果保存在 Sheet2 中 A20 开始的位置。

(9) 根据 Sheet1 中“学生成绩表”，在 Sheet3 中新建一张数据透视表。要求：

① 显示不同性别、不同考评结果的学生人数情况。

② 行区域设置为“性别”。

③ 列区域设置为“考评”。

④ 数据区域设置为“考评”。

⑤ 计数项为“考评”。

(10) Sheet1 中“学生成绩表”中第 1 条记录的姓名改为你的姓名；增加以学号姓名命名的工作表。

具体操作步骤如下。

1. REPLACE 函数

(1) 打开“学生成绩统计.xlsx”原文件，光标定位在 Sheet1 工作表“新学号”列 B3 单元格。选择“公式”→“插入函数”或者单击编辑栏中的“插入函数”按钮 *fx*，打开“插入函数”对话框，在“搜索函数”文本框中输入 replace，再单击“转到”按钮，“选择函数”列表框中会自动选中并列出该函数，如图 2.23 所示，单击“确定”按钮。

(2) 打开“函数参数”对话框，单击 Old_text 文本框，再单击“学生成绩表”的 A3 单元格，A3 即显示在 Old_text 文本框中；Start_num 文本框中输入 1，Num_chars 文本框中输入 0(表示插入字符)，New_text 文本框中输入 2022，如图 2.24 所示，单击“确定”按钮。

(3) 此时 B3 单元格的内容变为 2022001，光标移动到该单元格右下角，拖动填充柄到 B14 或者双击 B3 填充柄完成 B 列数据填充。

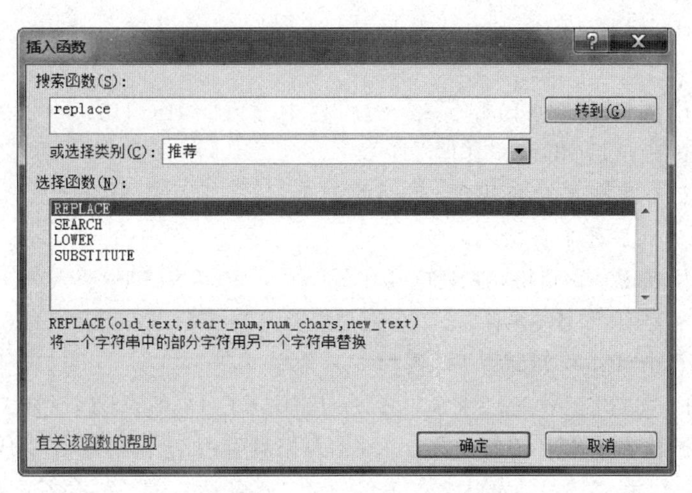

图 2.23 “插入函数”对话框

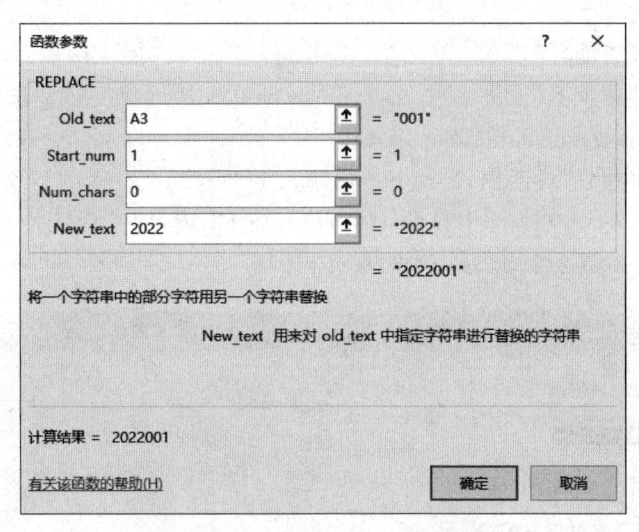

图 2.24 REPLACE 函数

2. 数组公式

(1) 拖动选中 H3:H14 目标区域,在编辑栏中输入“=”,拖动选中 E3:E14,在编辑栏中输入“+”,拖动选中 F3:F14,在编辑栏中输入“+”,拖动选中 G3:G14,这时编辑栏中显示“=E3:E14+F3:F14+G3:G14”,按 Shift+Ctrl+Enter 组合键,完成总分数组公式计算。此时单击 H 列有数据区域,编辑栏均显示“{=E3:E14+F3:F14+G3:G14}”。

(2) 光标定位在总分列其中一个单元格数据,按 Delete 键(不要按 BackSpace 键)试着删除。如果弹出“无法更改部分数组”信息框,表示数组公式创建正确,单击“确定”按钮返回;如果能够删除,则表示创建数组公式失败,要重新创建。

(3) 拖动选中 I3:I14 目标区域,在编辑栏中输入“=”,拖动选中 H3:H14,在编辑栏中将公式修改成“=round(H3:H14/3,1)”,按 Shift+Ctrl+Enter 组合键,完成平均分数组公式计算。此时单击 I 列有数据区域,编辑栏均显示“{=ROUND(H3:H14/3,1)}”。

公式解释：round(数值,1)表示结果四舍五入,保留1位小数。

3. IF函数

(1) 光标定位在“考评”列J3单元格,编辑栏中输入“=IF(H3>=210,"合格","不合格")”,按Enter键确认后,再填充其他单元格。

注意：编辑栏公式使用到的等于、大于或等于、括号及双引号等均应为英文半角符号,这里等于号外面的双引号不要输入。

(2) 光标定位在L3单元格,在编辑栏中输入“=IF(AND(E3>AVERAGE($E$3:$E$14),F3>AVERAGE($F$3:$F$14),G3>AVERAGE($G$3:$G$14)),TRUE,FALSE)”,按Enter键确认后,再填充其他单元格。

公式解释：E3>AVERAGE($E$3:$E$14)中$E$3:$E$14为绝对引用,表示该区域在以后的填充过程中不产生任何变化；而E3为相对引用,会随着填充变成E4、E5、…。函数AND(表达式1,表达式2,表达式3),只有三个表达式都为TRUE时,其结果才为TRUE。TRUE,FALSE不能加上双引号。

4. RANK函数

(1) 光标定位在“排名”列K3单元格,单击编辑栏中的“插入函数”按钮,打开“插入函数”对话框,在“搜索函数”文本框中输入rank,再单击“转到”按钮,“选择函数”列表框中会自动选中并列出该函数,单击“确定”按钮。

(2) 打开“函数参数”对话框,Number行输入H3,光标放在Ref行文本框中,拖动鼠标选中H3:H14,而后选中文本框中显示H3:H14,按F4键,使其变成绝对引用单元格地址$H$3:$H$14,如图2.25所示,单击“确定”按钮。

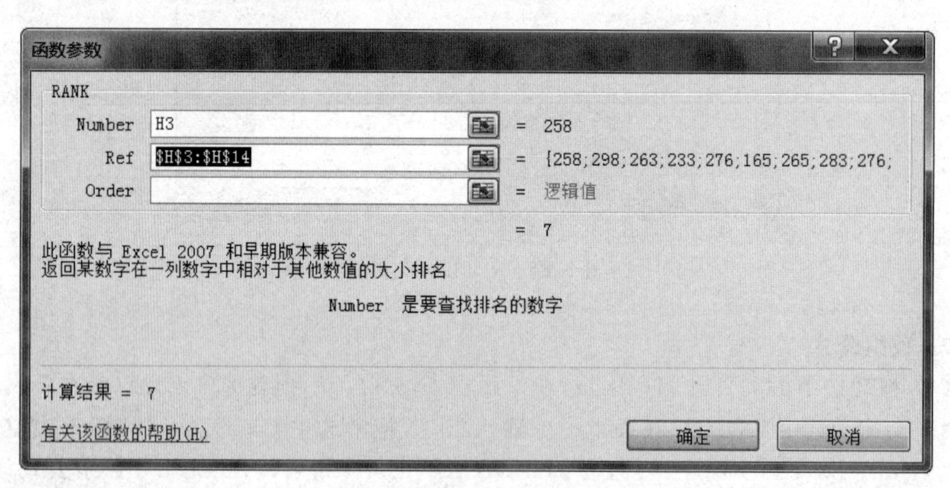

图2.25 RANK函数

(3) K3单元格编辑栏里自动显示“=RANK(H3,$H$3:$H$14)”,当然运用函数熟练的话可以直接进行输入。再填充其他单元格,此时学生成绩表数据如图2.26所示。

5. COUNTIF统计函数

(1) 光标定位在“人数”列L19单元格,单击编辑栏中的“插入函数”按钮,打开“插入函数”对话框,在“搜索函数”文本框中输入countif,再单击“转到”按钮,“选择函数”列表框中会自动选中并列出该函数,单击“确定”按钮。

K3 =RANK(H3,$H$3:$H$14)

	A	B	C	D	E	F	G	H	I	J	K	L
1	学生成绩表											
2	学号	新学号	姓名	性别	语文	数学	英语	总分	平均	考评	排名	三科成绩是否均超过平均
3	001	2022001	吴兰兰	女	88	88	82	258	86	合格	7	FALSE
4	002	2022002	许光明	男	100	98	100	298	99.3	合格	1	TRUE
5	003	2022003	程坚强	男	89	87	87	263	87.7	合格	6	TRUE
6	004	2022004	姜玲燕	女	77	76	80	233	77.7	合格	9	FALSE
7	005	2022005	周兆平	男	98	89	89	276	92	合格	3	TRUE
8	006	2022006	赵永敏	女	50	61	54	165	55	不合格	12	FALSE
9	007	2022007	黄永良	男	97	79	89	265	88.3	合格	5	FALSE
10	008	2022008	梁泉涌	女	88	95	100	283	94.3	合格	2	TRUE
11	009	2022009	任广明	男	98	86	92	276	92	合格	3	TRUE
12	010	2022010	郝海平	男	78	68	84	230	76.7	合格	10	FALSE
13	011	2022011	王　敏	女	85	96	74	255	85	合格	8	FALSE
14	012	2022012	丁伟光	男	67	59	66	192	64	不合格	11	FALSE

图 2.26　学生成绩表效果

(2) 打开“函数参数”对话框，Range 文本框中，拖动鼠标选中 F3:F14，Criteria 文本框中输入“<60”，如图 2.27 所示，单击“确定”按钮。L19 单元格编辑栏里自动显示“=COUNTIF(F3:F14,"<60")”。选中编辑栏该公式，按 Ctrl+C 组合键复制该公式，再按 Esc 键退出。

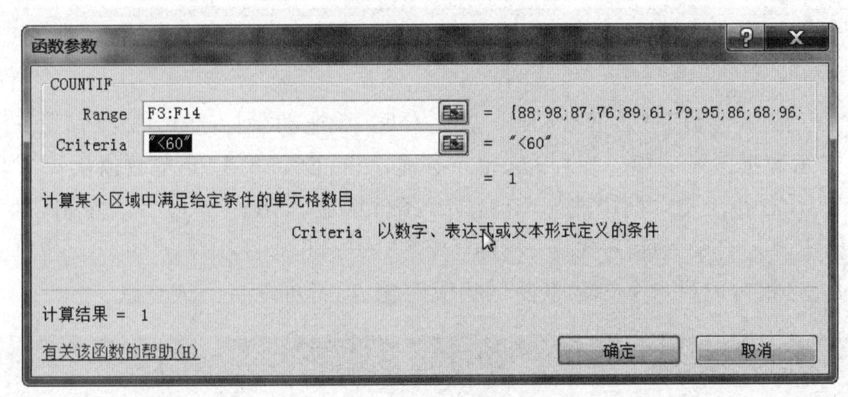

图 2.27　COUNTIF 函数

(3) 光标定位在 L20 单元格，在编辑栏中粘贴两次公式，将公式修改成“=COUNTIF(F3:F14,"<70")-COUNTIF(F3:F14,"<60")”，按 Enter 键显示结果。选中编辑栏中该公式，按 Ctrl+C 组合键复制该公式，再按 Esc 键退出。

(4) 光标定位在 L21 单元格，在编辑栏中粘贴公式后，将公式修改成“=COUNTIF(F3:F14,"<80")-COUNTIF(F3:F14,"<70")”。

(5) 光标定位在 L22 单元格，在编辑栏中粘贴公式后，将公式修改成“=COUNTIF(F3:F14,"<90")-COUNTIF(F3:F14,"<80")”。

(6) 光标定位在 L23 单元格，在编辑栏中粘贴公式后，将公式修改成“=COUNTIF(F3:F14,"<=100")-COUNTIF(F3:F14,"<90")”。

(7) 公式编辑完成后，数学各分数段的同学人数统计结果如图 2.28 所示。

数学分数统计	人数
<60	1
60～69	2
70～79	2
80～89	4
90～100	3

图 2.28　各分数段统计结果

6. 数据库函数

(1) 光标定位在“计算结果”列 H22 单元格，单击编辑栏中的“插入函数”按钮 f_x，打开“插入函数”对话框，在“或选择类别”下拉框中选择“数据库”，“选择函数”列表框中会列出该类型所有函数，这里选择 DCOUNT，如图 2.29 所示，单击“确定”按钮。

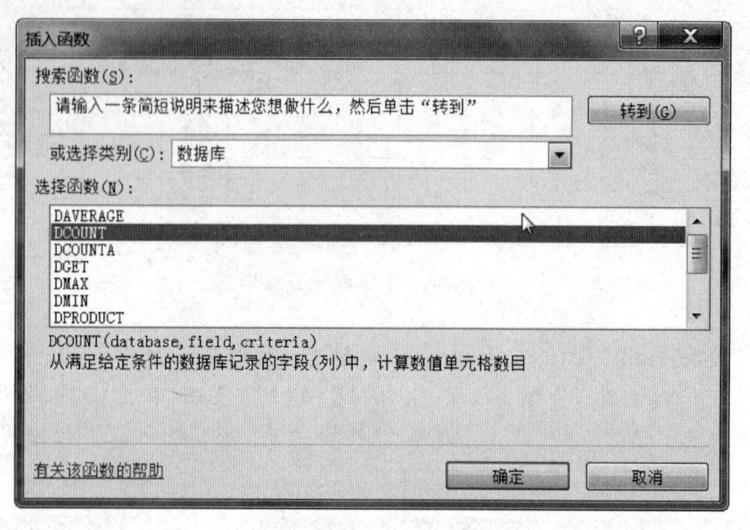

图 2.29 插入 DCOUNT 函数

(2) 打开“函数参数”对话框，Database 文本框中，拖动鼠标选中 C2:F14，Field 文本框中输入 3(表示数据区域的第三个字段，也可以输入 4、E2、F2，只要是数值类型字段地址或者序号即可)，Criteria 文本框中选择 B18:C19 条件区域，如图 2.30 所示，单击“确定”按钮。H22 单元格编辑栏自动显示公式为“=DCOUNT(C2:F14,3,B18:C19)”。这里数据区域也可以扩大些，相对应第二个参数也要做相应变化，读者可以自己试一试。

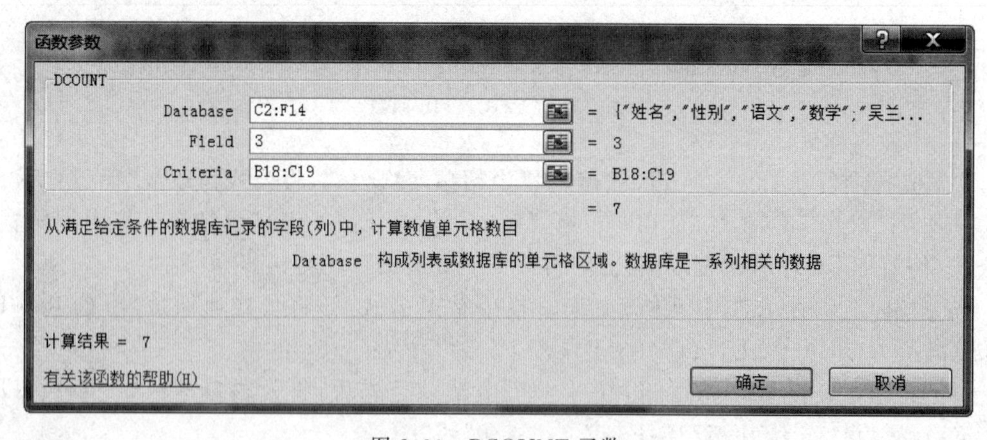

图 2.30 DCOUNT 函数

(3) 光标定位在 H23 单元格，在“插入函数”对话框中选择数据库函数 DGET，单击“确定”按钮。打开“函数参数”对话框，Database 文本框中，拖动鼠标选中 C2:G14，Field 文本框中输入 1(表示数据区域的第一个字段，也可以输入 C2)，Criteria 文本框中选择 E18:F19 条件区域，如图 2.31 所示，单击“确定”按钮。H23 单元格编辑栏自动显示公式为“=DGET(C2:G14,1,E18:F19)”。

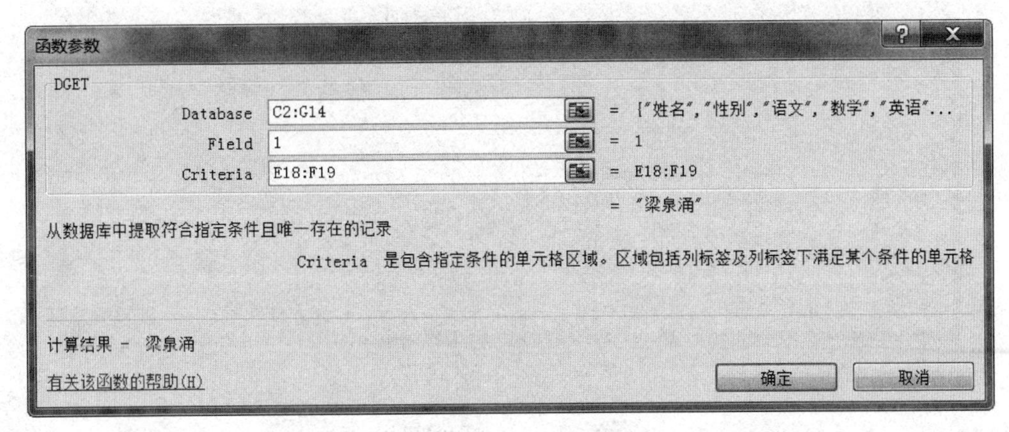

图 2.31　DGET 函数

(4) 光标定位在 H24 单元格，在“插入函数”对话框中选择数据库函数 DAVERAGE，单击“确定”按钮。打开“函数参数”对话框，Database 文本框中，拖动鼠标选中 D2:E14，Field 文本框中输入 2(表示数据区域的第二个字段，也可以输入 E2)，Criteria 文本框中选择 H18:H19 条件区域，如图 2.32 所示，单击“确定”按钮。H24 单元格编辑栏自动显示公式为“=DAVERAGE(D2:E14,2,H18:H19)”。

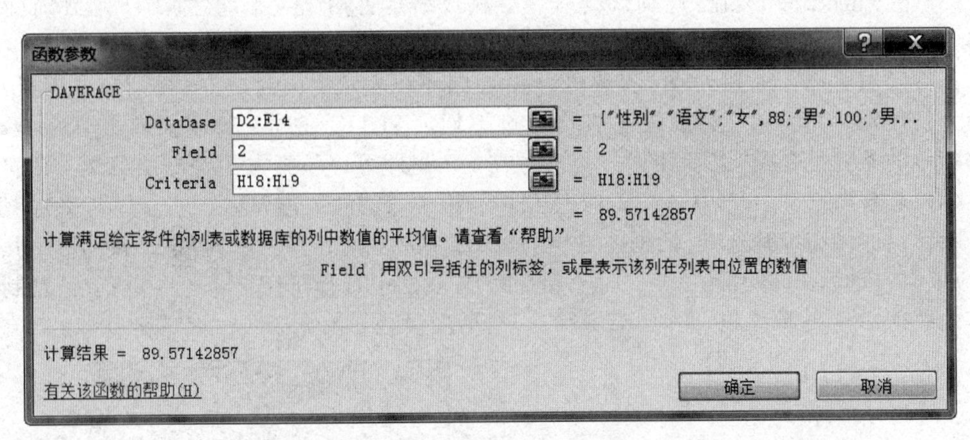

图 2.32　DAVERAGE 函数

(5) 光标定位在 H25 单元格，在“插入函数”对话框中选择数据库函数 DMAX，单击“确定”按钮。打开“函数参数”对话框，Database 文本框中，拖动鼠标选中 D2:F14，Field 文本框中输入 3(表示数据区域的第三个字段，也可以输入 F2)，Criteria 文本框中选择 H18:H19 条件区域，如图 2.33 所示，单击“确定”按钮。H25 单元格编辑栏自动显示公式为“=DMAX(D2:F14,3,H18:H19)”。

(6) 数据库函数应用完成之后，结果如图 2.34 所示。

7. 高级筛选

(1) 在 Sheet1 中，选择 A1:L14，按 Ctrl+C 组合键复制，右击 Sheet2 中 A1 单元格，按 Ctrl+V 组合键粘贴过来。

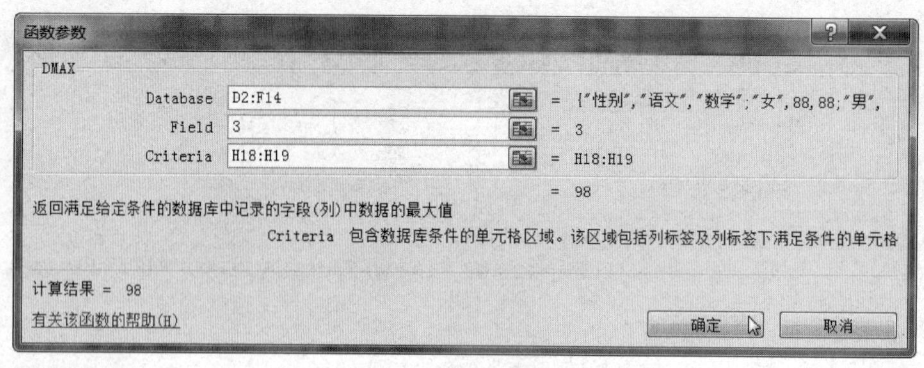

图 2.33　DMAX 函数

行						
17	条件区域1		条件区域2		条件区域3
18	语文	数学	英语	性别	性别
19	>=85	>=85	>=90	女	男
20					
21	情况				计算结果
22	“语文”和“数学”成绩都大于或等于85的人数				7
23	“英语”成绩大于或等于90的“女生”姓名				梁泉涌
24	“语文”成绩中男生的平均分				89.5714286
25	“数学”成绩中男生的最高分				98

图 2.34　数据库函数完成效果

(2) 在 Sheet2 中,复制“性别”“英语”“三科成绩是否均超过平均”到 F16、G16、H16 单元格,其他如图 2.35 所示,性别中“男”和“女”也尽量从原文中复制过来。

条件区域解释：性别=“男”和英语>90 在同一行表示要同时成立,否则只要满足一条件即可。性别=“女”和三科成绩是否均超过平均=TRUE 在同一行要同时成立。第一行和第二行的条件组合是“或者”的关系,只要成立一组即可。注意大于符号要英文半角符号。

(3) 光标置于 Sheet2 中 A2：L14 任意单元格中,选择“数据”选项卡“排序与筛选”组中的“高级”,打开“高级筛选”对话框。选中“将筛选结果复制到其他位置”单选按钮；“列表区域”应该会自动列出,不用输入；在“条件区域”文本框中选择 F16：H18 区域；在“复制到”文本框中选择 A20 单元格,此时“高级筛选”对话框设置如图 2.36 所示,单击“确定”按钮。

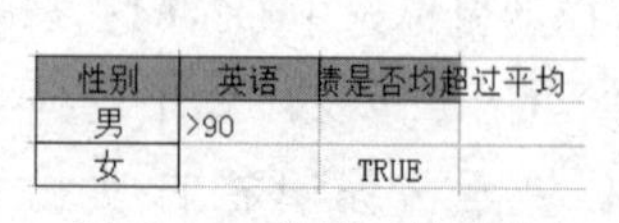

性别	英语	绩是否均超过平均
男	>90	
女		TRUE

图 2.35　条件区域建立

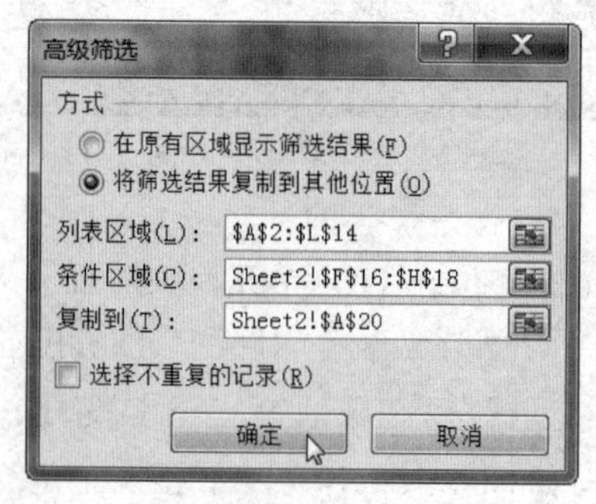

图 2.36　“高级筛选”对话框设置

(4) 完成高级筛选后,结果如图 2.37 所示。

题外思考：如何筛选出姓名中含有“光”字或者总分大于或等于 280 的记录?

8. 数据透视表

(1) 光标置于 Sheet1 中 A2：L14 任意单元格中,选择“插入”选项卡“表格”组中的“数

	A	B	C	D	E	F	G	H	I	J	K	L	M
13	011	2022011	王　敏	女	85	96	74	255	85	合格	8	FALSE	
14	012	2022012	丁伟光	男	67	59	66	192	64	不合格	11	FALSE	
15													
16						性别	英语	绩是否均超过平均					
17						男	>90						
18						女		TRUE					
19													
20	学号	新学号	姓名	性别	语文	数学	英语	总分	平均	考评	排名	绩是否均超过平均	
21	002	2022002	许光明	男	100	98	100	298	99.3	合格	1	TRUE	
22	008	2022008	梁泉涌	女	88	95	100	283	94.3	合格	2	TRUE	
23	009	2022009	任广明	男	98	86	92	276	92	合格	3	TRUE	

图 2.37　高级筛选完成效果

据透视表”，打开“创建数据透视表”对话框。“表/区域”内容会自动显示，不需要更改。“选择放置数据透视表的位置”选择“现有工作表”，“位置”文本框中选择 Sheet3 工作表的 A1 单元格，如图 2.38 所示，单击“确定”按钮。

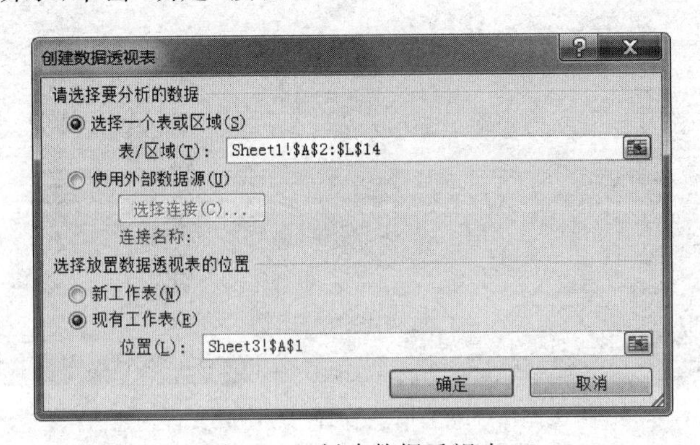

图 2.38　创建数据透视表

(2) 进入 Sheet3 工作表，在“数据透视表字段”窗格中，拖动“性别”字段到“行”，拖动“考评”字段到“列”和“Σ 值”中，透视表即建立完毕，如图 2.39 所示。

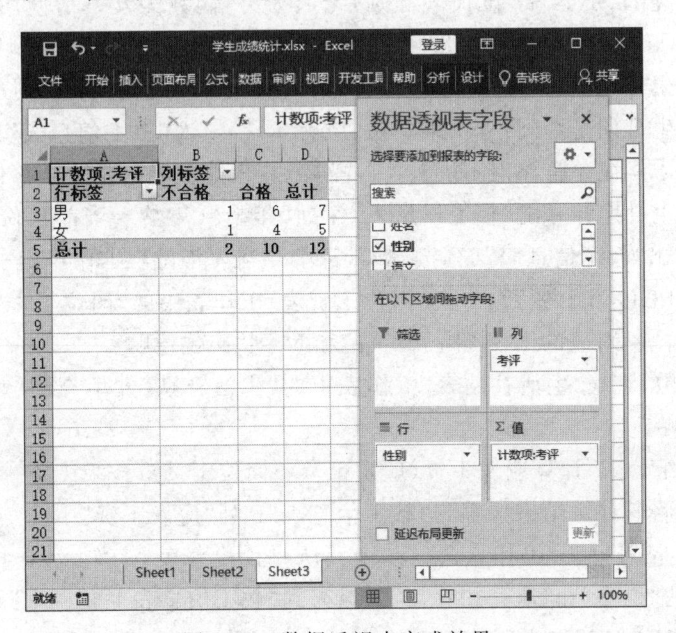

图 2.39　数据透视表完成效果

(3) 修改 Sheet1 中“学生成绩表”中第 1 条记录的姓名改为你的姓名，增加以学号姓名命名的工作表。

2.3 案例二 教工信息管理

视频讲解

此案例是教工信息(年龄、工龄、扣税、工资等)管理，主要知识点有数组公式、分类汇总、复杂统计函数及函数嵌套组合等。已知有“教工信息管理.xlsx”原文件的“教工信息表”工作表内容如图 2.40 所示。

部门	姓名	身份证号	性别	出生日期	是否闰年	年龄	工作日期	工龄	岗位级别	岗位工资	薪级工资	岗位津贴	生活补贴	预发等	应发工资	税率(%)	速算扣除	扣税	实发工资
信息学院	常虹	330224198010232724					2003/7/12		7		613			1500					
信息学院	陈浩	15010419640904051X					1987/7/9		2		1024			2680					
法学院	陈俊铭	420623198210160013					2005/7/30		8		527			1000					
阳明学院	陈丽	330224197801073325					2001/7/14		6		643			2000					
信息学院	陈忙忙	110108197209191412					1995/1/17		4		834			1500					
阳明学院	陈润远	110108197203242290					1995/11/6		4		834			2500					
信息学院	单由由	330203197701240313					2000/9/28		5		735			2200					
法学院	方珂	330205197710160916					2000/10/8		6		673			2000					
外语学院	葛荧	51010219700912377X					1993/7/11		3		984			2500					
信息学院	古亚平	330203198512250939					2008/8/29		10		295			600					
阳明学院	顾敏	330205197710210912					1999/7/11		5		703			2200					
外语学院	何丹	330222198802048270					2011/8/8		11		233			500					
外语学院	何慧豪	410103197911229012					2002/9/28		7		583			1500					
法学院	胡睿超	330206199002111457					2013/7/13		12		195			400					
信息学院	胡顺遂	330233197104080313					1994/7/30		3		904			1000					

图 2.40 “教工信息管理.xlsx”原文件内容

要求如下：

(1) 已知 18 位身份证号码：第 7～10 位为出生年份(四位数)，第 11、12 位为出生月份，第 13、14 位为出生日期，第 17 位代表性别，奇数为男，偶数为女。请使用 MID、IF、MOD、DATE 函数，从身份证号码中分离出性别信息，在“教工信息表”D 列“性别”填入“男”或“女”；分离出出生日期信息，使用“年/月/日”格式填入“教工信息表”E 列“出生日期”。

(2) 判断出生日期是否闰年，结果(“是”或者“否”)填入“教工信息表”F 列“是否闰年”。判断闰年的条件：能被 4 整除但不能被 100 整除，或者能被 400 整除的年份是闰年。

(3) 根据出生日期计算出“教工信息表”G 列“年龄”(年龄＝当前年份－出生年份)；根据工作日期计算出“教工信息表”I 列“工龄”(工龄＝当前年份－工作年份＋1)。

(4) 使用 VLOOKUP 函数，查找“岗位工资表”工作表中的“岗位工资”和“岗位津贴”并填充到“教工信息表”对应的 K 列“岗位工资”和 M 列“岗位津贴”。

(5) 使用函数，查找“生活补贴表”工作表中的“生活补贴”并填充到“教工信息表”对应的 N 列“生活补贴”。

(6) 使用数组公式，计算应发工资(应发工资＝岗位工资＋薪级工资＋岗位津贴＋生活补贴＋预发等)，将其计算结果保存到“教工信息表”P 列“应发工资”中。

(7) 参照“生活补贴表”工作表，完善“个人所得税税率表”工作表，查找“个人所得税税率表”工作表中的“税率”和“速算扣除数”并填充到“教工信息表”的“税率”和“速算扣除”列。

(8) “教工信息表”工作表所计算出的“应发工资”为工资、薪金所得，以每月收入额减除费用3500后的余额为应纳税所得额。因此,应纳税所得额＝应发工资－3500。根据应发工资、税率和速算扣除,计算并填充“扣税”列(扣税＝应纳税所得额×税率－速算扣除)。

(9) 使用数组公式,计算实发工资(实发工资＝应发工资－扣税),将其计算结果保存到“教工信息表”T列“实发工资”中。

(10) 将“统计表”工作表填写完整：使用COUNTIF函数计算各部门人数；使用AVERAGEIF函数计算各部门平均工资；使用SUMIF函数计算各部门总工资。开始时的统计表如图2.41所示。

	A	B	C	D
1	统计表			
2	部门	人数	平均工资	总工资
3	信息学院			
4	法学院			
5	外语学院			
6	阳明学院			

图2.41　统计表原来信息

(11) 新建“分类汇总”工作表,将“教工信息表”内容复制过来。按照“部门”分类,统计各部门的人数、平均工资与总工资。

(12) 将“教工信息表”中第1条记录的姓名改为你的姓名,增加以学号姓名命名的工作表。

具体操作步骤如下。

1. 性别、出生日期信息提取

(1) 打开“教工信息管理.xlsx”文件,定位到“教工信息表”工作表,在“性别”列D2单元格中输入公式“＝IF(MOD(MID(C2,17,1),2)＝0,"女","男")”,如图2.42所示,按Enter键确认,然后填充D列其他数据。

公式解释：MID(C2,17,1)表示从第17个字符开始提取,提取1个字符出来；MOD(MID(C2,17,1),2)＝0表示能否被2整除；整个公式表示身份证号码第17位如果能被2整除,说明性别就是“女”,否则为“男”。

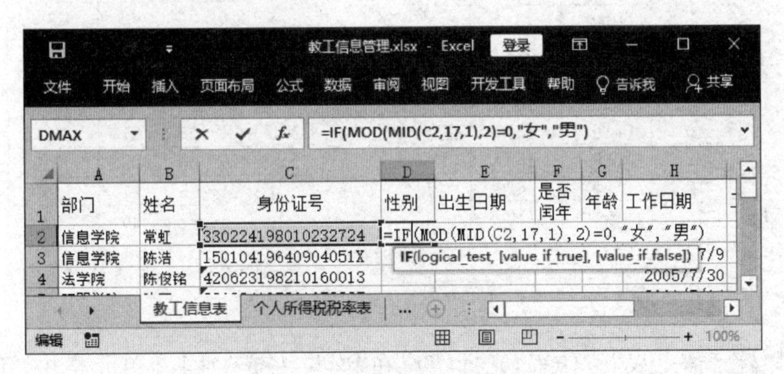

图2.42　身份证号中性别提取

(2) 在“出生日期”列E2单元格中输入公式“＝DATE(MID(C2,7,4),MID(C2,11,2),MID(C2,13,2))”。

公式解释：MID(C2,7,4)表示从第7个字符开始提取,提取4个字符出来,也就是年份；MID(C2,11,2)表示从第11个字符开始提取,提取两个字符出来,也就是月份；MID(C2,13,2)表示从第13个字符开始提取,提取两个字符出来,也就是日期；DATE函数是将文本类型转换成日期类型输出。

2. 判断是否闰年,计算年龄、工龄

(1) 在“是否闰年”列F2单元格中输入公式“＝IF(OR(MOD(YEAR(E2),400)＝0,

AND(MOD(YEAR(E2),100)<>0,MOD(YEAR(E2),4)=0)),"是","否")",按 Enter 键确认,然后填充 F 列其他数据。

公式解释：YEAR(E2)表示求年份；MOD(YEAR(E2),400)=0 表示年份能被 400 整除；MOD(YEAR(E2),100)<>0 表示年份不能被 100 整除；AND(MOD(YEAR(E2),100)<>0,MOD(YEAR(E2),4)=0)表示年份能被 4 整除但不能被 100 整除要同时成立。OR(MOD(YEAR(E2),400)=0,AND(MOD(YEAR(E2),100)<>0,MOD(YEAR(E2),4)=0))表示年份能被 4 整除但不能被 100 整除,或者能被 400 整除。

(2) 在"年龄"列 G2 单元格中输入公式"=YEAR(TODAY())-YEAR(E2)",填充 G 列其他数据。

(3) 在"工龄"列 I2 单元格中输入公式"=YEAR(TODAY())-YEAR(H2)+1",填充 I 列其他数据。

3. VLOOKUP 函数

(1) 观察"岗位工资表"工作表中内容如图 2.43 所示,"生活补贴表"工作表中内容如图 2.44 所示。分析"生活补贴表"工作表,"工龄说明"与"工龄"的差别在于:"工龄"就是"工龄说明"的下界。

	A	B	C
1	岗位工资表		
2	岗位级别	岗位工资	岗位津贴
3	1	2800	
4	2	1900	3250
5	3	1630	2990
6	4	1420	2780
7	5	1180	2470
8	6	1040	2310
9	7	930	2160
10	8	780	1950
11	9	730	1820
12	10	680	1690
13	11	620	1530
14	12	590	1430
15	13	550	1300

图 2.43 岗位工资表

	A	B	C
1	生活补贴表		
2	工龄说明	工龄	生活补贴
3	0～5	0	1800
4	6～10	6	1850
5	11～15	11	1900
6	16～20	16	1950
7	21～25	21	2000
8	26～30	26	2050
9	31～35	31	2100
10	36～	36	2150

图 2.44 生活补贴表

(2) 返回"教工信息表"工作表,光标定位在"岗位工资"列 K2 单元格中,单击编辑栏中的"插入函数"按钮 *fx*,打开"插入函数"对话框,在"搜索函数"文本框中输入 VLOOKUP,再单击"转到"按钮,"选择函数"列表框中会自动选中并列出该函数,单击"确定"按钮。

(3) 打开"函数参数"对话框,在 Lookup_value 文本框中选择"教工信息表"中"岗位级别"列 J2 单元格；在 Table_array 文本框中选择"岗位工资表"工作表中的 A2:C15,按 F4 键,使其变成绝对引用"岗位工资表!$A$2:$C$15"；在 Col_index_num 文本框中输入 2,表示返回第 2 列数据；在 Range_lookup 文本框中输入 false,表示精确匹配数据。如图 2.45 所示,单击"确定"按钮。K2 单元格编辑栏里自动显示"=VLOOKUP(J2,岗位工资表!$A$2:$C$15,2,FALSE)"。在编辑栏中按 Ctrl+C 组合键复制该公式,按 Enter 键确认后,再填充该列数据。

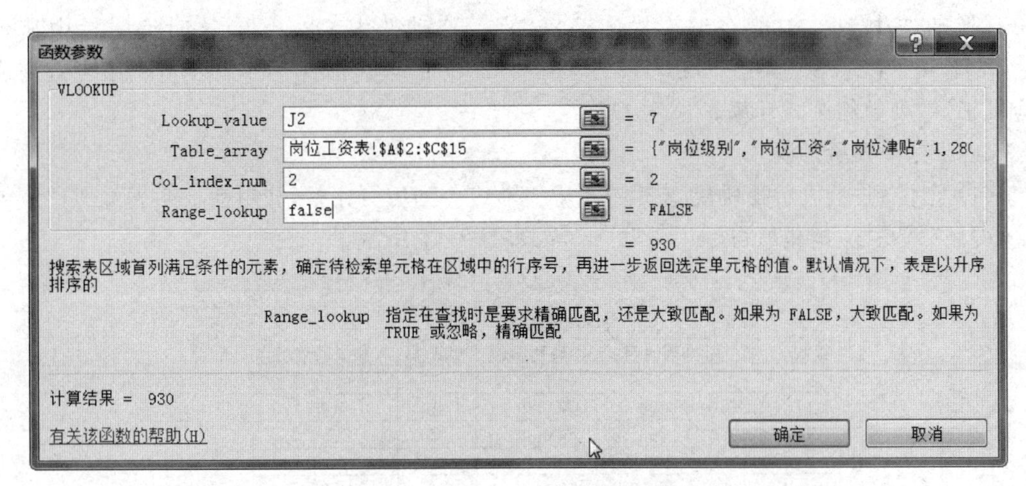

图 2.45　VLOOKUP 函数岗位工资提取

(4) 光标定位在“岗位津贴”列 M2 单元格中，在编辑栏中粘贴步骤(3)复制的公式，将其略作修改成“=VLOOKUP(J2,岗位工资表! $A$2:$C$15,3,FALSE)”。这里 3 表示返回岗位工资表第 3 列数据，按 Enter 键确认后填充数据。

(5) 光标定位在“生活补贴”列 N2 单元格中，单击编辑栏中的“插入函数”按钮 f_x，打开“插入函数”对话框，“选择函数”列表框中选中函数 VLOOKUP，单击“确定”按钮。

(6) 打开“函数参数”对话框，在 Lookup_value 文本框中选择“教工信息表”中“工龄”列 I2 单元格；在 Table_array 文本框中选择“生活补贴”工作表中的 B2:C10，按 F4 键，使其变成绝对引用格式“生活补贴表! $B$2:$C$10”；在 Col_index_num 文本框中输入 2；在 Range_lookup 文本框中输入 TRUE，表示模糊匹配数据。如图 2.46 所示，单击“确定”按钮。N2 单元格编辑栏里自动显示“=VLOOKUP(I2,生活补贴表! $B$2:$C$10,2,TRUE)”。填充该列其他数据。

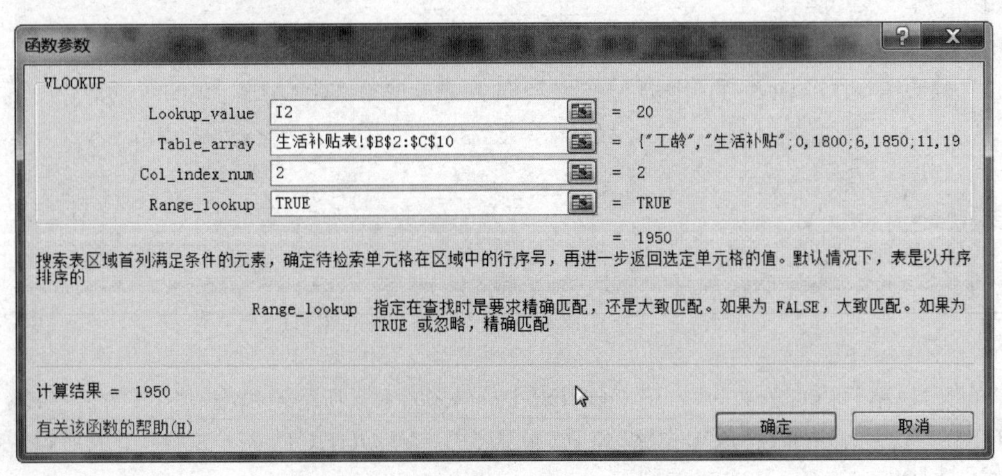

图 2.46　VLOOKUP 函数生活补贴提取

(7) 拖动选中 P2:P30 目标区域，在编辑栏中输入“=”，拖动选中 K2:K30，在编辑栏中输入“+”，拖动选中 L2:L30，在编辑栏中输入“+”，拖动选中 M2:M30，在编辑栏中输入

“＋”，拖动选中 N2：N30，在编辑栏中输入“＋”，拖动选中 O2：O30，这时编辑栏中显示“＝K2：K30＋L2：L30＋M2：M30＋N2：N30＋O2：O30”，按 Shift＋Ctrl＋Enter 组合键完成“应发工资”列数组公式计算。

4. 计算个人所得税

(1) 定位到“个人所得税税率表”工作表，将其 C 列填写完整，和生活补贴表类似，“应纳税所得额”就是“应纳税所得额说明”的下界，如图 2.47 所示。

	A	B	C	D	E	F
1	个人所得税税率表					
2	级数	应纳税所得额说明	应纳税所得额	税率(%)	速算扣除数(元)	
3	1	0～1500	0	3	0	
4	2	1500.01～4500	1500.01	10	105	
5	3	4500.01～9000	4500.01	20	555	
6	4	9000.01～35000	9000.01	25	1005	
7	5	35000.01～55000	35000.01	30	2755	
8	6	55000.01～80000	55000.01	35	5505	
9	7	80000.01～	80000.01	45	13505	
10	注：					
11	一、工资、薪金所得，以每月收入额减除费用3500后的余额，为应纳税所得额					
12	二、应纳个人所得税税额=应纳税所得额*适用税率-速算扣除数					

图 2.47　个人所得税税率表

(2) 返回“教工信息表”工作表，光标定位在“税率”列 Q2，如图 2.48 所示，使用 VLOOKUP 函数查找“个人所得税税率表”工作表中的“税率”并填充到“教工信息表”的“税率”列。

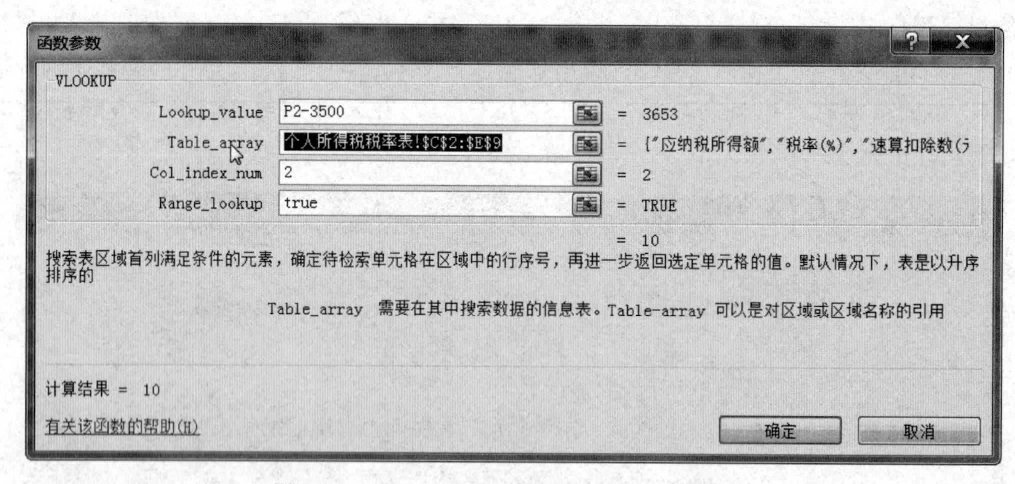

图 2.48　VLOOKUP 函数个人所得税税率提取

(3) “税率”列 Q2 公式为“＝VLOOKUP(P2－3500，个人所得税税率表！＄C＄2：＄E＄9，2，TRUE)”。复制并修改“速算扣除”列 R2 公式为“＝VLOOKUP(P2－3500，个人所得税税率表！＄C＄2：＄E＄9，3，TRUE)”。

(4) 在“扣税”列 S2 单元格中输入公式“＝(P2－3500)＊Q2/100－R2”。

(5) “实发工资”列 T 单元格用数组公式计算：实发工资＝应发工资－扣税。编辑栏中显示公式为“{＝P2：P30－S2：S30}”。

（6）到目前为止，“教工信息表”数据已经填写完整，2021 年数据计算结果如图 2.49 所示，随着年份增长，工龄和年龄都会增长，数据结果应有变化。

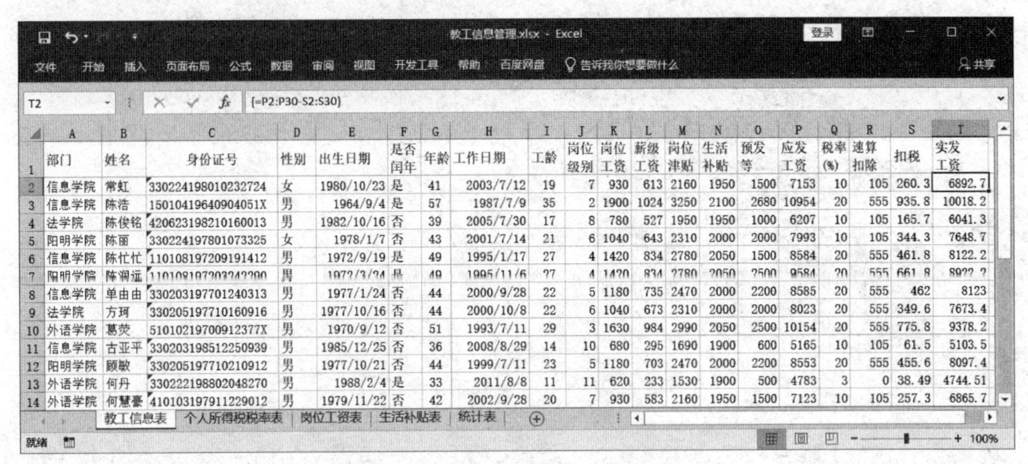

	部门	姓名	身份证号	性别	出生日期	是否闰年	年龄	工作日期	工龄	岗位级别	岗位工资	薪级工资	岗位津贴	生活补贴	预发等	应发工资	税率(%)	速算扣除	扣税	实发工资
2	信息学院	常虹	330224198010232724	女	1980/10/23	是	41	2003/7/12	19	7	930	613	2160	1950	1500	7153	10	105	260.3	6892.7
3	信息学院	陈浩	15010419640904051X	男	1964/9/4	是	57	1987/7/9	35	2	1900	1024	3250	2100	2680	10954	20	555	935.8	10018.2
4	法学院	陈俊铭	420623198210160013	男	1982/10/16	否	39	2005/7/30	17	8	780	527	1950	1950	1000	6207	10	105	165.7	6041.3
5	阳明学院	陈丽	330224197801073325	女	1978/1/7	否	43	2001/7/14	21	6	1040	643	2310	2000	2000	7993	10	105	344.3	7648.7
6	信息学院	陈忙忙	110108197209191412	男	1972/9/19	是	49	1995/1/17	27	4	1420	834	2780	2050	1500	8584	20	555	461.8	8122.2
7	阳明学院	陈润泟	110108197203242290	男	1972/3/24	是	49	1995/11/6	27	4	1420	834	2780	2050	2500	9584	20	555	661.8	8922.2
8	信息学院	单由由	330203197701240313	男	1977/1/24	否	44	2000/9/28	22	5	1180	735	2470	2000	2200	8585	20	555	462	8123
9	法学院	方珂	330205197710160916	男	1977/10/16	否	44	2000/10/8	22	6	1040	673	2310	2000	2000	8023	20	555	349.6	7673.4
10	外语学院	葛荧	51010219700912377X	男	1970/9/12	否	51	1993/7/11	29	3	1630	984	2990	2050	2500	10154	20	555	775.8	9378.2
11	信息学院	古亚平	330203198512250939	男	1985/12/25	否	36	2008/8/29	14	10	680	295	1690	1900	600	5165	10	105	61.5	5103.5
12	阳明学院	顾敏	330205197710210912	男	1977/10/21	否	44	1999/7/11	23	5	1180	703	2470	2000	2200	8553	20	555	455.6	8097.4
13	外语学院	何丹	330222198802048270	男	1988/2/4	是	33	2011/8/8	11	11	620	233	1530	1900	500	4783	3	0	38.49	4744.51
14	外语学院	何慧豪	410103197911229012	男	1979/11/22	否	42	2002/9/28	20	7	930	583	2160	1950	1500	7123	10	105	257.3	6865.7

图 2.49　教工信息表完整数据

5. 统计函数

（1）切换到“统计表”工作表中，光标定位在 B3 单元格，插入函数选择 COUNTIF，打开“函数参数”对话框，在 Range 文本框中选择“教工信息表”中的 A1:A30，按 F4 键设置 A1:A30 区域为绝对引用，在 Criteria 文本框中选择“统计表”工作表的 A3，如图 2.50 所示，单击“确定”按钮。B3 单元格公式为“=COUNTIF(教工信息表! $A$1: $A$30,A3)”。填充该列其他数据。

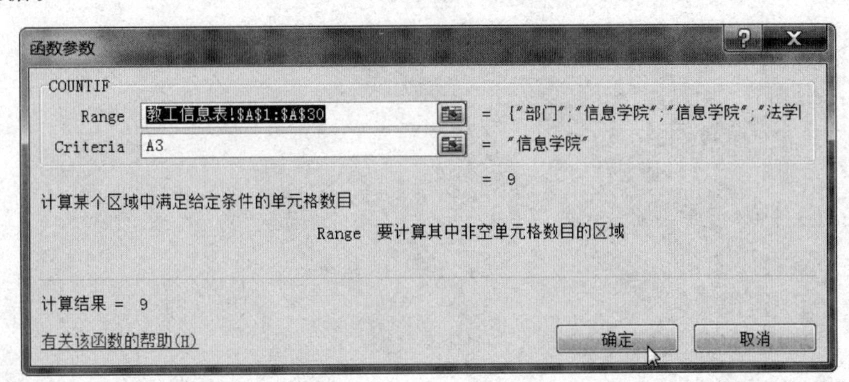

图 2.50　COUNTIF 函数

（2）“统计表”工作表中，光标定位在 C3 单元格，插入函数选择 AVERAGEIF，打开“函数参数”对话框，在 Range 文本框中选择“教工信息表”中的 A2:A30，在 Criteria 文本框中选择 A3，在 Average_range 文本框中选择“教工信息表”中的 T2:T30，按 F4 键设置 A2:A30 和 T2:T30 区域为绝对引用，如图 2.51 所示，单击“确定”按钮。C3 单元格公式为“=AVERAGEIF(教工信息表! $A$2: $A$30,A3,教工信息表! $T$2: $T$30)”。填充该列其他数据。

（3）“统计表”工作表中，光标定位在 D3 单元格，插入函数选择 SUMIF，打开“函数参数”对话框，在 Range 文本框中选择“教工信息表”中的 A2:A30，在 Criteria 文本框中选择

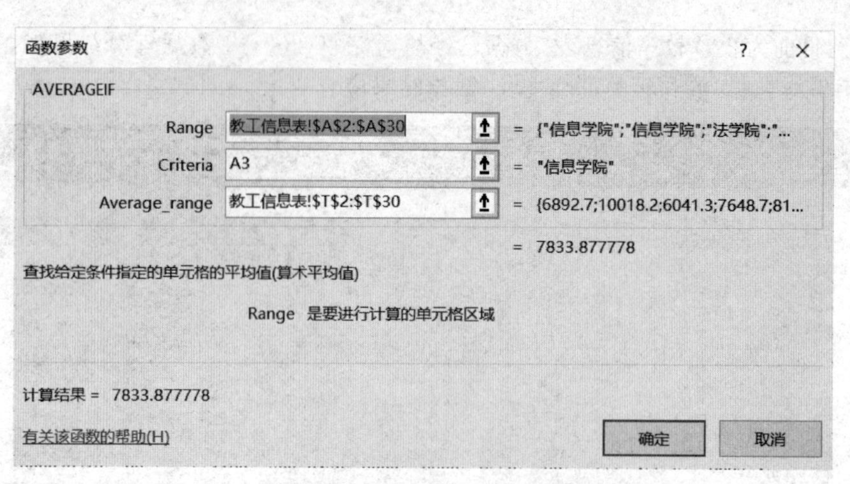

图 2.51　AVERAGEIF 函数

A3，在 Sum_range 文本框中选择“教工信息表”中的 T2：T30，按 F4 键设置 A2：A30 和 T2：T30 区域为绝对引用，如图 2.52 所示，单击“确定”按钮。C3 单元格公式为“＝SUMIF(教工信息表！＄A＄2：＄A＄30，A3，教工信息表！＄T＄2：＄T＄30)”。填充该列其他数据。

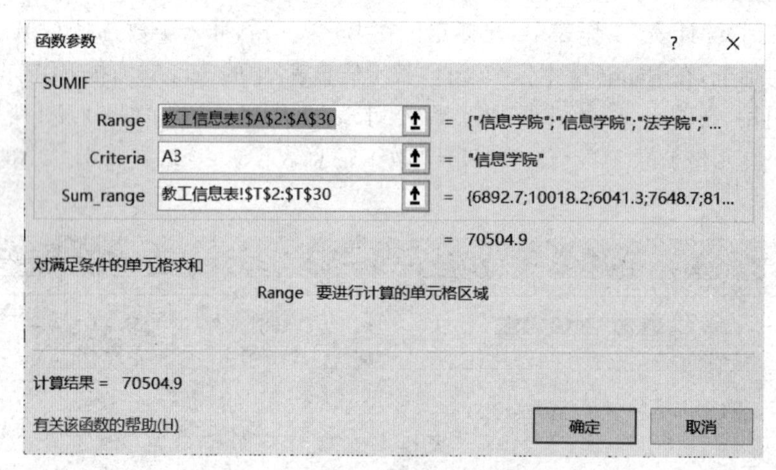

图 2.52　SUMIF 函数

(4)“统计表”工作表填写完整后，如图 2.53 所示。

	A	B	C	D
1	统计表			
2	部门	人数	平均工资	总工资
3	信息学院	9	7833.87778	70504.9
4	法学院	7	7215.72143	50510.05
5	外语学院	8	6269.17	50153.36
6	阳明学院	5	7659.16	38295.8

图 2.53　统计表完成

6. 分类汇总

(1) 新建“分类汇总”工作表，选中“教工信息表”所有数据，按 Ctrl＋C 组合键复制，右击“分类汇总”工作表中 A1 单元格，在弹出的快捷菜单的粘贴选项中选择“值”。主要是因为原来表使用了数组公式，不利于排序，所以只把数值复制过来，不包含公式。

(2)“分类汇总”工作表中，拖动鼠标选择 E～I 列标，使选中 E～I 整列，右击选择“隐藏”，将这几列隐藏起来。光标放在“部门”列有数据位置，选择“数据”选项卡“排序和筛选”组中的“升序”按钮，将数据按“部门”排序。

(3) 光标放在数据区域,选择“数据”选项卡“分级显示”组中的“分类汇总”,打开“分类汇总”对话框,“分类字段”选择“部门”,“汇总方式”选择“计数”,“选定汇总项”只选中“姓名”,其他不选中,如图 2.54 所示,单击“确定”按钮。一个简单的计数分类汇总完成了。

(4) 继续选择“数据”→“分类汇总”,打开“分类汇总”对话框,“分类字段”选择“部门”,“汇总方式”选择“平均值”,“选定汇总项”只选中“实发工资”,其他不选;单击取消“替换当前分类汇总”复选框,使其不选中,如图 2.55 所示,单击“确定”按钮。计数和求平均值分类汇总复合在一起显示出来。

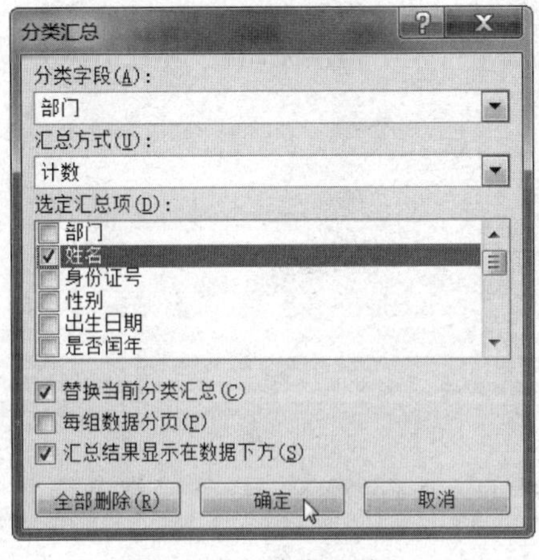

图 2.54　分类汇总 1

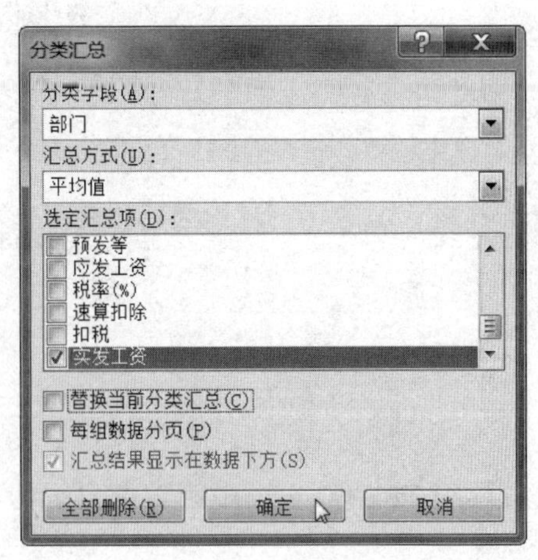

图 2.55　分类汇总 2

(5) 继续选择“数据”→“分类汇总”,打开“分类汇总”对话框,“分类字段”选择“部门”,“汇总方式”选择“求和”,“选定汇总项”只选“实发工资”,取消勾选“替换当前分类汇总”复选框,使其不选中,单击“确定”按钮。一个复杂的分类汇总完成了,如图 2.56 所示。

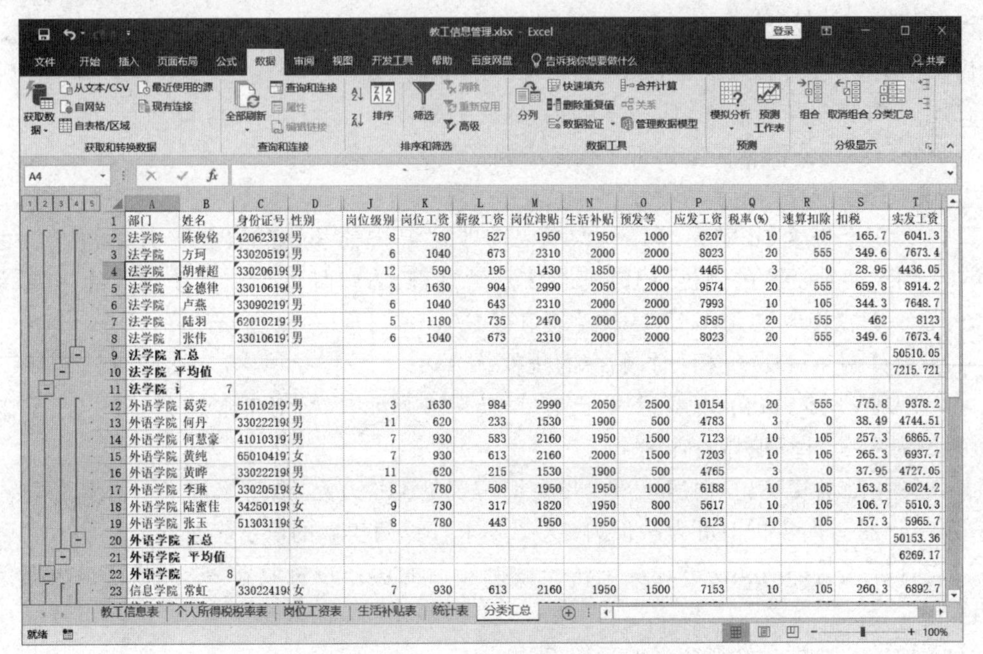

	A	B	C	D	J	K	L	M	N	O	P	Q	R	S	T
1	部门	姓名	身份证号	性别	岗位级别	岗位工资	薪级工资	岗位津贴	生活补贴	预发等	应发工资	税率(%)	速算扣除	扣税	实发工资
2	法学院	陈俊铭	42062319ₑ	男	8	780	527	1950	1950	1000	6207	10	105	165.7	6041.3
3	法学院	方珂	33020519	男	6	1040	673	2310	2000	2000	8023	20	555	349.6	7673.4
4	法学院	胡睿超	33020619	男	12	590	195	1430	1850	400	4465	3	0	28.95	4436.05
5	法学院	金德律	33010619	男	3	1630	904	2990	2050	2000	9574	20	555	659.8	8914.2
6	法学院	卢燕	33090219	男	6	1040	643	2310	2000	2000	7993	10	105	344.3	7648.7
7	法学院	陆羽	62010219	男	5	1180	735	2470	2000	2200	8585	20	555	462	8123
8	法学院	张伟	33010619	男	6	1040	673	2310	2000	2000	8023	20	555	349.6	7673.4
9	**法学院 汇总**														50510.05
10	**法学院 平均值**														7215.721
11	**法学院 i**	7													
12	外语学院	葛荧	51010219	男	3	1630	984	2990	2050	2500	10154	20	555	775.8	9378.2
13	外语学院	何丹	33022219	男	11	620	233	1530	1900	500	4783	3	0	38.49	4744.51
14	外语学院	何慧豪	41010319	男	7	930	583	2160	1950	1500	7123	10	105	257.3	6865.7
15	外语学院	黄纯	65010419	女	7	930	613	2160	2000	1500	7203	10	105	265.3	6937.7
16	外语学院	黄晔	33022219	男	11	620	215	1530	1900	500	4765	3	0	37.95	4727.05
17	外语学院	李琳	33020519	女	8	780	508	1950	1950	1000	6188	10	105	163.8	6024.2
18	外语学院	陆蜜佳	34250119	女	9	730	317	1820	1950	800	5617	10	105	106.7	5510.3
19	外语学院	张玉	51303119	女	8	780	443	1950	1950	1000	6123	10	105	157.3	5965.7
20	**外语学院 汇总**														50153.36
21	**外语学院 平均值**														6269.17
22	**外语学院**	8													
23	信息学院	常虹	33022419	女	7	930	613	2160	1950	1500	7153	10	105	260.3	6892.7

图 2.56　分类汇总复合完成

(6)"分类汇总"工作表中，分别单击左边第4列的所有[-]按钮，使其都变成[+]，把数据折叠起来了，选中C～S整列，隐藏这几列，将A列拉宽些，如图2.57所示，与统计表数据进行比较核对一下，数据一致表示正确。

	A	B	T
9	法学院 汇总		50510.05
10	法学院 平均值		7215.721
11	法学院 计数	7	
20	外语学院 汇总		50153.36
21	外语学院 平均值		6269.17
22	外语学院 计数	8	
32	信息学院 汇总		70504.9
33	信息学院 平均值		7833.878
34	信息学院 计数	9	
40	阳明学院 汇总		38295.8
41	阳明学院 平均值		7659.16
42	阳明学院 计数	5	
43	总计		209464.1
44	总计平均值		7222.9
45	总计数	29	

图2.57 分类汇总折叠后

(7)将"教工信息表"中第1条记录的姓名改为你的姓名，增加一以学号姓名命名的工作表。

视频讲解

2.4 案例三 个人理财管理

此案例是个人理财(资产投资、旧房出售、购房贷款等)管理，主要知识点有财务函数(PMT、PV、FV)和算术函数等。已知"个人理财.xlsx"原文件Sheet1工作表内容如图2.58所示。某公司白领，2021年时45岁，家有现金存款88万元，持有基金10万元，股票5万元，住房公积金15万元，2021年净收入25万元，养老金账户18万元，还有一套价值110万元的房子。现家里孩子长大，房子不够大，因此打算买一套新房子，房价200万元，首付一半，其余分别使用公积金贷款和商业按揭贷款。

要求如下：

(1)公积金贷款50万元，利率为5%；商业按揭贷款50万元，利率为6.55%。贷款15年，分别求两种贷款的月供，同时判断该月供是否合理(月供小于月净收入的40%为合理)，若合理则在相应位置填TRUE，否则填写FALSE。

(2)计算两年后房子交付时，剩余的贷款总余额。

(3)现年45岁，拟在60岁退休，已有养老金18万元，今后每年继续交7880元，养老金投资报酬为8%，计算退休时养老金资产。

(4)两年后新房交付，旧房可以卖出。旧房现价110万元，旧房房价年增长率为7%，折旧率为每年2%，即年折旧价为房价的2%。要求计算两年后的旧房售价。

(5)计算出将旧房卖房款还完新房贷款余额后的房产投资收益，并将总收益数据保留到百位。

(6)增加一以学号姓名命名的工作表。

	A	B	C	D	E	F
1	资产				养老金投资	
2	银行定期存款	¥880,000			年龄	45
3	基金	¥100,000			预计退休年龄	60
4	股票	¥50,000			养老金投资年利率	8%
5	住房公积金	¥150,000			已准备养老金	¥180,000
6	2021年净收入	¥250,000			养老金年储蓄	¥7,880
7					退休时养老金资产	
8	购房					
9	新房价格	¥2,000,000			旧房出售	
10	首付款（房价50%）				房价增长率	7%
11	几年后交房	2			旧房现价	¥1,100,000
12					旧房折旧系数	2%
13	购房贷款				旧房折旧值	
14		公积金贷款	商业按揭贷款		2年后旧房售价	
15	房贷年利率	5%	6.55%			
16	贷款年限	15	15		2年后总收益	
17	贷款金额	¥500,000	¥500,000		2年后贷款总余额	
18	贷款月供				旧房卖出还清贷款余额	
19	月供是否合理（月供小于月净收入的40%）					
20	2年后贷款总余额					

图 2.58 “个人理财.xlsx”原文件内容

具体操作步骤如下。

1. 房贷月供计算

(1) 打开“个人理财.xlsx”文件，光标定位在 Sheet1 工作表 B10，计算首付款为新房价格的 50%。

(2) 光标定位在 B18，计算公积金贷款的房贷月供。选择“公式”选项卡“函数库”组中的“财务”→PMT，打开“函数参数”对话框，如图 2.59 所示设置参数。其中，Rate 为公积金贷款年利率 5%(B15)除以 12；总期数 Nper 为 15(B16)年再乘以 12，转换成总月数；Pv 为贷款金额共 500 000(B17)，其他参数省略。

(3) 单击“确定”按钮后，B18 编辑栏中显示“=PMT(B15/12,B16*12,B17)”。

(4) 商业按揭贷款的房贷月供的计算方式与公积金贷款相同，因此，只要将 B18 公式填充到 C18 即可。贷款月供结果如图 2.60 所示，负数表示是付出金额。

(5) 判断月供是否合理要使用 IF 函数，如果月供小于月净收入的 40%条件成立，显示 TRUE，否则显示 FALSE。B19 单元格输入公式“=IF(ABS(B18+C18)<40%*B6/12,TRUE,FALSE)”，结果为 TRUE。

2. 两年后贷款总余额计算

(1) 光标定位在 B20，计算两年后房子交付时，剩余的公积金贷款余额。选择“公式”→

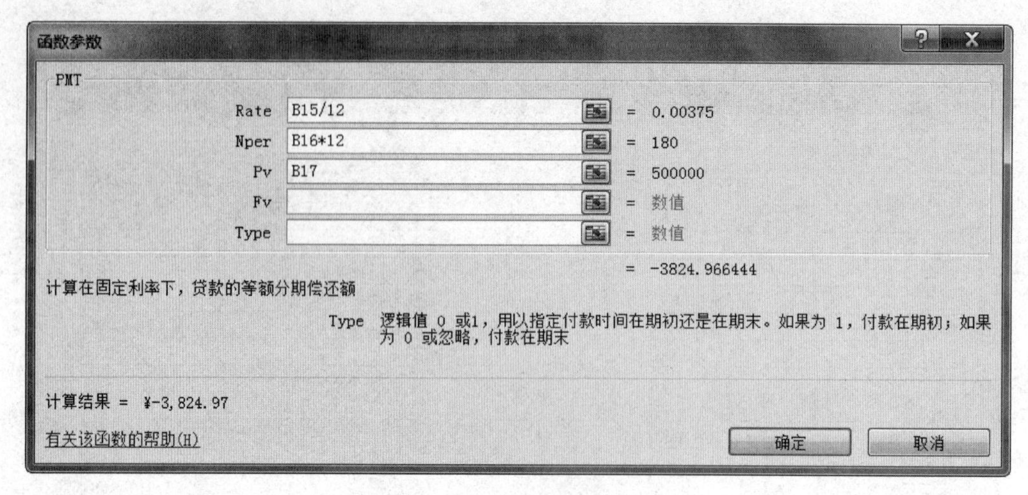

图 2.59 PMT 函数应用

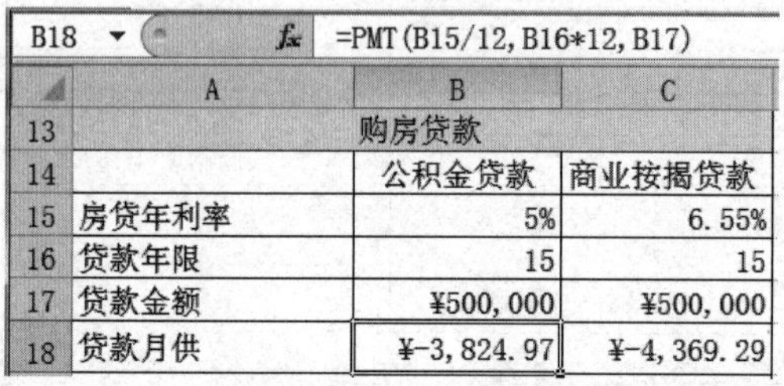

B18 =PMT(B15/12,B16*12,B17)

	A	B	C
13	购房贷款		
14		公积金贷款	商业按揭贷款
15	房贷年利率	5%	6.55%
16	贷款年限	15	15
17	贷款金额	¥500,000	¥500,000
18	贷款月供	¥-3,824.97	¥-4,369.29

图 2.60 贷款月供结果

“财务”→PV，打开“函数参数”对话框，设置参数。其中，Rate 为公积金贷款年利率 5%(B15)除以 12；余下期数 Nper 为 15－2(B16－2)年再乘以 12，转换成余下月数；Pmt 为每月月供，为 B18；其他参数省略，如图 2.61 所示。

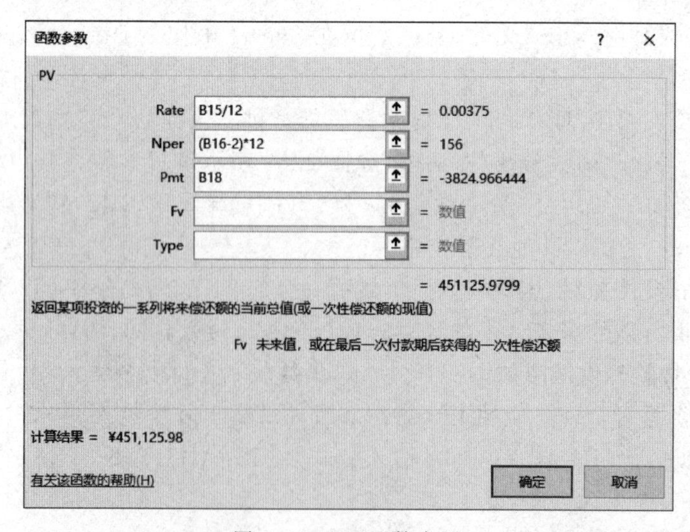

图 2.61 PV 函数应用

(2) 单击“确定”按钮后，B20 编辑栏中显示“=PV(B15/12,(B16-2)*12,B18)”。

(3) 剩余的商业按揭贷款余额的计算方式与公积金贷款相同，因此，只要将 B20 公式填充到 C20 即可，如图 2.62 所示。

B20 | =PV(B15/12,(B16-2)*12,B18)

	A	B	C	D
13		购房贷款		
14		公积金贷款	商业按揭贷款	
15	房贷年利率	5%	6.55%	
16	贷款年限	15	15	
17	贷款金额	¥500,000	¥500,000	
18	贷款月供	¥-3,824.97	¥-4,369.29	
19	月供是否合理（月供小于月净收入的40%）	TRUE		
20	2年后贷款总余额	¥451,125.98	¥458,064.34	

图 2.62 购房贷款计算完成

(4) 计算“2 年后贷款总余额”F17 单元格，公式为“=B20+C20”，得到两年后贷款总余额。

3. 退休时养老金资产计算

(1) 选中 F7 单元格，计算退休时养老金资产。选择“公式”→“财务”→FV，打开“函数参数”对话框，设置参数。其中，Rate 为养老金投资年利率 8%(F4)；Nper 为离退休年数 60-45(F3-F2)；Pmt 为今后每年养老金的投资额，即养老金储蓄，该投资是现金流出，为负值，所以要将它取反，Pmt 为-F6；Pv 为已经投资的金额，即已准备养老金，也为负值；其他参数省略，如图 2.63 所示。

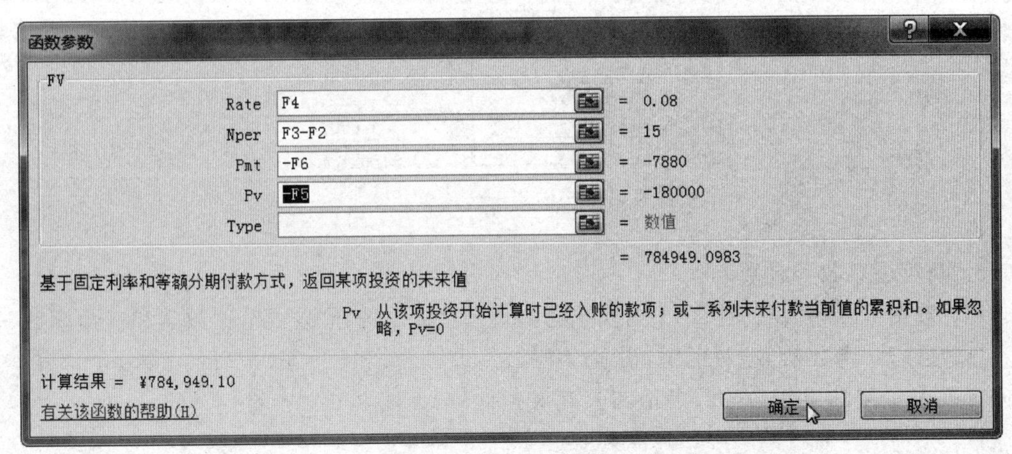

图 2.63 FV 函数应用 1

(2) 单击“确定”按钮后，F7 编辑栏中显示“=FV(F4,F3-F2,-F6,-F5)”，结果如图 2.64 所示。

F7 | =FV(F4, F3-F2, -F6, -F5)

	E	F
1	养老金投资	
2	年龄	45
3	预计退休年龄	60
4	养老金投资年利率	8%
5	已准备养老金	¥180,000
6	养老金年储蓄	¥7,880
7	退休时养老金资产	¥784,949.10

图 2.64 养老金投资计算

4. 两年后旧房的售价计算

(1) 选中 F13 单元格，计算旧房折旧值，使用如下公式：房价×折旧率×年限。即公式为“=F11*F12*2”。

(2) 选中 F14 单元格，计算“2 年后旧房售价”。选择“公式”→“财务”→FV，打开“函数参数”对话框，设置参数。其中，Rate 为房子年增长率 7%；Nper 为年数 2；Pmt 为今后投资额 0；Pv 为已经投资的金额，即“－(F11－F13)”，也为负值；其他参数省略，如图 2.65 所示。

函数参数

FV

Rate F10 = 0.07

Nper 2 = 2

Pmt 0 = 0

Pv -(F11-F13) = -1056000

Type = 数值

= 1209014.4

基于固定利率和等额分期付款方式，返回某项投资的未来值

Pv 从该项投资开始计算时已经入账的款项；或一系列未来付款当前值的累积和。如果忽略，Pv=0

计算结果 = ¥1,209,014

有关该函数的帮助(H)

确定 取消

图 2.65 FV 函数应用 2

(3) 单击“确定”按钮后，F14 编辑栏中显示“＝FV(F10,2,0,－(F11－F13))”，结果如图 2.66 所示。

F14 =FV(F10, 2, 0, -(F11-F13))

	E	F
9	旧房出售	
10	房价增长率	7%
11	旧房现价	¥1, 100, 000
12	旧房折旧系数	2%
13	旧房折旧值	¥44, 000
14	2年后旧房售价	¥1, 209, 014

图 2.66 旧房出售信息计算

5. 两年后总收益计算

(1) 选中 F18 单元格，计算“旧房卖出还清贷款余额”，选择“公式”→“数学和三角函数”→ROUND，打开“函数参数”对话框，设置参数。其中，Number 为 F14－F17；Num_digits 表示四舍五入采用的位数为－2，表示四舍五入到百位，如图 2.67 所示。

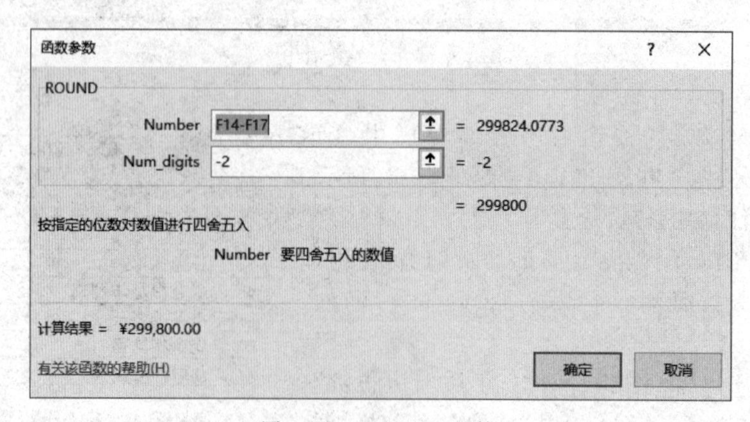

图 2.67 ROUND 函数

(2) 单击“确定”按钮后，编辑栏中显示“=ROUND(F14－F17，－2)”，结果如图 2.68 所示。

F18 =ROUND(F14-F17,-2)

	D	E	F
15			
16		2年后总收益	
17		2年后贷款总余额	¥909,190.32
18		旧房卖出还清贷款余额	¥299,800.00

图 2.68 旧房卖出还清贷款余额计算

(3) 个人理财案例全部完成，最后效果如图 2.69 所示。

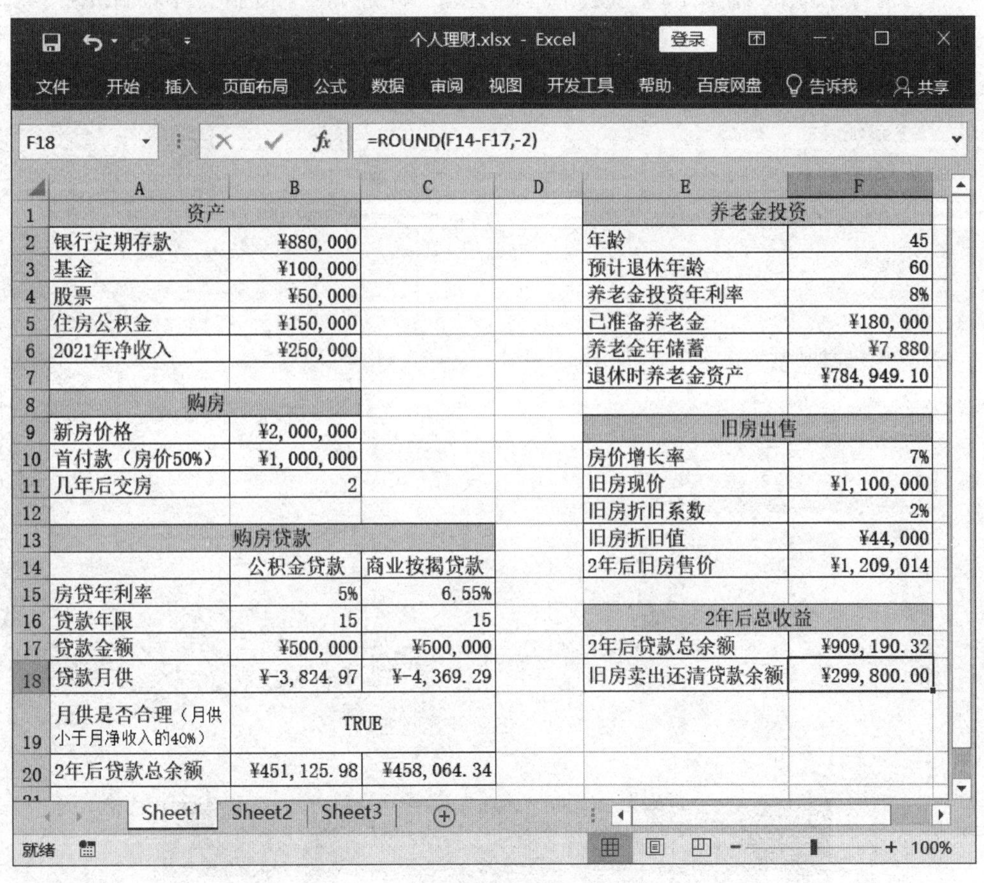

个人理财.xlsx - Excel

F18 =ROUND(F14-F17,-2)

	A	B	C	D	E	F
1	资产				养老金投资	
2	银行定期存款	¥880,000			年龄	45
3	基金	¥100,000			预计退休年龄	60
4	股票	¥50,000			养老金投资年利率	8%
5	住房公积金	¥150,000			已准备养老金	¥180,000
6	2021年净收入	¥250,000			养老金年储蓄	¥7,880
7					退休时养老金资产	¥784,949.10
8	购房					
9	新房价格	¥2,000,000			旧房出售	
10	首付款（房价50%）	¥1,000,000			房价增长率	7%
11	几年后交房	2			旧房现价	¥1,100,000
12					旧房折旧系数	2%
13	购房贷款				旧房折旧值	¥44,000
14		公积金贷款	商业按揭贷款		2年后旧房售价	¥1,209,014
15	房贷年利率	5%	6.55%			
16	贷款年限	15	15		2年后总收益	
17	贷款金额	¥500,000	¥500,000		2年后贷款总余额	¥909,190.32
18	贷款月供	¥-3,824.97	¥-4,369.29		旧房卖出还清贷款余额	¥299,800.00
19	月供是否合理（月供小于月净收入的40%）	TRUE				
20	2年后贷款总余额	¥451,125.98	¥458,064.34			

图 2.69 个人理财案例完成效果

视频讲解

2.5 案例四 手机市场调查问卷

市场调查问卷在企业的生产和销售中均具有重要的作用，通过这种方式可以了解市场需求状况、消费者心态和产品销售状况等。

本案例要求运用 Excel 的 VBA 高级功能，制作电子版的手机市场调查问卷，使得被调查用户可以在网上填写问卷，同时会自动地将问卷结果统计成数据清单，从而大大提高了调查问卷统计的效率。通过本案例的学习，可以对 Excel VBA 有一定的了解。

已知原有“手机市场调查问卷. xlsx”文件，其中，“市场调查问卷”工作表如图 2.70 所示，“数据源”工作表如图 2.71 所示，“统计表”工作表如图 2.72 所示。

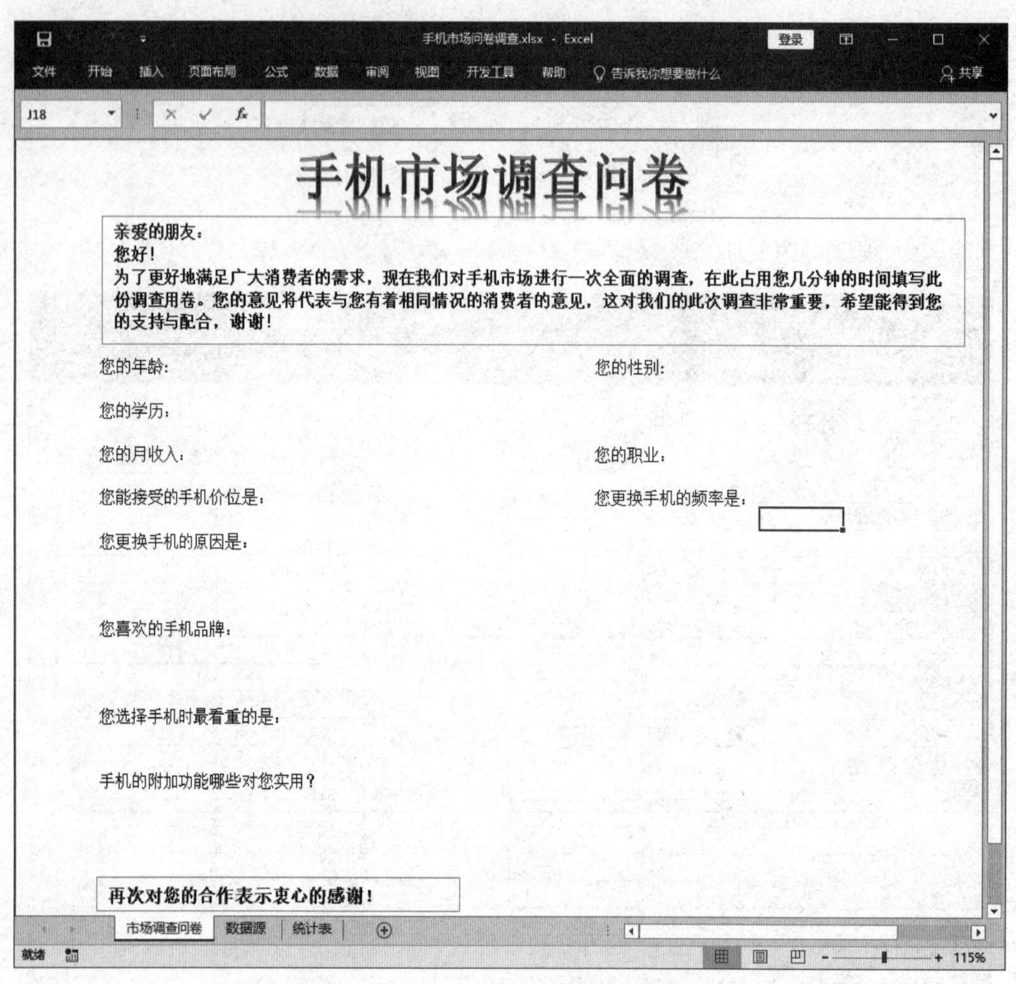

图 2.70　市场调查问卷

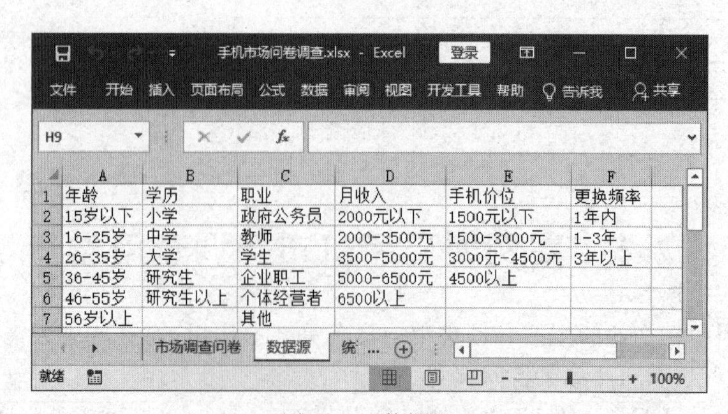

	A	B	C	D	E	F
1	年龄	学历	职业	月收入	手机价位	更换频率
2	15岁以下	小学	政府公务员	2000元以下	1500元以下	1年内
3	16-25岁	中学	教师	2000-3500元	1500-3000元	1-3年
4	26-35岁	大学	学生	3500-5000元	3000元-4500元	3年以上
5	36-45岁	研究生	企业职工	5000-6500元	4500以上	
6	46-55岁	研究生以上	个体经营者	6500以上		
7	56岁以上		其他			

图 2.71　数据源

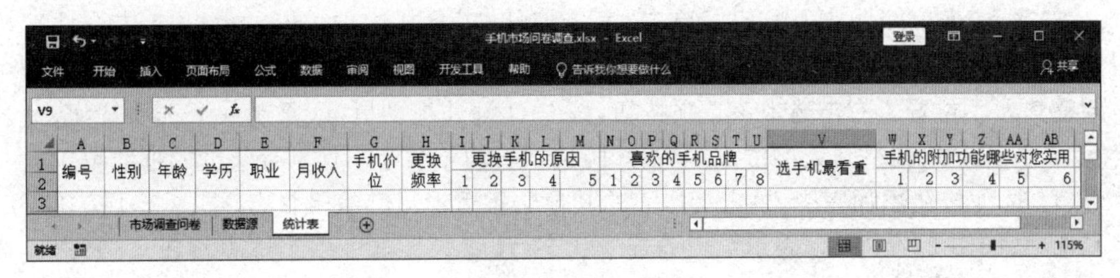

图 2.72　统计表

具体操作步骤如下。

1. 准备工作

(1) 打开“手机市场调查问卷.xlsx”工作簿文件，选择“文件”→“选项”，打开“Excel 选项”窗口，选择左边选项“信任中心”，再单击“信任中心设置”按钮，打开“信任中心”对话框，选择左边选项“宏设置”，再单击选中“启用所有宏(不推荐；可能会运行有潜在危险的代码)”单选按钮，并单击选中“信任对 VBA 工程对象模型的访问”复选框。

(2) 在“Excel 选项”窗口中，选择左边选项“自定义功能区”，在右上角“自定义功能区”下拉框中选择“主选项卡”，选中“开发工具”项。假设没有该项，要从左边列表框中添加。单击“确定”按钮后，Excel 应用程序主菜单会增加“开发工具”项。

(3) 将工作簿文件另存为“手机市场调查问卷.xlsm”，保存类型要选择“Excel 启用宏的工作簿(*.xlsm)”。

2. 使用分组框和选项按钮

(1) 在“市场调查问卷”工作表中，选择“开发工具”选项卡“控件”组中的“插入”，打开“表单控件”工具栏，在此工具栏中包含多个控件供用户使用，如图 2.73 所示。

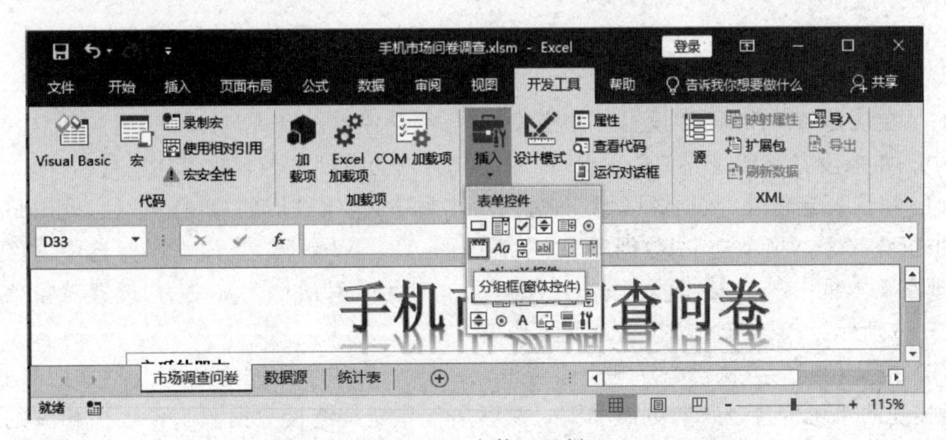

图 2.73　窗体工具栏

(2) 添加表单控件分组框。单击“表单控件”工具栏中的“分组框(窗体控件)”按钮，此时光标变为“+”形状。按住鼠标左键将其拖动至合适的位置(“您的性别”右边)释放，即可在工作表中添加一个分组框。默认情况下，分组框左上角的文本文字为“分组框 1”，单击，将其重命名为“性别”，并适当地调整其大小位置(先尽量大些，等插入“男”和“女”选项按钮后再缩小些)。

(3) 添加表单控件选项按钮。单击“表单控件”工具栏中的“选项按钮(窗体控件)”按钮 ◉ ,按住鼠标左键,在“性别”分组框内拖动添加一个选项按钮。将其命名为“男”,并适当地调整其大小位置。右击选中该选项按钮,按 Ctrl 键并拖动鼠标,复制一个选项按钮,命名为“女”,并适当地调整其大小位置。注意,两选项按钮不要超出性别分组框的框线范围。

(4) 选项按钮添加完毕,单击工作表的其他位置可退出其编辑状态,单击选项按钮可以将其选中,如图 2.74 所示,表示“男”为选中状态(注意只能选中一个选项按钮)。要想使选项按钮再次进入编辑状态,右击对象,即可进入编辑状态。

3. 使用组合框

为了方便用户输入“年龄、学历、职业、月收入、手机价位、更换频率”等项目,这里使用组合框将其各个选项罗列出来供用户选择。这里要使用“数据源”工作表。

(1) “市场调查问卷”工作表中,单击“开发工具”→“插入”→“表单控件”工具栏中的“组合框(窗体控件)” 。

(2) 此时光标变为“+”形状。按住鼠标左键将其拖动至合适的位置(如“年龄”右边)释放,即可在工作表中添加一个组合框,并适当地调整其大小位置,用鼠标右键单击该组合框,如图 2.75 所示。

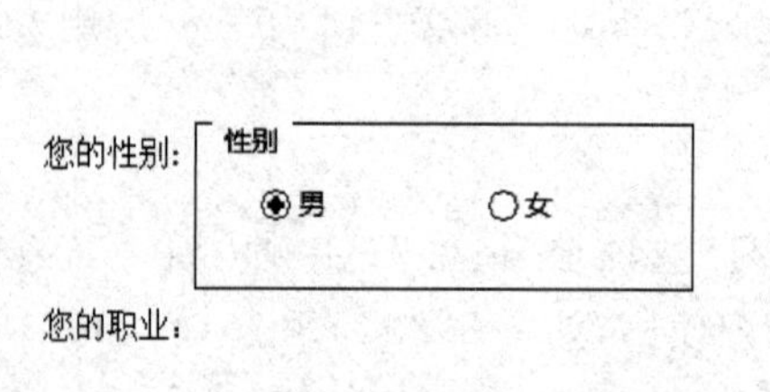

图 2.74　设置分组框和选项按钮

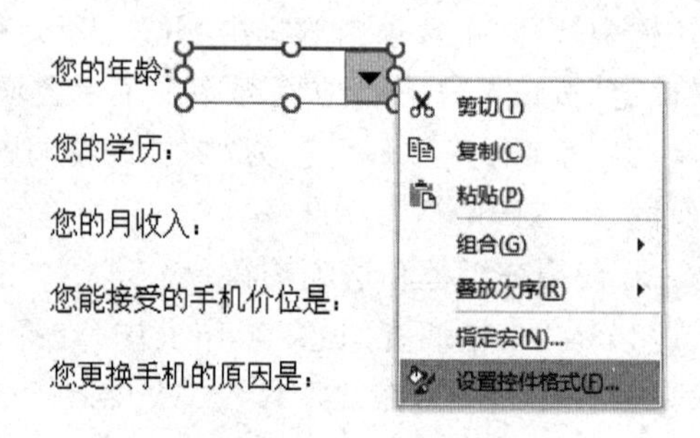

图 2.75　设置组合框

(3) 在快捷菜单中选择“设置控件格式”,打开“设置控件格式”对话框,切换到“控制”选项卡中。如果没有看到“控制”选项卡,说明之前插入的控件不是表单窗体控件。

(4) 将鼠标定位在“数据源区域”右边的文本框中,单击其后的“折叠”按钮,此时该对话框即被折叠起来。拖动选中“数据源”工作表中的 A2:A7 区域,这样由鼠标选中的区域就会出现在文本框中。单击“折叠”按钮还原对话框。此时对话框名称变为“设置对象格式”,如图 2.76 所示。单击“确定”按钮返回工作表。

(5) 按照相同的方法再添加 5 个组合框,分别为“您的学历”“您的职业”“您的月收入”“您能接受的手机价位是”“您更换手机的频率是”,并为其链接数据源工作表中相应的单元格区域,然后适当调整各个项目的位置,也可以使用复制后修改数据源完成,如图 2.77 所示。

(6) 单击工作表任意其他区域,取消组合框的选中状态,然后单击此组合框的下拉按钮 ,可根据实际情况在下拉列表中选择相应的选项,如图 2.78 所示。

4. 使用复选框

(1) 在“市场调查问卷”工作表中,单击“开发工具”→“插入”→“表单控件”工具栏中的“复选框(窗体控件)” ☑ 。

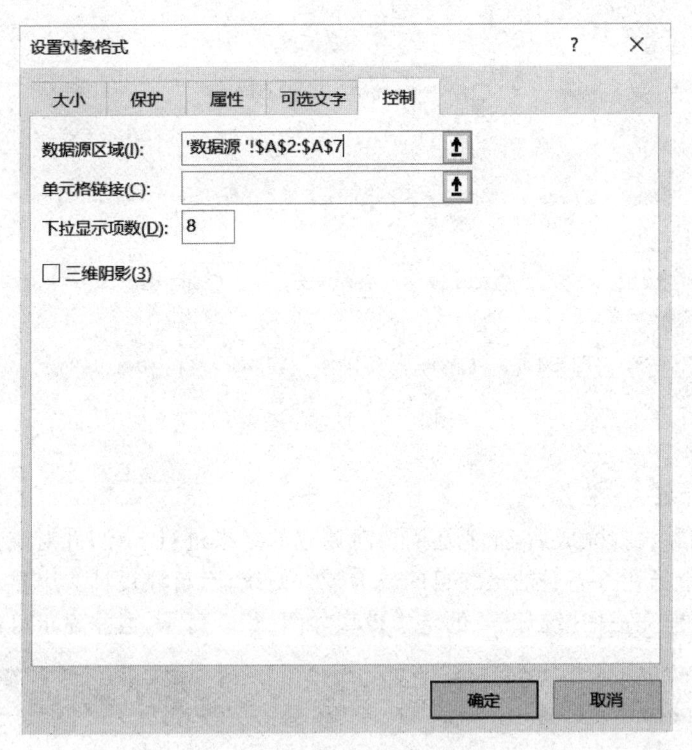

图 2.76　添加组合框

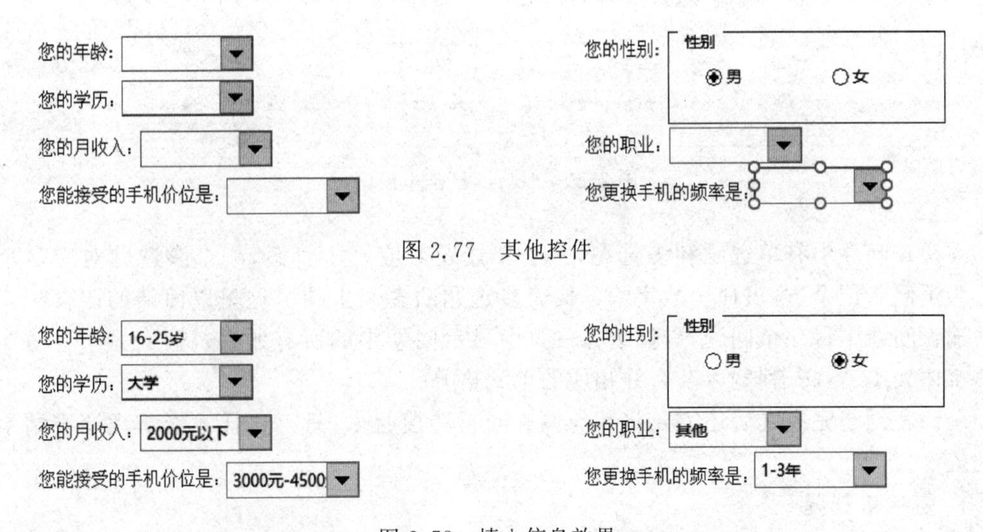

图 2.77　其他控件

图 2.78　填入信息效果

(2) 此时光标变为"＋"形状。按住鼠标左键将其拖动至合适的位置(如"您更换手机的原因是"下方)释放,即可在工作表中添加一个复选框,并适当地调整其大小位置。复选框默认名为"复选框 1",将其更名为"质量等出现问题",并适当调整其大小。

(3) 复制该复选框,再更名。如此反复操作,插入如图 2.79 所示复选框及其他。其中"您选择手机时最看重的是"下方插入的控件是选项按钮,一组选项按钮只能选中一个,并与性别选项是独立的。

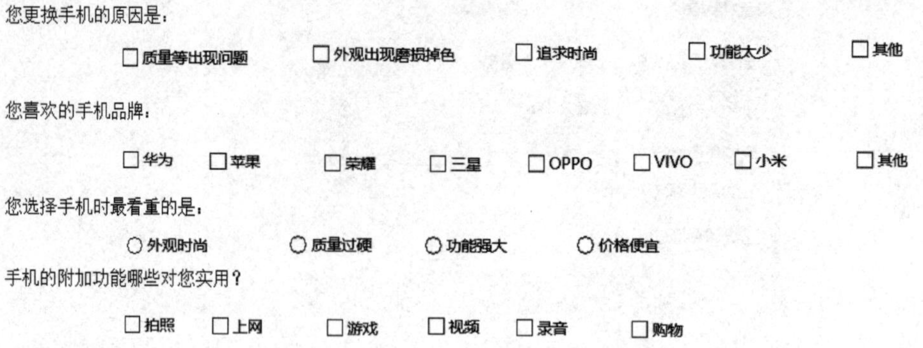

您更换手机的原因是：

☐质量等出现问题 ☐外观出现磨损掉色 ☐追求时尚 ☐功能太少 ☐其他

您喜欢的手机品牌：

☐华为 ☐苹果 ☐荣耀 ☐三星 ☐OPPO ☐VIVO ☐小米 ☐其他

您选择手机时最看重的是：

○外观时尚 ○质量过硬 ○功能强大 ○价格便宜

手机的附加功能哪些对您实用？

☐拍照 ☐上网 ☐游戏 ☐视频 ☐录音 ☐购物

图 2.79 复选框设置

5. 制作统计表

市场调查问卷设计完成后，企业还需要对调查的结果进行统计，并对统计的结果进行分析，这才是制作市场调查问卷的最终目的。为了方便统计，可以设计一个自动统计调查结果的“统计表”。制作完成的“统计表”的基本模型如图 2.80 所示，数据显示可能不相同。

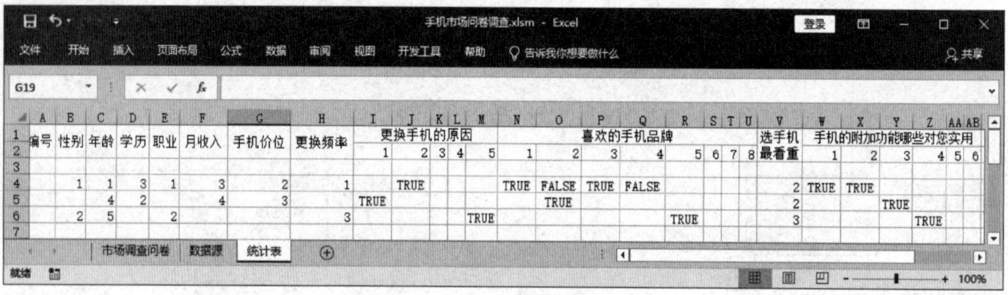

编号	性别	年龄	学历	职业	月收入	手机价位	更换频率	更换手机的原因					喜欢的手机品牌								选手机最看重	手机的附加功能哪些对您实用					
								1	2	3	4	5	1	2	3	4	5	6	7	8		1	2	3	4	5	6
	1	1	3	1	3	2	1		TRUE				TRUE	FALSE	TRUE	FALSE					2	TRUE	TRUE				
		4	2		4	3		TRUE						TRUE							2			TRUE			
	2	5		2			3					TRUE					TRUE				3				TRUE		

图 2.80 “统计表”基本模型

在调查问卷中有单选题和多选题，一个单选题对应一个答案，一个多选题对应多个答案。为了便于记录，这里使用数字编号代表多选题的多个选项。这里以简洁的语言在工作表中输入问卷中每一个问题，以便于在一页中显示问卷中的所有题目。输入完毕可适当地调整字体大小、行高、列宽以及合并相应的单元格等。

统计表创建完成之后还需要将其与调查问卷链接起来，只有这样才能实现调查结果的自动统计。

1）链接单选题

（1）切换到“市场调查问卷”工作表中，选中“男”选项按钮，右击，在弹出的快捷菜单中选择“设置控件格式”，打开“设置控件格式”对话框，切换到“控制”选项卡中，在“值”选项组中选中“已选择”单选按钮。

（2）将鼠标定位在“单元格链接”文本框中，单击工作表标签“统计表”中的单元格 B3，即可将链接的单元格显示在“单元格链接”文本框中，如图 2.81 所示。

（3）单击“确定”按钮返回工作表中，此时如果在工作表“市场调查问卷”中选择的性别是“男”，在“统计表”工作表单元格 B3 中显示的则为“1”；如果选中“女”，则在 B3 单元格中则为“2”。

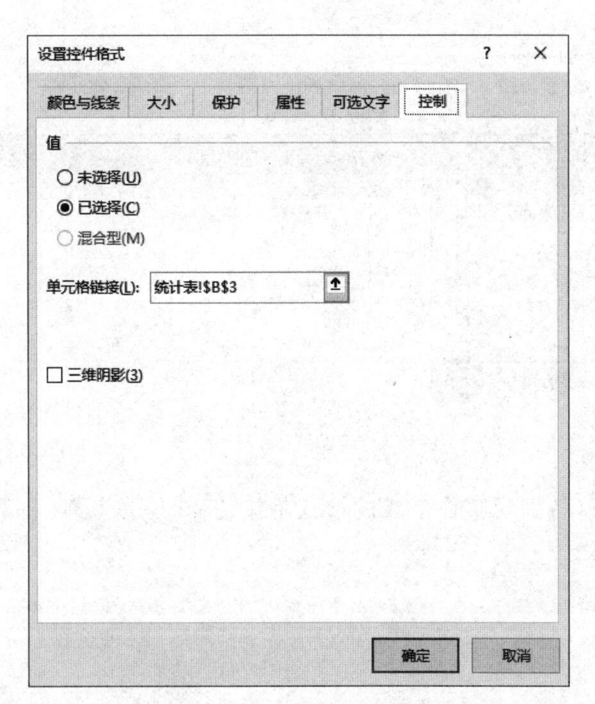

图 2.81 单元格链接设置

(4) 按照相同的方法链接其他的选项按钮,如年龄、学历、职业、月收入等项。

2) 链接多选题

(1) 切换到“市场调查问卷”工作表中,在“您更换手机的原因是”题目中选中“质量等出现问题”复选框,右击,在弹出的快捷菜单中选择“设置控件格式”,打开“设置控件格式”对话框,切换到“控制”选项卡中,在“值”选项组中选中“已选择”单选按钮,然后在“单元格链接”文本框中选择“统计表”中的单元格 I3。

(2) 单击“确定”按钮返回工作表中。在单元格 I3 中显示的如果为一个或者多个“#”,则需要加宽该列。选中此单元格可以发现在编辑栏中显示的是“TRUE”,即系统自动以“TRUE”和“FALSE”来表示复选框的选中和未选中状态。

(3) 按照相同的方法逐个将问卷中的其他复选框与统计表中的单元格相链接,并适当地调整列宽,将结果全部显示出来。

6. 添加按钮

链接问卷与统计表之后,虽然此时统计表可以自动地记录调查结果,但是第一次填写的结果会被第二次填写的结果所覆盖,不能将每次的填写结果都记录下来。所以,为了将每次填写的结果均记录下来,需要在表格中添加一个提交按钮。

(1) “市场调查问卷”工作表中,单击“开发工具”→“插入”→“表单控件”工具栏中的“按钮(窗体控件)” ▬ ,然后在表格的最下方拖动鼠标添加一个按钮。同时系统会自动地弹出“指定宏”对话框。

(2) 单击“新建”按钮,打开 Microsoft Visual Basic for Application 代码编辑窗口,即 VBA 窗口,用户可在此输入、编辑以及运行宏。输入代码,如图 2.82 所示,图中显示的是按钮 40 的完整代码,如果你创建的不是按钮 40 而是按钮 50,就需要将图中的按钮 40 改为按钮 50。

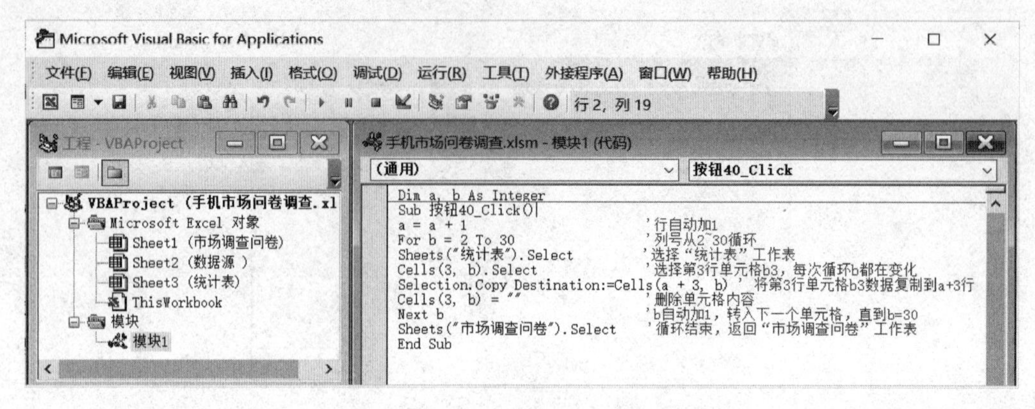

图 2.82 Excel VBA 代码

代码及解释如下(特别观察你生成的按钮是按钮 40 还是其他,如果是 50,则将代码中的 40 改为 50)。

```
Dim a, b As Integer                          '定义变量 a 和 b
Sub 按钮 40_Click()                           '可能你创建的按钮不是按钮 40,可修改
a = a + 1                                    '行自动加 1
For b = 2 To 30                              '列号从 2 到 30 循环
Sheets("统计表").Select                        '选择"统计表"工作表
Cells(3, b).Select                           '选择第 3 行单元格 b3,每次循环 b 都在变化
Selection.Copy Destination: = Cells(a + 3, b) '将第 3 行单元格 b3 数据复制到 a + 3 行
Cells(3, b) = ""                             '删除单元格内容
Next b                                       'b 自动加 1,转入下一个单元格,直到 b = 30
Sheets("市场调查问卷").Select                   '循环结束,返回"市场调查问卷"工作表
End Sub
```

(3) 代码设置完成后,单击“保存”按钮,保存输入的代码。关闭 VBA 窗口,返回工作表“市场调查问卷”中,将按钮重命名为“提交”。

(4) 同上方法,创建另一个按钮重命名为“清空重置”。代码如下(如果你创建的不是按钮 41 而是按钮 51,就需要将按钮 41 改为按钮 51)。

```
Sub 按钮 41_Click()
For b = 2 To 30
Sheets("统计表").Select
Cells(3, b) = ""
Next b
Sheets("市场调查问卷").Select
End Sub
```

(5) 最后,“手机市场调查问卷.xlsm”完成界面如图 2.83 所示,至少填写一份调查问卷后,单击“提交”按钮,观察工作表“统计表”自动统计的调查结果。

(6) 再填写一份调查报告,单击“清空重置”按钮,将已选择的数据完全清空,保存文件。

7. 保护工作表

为了保障调查数据的安全性,一般不允许任何人对设置好的调研问卷进行修改,为此可对工作表进行保护设置。

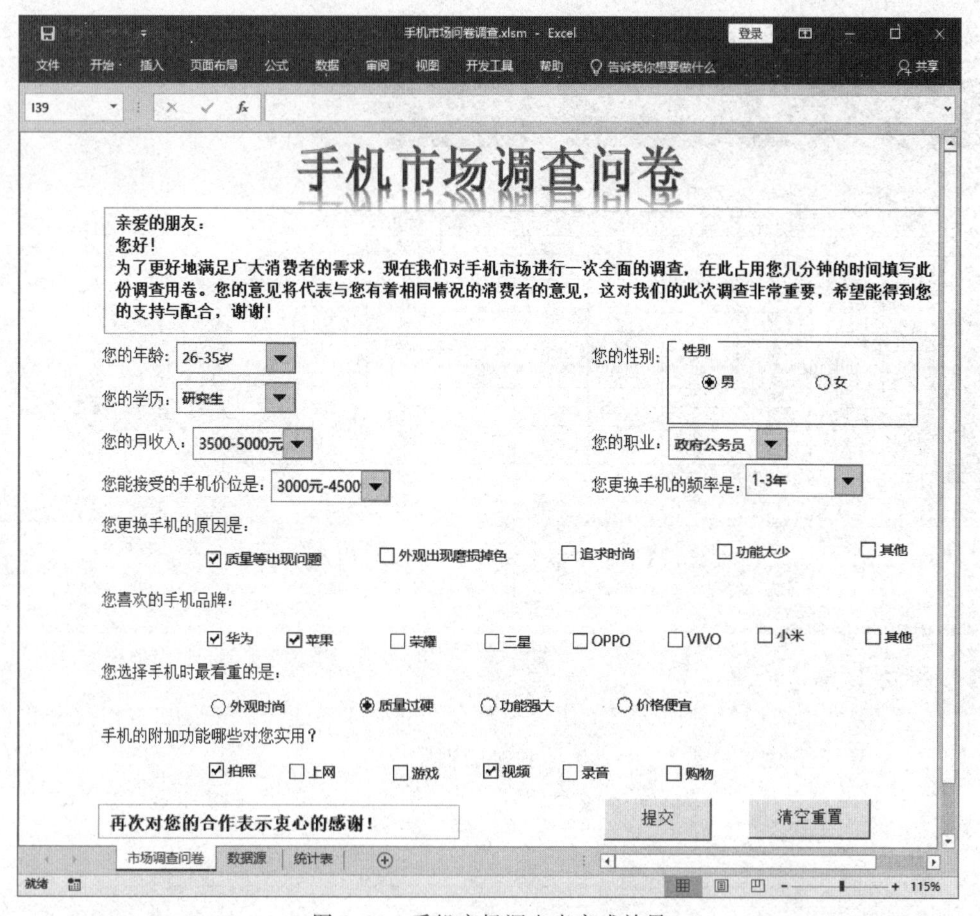

图 2.83 手机市场调查表完成效果

(1) 首先保护“市场调查问卷”工作表。选择“审阅”→“保护工作表”。打开“保护工作表”对话框，如图 2.84 所示。在“取消工作表保护时使用的密码”文本框中输入自己定义的密码（如“123”）。

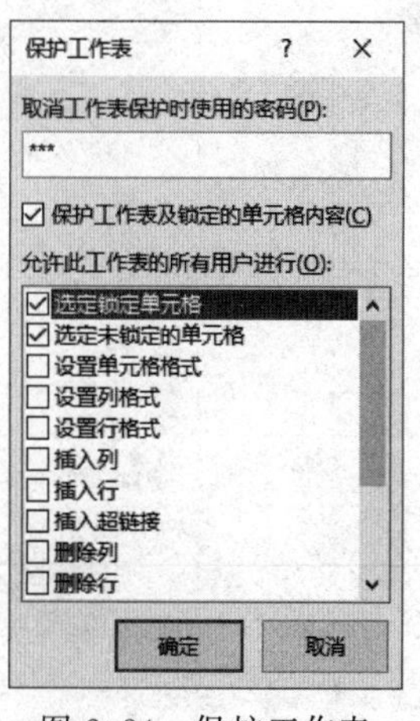

图 2.84 保护工作表

(2) 单击“确定”按钮，打开“确认密码”对话框，在“重新输入密码”文本框中输入前面定义的密码。单击“确定”按钮返回工作表，即完成对工作表的保护。

(3) 按照相同的方法保护工作表“数据源”。将工作簿文件另存为“手机市场调查问卷（保护）.xlsm”，保存类型要选择“Excel 启用宏的工作簿（*.xlsm）”。至此完成“手机市场调查问卷”的案例设计。

视频讲解

2.6 案例五 学生成绩管理系统

此案例要求用 Excel VBA 制作学生成绩管理系统，其中，系统有登录窗体界面、浏览查询数据、成绩输入以及统计总分、平均分等功能。“学生成绩管理.xlsx”原文件内容 Sheet1

和 Sheet3 如图 2.85 所示，Sheet2 为空表。

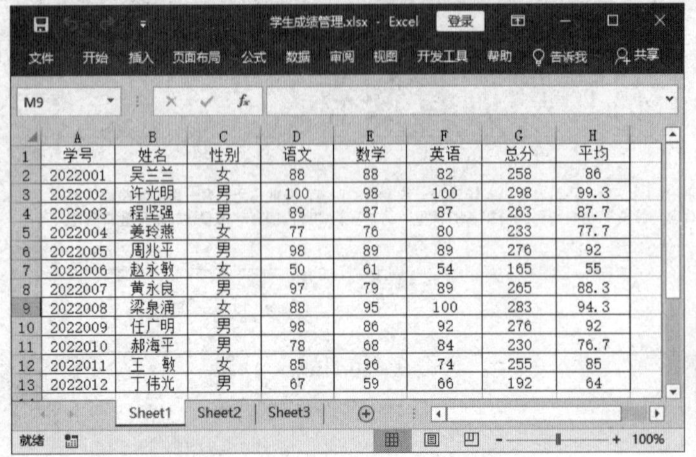

	A	B	C	D	E	F	G	H
1	学号	姓名	性别	语文	数学	英语	总分	平均
2	2022001	吴兰兰	女	88	88	82	258	86
3	2022002	许光明	男	100	98	100	298	99.3
4	2022003	程坚强	男	89	87	87	263	87.7
5	2022004	姜玲燕	女	77	76	80	233	77.7
6	2022005	周兆平	男	98	89	89	276	92
7	2022006	赵永敏	女	50	61	54	165	55
8	2022007	黄永良	男	97	79	89	265	88.3
9	2022008	梁泉涌	女	88	95	100	283	94.3
10	2022009	任广明	男	98	86	92	276	92
11	2022010	郝海平	男	78	68	84	230	76.7
12	2022011	王　敏	女	85	96	74	255	85
13	2022012	丁伟光	男	67	59	66	192	64

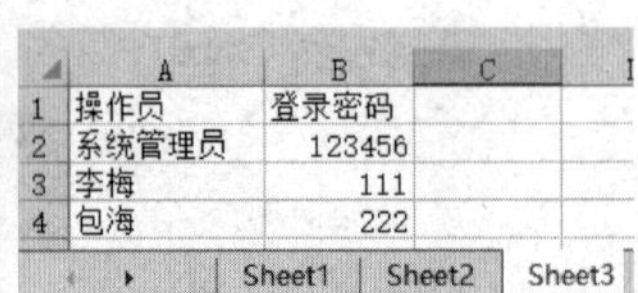

	A	B
1	操作员	登录密码
2	系统管理员	123456
3	李梅	111
4	包海	222

图 2.85　学生成绩管理原文件内容

具体操作步骤如下。

1. 准备工作

(1) 打开“学生成绩管理.xlsx”工作簿文件，将 Sheet1、Sheet2、Sheet3 工作表分别改名为“浏览”“主界面”和“用户表”(注意不要出现错别字)。

(2) 将工作簿文件另存为“学生成绩管理.xlsm”，保存类型要选择“Excel 启用宏的工作簿(*.xlsm)”，如图 2.86 所示。

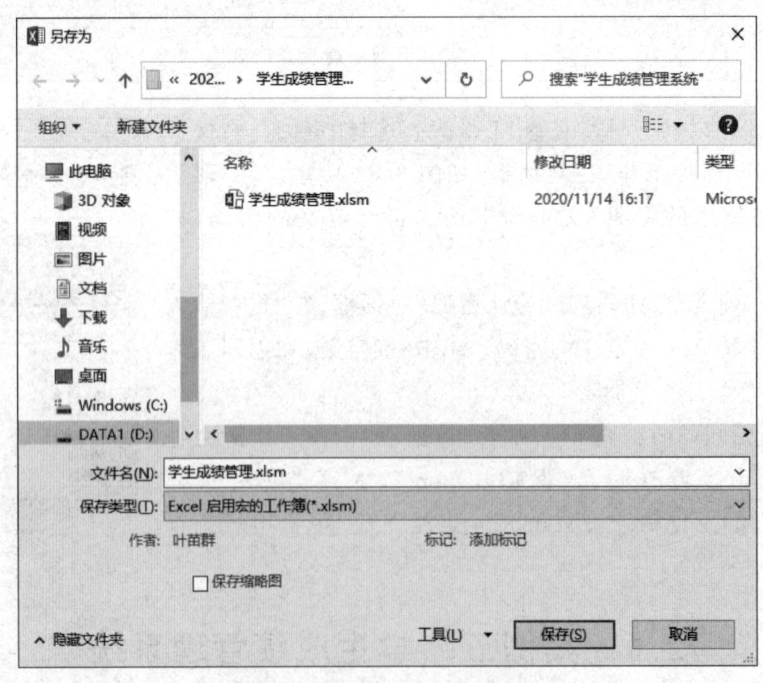

图 2.86　Excel 启用宏的工作簿

(3) 选择"开发工具"→Visual Basic,进入 VBA 编辑窗口。右击工程资源管理器中的"ThisWorkbook",在弹出的快捷菜单中选择"查看代码"。输入以下代码,如图 2.87 所示。

```
Private Sub Workbook_Open()
        Application.Visible = False
        系统登录.Show
        Application.Caption = "我的程序"
        Sheets("主界面").ScrollArea = "$A$1"
End Sub
```

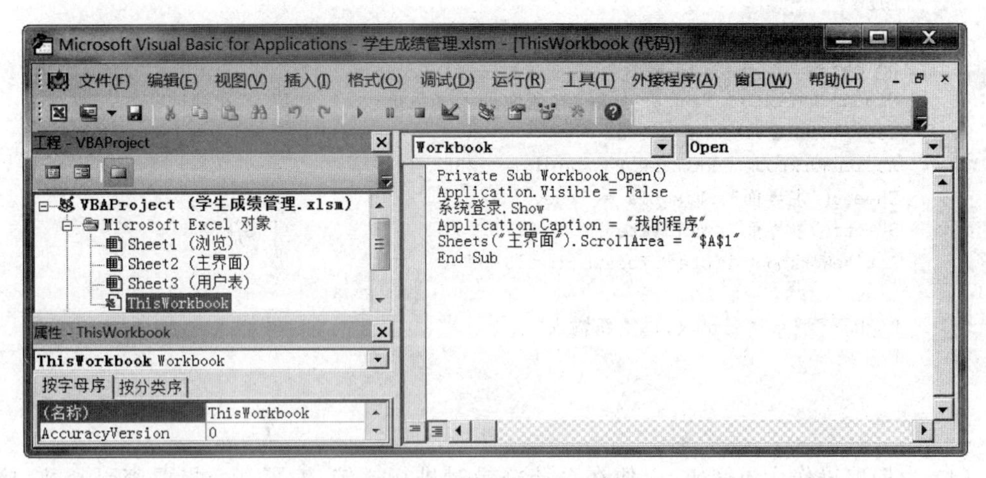

图 2.87　工作簿打开的代码

2. 建立系统登录窗体

(1) 在 VBA 编辑窗口中,选择"插入"→"用户窗体",修改窗体的 Name(名称)和 Caption 属性都为"系统登录"(可通过"视图"→"属性窗口"打开属性窗口)。按照如图 2.88 所示窗体设计图,利用工具箱加入各个控件。其中,"登录信息"为框架 Frame1,修改其 Caption 属性为"登录信息";操作员用户(登录信息下面一行)选择使用复合框 ComboBox1;密码(操作员用户下面一行)使用文本框 TextBox1 输入,本来密码应该用 PasswordChar 属性设置为 *,但由于很多计算机会出现输入字符出错,所以这里不设置了。

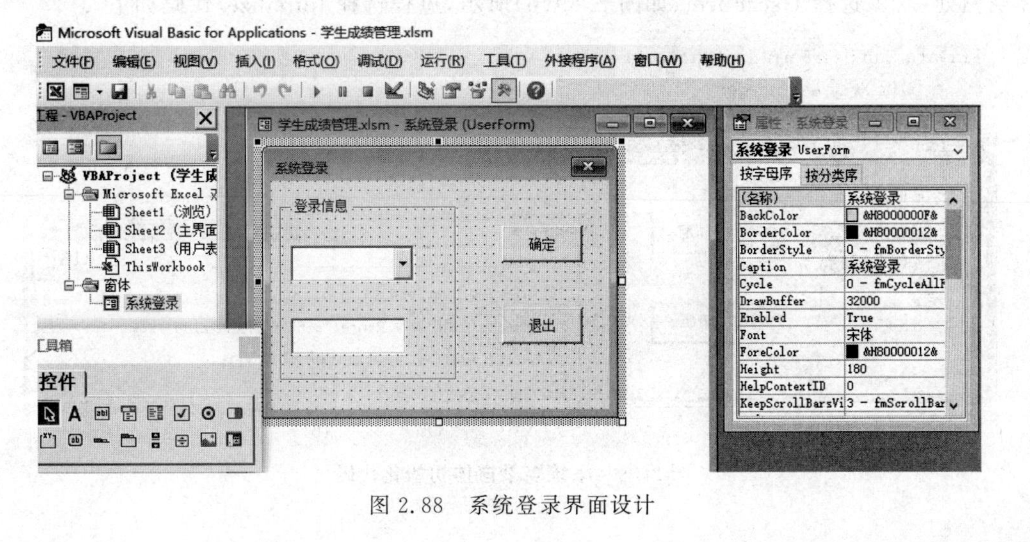

图 2.88　系统登录界面设计

(2)"确定"使用命令按钮 CommandButton1,"退出"使用命令按钮 CommandButton2,分别修改其 Caption 属性为"确定"和"退出"。

(3)双击"确定"按钮,进入代码编辑状态。其中代码如下。

```
Private Sub CommandButton1_Click()
        If ComboBox1.Text = "" Or TextBox1.Text = "" Then
        MsgBox "请填写完整", 1 + 64, "系统登录"
        TextBox1.SetFocus
        Else
        If 取指定用户密码(ComboBox1) = TextBox1.Text Then
        Unload Me
        MsgBox ComboBox1.Text & "你好,欢迎你进入本系统!", 1 + 64, "欢迎词"
        Application.Visible = True
        ActiveWorkbook.Unprotect Password: = "123"
        Sheets("主界面").Visible = True
        Sheets("主界面").Activate
        ActiveWorkbook.Protect Password: = "123"
        Else
        MsgBox "登录密码错误,请重新输入"
        End If
        End If
End Sub
```

(4)为提取操作人员密码,以便在系统登录时进行比较,编写一个提取密码函数,接着刚才的代码,输入如下代码。

```
Function 取指定用户密码(X As Object)
        Dim mrow As Integer
        mrow = Sheets("用户表").Cells.Find(X.Text).Row
        取指定用户密码 = Sheets("用户表").Cells(mrow, 2)
End Function
```

(5)为了在"系统登录"窗体运行时,将用户表中的所有用户自动提取到操作员列表中,如图 2.89(a)所示,需要加入代码。单击"关闭"按钮,切换回"系统登录"设计窗体,单击窗体空白处,对象选择 UserForm,如图 2.89(b)所示,过程选择 Initialize,代码如下。

```
Private Sub UserForm_Initialize()
        Dim X, y As Integer
```

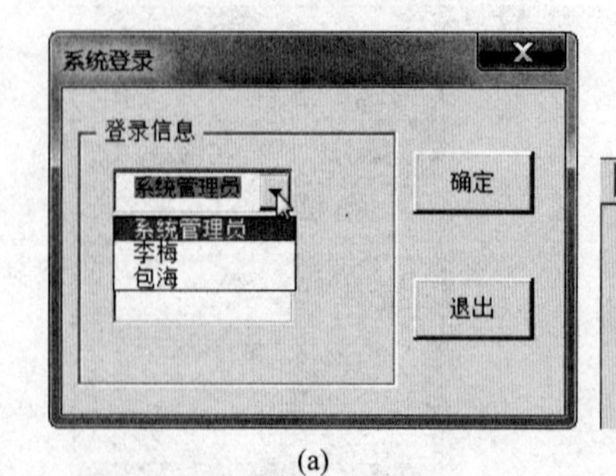

(a)

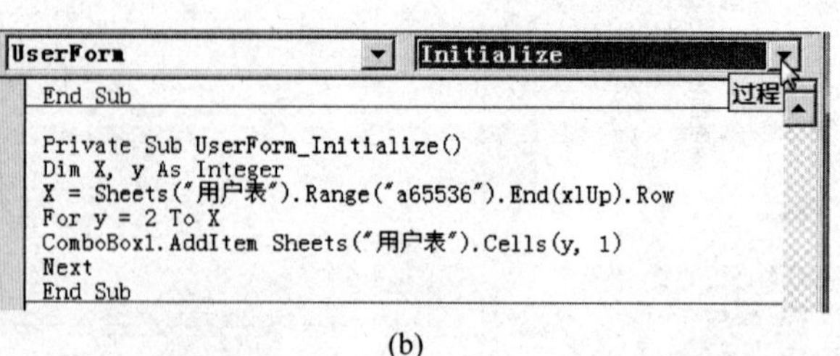

(b)

图 2.89　系统登录窗体初始化代码

```
        X = Sheets("用户表").Range("a65536").End(xlUp).Row
        For y = 2 To X
        ComboBox1.AddItem Sheets("用户表").Cells(y, 1)
        Next
End Sub
```

(6) 双击“退出”按钮,进入代码编辑状态。其中代码如下。

```
Private Sub CommandButton2_Click()
        Unload Me
        Application.Visible = True
        ActiveWorkbook.Close SAVECHANGES: = False
End Sub
```

(7) 保存工作簿文件,按 F5 键运行调试“系统登录”窗体,操作员选择“系统管理员”,密码输入“123456”,单击“确定”按钮,出现欢迎词“系统管理员你好,欢迎你进入本系统!”,如图 2.90 所示。

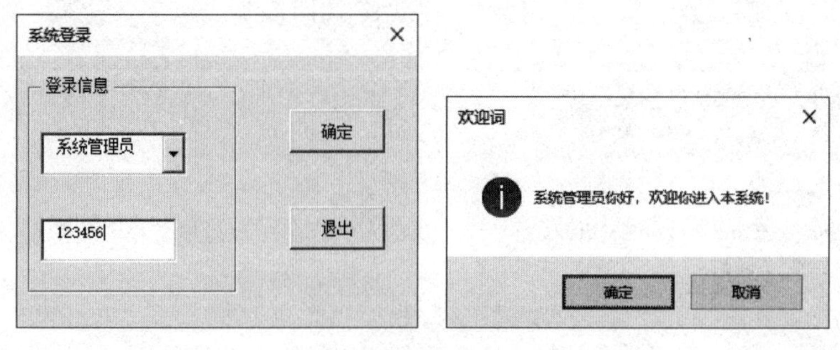

图 2.90　填写正确时显示信息

(8) 当没有输入密码或者密码输错时,出现错误提示信息,如图 2.91 所示。调试完成,按 Alt+F11 组合键返回 Excel 环境。

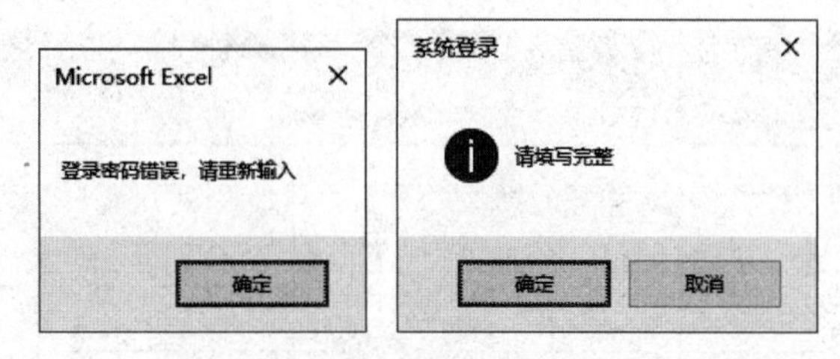

图 2.91　填写有误时显示信息

3. 建立主界面

(1) 在工作表“主界面”中,单击单元格 A1,使用“插入”→“图片”,插入一张图片,调整图片到适当大小。

(2) 使用“开发工具”→“插入”→“命令按钮(ActiveX 控件)”,插入“浏览”按钮 CommandButton1 和“输入”按钮 CommandButton2,如图 2.92 所示。

(3) 右击按钮,在弹出的快捷菜单中选择“属性”,弹出属性窗口,分别修改其 Caption 属性为“浏览”和“输入”。在“设计模式”中选中状态,双击按钮进入代码编辑模式,输入如下代码。

图 2.92 主界面设计

```
Private Sub CommandButton1_Click()
    Sheets("浏览").Activate
End Sub

Private Sub CommandButton2_Click()
    学生成绩.Show
End Sub
```

4. 建立浏览界面

(1) 在工作表“浏览”中,和主界面类似,创建“主界面”按钮 CommandButton1、“查询”按钮 CommandButton2 和“输入”按钮 CommandButton3,如图 2.93 所示。“主界面”按钮用来返回“主界面”工作表,“查询”按钮用来显示一个筛选界面。

图 2.93 浏览界面设计

(2) 选择“开发工具”→“设计模式”，选中它，单击“查看代码”可以编辑代码，代码如下。再次单击“设计模式”可以使其不选中，此时单击按钮表示运行模式。

```
Private Sub CommandButton1_Click()
    Sheets("主界面").Activate
End Sub

Private Sub CommandButton2_Click()
    If Not (IsEmpty(Cells(4, 1))) Then
    Range("A4").AutoFilter
    End If
End Sub

Private Sub CommandButton3_Click()
    学生成绩.Show
End Sub
```

5. 成绩输入界面

(1) 按 Alt+F11 组合键进入 VBA 编辑环境，选择“插入”→“用户窗体”，修改窗体的 Name(名称)为“学生成绩”和 Caption 属性为“学生成绩管理”。根据如图 2.94 所示的窗体界面进行设计。其中，学号、姓名、语文、数学、英语、总分、平均分分别为标签 Label1～Label7；学号、姓名、语文、数学、英语右边为文本框 TextBox1～TextBox5；总分、平均分右边是标签 Label8、Label9；男、女为 OptionButton1～ OptionButton2；按钮上一个、下一个、添加、删除、确定、退出、计算分别为 CommandButton1～ CommandButton7。下面直接输入各代码。

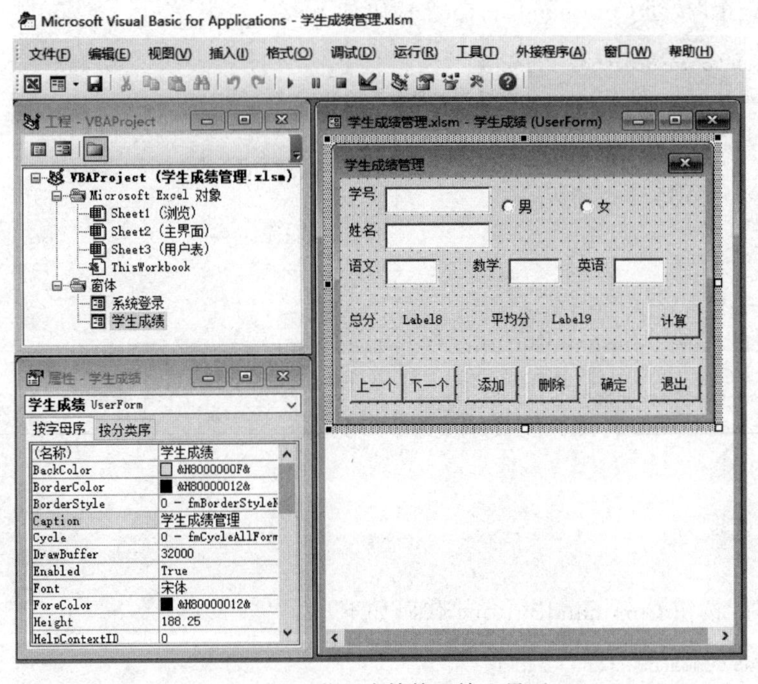

图 2.94 学生成绩管理输入界面

(2) 声明公用全局变量 n 和定义公用的"显示"过程 display()。双击任意一个控件,打开代码编辑窗口,删除自动产生的代码,再将以下代码放入代码区域(注意不要将代码放入其他任何过程中)。

```
Public n As Integer                  '全局变量 n,
Sub display()
    TextBox1.Value = Cells(n, 1): TextBox2.Value = Cells(n, 2)
    TextBox3.Value = Cells(n, 4): TextBox4.Value = Cells(n, 5)
    TextBox5.Value = Cells(n, 6): Label8.Caption = Cells(n, 7)
    Label9.Caption = Cells(n, 8)
    If Cells(n, 3) = "男" Then
    OptionButton1.Value = True
    Else
    OptionButton2.Value = True
    End If
End Sub
```

(3) "上一个"按钮 CommandButton1 代码如下。

```
Private Sub CommandButton1_Click()
    If n > 2 Then
    n = n - 1
    Else
    MsgBox ("已到第一条了!")
    End If
    Call display
End Sub
```

(4) "下一个"按钮 CommandButton2 代码如下。

```
Private Sub CommandButton2_Click()
    If Not (IsEmpty(Cells(n + 1, 1))) Then
    n = n + 1
    Else
    MsgBox ("已到最后一条了!")
    End If
    Call display
End Sub
```

(5) "添加"按钮 CommandButton3 代码如下。

```
Private Sub CommandButton3_Click()
    While Not (IsEmpty(Cells(n, 1)))
    n = n + 1
    Wend
    Call display
End Sub
```

(6) "删除"按钮 CommandButton4 代码如下。

```
Private Sub CommandButton4_Click()
    Worksheets("浏览").Activate
    If MsgBox("你真的要删除吗?", vbOKCancel) = vbOK Then
```

```
    Rows(n).Delete
    TextBox1.Value = "": TextBox2.Value = ""
    TextBox3.Value = "": TextBox4.Value = ""
    TextBox5.Value = ""
    Label8.Caption = "": Label9.Caption = ""
    OptionButton1.Value = False
    OptionButton2.Value = False
    n = n - 1
    End If
End Sub
```

(7)“确定”按钮 CommandButton5 代码如下。

```
Private Sub CommandButton5_Click()
    Worksheets("浏览").Activate
    Cells(n, 1) = TextBox1.Value
    Cells(n, 2) = TextBox2.Value
    Cells(n, 4) = TextBox3.Value
    Cells(n, 5) = TextBox4.Value
    Cells(n, 6) = TextBox5.Value
    Cells(n, 7) = Label8.Caption
    Cells(n, 8) = Label9.Caption
    If OptionButton1.Value = True Then
    Cells(n, 3) = "男"
    Else
    Cells(n, 3) = "女"
    End If
    Range(Cells(n, 1), Cells(n, 8)).HorizontalAlignment = xlCenter
    With Range(Cells(n, 1), Cells(n, 8)).Borders
    .LineStyle = xlContinuous
    .Weight = xlThin
    End With
End Sub
```

(8)“计算”按钮 CommandButton7 和“退出”按钮 CommandButton6 代码如下。

```
Private Sub CommandButton7_Click()
    Label8.Caption = Val(TextBox3.Value) + Val(TextBox4.Value) + Val(TextBox5.Value)
    Label9.Caption = Label8.Caption/3
End Sub

Private Sub CommandButton6_Click()
    学生成绩.Hide
End Sub
```

(9)窗体初始化代码如下。

```
Private Sub UserForm_Initialize()
    Worksheets("浏览").Activate
    n = 2
    Call display
End Sub
```

(10) 窗体调试 1：单击“上一个”按钮，可以显示上一条记录，如果已经是第一条，再单击它，则出现“已到第一条了”提示，如图 2.95 所示。单击“下一个”按钮，可以显示下一条记录，如果已经是最后一条，再单击它，则出现“已到最后一条了”提示，如图 2.96 所示。

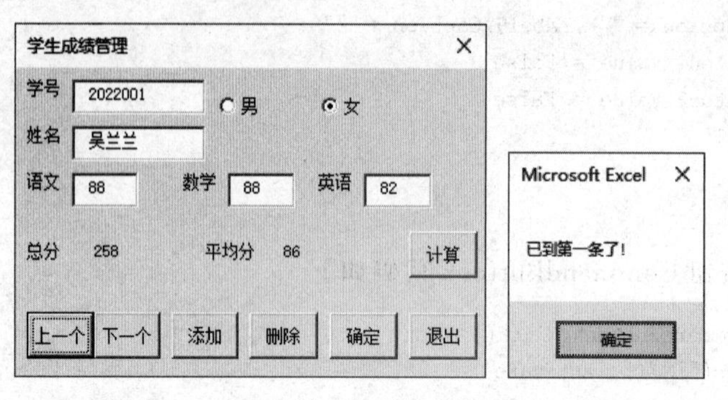

图 2.95　已经是第一条再单击“上一个”按钮

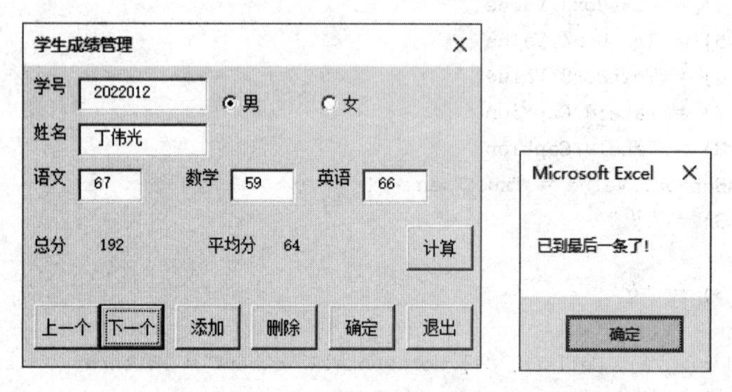

图 2.96　已经是最后一条再单击“下一个”按钮

(11) 单击“添加”按钮，可以在窗体中添加一条空白记录，输入自己学号后 7 位、性别、姓名(请输入真实信息)、语文、数学、英语等信息后，单击“计算”按钮可以计算总分和平均分，如图 2.97 所示。

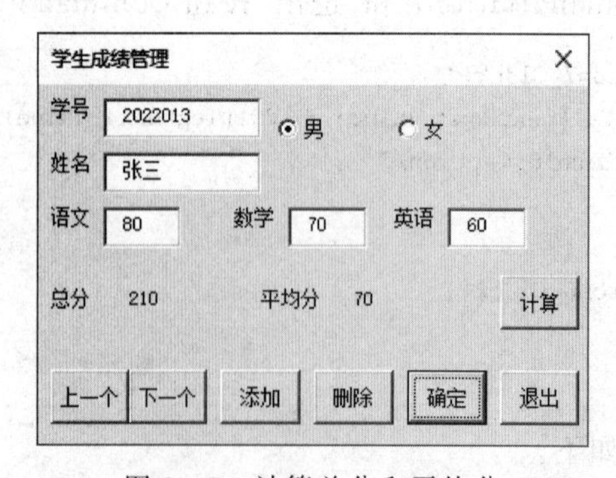

图 2.97　计算总分和平均分

(12) 单击“确定”按钮，可以添加一条记录到工作表中，如图 2.98 所示。如果不满意输入的信息，也可以使用“删除”按钮删除之。

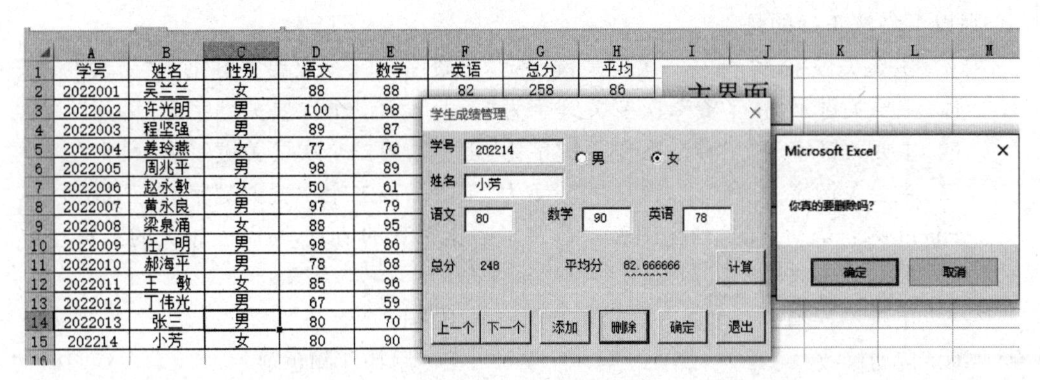

图 2.98　添加记录

习　题

一、判断题

1. Excel 中的数据库函数都以字母 D 开头。(　　)

2. Excel 只能按一个汇总方式进行分类汇总,不能完成计数和平均值复合汇总。(　　)

3. 在 Excel 中,应用数组公式进行计算时,最后需按 Shift+Ctrl+Enter 组合键完成多个数据的计算。(　　)

4. 自动筛选的条件只能是一个,高级筛选的条件可以是多个。(　　)

5. 在 Excel 中排序时如果有多个关键字段,则所有关键字段必须选用相同的排序趋势(递增/递减)。(　　)

6. Excel 中使用高级筛选功能时,其条件区域的运算关系是:同一行的条件是“与”,同一列的条件是“或”。(　　)

7. 在 Excel 中既可以按行排序,也可以按列排序。(　　)

8. MOD 函数返回值是两数相除的商。(　　)

9. Excel 中提供了保护工作表、保护工作簿和保护特定工作区域的功能。(　　)

10. 高级筛选不需要建立条件区域,只需要指定数据区域就可以。(　　)

11. 在“数学成绩”工作表,用 COUNTIF 函数统计分数段为 60～80 的人数,可使用公式=COUNTIF(C2:C81,">=60" and "<=80")。(　　)

二、选择题

1. 关于筛选,叙述正确的是________。

   A. 自动筛选可以同时显示数据区域和筛选结果

   B. 高级筛选可以进行更复杂条件的筛选

   C. 高级筛选不需要建立条件区,只有数据区域就可以了

   D. 自动筛选可以将筛选结果放在指定的区域

2. 计算贷款指定期数应付的利息额应使用________函数。

   A. FV　　　　B. PV　　　　C. IPMT　　　　D. PMT

3. 某单位要统计各科室人员工资情况,按工资从高到低排序,若工资相同,以工龄降序

排序，则以下做法正确的是________。

A. 主要关键字为“科室”，次要关键字为“工资”，第二个次要关键字为“工龄”

B. 主要关键字为“工资”，次要关键字为“工龄”，第二个次要关键字为“科室”

C. 主要关键字为“工龄”，次要关键字为“工资”，第二个次要关键字为“科室”

D. 主要关键字为“科室”，次要关键字为“工龄”，第二个次要关键字为“工资”

4. Excel 图表是动态的，当在图表中修改了数据系列的值时，与图表相关的工资表中的数据________。

A. 出现错误值　　B. 不变

C. 自动修改　　D. 用特殊颜色显示

5. 在一个表格中，为了查看满足部分条件的数据内容，最有效的方法是________。

A. 选中相应的单元格　　B. 采用数据透视表工具

C. 采用数据筛选工具　　D. 通过宏来实现

6. 为了实现多字段的分类汇总，Excel 提供的工具是________。

A. 数据地图　　B. 数据列表　　C. 数据分析　　D. 数据透视表

7. Excel 文档包括________。

A. 工作表　　B. 工作簿　　C. 编辑区域　　D. 以上都是

8. 以下哪种方式可在 Excel 中输入文本类型的数字“0001”？________

A. “0001”　　B. ‘0001　　C. \0001　　D. \\0001

9. 关于分类汇总，叙述正确的是________。

A. 分类汇总前首先应按分类字段值对记录排序

B. 分类汇总可以按多个字段分类

C. 只能对数值型字段分类

D. 汇总方式只能求和

10. ________函数用来计数数据库中满足指定条件的记录字段（列）中包含数值的单元格的个数。

A. DSUM　　B. SUM　　C. DCOUNT　　D. DGET

11. 财务函数中________函数的功能是：基于固定利率及等额分期付款方式，返回某项投资的未来值。

A. PMT　　B. IPMT　　C. SLN　　D. FV

12. 在 Excel 中，若把单元格 F2 中的公式“=SUM($A2:C$3)”复制并粘贴到 H3 中，则 H3 中的公式为________。

A. =SUM($A2:C$3)　　B. =SUM($A3:E$3)

C. =SUM($C2:E$3)　　D. =SUM($C3:E$4)

13. 我国身份证号中，第 17 位代表性别，偶数表示性别为“女”，否则表示性别为“男”，根据 C2 身份证号码填写性别，正确的公式是________。

A. =IF(MOD(MID(C2,17,1),2)=0,"女","男")

B. =IF(MOD(MID(C2,17,1),2)=0,"男","女")

C. =IF(MID(MOD(C2,17,1),2)=0,"女","男")

D. =IF(MID(MOD(C2,17,1),2)=0,"男","女")

14. 现 A1 和 B1 中分别有内容 12 和 34，在 C1 中输入公式"＝A1&B1"，则 C1 中的结果是________。

A. 12　　B. 34　　C. 1234　　D. 46

15. 在 Excel 某工作表中，数据共有 18 行，其中，第 1 行 A～H 列为标题(学号、姓名、性别、语文、数学、英语、总分、排名)，根据"总分"自动生成"排名"列的相应值。H2 插入 RANK(Number，Ref)函数，其中，Number 和 Ref 处应填写________。

A. G2 和 $G$2:$G$18　　B. F2 和 $F$2:$F$18

C. G2 和 G2:G18　　D. F2 和 F2:F18

16. 在 Excel 中已知有"成绩"表，要求高级筛选"数学"大于等于 85 分，或者"平均分"大于 80 的男生。应建立的条件区域为________。

A.

性别	数学	平均分
男	>=85	>80

B.

性别	数学	平均分
	>=85	
男		>80

C.

性别	数学	平均分
	>=85	>80
男		

D.

性别	数学	平均分
男	>=85	
		>80

17. 在 Excel 中计算贷款中基于固定利率及等额分期付款方式，返回贷款的每期付款额应使用________函数。

A. FV　　B. PV　　C. PMT　　D. IPMT

18. 选取一个 Excel 单元格，按住________键的同时单击其他单元格，可选取多个不连续的单元格区域。

A. Ctrl　　B. Alt　　C. Shift　　D. Tab

第3章 PowerPoint 高级应用

3.1 PowerPoint 相关知识

3.1.1 演示文稿和幻灯片

演示文稿就是利用 PowerPoint 软件设计制作出来的一个文件，简称 PPT。使用 PowerPoint 2003 及以前版本创建的演示文稿扩展名为“ppt”，自从 PowerPoint 2007 版本开始创建的演示文稿扩展名为“pptx”。

一个完整的演示文稿文件是由多张幻灯片组成的。新建幻灯片可以有多种方法，从“开始”选项卡中单击“新建幻灯片”按钮或者按 Ctrl＋M 组合键，可快速插入一张沿用当前幻灯片版式的新幻灯片；单击“开始”选项卡中“新建幻灯片”字样或者右下角的下拉框，可在弹出的下拉列表中选择一张幻灯片版式，如图 3.1 所示，即可插入一张任选版式的幻灯片。

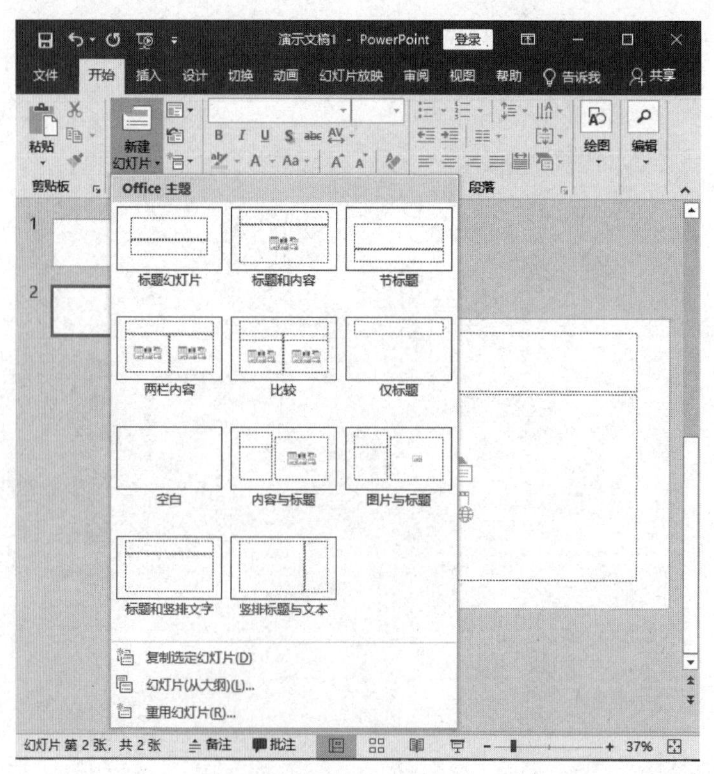

图 3.1 幻灯片版式

幻灯片版式有标题幻灯片、标题和内容、节标题、两栏内容、比较、仅标题、空白、内容与标题、图片与标题、标题和竖排文字、竖排标题与文本等。

3.1.2 主题

主题是由主题颜色、主题字体、主题效果三者组合而成。主题可以是一套独立的选择方案，将主题应用于某个演示文稿时，该演示文稿中所涉及的字体、颜色、效果都会自动发生变化。系统内置了很多主题，如图 3.2 所示，可以将主题应用于相应幻灯片（本幻灯片同主题的所有幻灯片）、所有幻灯片、选定幻灯片。一个演示文稿中可以应用多种主题。

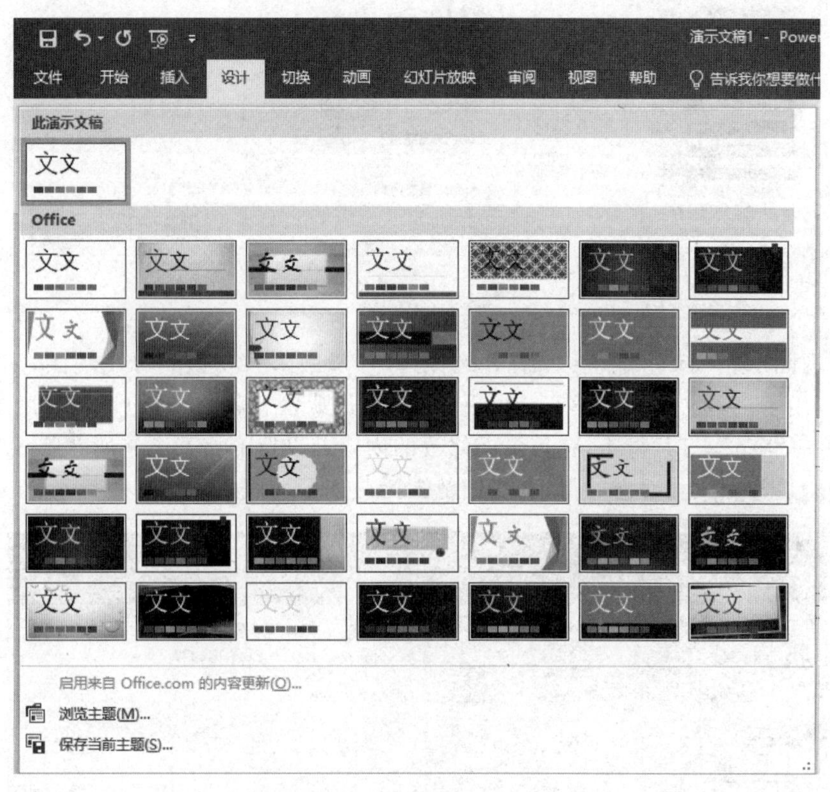

图 3.2　系统内置主题

用户可以自定义主题。例如，可以对主题颜色进行自定义设置，如图 3.3 所示，可以修改超链接、已访问的超链接颜色等。

3.1.3 母版

幻灯片母版是一张特殊的幻灯片，用于存储有关演示文稿的主题和幻灯片版式等信息，包括背景、颜色、字体、效果、占位符大小和位置等。

在演示文稿中，所有幻灯片都基于相应幻灯片的母版创建，如果更改了某母版，则会影响所有基于该母版创建的幻灯片。使用幻灯片母版的主要优点是可以对演示文稿的每张幻灯片进行统一的样式修改。

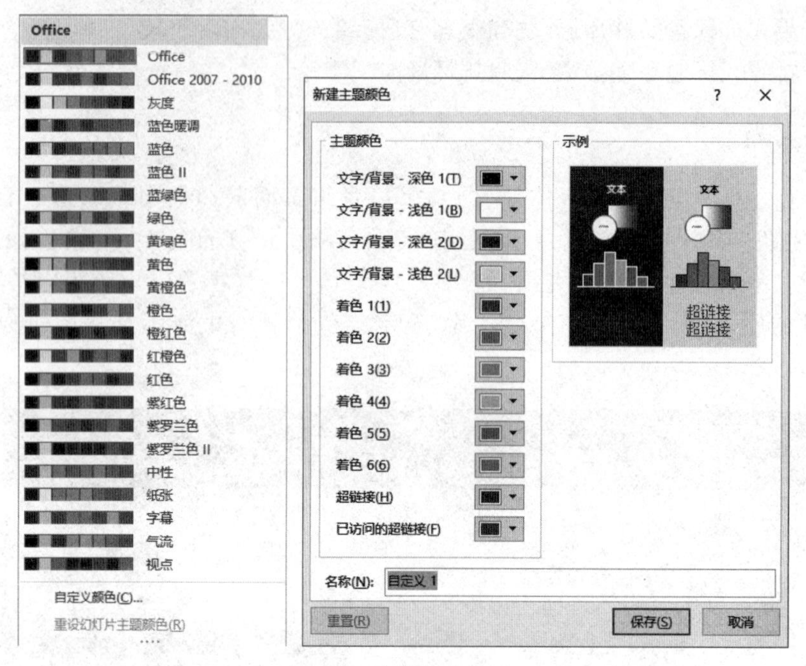

图 3.3　主题颜色修改

选择“视图”选项卡“母版视图”组中的“幻灯片母版”，可切换到母版视图，如图 3.4 所示。每种应用于演示文稿的主题都会出现一组 12 张默认母版，左边幻灯片母版缩略图中，其中较大的一张是幻灯片母版，在该页面修改的内容及设置的格式会在所有版式中起作用；其他 11 种幻灯片版式相对应的母版，作用范围为应用了该版式的幻灯片。

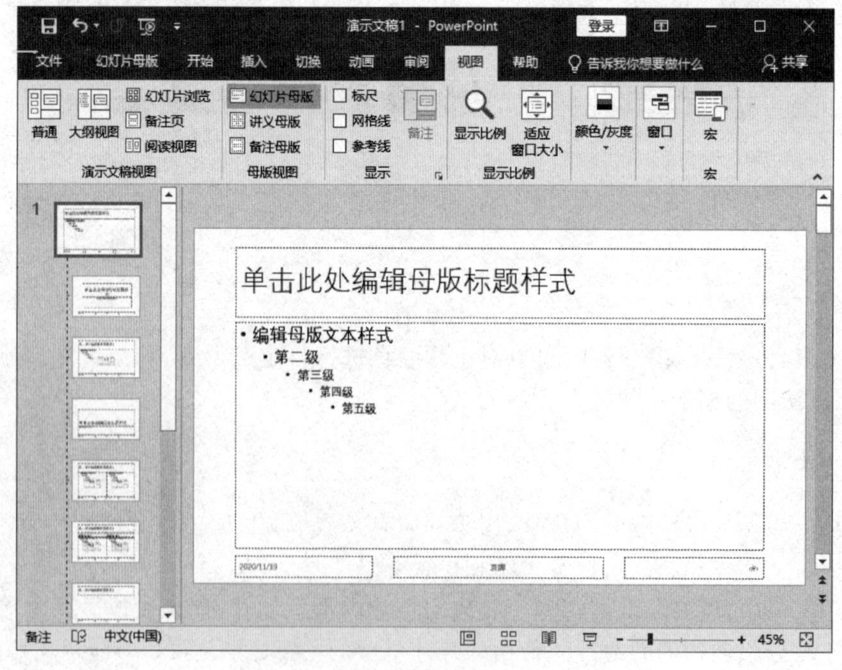

图 3.4　母版视图

3.1.4 动画

PowerPoint2019 提供了 4 种动画：进入、强调、退出、动作路径，如图 3.5 所示。

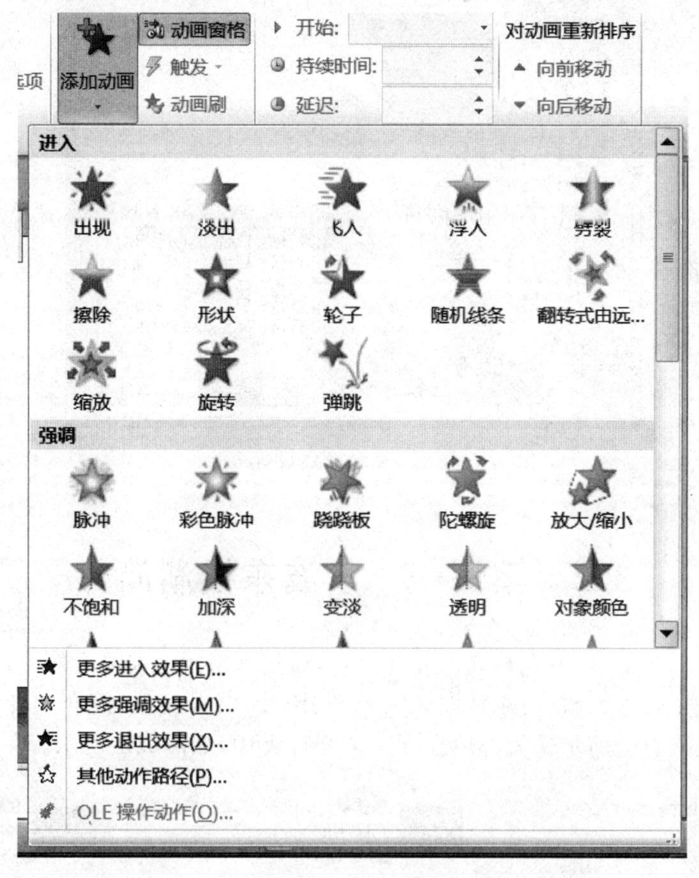

图 3.5　添加动画

进入动画是在演示文稿放映过程中，文本等对象刚进入播放画面时所设置的动画效果。

强调效果是在演示文稿放映过程中，为已经显示的文本等对象设置加强显示的动画效果。

退出动画是在演示文稿放映过程中，为已经显示的文本等对象离开画面时所设置的动画效果。

动作路径动画是在放映过程中，为已经显示的文本等对象沿某既定路径移动所设置的动画效果。

当添加了某动画效果后，会在动画窗格中出现一行，单击其右边下拉框三角标记出现"效果选项""计时"等选项。其中，单击"计时"选项，出现对话框中可以设置触发器，如图 3.6 所示，触发器触发对象可以是一个动作按钮。放映演示文稿时，单击该动作按钮，就可以触发之前设置的动画效果，否则不出现效果。

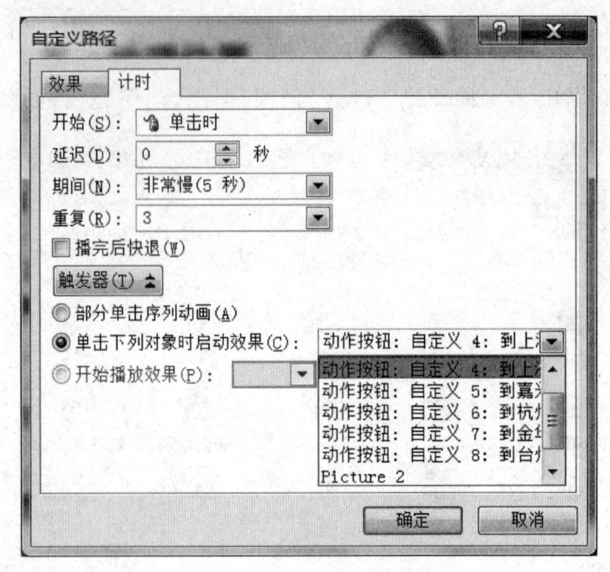

图 3.6　触发器设置

3.2　案例一　宁波东钱湖简介

要求制作演示文稿“宁波东钱湖简介.pptx”，通过该演示文稿来介绍宁波东钱湖的基本情况。已经准备了一些素材（有东钱湖介绍视频、图片、背景音乐、简介文件、简单的演示文稿文件等），相关素材与演示文稿都放在同一个文件夹中，如图 3.7 所示。

图 3.7　演示文稿相关素材

开始时，“宁波东钱湖简介.pptx”演示文稿内容如图 3.8 所示，现在需要对其进行完善。具体操作步骤如下。

1. 修改幻灯片母版

（1）打开演示文稿“宁波东钱湖简介.pptx”文件，选择“视图”选项卡“母版视图”组中的“幻灯片母版”，进入幻灯片母版视图。光标指向左边母版窗格中，其中第 2 张会出现“标题幻灯片版式：由幻灯片 1 使用”，这张就是标题母版，如图 3.9 所示。

（2）右击标题母版其中一个圆或椭圆对象框线，在弹出的快捷菜单中选择“设置形状格式”，打开“设置形状格式”窗格，单击展开“填充”选项，选中“图片或纹理填充”选项，此时窗

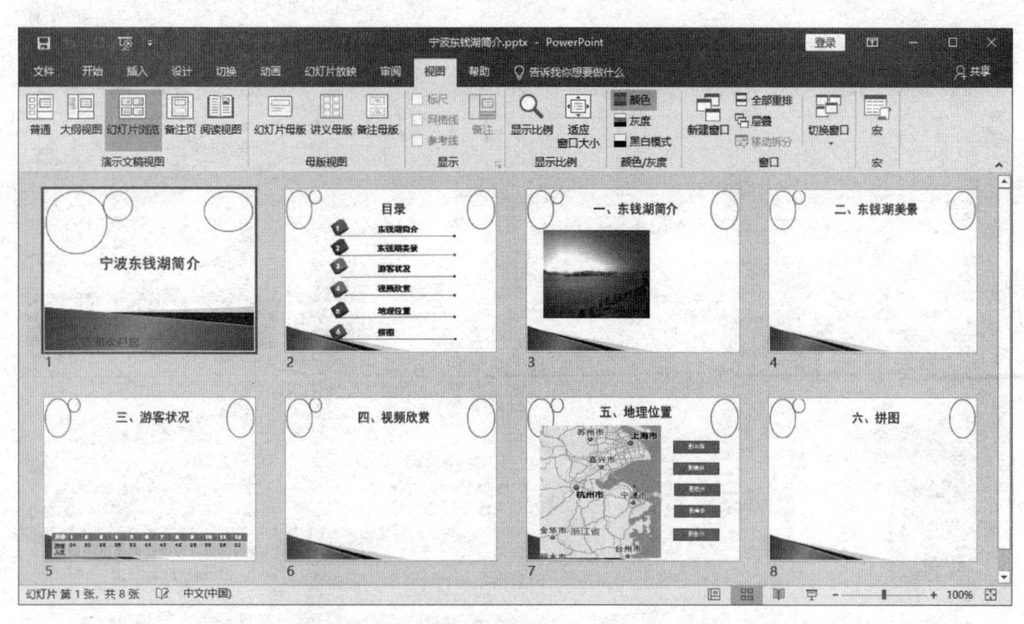

图 3.8　“宁波东钱湖简介.pptx”原始内容

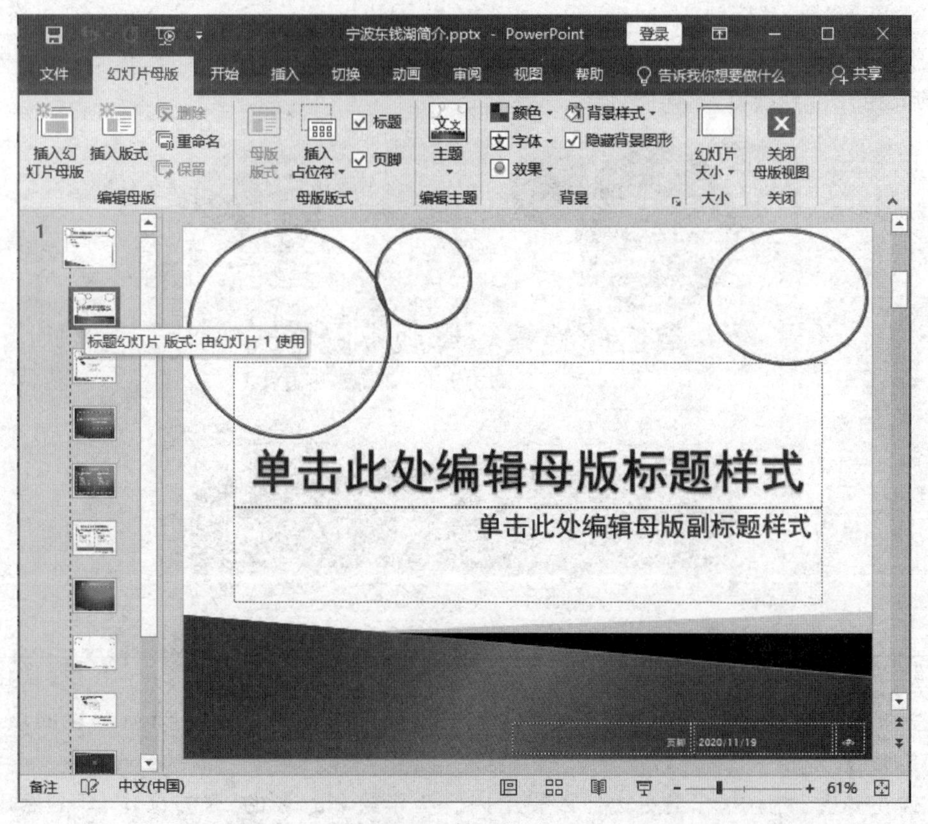

图 3.9　标题母版

格变为“设置图片格式”；再单击“文件”按钮，打开“插入图片”对话框，选择素材中合适的图片，如图 3.10 所示。

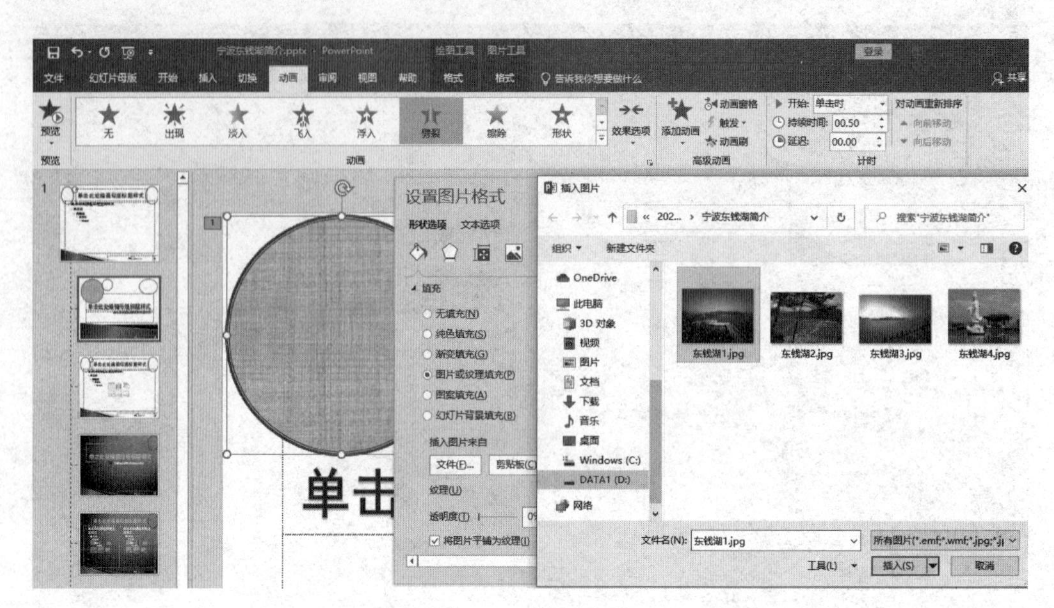

图 3.10　插入图片

(3) 单击“插入”按钮，返回，完成一个对象的图片填充。不用关闭“设置图片格式”窗格，选中另一个圆或椭圆对象，选中“图片或纹理填充”选项，再单击“文件”按钮，完成标题母版中的其他几个对象填充，如图 3.11 所示。

图 3.11　标题母版设置

(4) 光标指向左边母版窗格中，其中第 1 张会出现“聚合 备注：由幻灯片 1-8 使用”，这张就是幻灯片母版，也采用上述方法，依次完成幻灯片母版中的 3 个椭圆对象的填充，如图 3.12 所示。

(5) 幻灯片母版中，在最右边插入一个内容为学号和姓名的“竖排文本框”；然后将该文本框复制到标题幻灯片中，使得每一张幻灯片在普通视图中都会显示学号和姓名。

(6) 选择“幻灯片母版”选项卡“关闭”组中的“关闭母版视图”，退出母版视图，至此完成幻灯片母版的修改。

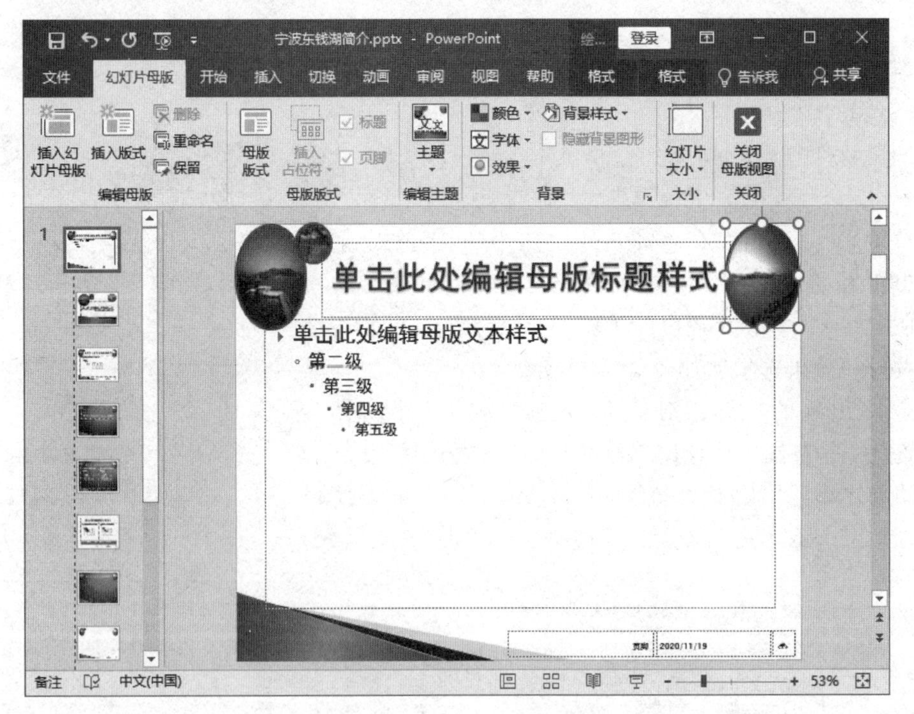

图 3.12　幻灯片母版设置

2. 加入背景音乐

(1) 切换到普通视图，在幻灯片首页中，选择“插入”选项卡“媒体”组中的“音频”→“PC 上的音频”，打开“插入音频”对话框，选择声音文件“一个人的精彩.mp3”插入，此时在幻灯片中出现一个小喇叭。

(2) 单击“音频工具”选项卡中的“播放”选项，在“音频选项”组中，“开始”下拉框选择“自动”，并选中“放映时隐藏”“循环播放，直到停止”“跨幻灯片播放”复选框，如图 3.13 所示。

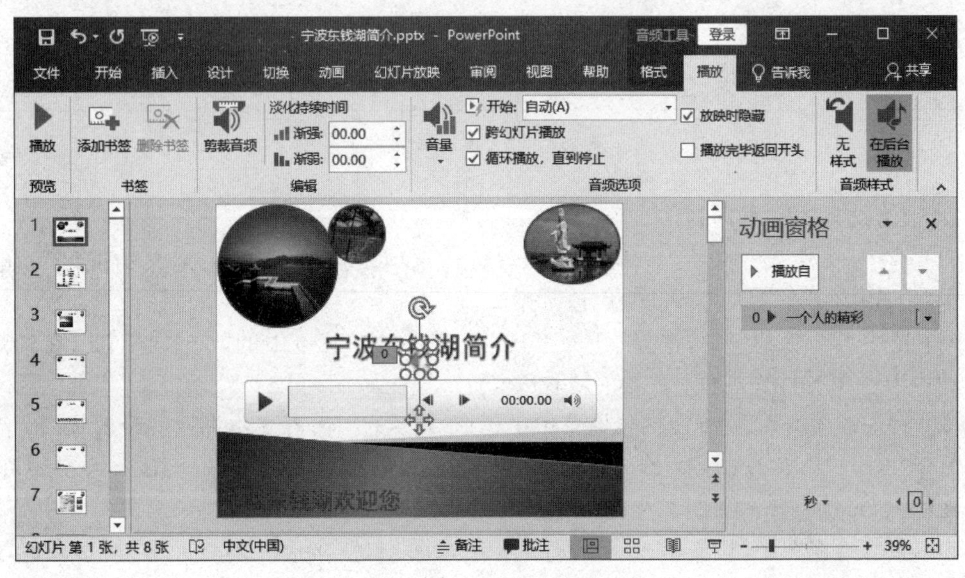

图 3.13　设置音频播放

(3) 选择“动画”选项卡“高级动画”组中的“动画窗格”,显示动画窗格,可以发现多了一项 0 ▷ 一个人的... ▷ 。

3. 滚动字幕制作

(1) 将幻灯片首页底部“宁波东钱湖欢迎您”文本框选中。

(2) 选择“动画”选项卡“高级动画”组中的“添加动画”→“进入”组中的“飞入”,在动画窗格中出现该文字动画“TextBox 4…”,单击其右边的下拉箭头▼,在出现的快捷菜单中选择“效果选项”,如图 3.14 所示。

(3) 在出现的“飞入”对话框“效果”选项卡中,把“方向”设置为“自右侧”;“计时”选项卡中,把“开始”设置为“上一动画之后”,“期间”设置为“非常慢(5 秒)”,“重复”设置为“直到下一次单击”,如图 3.15 所示。

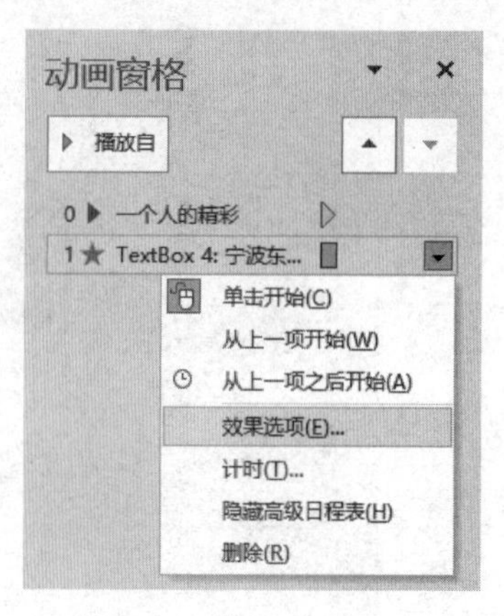

图 3.14 效果选项进入

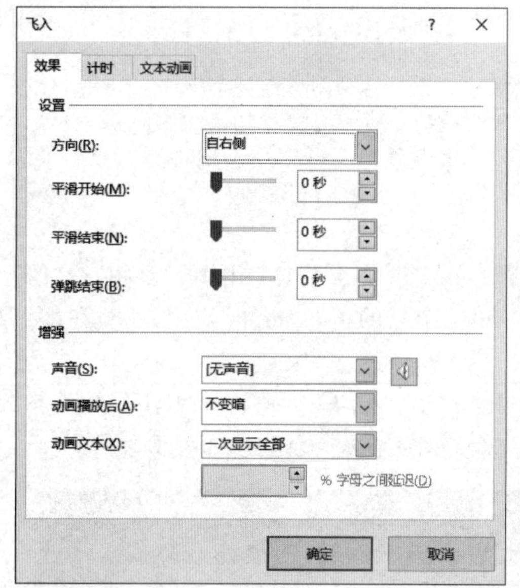

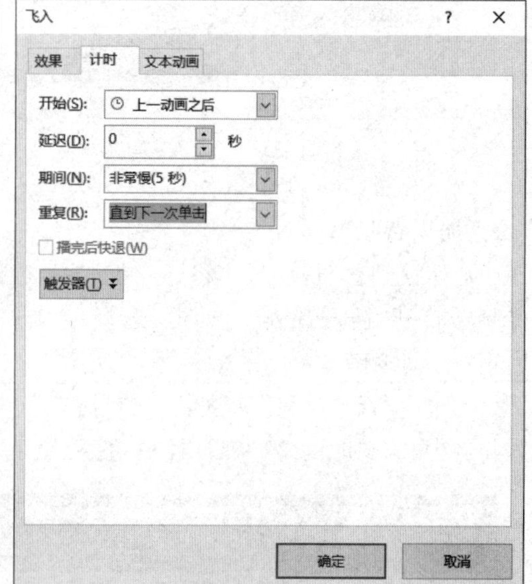

图 3.15 飞入效果设置

4. 带滚动条的文本框制作

(1) 选择“文件”→“选项”,出现“PowerPoint 选项”窗口,选择“自定义功能区”,在“主选项卡”中选中“开发工具”,单击“确定”按钮。

(2) 选中第 3 张幻灯片,选择“开发工具”选项卡“控件”组中的“文本框”abl,在幻灯片上拖动拉出一个控件文本框,调整好大小和位置。

(3) 右击该文本框,在弹出的快捷菜单中选择“属性表”,打开文本框属性设置窗口,把“东钱湖简介.txt”的内容复制到 Text 属性,设置 ScrollBars 属性为 2-fmScrollBarsVertical,设置 MultiLine 属性为 True,如图 3.16 所示。

(4) 在普通视图中,该文本框一开始没有滚动条出现,当放映幻灯片时,可以滚动文本框的垂直滚动条,浏览更多的内容,如图 3.17 所示。

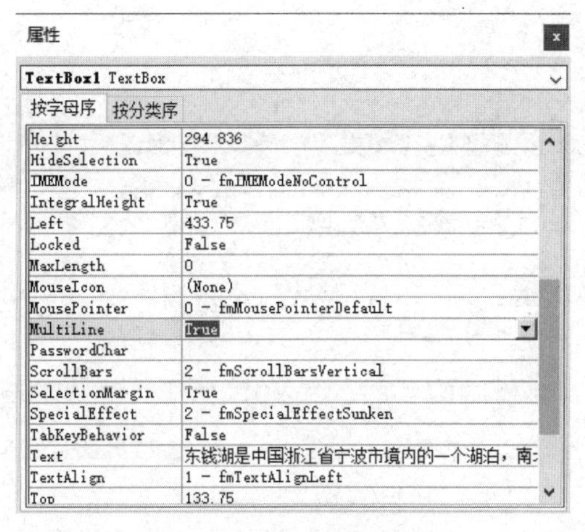

图 3.16　文本框属性设置

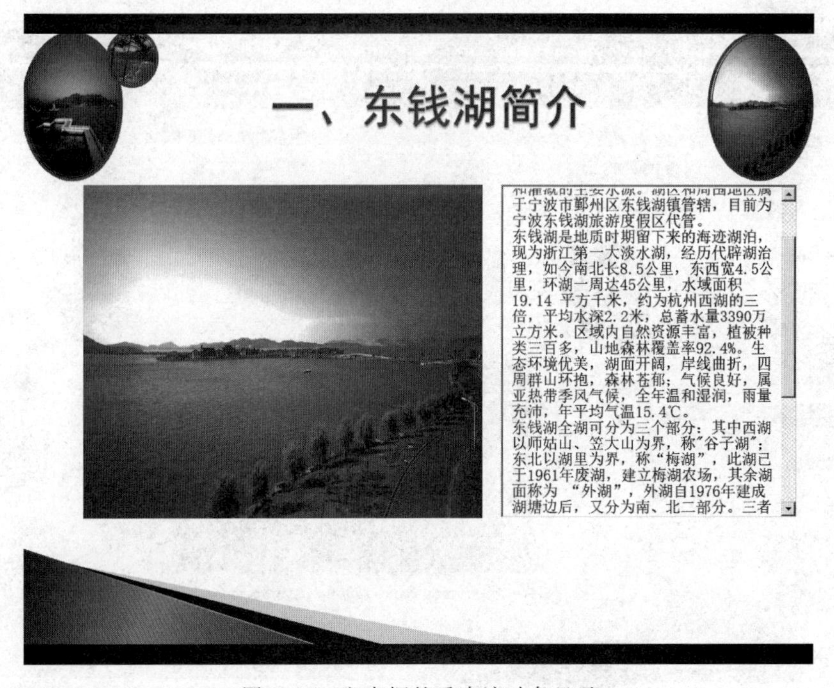

图 3.17　文本框的垂直滚动条显示

5. 图片的缩放

(1) 选中第 4 张幻灯片，选择“插入”选项卡“文本”组中的“对象”，打开“插入对象”对话框，“对象类型”选择 Microsoft PowerPoint 97-2003 Presentation，如图 3.18 所示，单击“确定”按钮。

(2) 此时会在当前幻灯片中插入一个“PowerPoint 演示文稿”的编辑区域(边线以斜线填充表示)，菜单的内容也已经变为编辑区域相应的内容了。选择“插入”选项卡“图像”组中的“图片”，在打开的“插入图片”对话框中，选择打开“东钱湖 1.jpg”，并拖动图片边角做适当放大，使其填充整个编辑区域，如图 3.19 所示。

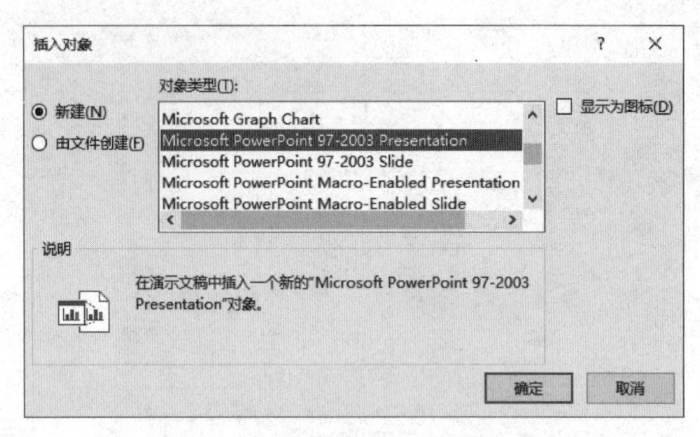

图 3.18　插入对象

图 3.19　一个"PowerPoint 演示文稿"的编辑区域

(3) 单击编辑区域外任意位置,退出编辑状态,拖动并适当调整其边缘大小;按住 Ctrl 键,并拖动图片边缘到其他位置,即可复制一个一样的对象,这里复制三个同样的区域。

(4) 双击选中图片,进入编辑状态,右击,在弹出的快捷菜单中选择"更改图片",选择其他图片插入。其他三幅图片插入完成后如图 3.20 所示,其中第 4 个图处于可编辑状态。

(5) 放映第 4 张幻灯片,单击其中的第 3 张图片,可以看到大图效果,如图 3.21 所示。而后单击大图,回到小图状态。

图 3.20　可编辑图

图 3.21　小图到大图效果

6. 动态图表制作

(1) 选中第 5 张幻灯片,选择“插入”选项卡“插图”组中的“图表”,打开“插入图表”对话框,选择“折线图”中第一个,出现“Microsoft PowerPoint 中的图表”Excel 窗口,删除 Excel 工作表的 3～5 行(注意要将这三行整行删除,不要使用 Delete 键清除内容)。

(2) 将演示文稿幻灯片中的“月份/游客人次”表格数据复制到 Excel 窗口 A1 开始的区域。

(3) 单击演示文稿图表外框选中图表,选择“图表工具”→“设计”选项卡“数据”组中的“切换行/列”项,使图表图例变成“游客人次”,如图 3.22 所示。关闭 Excel 窗口。

(4) 选中图表,选择“图表工具”“设计”选项卡“图表布局”组中的“添加图表元素”→“坐标轴标题”→“主要横坐标轴”,加入横坐标标题“月份”。

(5) 选择“图表工具”→“设计”选项卡“图表布局”组中的“添加图表元素”→“坐标轴标题”→“主要纵坐标轴”,加入纵坐标标题“人次(万)”。

(6) 单击图表标题部分,将其修改为“各月份游客人次”,如图 3.23 所示。

(7) 选中图表,选择“动画”选项卡“高级动画”组中的“添加动画”→“进入”组中的“擦

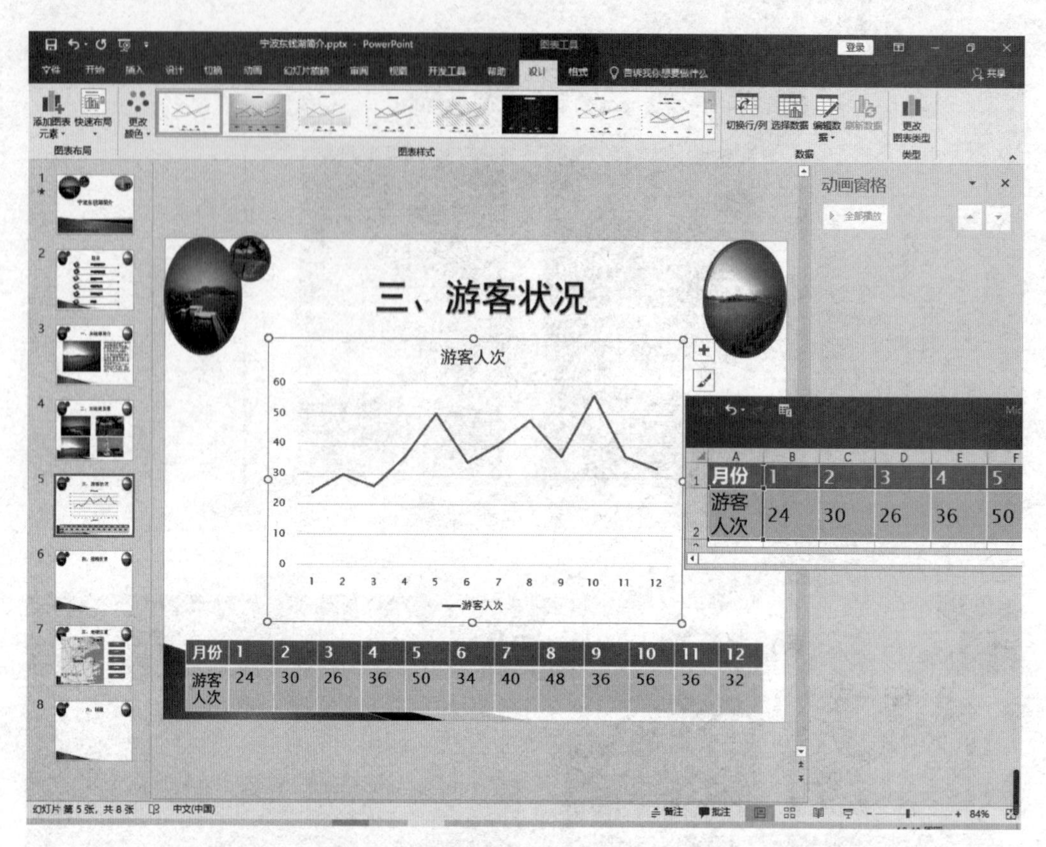

图 3.22　图表数据

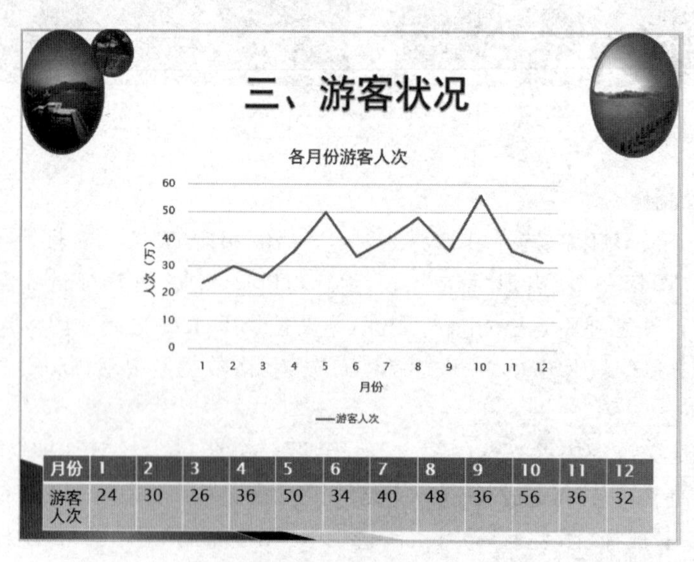

图 3.23　PPT 图表

除”选项，在动画窗格中出现该文字动画，单击其右边的下拉箭头，在出现的快捷菜单中选择“效果选项”。

(8) 在出现的“擦除”对话框中，在“效果”选项卡中把“方向”设置为“自左侧”；在“计时"选项卡中把"开始"设置为"上一动画之后","期间"设置为"非常慢(5 秒)","重复"设置为"直到下一次单击";在"图表动画"选项卡中把"组合图表"设置为"按系列",单击"通过绘制图表背景启动动画效果"复选框,使之不选中,如图 3.24 所示。

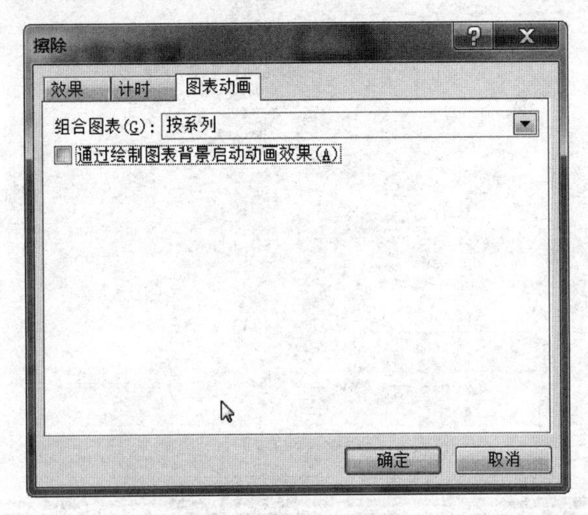

图 3.24 图表动画设置

(9) 单击"确定"按钮,一个动态图表设置完成,放映该幻灯片可以看到效果如图 3.25 所示,动态效果周而复始。

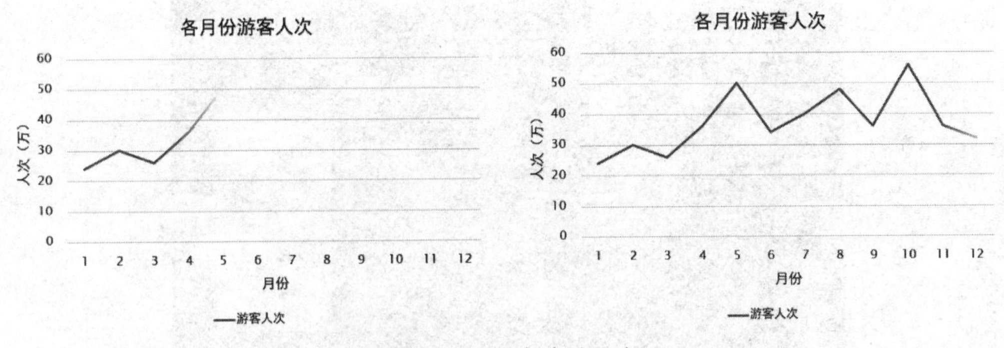

图 3.25 图表动画显示

7. 可控视频制作

(1) 选中第 6 张幻灯片,选择"开发工具"选项卡"控件"组中的"其他控件",打开"其他控件"对话框,如图 3.26 所示,选择 Windows Media Player,单击"确定"按钮。

(2) 在幻灯片上拖动拉出一个控件框,调整好大小和位置。右击该框,在弹出的快捷菜单中选择"属性表",打开属性设置窗口,把 URL 属性设置为要插入视频的路径和包含扩展名的文件名,"D:\2022001\宁波东钱湖简介\东钱湖.WMV"(如果视频 WMV 文件路径不同,则需要调整。也可以将视频文件和演示文稿文件放在同一个文件夹中,这里只要输入"东钱湖.WMV"即可),设置 stretchToFit 属性为 True,如图 3.27 所示。

(3) 放映幻灯片,视频自动开始播放,右击视频播放器出现菜单如图 3.28 所示,可以选择"缩放"里的"全屏"进行播放。

图 3.26 “其他控件”对话框

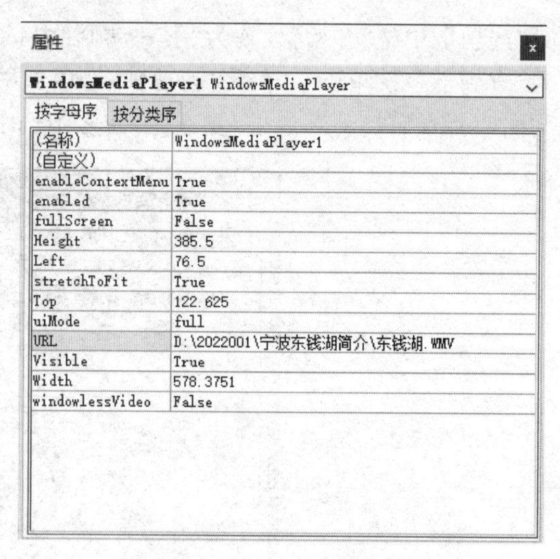

图 3.27 URL 属性

图 3.28 PPT 中视频播放

8. 自定义动画(路径和触发器)

(1) 切换到第 7 张幻灯片,选中地图中的人物 gif 图片,选择“动画”选项卡“高级动画”组中的“添加动画”→“动作路径”组中的“自定义路径”,如图 3.29 所示。

(2) 先单击地图中的右下角圆点作为起点,再单击 A 点,然后单击 B 点作为终点,如图 3.30 所示。双击终点,表示自定义路径完成,如图 3.31 所示。

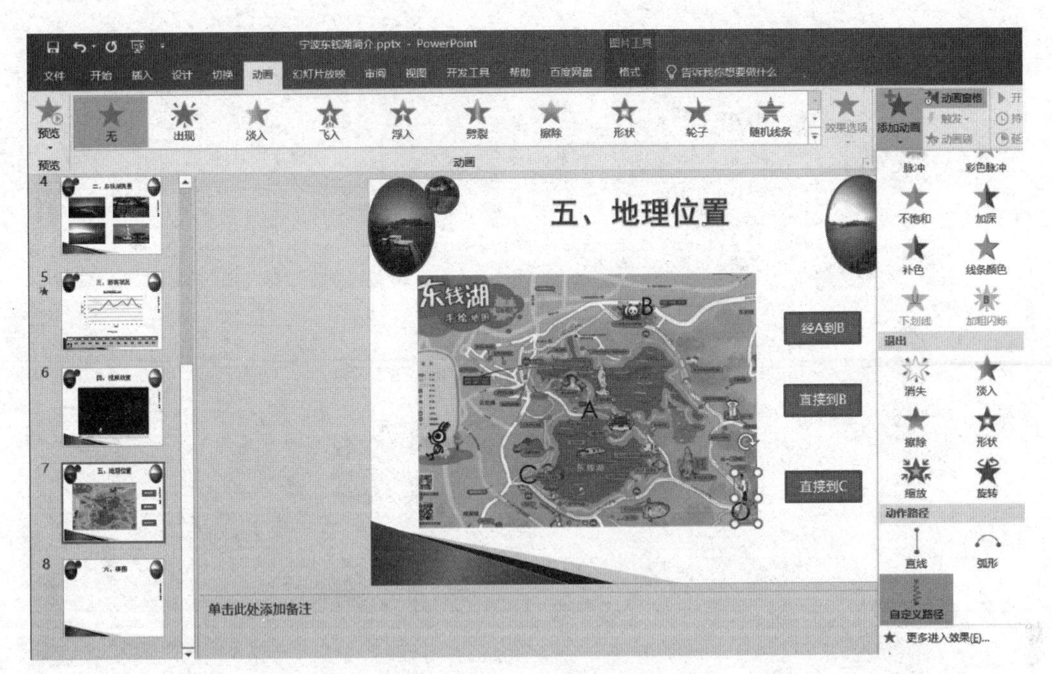

图 3.29　自定义路径动画

图 3.30　自定义路径设置

图 3.31　自定义路径完成

(3) 在“动画窗格”中,双击新生成的自定义路径动画 1 内容占位符 10 ,打开“自定义路径”对话框,打开“计时”选项卡,如图 3.32 所示,设置“期间”为“非常慢(5 秒)”,设置“重复”为“3”,再单击“触发器”按钮,然后单击选中“单击下列对象时启动动画效果”单选按钮,在其下拉框中选择“动作按钮:自定义 4:经 A 到 B”,最后单击“确定”按钮。

(4) 放映幻灯片,单击“经 A 到 B”动作按钮,人物从 O 出发跑向 A,然后再跑向 B,一共重复循环 3 次,如图 3.33 所示,如果单击其他位置不会出现该效果。

(5) “直接到 B”和“直接到 C”动作按钮请分别设置完成人物从 O 到 B 及 C 点操作,请参照之前类似的做法,自己完成。设计完成后,路径和动画窗格如图 3.34 所示。

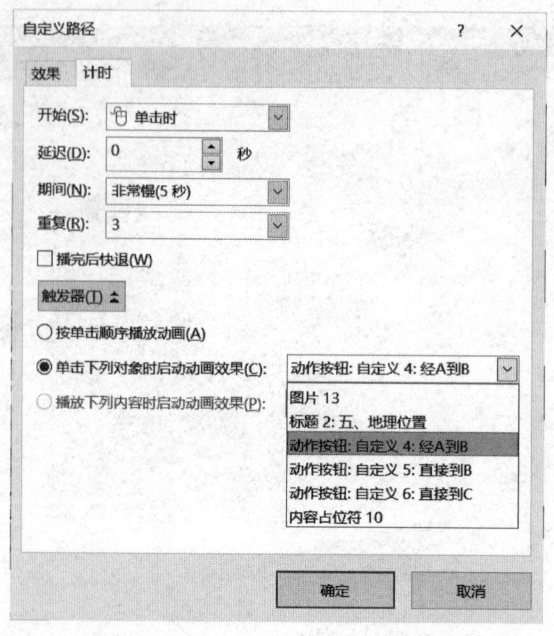

图 3.32 “自定义路径”对话框

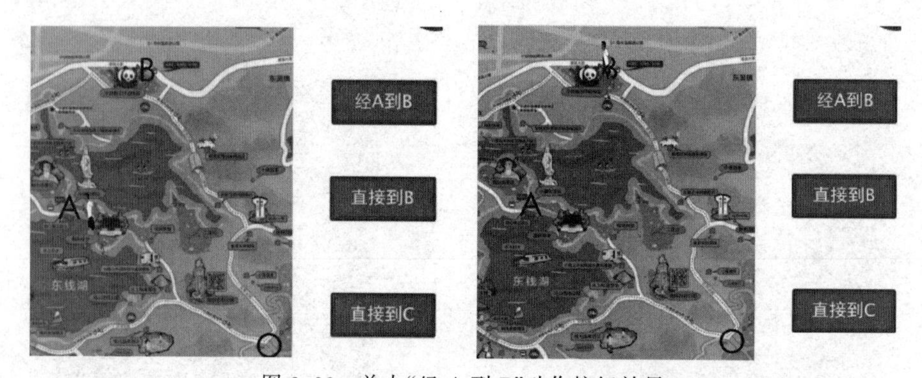

图 3.33 单击“经 A 到 B”动作按钮效果

图 3.34 路径和动画窗格显示

9. 插入 An 动画文件(swf 格式)

(1) 切换到第 8 张幻灯片,选择“开发工具”选项卡“控件”组中的“其他控件”,打开“其他控件”对话框,从列出的 Active X 控件中选中 Shockwave Flash Object 控件选项。

(2) 这时,鼠标变成“+”,在幻灯片中需要插入动画的地方拖动鼠标画出一个框,并调整到合适大小。如果无法插入,提示“此演示文稿中的一些控件无法激活。这些控件可能未在此计算机注册。”错误信息;则需要安装注册表 EnableFlash. reg 和 EnableShockwave. reg。

(3) 右击框,在弹出的快捷菜单中选择“属性表”,然后出现 Shockwave Flash1 属性设置对话框,找到 Movie 属性,在其后的输入栏中输入或者复制要插入的 swf 文件的路径和包含 swf 扩展名的文件名,如“D:\宁波东钱湖简介\拼图. swf”(如果 swf 文件路径不同,则需要调整。也可以将拼图文件和演示文稿文件放在同一个文件夹中,这里只要输入“拼图. swf”即可)。放映第 6 张幻灯片,拼图一次。

10. 设置超链接等

(1) 完成第 2 张幻灯片与其他幻灯片之间的链接,使得从目录文字可以链接到其相应内容。

(2) 在其他幻灯片中创建“返回目录”动作按钮,使其超链接到第 2 张幻灯片,保存文档。

3.3 案例二 计算机基础考试

视频讲解

要求结合 Access 数据库 test. accdb 的“选择题”表,利用 PowerPoint VBA 创建一个“计算机基础考试”系统。其中,test. accdb 数据库中“选择题”表文件表结构内容如图 3.35 所示,表数据内容如图 3.36 所示。

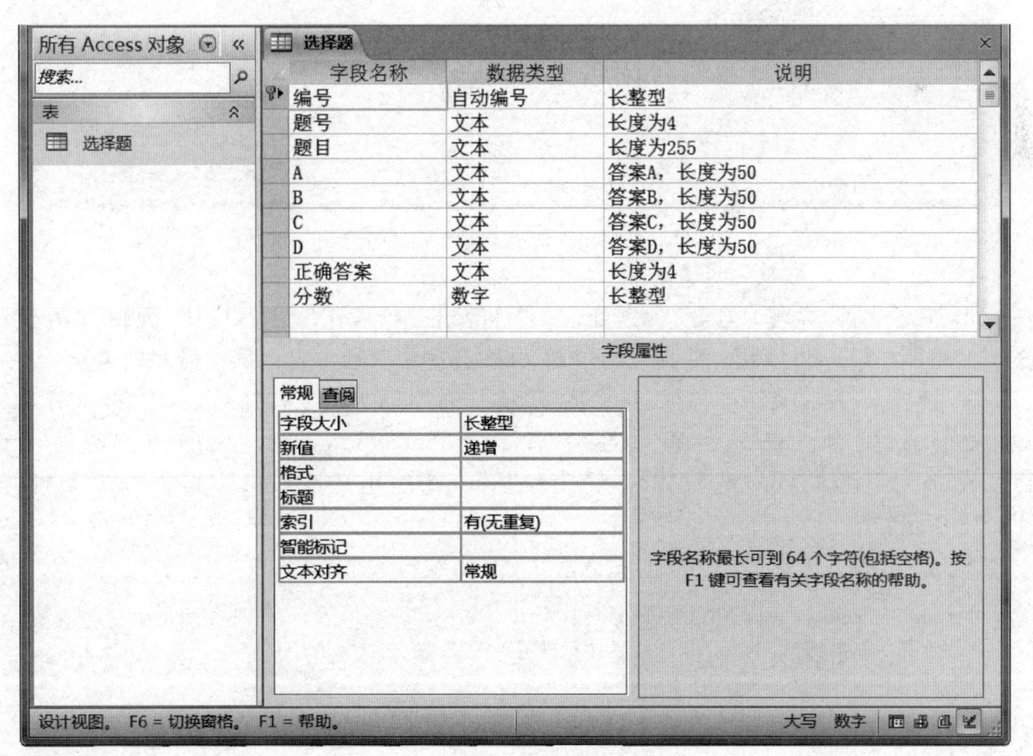

图 3.35 “选择题”表结构

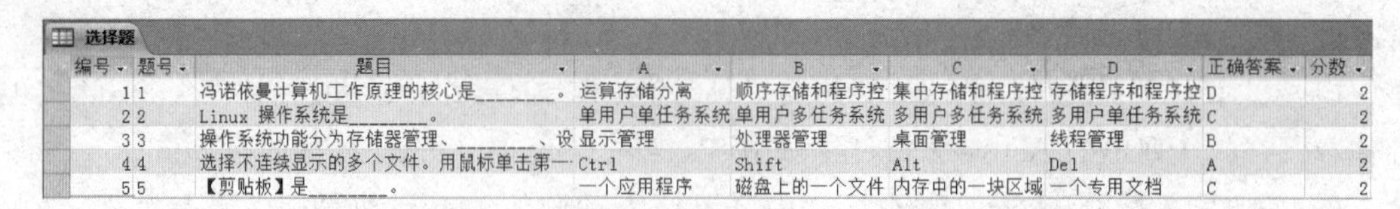

选择题

编号	题号	题目	A	B	C	D	正确答案	分数
1	1	冯诺依曼计算机工作原理的核心是________。	运算存储分离	顺序存储和程序控	集中存储和程序控	存储程序和程序控	D	2
2	2	Linux 操作系统是________。	单用户单任务系统	单用户多任务系统	多用户多任务系统	多用户单任务系统	C	2
3	3	操作系统功能分为存储器管理、________、设	显示管理	处理器管理	桌面管理	线程管理	B	2
4	4	选择不连续显示的多个文件。用鼠标单击第一	Ctrl	Shift	Alt	Del	A	2
5	5	【剪贴板】是________。	一个应用程序	磁盘上的一个文件	内存中的一块区域	一个专用文档	C	2

图 3.36 “选择题”表内容

具体操作步骤如下。

1. 新建启用宏的演示文稿

(1) 打开 Powerpoint 2019 应用程序，将新建的演示文稿文件另存为“计算机基础考试.pptm”，保存类型要选择“启用宏的 PowerPoint 演示文稿(*.pptm)”，如图 3.37 所示。

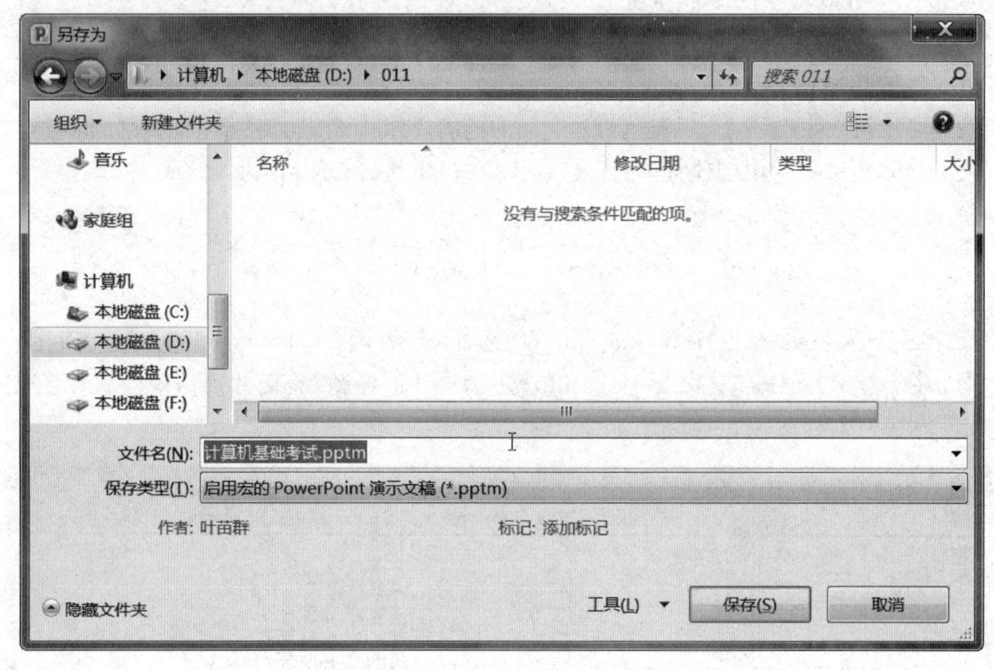

图 3.37 启用宏的 PowerPoint 演示文稿

(2) 演示文稿“标题幻灯片”标题处输入“计算机基础考试”，主题应用“画廊”；并使用“幻灯片母版”视图，将标题上移到适当位置，并在合适位置插入自己的学号和姓名。

(3) 选择“开发工具”→“控件”组中的“命令按钮”，插入一个按钮后，右击它，在弹出的快捷菜单中选择“属性表”。出现“属性”窗口，设置其 Caption 属性为“打开考试界面”；设置 AutoSize 属性为 True，WordWrap 属性为 True；并自定义其 Font、Forecolor 等属性，如图 3.38 所示。

(4) 双击“打开考试界面”按钮，进入 VBA 代码编辑状态，输入以下代码。

```
Private Sub CommandButton1_Click()
    计算机基础考试.Show      '显示"计算机基础考试"窗体
End Sub
```

2. 建立“计算机基础考试”窗体界面

(1) 在 VBA 编辑窗口中，选择“插入”→“用户窗体”，修改该窗体(名称)和 Caption 属

图 3.38　命令按钮创建

性均为“计算机基础考试”。根据如图 3.39 所示的界面设计该窗体：3 个文字框(TextBox1、TextBox2、TextBox3)、2 个标签(Label1、Label2)、5 个命令按钮(CommandButton1、CommandButton2、CommandButton3、CommandButton4、CommandButton5)。

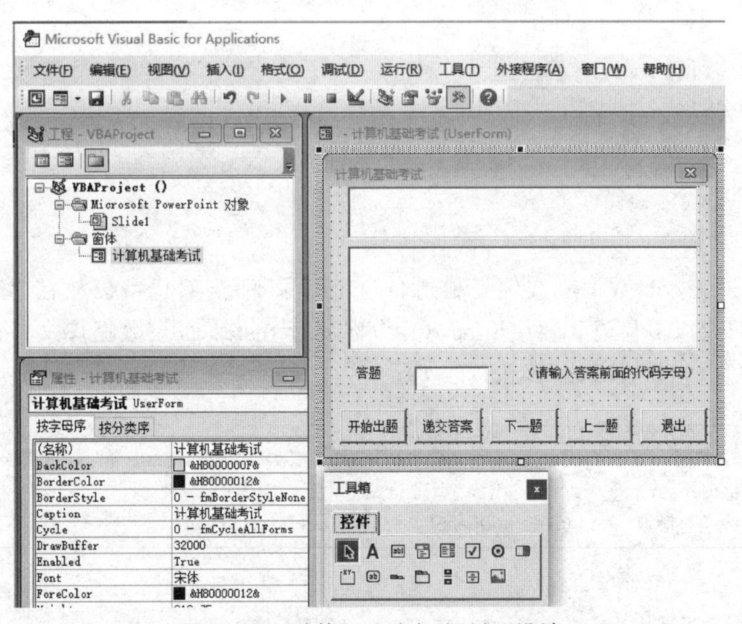

图 3.39　“计算机基础考试”界面设计

(2) TextBox1、TextBox2 文字框的 MultiLine 属性设置为 True，ScrollBars 属性设置为 3-fmScrollBarsBoth。

(3) Label1、Label2 标签的 Caption 属性分别设置为“答题”和“(请输入答案前面的代码字母)”。5 个命令按钮的 Caption 属性分别设置为“开始出题”“递交答案”“下一题”“上一题”和“退出”,如图 3.39 所示。

(4) VBA 编辑窗口中,选择“工具”→“引用”,打开“引用-VBAProject”对话框,在“可使用的引用”列表框下选中 Microsoft Activex Data Objects 2.8 Library(务必打勾),如图 3.40 所示。再单击“确定”按钮。

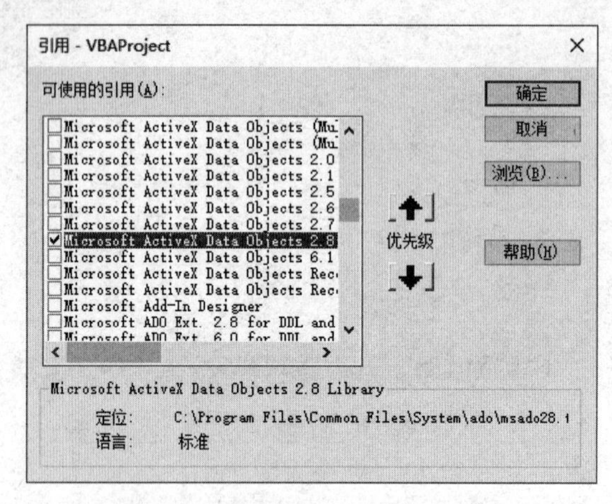

图 3.40 “引用-VBAProject”对话框

3. 窗体代码

(1) 双击任意一个控件,打开代码编辑窗口,删除自动产生的代码,输入通用代码,注意不要将代码放入其他任何过程中。

```
Dim setpxp As New ADODB.Recordset
Dim cnnpxp As New ADODB.Connection
Dim constring As String
Dim th, tm, da1, da2, da3, da4, da5 As String
Dim a(50), b(50), c(50)
Dim i, j, row, sum As Integer
```

(2) 将 test.accdb 数据库文件复制到 D 盘根目录下;当然也可以放在学号文件夹原位置,这时需要修改以下代码"d:\test.accdb"为你放置 test.accdb 数据库文件的路径和包含扩展名的文件名。“开始出题”按钮代码如下。

```
Private Sub CommandButton1_Click()
constring = "provider=Microsoft.ACE.OLEDB.12.0;" & "data source=" & "d:\test.accdb"
cnnpxp.Open constring
setpxp.Open "选择题", cnnpxp, adOpenStatic, adLockOptimistic
row = 0
With setpxp
   Do While Not .EOF
      row = row + 1
      setpxp.MoveNext
   Loop
End With
setpxp.MoveFirst
If Not setpxp.EOF Then
    i = setpxp("编号"): th = setpxp("题号")
```

```
    tm = setpxp("题目")
    da1 = setpxp("A"): da2 = setpxp("B")
    da3 = setpxp("C"): da4 = setpxp("D")
    a(i) = setpxp("正确答案")
    c(i) = setpxp("分数")
    CommandButton1.Enabled = False
    CommandButton2.Enabled = True
    TextBox3.SetFocus
    If i < row Then
        CommandButton3.Enabled = True
    Else
        CommandButton3.Enabled = False
    End If
    CommandButton4.Enabled = False
    TextBox1.Text = th + ". " + tm
    TextBox2.Text = "答案选项: " & vbCrLf & "A." & da1 & vbCrLf & "B." & da2 & vbCrLf & "C." &
da3 & vbCrLf & "D." & da4
    TextBox3.Text = b(i)
End If
End Sub
```

(3)"递交答案"按钮代码如下。

```
Private Sub CommandButton2_Click()
i = 1
sum = 0
For i = 1 To row
  If UCase(b(i)) = UCase(a(i)) Then
    sum = sum + c(i)
  Else
    MsgBox "第" & i & "题" & ":" & vbCrLf & "你的答案是" & b(i) & vbCrLf & "正确答案是: " & a(i)
  End If
Next i
MsgBox "统计总分是: " & sum
End Sub
```

(4)"下一题"按钮代码如下。

```
Private Sub CommandButton3_Click() '下一题
setpxp.MoveNext
CommandButton4.Enabled = True
If Not setpxp.EOF Then
    i = setpxp("编号"): th = setpxp("题号")
    tm = setpxp("题目")
    da1 = setpxp("A"): da2 = setpxp("B")
    da3 = setpxp("C"): da4 = setpxp("D")
    a(i) = setpxp("正确答案")
    c(i) = setpxp("分数")
    TextBox1.Text = th + ". " + tm
    TextBox2.Text = "答案选项: " & vbCrLf & "A." & da1 & vbCrLf & "B." & da2 & vbCrLf & "C." &
da3 & vbCrLf & "D." & da4
    TextBox3.Text = b(i)
```

```
End If
If i < row Then
    CommandButton3.Enabled = True
Else
    CommandButton3.Enabled = False
End If
TextBox3.SetFocus
End Sub
```

(5)“上一题”按钮代码如下。

```
Private Sub CommandButton4_Click() '上一题
If setpxp.BOF Then
    CommandButton4.Enabled = False
Else
    setpxp.MovePrevious
    CommandButton3.Enabled = True
    If Not setpxp.BOF Then
        i = setpxp("编号"): th = setpxp("题号")
        tm = setpxp("题目")
        da1 = setpxp("A"): da2 = setpxp("B")
        da3 = setpxp("C"): da4 = setpxp("D")
        a(i) = setpxp("正确答案")
        c(i) = setpxp("分数")
        TextBox1.Text = th + "." + tm
        TextBox2.Text = "答案选项：" & vbCrLf & "A." & da1 & vbCrLf & "B." & da2 & vbCrLf & "
C." & da3 & vbCrLf & "D." & da4
        TextBox3.Text = b(i)
    End If
End If
If i > 1 Then
    CommandButton4.Enabled = True
Else
    CommandButton4.Enabled = False
End If
TextBox3.SetFocus
End Sub
```

(6)“退出”按钮代码如下。

```
Private Sub CommandButton5_Click()
    End
End Sub
```

(7)输入数据时,TextBox3 代码如下。

```
Private Sub TextBox3_Change()
    b(i) = TextBox3.Text
End Sub
```

4. 调试

(1)关闭 VBA 编辑窗口,切换到幻灯片放映视图,单击“打开考试界面”按钮,可打开

“计算机基础考试”窗体,单击“开始出题”按钮,显示第一题,如图 3.41 所示。此时“开始出题”和“上一题”按钮都不可用。

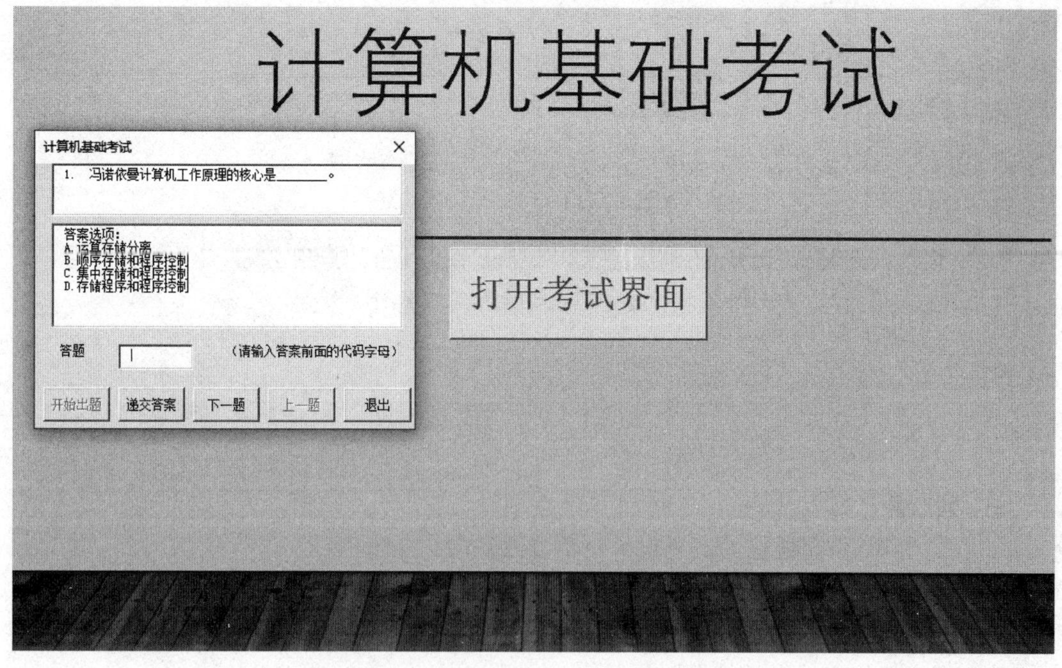

图 3.41 “计算机基础考试”窗体运行

(2) 答题文本框可输入答案前面的代码字母(如 D 或 d),大小写均可。

(3) 单击“下一题”按钮,进入第 2 题,此时只有“开始出题”按钮不可用,答题后,再单击“下一题”继续答题,如图 3.42 所示。

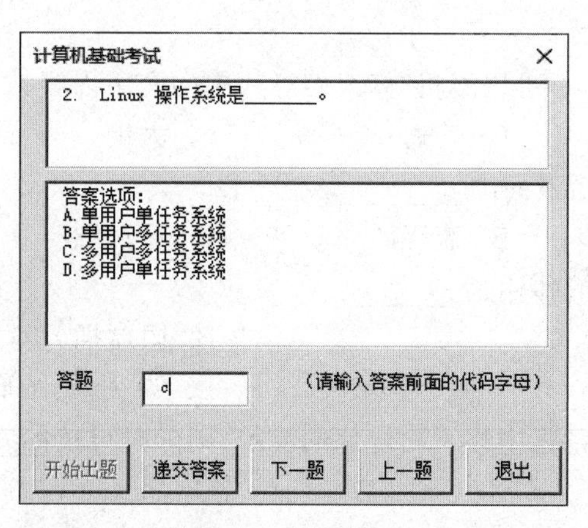

图 3.42 答题界面

(4) 如果想在第 4 题作答完毕后就结束,可以单击“递交答案”按钮,此时会弹出有错误的答题提示,同时给出正确的答案,再单击“确定”按钮,会出现统计总分提示框,如图 3.43 所示。

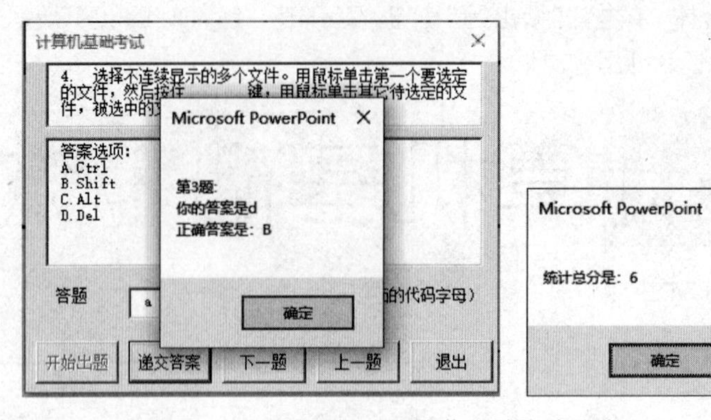

图 3.43　递交后提示出错信息并统计总分

习　　题

一、判断题

1. 在幻灯片中,超链接的颜色设置是不能改变的。(　　)

2. 演示文稿的背景可以采用统一的颜色。(　　)

3. PowerPoint 中,在一幻灯片母版中添加了宁波大学校徽图片,则应用该母版的所有幻灯片上都会添加宁波大学校徽图片。(　　)

4. 在幻灯片中图有静态和动态两种。(　　)

5. 当在一张幻灯片中将某文本行降级时,使该行缩进一个幻灯片层。(　　)

6. 在幻灯片母版中进行设置,可以起到统一整个幻灯片的风格的作用。(　　)

7. 在 PowerPoint“幻灯片浏览”视图中,可以对幻灯片文字内容进行编辑。(　　)

二、选择题

1. 下面哪个视图中,不可以编辑、修改幻灯片中的文字内容?________

A. 浏览　　B. 普通　　C. 大纲　　D. 备注页

2. Smart 图形不包括下面的________。

A. 图表　　B. 流程图　　C. 循环图　　D. 层次结构图

3. 幻灯片中占位符的作用是________。

A. 表示文本长度　　B. 限制插入对象的数量

C. 表示图形大小　　D. 为文本、图形预留位置

4. 如果希望在演示过程中终止幻灯片的演示,则随时可按的终止键是________。

A. Delete　　B. Ctrl+E　　C. Shift+C　　D. Esc

5. 幻灯片放映过程,右击,选择“指针选项”中的荧光笔,在讲解过程中可以进行写和画,其结果是________。

A. 对幻灯片中文字进行了修改

B. 对幻灯片内容肯定没有进行修改

C. 写和画的内容不能留在幻灯片上,下次放映不会显示出来

D. 写和画的内容可以保存起来,以便下次放映时显示出来

6. 可以用鼠标直接拖动方法改变幻灯片的顺序的是________。

A. 阅读视图　　B. 备注页视图

C. 幻灯片浏览视图　　D. 幻灯片放映

7. 改变演讲文稿外观可以通过________。

A. 修改主题　　B. 修改母版

C. 修改背景样式　　D. 以上三个都对

8. PowerPoint 中,下列说法中错误的是________。

A. 可以动态显示文本和对象　　B. 可以更改动画对象的出现顺序

C. 图表中的元素不可以设置动画效果　　D. 可以设置幻灯片切换效果

9. PowerPoint 中,要实现幻灯片之间的任意切换,除了利用文字超链接外,还可以利用________。

A. 鼠标选取　　B. 动作按钮　　C. 放映按钮　　D. 滚动条

10. PowerPoint 中不可插入________文件。

A. avi 文件　　B. wav 文件

C. bmp 文件　　D. 可执行 exe 文件

三、操作题

1. 请使用触发器等动画设计选择"我国的首都",若单击选择正确,则在选项边显示文字"正确",否则显示文字"错误"。效果如图 3.44 所示。

我国的首都

A 上海　错误　B 北京

C 广州　D 杭州

我国的首都

A 上海　B 北京　正确

C 广州　D 杭州

图 3.44　我国的首都效果

2. 请使用强调和路径等动画设计同步扩散:圆形四周的箭头向各自方向同步扩散,放大尺寸为 1.5 倍,重复 3 次。注意,圆形无变化。效果如图 3.45 所示。

图 3.45　同步扩散效果

第二部分

多媒体技术应用

自 20 世纪 80 年代末以来,随着电子技术和大规模集成电路的发展,计算机技术、通信技术和广播电视技术迅速发展并相互渗透,相互融合,形成了一门崭新的技术,即多媒体技术。多媒体技术的应用已经渗入日常生活的各个领域,如视频点播、视频会议、远程教育和游戏娱乐等。

第4章 多媒体技术基础

4.1 多媒体技术的基本概念

4.1.1 媒体

媒体(Media)是人与人之间实现信息交流的中介,简单地说,就是信息的载体,也称为媒介。媒体在计算机领域中有两种含义,一是指用以存储信息的实体,如磁盘、磁带、光盘和半导体存储器等;一是指信息的载体,如数字、文字、声音、图形、图像和视频等。多媒体技术中的媒体一般指的是后者。

国际电信联盟远程通信标准化组 ITU-T 将媒体分为感觉媒体、表示媒体、表现媒体、存储媒体和传输媒体。

感觉媒体是指能够直接作用于人的感觉器官(听觉、视觉、触觉和嗅觉),并使人产生直接感觉的媒体。感觉媒体有人类的各种语言、音乐、自然界的各种声音、图形、静止和运动的图像等。

表示媒体是指为了加工、处理和传播感觉媒体而人为研究和创建的媒体,其目的是将感觉媒体从一个地方向另一个地方传送,以便于加工和处理。表示媒体有各种编码方式,如语音编码、文本编码、静止和运动图像编码等。

表现媒体是指感觉媒体输入到计算机中或通过计算机展示感觉媒体的物理设备,即获取和显示感觉媒体信息的计算机输入和输出设备,也称为显示媒体。显示媒体包括输入显示媒体(如键盘、摄像机和话筒等)和输出显示媒体(如显示器、喇叭和打印机等)。

存储媒体用来存放表示媒体,以方便计算机处理加工和调用,这类媒体主要是指与计算机相关的外部存储设备,如磁带、磁盘和光盘等。

传输媒体是用来将媒体从一个地方传送到另一个地方的物理载体,是通信的信息载体,如双绞线、同轴电缆和光纤等。

在使用多媒体计算机时,人们首先通过表现媒体的输入设备将感觉媒体转换为表示媒体,再存放在存储媒体中,计算机对存储媒体中的表示媒体进行加工处理,然后通过表现媒体的输出设备还原成感觉媒体,反馈给用户,如图 4.1 所示。五种媒体的核心是表示媒体,所以通常将表示媒体称为媒体。可以认为多媒体就是多样化的表示媒体。

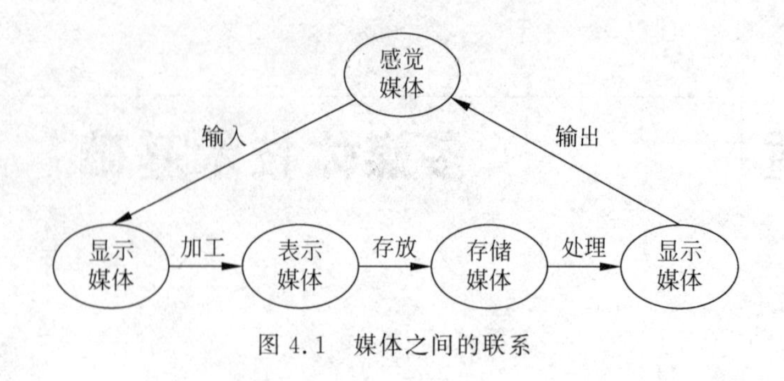

图 4.1 媒体之间的联系

4.1.2 多媒体技术

多媒体的英文单词是 Multimedia，它由 media 和 multi 两部分组成。一般理解为多种媒体的综合。多媒体是多种媒体的有机组合，在计算机领域是指计算机与人进行交流的多元化信息，常用的媒体元素主要包括文本、图形、图像、声音、动画和视频等。

多媒体技术就是把文字、图片、声音、视频等媒体通过计算机集成在一起的技术。即利用计算机对文本、图形、图像、音频、视频和动画等多种媒体信息进行采集、压缩、存储、控制、编辑、变换、解压缩、播放、传输等数字化综合处理，使多种媒体信息建立逻辑连接，使之具有集成性和交互性等特征的系统技术。

多媒体技术所处理的文字、声音、图像和图形等媒体信息是一个有机的整体，而不是一个个“分立”的信息类的简单堆积，多种媒体之间无论在时间上还是空间上都存在着紧密的联系。因此多媒体技术有多样性、集成性、交互性、实时性和数字化等基本特征。

(1) 多样性。多媒体技术的多样性是指多媒体种类的多样化。它不再局限于数值、文本，而广泛采用图像、图形、视频、音频等信息形式来表达。多媒体就是要把计算机处理的信息多样化或多维化，从而改变计算机信息处理的单一模式，使人们能交互地处理多种信息。

(2) 集成性。集成性是指不同的媒体信息有机地结合到一起，形成一个完整的整体。它以计算机为中心综合处理多种信息媒体，包括信息媒体的集成和处理这些媒体的设备的集成。信息媒体的集成包括信息的多通道统一获取、多媒体信息的统一组织和存储、多媒体信息表现合成等方面。多媒体设备的集成包括硬件和软件两个方面。

(3) 交互性。交互性是指用户与计算机之间进行数据交换、媒体交换和控制权交换的一种特性。多媒体的交互性是指用户可以与计算机的多种信息媒体进行交互操作从而为用户提供了更加有效地控制和使用信息的手段。人们可以通过使用键盘、鼠标、触摸屏、话筒等设备，通过计算机程序去控制各种媒体的播放，检索信息等。

(4) 实时性。对媒体信息的实时处理，实时性意味着多媒体系统在处理信息时有着严格的时序要求和很高的速度要求。

(5) 数字化。媒体信息的数字化，是指各种媒体信息都以数字形式(0 和 1 的方式)进行存储和处理。

多媒体技术是一种基于计算机的综合技术，包括数字化信息的处理技术、音频和视频处理技术、计算机硬件和软件技术、人工智能和模式识别技术、通信和图像处理技术等，因而是一门跨学科的综合技术。随着多媒体技术的深入发展，其应用也越来越广泛，多媒体技术的应用已经渗透到人类社会的各个方面，包括教育、医疗、军事、通信、娱乐、模拟仿真和监控等。

4.2 多媒体计算机系统

多媒体计算机系统与一般计算机系统结构原则上是相同的，都是由底层的硬件系统和各层软件系统组成，区别在于多媒体计算机系统需要考虑多媒体信息处理的特性，其系统的层次结构比一般的计算机系统更为丰富。

多媒体计算机系统是一种复杂的硬件和软件有机结合的综合系统。它把多媒体与计算机系统融合起来，并由计算机系统对各种媒体数据进行数字化处理。由于目前开展多媒体应用的主流计算机是个人计算机，所以多媒体计算机系统将围绕多媒体个人计算机(Multimedia Personal Computer，MPC)展开讨论。事实上，多媒体计算机是在原有的 PC 上增加多媒体套件而构成，即在原有的 PC 上增加多媒体硬件和多媒体软件。

多媒体计算机是指能够综合处理多种媒体信息，使多种媒体信息建立逻辑连接，集成为一个系统并具有交互性的计算机。多媒体计算机系统一般由多媒体硬件系统和多媒体软件系统组成，如图 4.2 所示。

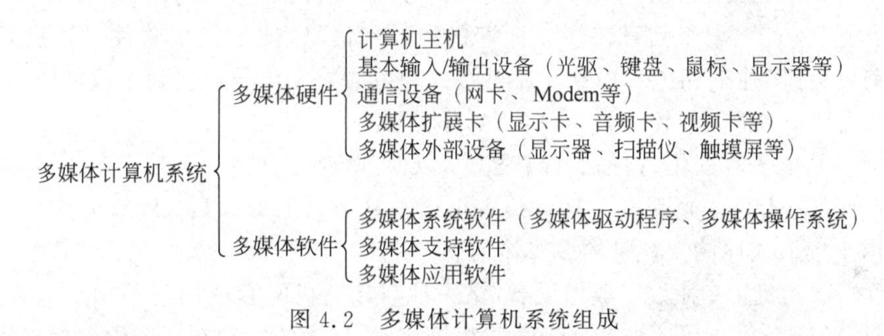

图 4.2 多媒体计算机系统组成

4.2.1 多媒体硬件系统

多媒体计算机的硬件系统层是多媒体计算机系统的物质基础，它包括计算机主机系统和多媒体接口及外部设备等。多媒体输入设备主要有话筒、音响、语音输入等声音输入设备；图像输入设备主要有数码相机、图像扫描仪、数字化仪、触摸屏等；视频输入设备主要有影视录像、摄录机及光碟机等。多媒体输出设备有投影仪、刻录机、音箱及语言输出、绘图仪等。随着网络技术和多媒体通信技术的发展，网卡、Modem、传真机、电话等通信设备也逐渐成为 MPC 的多媒体配置。为实现音、视频和图像信号的采集与处理，音频卡、视频卡、等成为 MPC 必需的接口板卡配置。

多媒体硬件系统主要包括计算机传统硬件设备、光盘存储器、音频输入/输出和处理设备、视频输入/输出和处理设备。图 4.3 是典型的多媒体计算机的硬件配置。

(1) 音频卡(Sound Card)：用于处理音频信息，它可以把话筒、录音机、电子乐器等输入的声音信息进行模数转换(A/D)、压缩等处理，也可以把经过计算机处理的数字化的声音信号通过还原(解压缩)、数模转换(D/A)后用音箱播放出来，或者用录音设备记录下来。

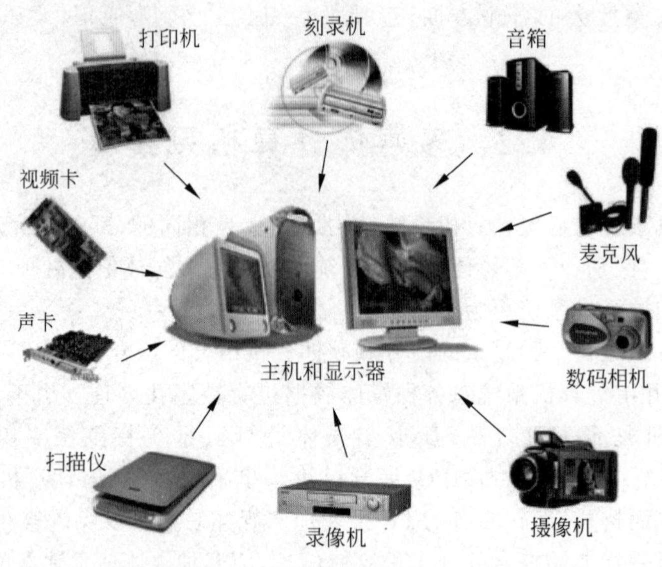

图 4.3　多媒体硬件系统的组成

(2) 视频卡(Video Card)：用来支持视频信号(如电视)的输入与输出。

(3) 采集卡：能将电视信号转换成计算机的数字信号，便于使用软件对转换后的数字信号进行剪辑处理、加工和色彩控制。还可将处理后的数字信号输出到录像带中。

(4) 扫描仪：一种图形输入设备，将摄影作品、绘画作品或其他印刷材料上的文字和图像等纸制材料的电子数据化，扫描到计算机中，以便进行加工处理。

(5) 光驱：分为只读光驱(CD-ROM)和可读写光驱(CD-R，CD-RW)，可读写光驱又称刻录机。用于读取或存储大容量的多媒体信息。

(6) 数码照相机：一种数字成像设备，是一种与计算机配套使用的照相机。它是集光、机、电于一体的数字化产品。与普通光学照相机相比，最大的区别在于数码照相机用存储器保存图像资料，而不通过胶片保存图像。

4.2.2　多媒体软件系统

多媒体软件系统主要包括多媒体驱动程序、多媒体操作系统、多媒体支持软件和多媒体应用软件等。

1. 多媒体驱动程序

多媒体驱动程序(也称驱动模块)是最底层硬件的软件支撑环境，直接与计算机硬件打交道，完成设备初始化、各种设备操作、设备的打开和关闭、基于硬件的压缩/解压缩、图像快速变换及功能调用等。通常驱动软件有视频子系统、音频子系统以及视频/音频信号获取子系统等。一种多媒体硬件需要一个相应的驱动程序，驱动程序一般随硬件产品提供，它常驻内存。

2. 多媒体操作系统

多媒体操作系统是多媒体软件的核心。它负责多媒体环境下多任务的调度和管理，保证音频和视频同步控制以及信息处理的实时性，提供各种基本操作和管理。多媒体操作系统是系统软件的核心，作为多媒体计算机的操作系统除了传统的管理功能之外，还要有标准化的对硬件透明的应用程序接口、图形用户接口,实现多媒体环境下多任务的调度,保证音频、视频同步控制及信息处理的实时性;提供多媒体信息的各种基本操作和管理;具有对设备的相对独立性和可操作性。操作系统还应该具有独立于硬件设备和较强的可扩展能力。Windows、OS/2 和 Macintosh 操作系统都提供了对多媒体的支持。

3. 多媒体支持软件

多媒体支持软件通常包括多媒体素材制作工具、多媒体创作工具和多媒体编程工具。为多媒体应用程序进行数据准备的程序,主要为多媒体数据采集软件,其中包括数字化音频的录制和编辑软件、MIDI 文件的录制和编辑软件、图像扫描及预处理软件、全动态视频采集软件、动画生成和编辑软件等。

4. 多媒体应用软件

多媒体应用软件是在多媒体硬件平台上设计开发的面向应用的软件系统。目前多媒体应用软件种类已经很多,既有可以广泛使用的公共型应用支持软件,如多媒体数据库系统等,又有不需要二次开发的应用软件。像 Windows 以前自带的豪杰超级解霸播放器、现在的 Windows Media Player,以及 RealPlayer、暴风影音等播放器之类的软件,都是"多媒体应用软件"的一部分。这类软件与用户有直接接口,用户只要使用有关的操作命令,就能方便地进行如 MP3 播放、DVD 播放等。

4.3 多媒体中的媒体元素及特征

多媒体元素是指多媒体应用中可显示给用户的媒体组成。

1. 文本

文本(Text)是以文字和各种专用符号表达的信息形式,它是现实生活中使用得最多的一种信息存储和传递方式。文本是计算机中基本的信息表示方式,包含数字、字母、符号和汉字,以文本文件形式存储。用文本表达信息给人充分的想象空间,它主要用于对知识的描述性表示,如阐述概念、定义、原理和问题以及显示标题、菜单等内容。

文本分为非格式化文本文件和格式化文本文件。非格式化文本文件指只有文本信息没有其他任何有关格式信息的文件,又称为纯文本文件。如.txt 文件。格式化文本文件指带有各种文本排版信息等格式信息的文本文件,如.doc 文件。可用文字处理软件(如记事本和 Word 等)对文本进行编辑,也可对文本进行识别、翻译和发声等操作。

2. 图形

图形(Graphics)一般是指由计算机通过绘图软件绘制的画面,由点、线、面、体等组合而成,以矢量图形文件形式存储,如直线、圆、圆弧、矩形、任意曲线和图表等。图形的格式是一组描述点、线、面等几何图形的大小、形状及其位置等的集合。在图形文件中只记录生成图的算法和图上的某些特征点,因此也称为矢量图。

由于图形只保存算法和特征点,因此占用的存储空间很小。但显示时需经过重新计算,因而显示速度相对慢些。

3. 图像

图像(Image)是指由输入设备捕捉的实际场景的静止画面,或以数字化形式存储的任意画面,经数字化后以位图格式存储,如照片等。图像是多媒体应用软件中最重要的信息表现形式之一，它是决定一个多媒体软件视觉效果的关键因素。

静止的图像是一个矩阵，阵列中的各项数字用来描述构成图像的各个点（称为像素点）的强度与颜色等信息。这种图像也称为位图。图像文件在计算机中的存储格式有多种，如BMP、PCX、TIF、TGA、GIF、JPG等，一般数据量都较大。

4. 音频

声音是人们用来传递信息、交流感情最方便、最熟悉的方式之一。自然界的声音经数字化后以音频（Audio）文件格式存储。数字音频可分为波形声音、语音和音乐。波形声音实际上已经包含所有的声音形式，它可以将任何声音都进行采样量化，相应的文件格式是WAV文件或VOC文件。语音也是一种波形，所以和波形声音的文件格式相同。音乐是符号化了的声音，其中，乐谱可转变为符号媒体形式，对应的文件格式是MID或CMF文件。

5. 动画

动画（Animation）是利用人的视觉暂留特性，快速播放一系列连续运动变化的图形图像，也包括画面的缩放、旋转、变换、淡入淡出等特殊效果。动画是活动的画面，实质是一幅幅静态图像的连续播放。动画的连续播放既指时间上的连续，也指图像内容上的连续。当一系列图形或图像的画面按一定时间间隔在人的视线中经过时，人脑就会产生物体运动的印象。

通过动画可以把抽象的内容形象化，使许多难以理解的教学内容变得生动有趣。合理使用动画可以达到事半功倍的效果。

6. 视频

视频（Video）是由一幅幅单独的画面序列（帧）组成，这些画面以一定的速率连续地投射在屏幕上，使观察者具有图像连续运动的感觉。由摄像机等输入设备获取的活动画面，数字化后以视频文件格式存储。视频影像具有时序性与丰富的信息内涵，常用于交待事物的发展过程。视频非常类似于人们熟知的电影和电视，在多媒体中充当着重要的角色。

4.4 多媒体数据压缩技术

多媒体信息经过数字化处理后其数据量是非常大的，如果不进行数据压缩处理，计算机系统就无法对它进行存储、传输和处理。解决这一难题的有效方法就是数据压缩编码。

数据压缩是通过数学运算将原来较大的文件变为较小文件的数字处理技术，数据解压缩是把压缩数据还原成原始数据或与原始数据相近的数据的技术。数据压缩是通过编码技术减少数据冗余来降低数据存储时所需空间，当使用数据时，再进行解压缩。根据对压缩数据经解压缩后是否能准确地恢复压缩前的数据来分类，分成无损压缩和有损压缩两类。

1. 无损压缩

无损压缩是利用数据的统计冗余进行压缩，可完全恢复原始数据而不引入任何失真，但压缩率受到数据统计冗余度的理论限制，一般为2∶1～5∶1。无损压缩的压缩过程是可逆的，也就是说，从压缩后的数据能够完全恢复出原来的数据，信息没有任何丢失。无损压缩的原理是统计被压缩数据中重复数据的出现次数来进行编码。这类方法广泛用于文本数据、程序和特殊应用场合的图像数据（如指纹图像、医学图像等）的压缩。典型的无损压缩编码有哈夫曼编码、行程编码、Lempel zev编码和算术编码等。由于压缩比的限制，仅使用无损压缩方法不可能解决图像和数字视频的存储和传输问题。

2. 有损压缩

有损压缩是利用人类视觉对图像中的某些频率成分不敏感的特性，允许压缩过程中损失一定的信息，不对这些不敏感频率进行还原。虽然不能完全恢复原始数据，但是所损失的部分对理解原始图像的影响较小，却换来了更大的压缩比。有损压缩的压缩过程是不可逆的，无法完全恢复出原始数据，信息有一定的丢失。有损压缩广泛应用于语音、图像和视频数据的压缩。

3. 常见压缩标准

视频音频数据压缩/解压缩技术选用合适的数据压缩技术，有可能将字符数据量压缩到原来的 1/2 左右，语音数据量压缩到原来的 1/2～1/10，图像数据量压缩到原来的 1/2～1/60。

如今已有压缩编码/解压缩编码的国际标准 JPEG 和 MPEG。

1）JPEG

国际标准化组织(ID)和国际电报电话咨询委员会(CCITT)联合成立的专家组 JPEG (Joint Photographic Experts Group，静止图像压缩编码)于 1991 年 3 月提出了 ISO CDIO918 号建议草案：多灰度静止图像的数字压缩编码(通常简称为 JPEG 标准)。这是一个适用于彩色和单色多灰度或连续色调静止数字图像的压缩标准，由于综合采用多种压缩编码技术，因此经其处理的图像质量高、压缩比大，包括无损(压缩比 2∶1)与各种类型的有损模式(压缩比可达 30∶1 且没有明显的品质退化)。

2）MPEG

ISO/IEC/JTC/SC2/WG11 的一个小组，于 1992 年制定了运动图像数据压缩编码的标准 ISO CD11172，简称 MPEG(Moving Pictures Experts Group，运动图像压缩编码)标准。它旨在解决视频图像压缩、音频压缩及多种压缩数据流的复合与同步，很好地解决了计算机系统对庞大的音像数据的吞吐、传输和存储问题，该编码技术的发展十分迅速，从 MPEG-1、MPEG-2 到 MPEG-4，不仅图像质量得到了很大的提高，而且在编码的可伸缩性方面也有了很大的灵活性。

MPEG-1 是针对传输速率为 1～1.5Mb/s 的普通电视质量的视频信号的压缩。

MPEG-2 是针对每秒 30 帧的 720×572 分辨率的视频信号的压缩，在扩展模式下，MPEG-2 可以对分辨率达 1440×1152 高清晰度电视(HDTV)的信号进行压缩。

4.5 多媒体技术应用软件

多媒体作品的开发是一个系统而又复杂的工程，涉及文本、图形、图像、动画、视频等诸多处理软件。

常见的多媒体处理软件有以下几种。

图形处理软件：Adobe Illustrator、CorelDRAW、AutoCAD。

图像处理软件：Adobe Photoshop、ACDSee、我形我速。

音频处理软件：Adobe Audition、GoldWave、Cool Edit Pro。

视频处理软件：Adobe Premiere、Adobe After Effects、Corel Video Studio、会声会影。

动画制作软件：Adobe Animate、3ds Max、Cool 3D、Maya。

习　题

一、判断题

1. 计算机只能加工数字化信息,因此,所有的多媒体信息都必须转换成数字化信息,再由计算机处理。(　　)

2. 媒体信息数字化以后,体积减小了,信息量也减少了。(　　)

3. 对图像文件采用有损压缩,可以将文件压缩得更小,减少存储空间。(　　)

4. JPEG 标准适合于静止图像,MPEG 标准适用于动态图像。(　　)

5. 一幅位图图像在同一显示器上显示,显示器显示分辨率设的越大,图像显示的范围越大。(　　)

二、选择题

1. 电视或网页中的多媒体广告比普通报刊上广告的最大优势表现在________。

A. 多感官刺激　　B. 超时空传递　　C. 覆盖范围广　　D. 实时性好

2. 下列关于多媒体技术主要特征描述正确的是________。

① 多媒体技术要求各种信息媒体必须要数字化

② 多媒体技术要求对文本、声音、图像、视频等媒体进行集成

③ 多媒体技术涉及信息的多样化和信息载体的多样化

④ 交互性是多媒体技术的关键特征

A. ①②③　　B. ①④　　C. ①②③　　D. ①②③④

3. 计算机存储信息的文件格式有多种,wmv 格式的文件是用于存储________信息的。

A. 文本　　B. 图片　　C. 声音　　D. 视频

4. 在多媒体课件中,课件能够根据用户答题情况给予正确和错误的回复,突出显示了多媒体技术的________。

A. 多样性　　B. 交互性　　C. 集成性　　D. 非线性

5. 关于文件的压缩,以下说法正确的是________。

A. 文本文件与图形图像都可以采用有损压缩

B. 文本文件与图形图像都不可以采用有损压缩

C. 图形图像可以采用有损压缩,文本文件不可以

D. 文本文件可以采用有损压缩,图形图像不可以

6. 多媒体是由________等媒体元素组成的。

A. 图形、图像、动画、音乐、磁盘

B. 文字、颜色、动画、视频、图形

C. 文本、图形、图像、声音、动画、视频

D. 图像、视频、动画、文字、杂志

三、问答题

1. 多媒体技术有哪些特征?

2. 简述多媒体系统的组成。

3. 多媒体压缩分为哪几类?常见的压缩标准有哪些?

第5章 图像编辑与处理

5.1 图像基础知识

图像作为一种视觉媒体，很久以前就已成为人类信息传输、思想表达的重要方式之一。在计算机出现以前，图像处理主要是依靠光学、照相、相片处理和视频信号处理等模拟的处理。随着多媒体计算机的产生与发展，数字图像代替了传统的模拟图像技术，形成了独立的“数字图像处理技术”。多媒体技术借助数字图像处理技术得到迅猛发展，同时又为数字图像处理技术的应用开拓了更为广阔的前景。

利用 Photoshop 对图像进行各种编辑与处理之前，应该先了解有关图像大小、分辨率、图像色彩模式以及图像格式等基础知识。掌握了这些图像处理的基本概念，才不至于使处理出来的图像失真或达不到自己预想的效果。

5.1.1 图形和图像

1. 矢量图(图形)

数字图像按照图面元素的组成可以分为两类，即矢量式图像(Vector Image)和点阵式图像(Raster Image)。两类图像各有优缺点，可以搭配使用，互相取长补短。

矢量式图像也叫矢量图，有时也称为图形，它是一种基于图形的几何特性来描述的图像。矢量图一般由绘图软件生成，由直线、圆、圆弧和任意曲线等图元素组成，利用数学的矢量方式来记录图像内容。矢量图中的各种图形元素称为对象，每一个对象都是独立的个体，都具有大小、颜色、形状、轮廓等属性。

矢量图文件的大小与图像大小无关，只与图像的复杂程度有关，因此简单的图像所占的存储空间小。矢量图像可无级缩放，并且不会产生锯齿或模糊效果，在任何输出设备及打印机上，矢量图都能以打印机或印刷机的最高分辨率进行打印输出。

矢量图有以下两个优点。

(1) 矢量式图像文件所占的容量较小，处理时需要的内存空间也少。

(2) 矢量图与分辨率无关，可以将它设置为任意大小，其清晰度不变，也不会出现锯齿状的边缘。在进行各种变形(如缩放、旋转、扭曲)时几乎没有误差产生，不失真。如图 5.1 所示，放大 3 倍、24 倍都几乎没有失真。

矢量图的缺点是不易制作色调丰富或色彩变化太多的图像，所绘制出来的图形不很逼真，无法像照片一样精确地描写自然界的景物，同时也不易在不同的软件之间交换文件。

图 5.1 矢量图放大

2. 位图图像

位图图像也叫点阵式图像，它是由许多不同颜色的小方块组成的，每一个小方块称为像素点，每个像素点都有特定的位置和颜色值。像素点越多，图像的分辨率越高，相应地，图像的文件量也会随之增大。使用放大工具放大后，可以清晰地看到像素的小方块形状与不同的颜色。

图像是由扫描仪、数码照相机和摄像机等输入设备捕捉的真实场景画面产生的映像，数字化后以位图形式存储。存储构成图像每个像素点的亮度和颜色，位图文件的大小与分辨率和色彩的颜色种类有关。

位图图像的优点：色彩和色调变化丰富，可以较逼真地反映自然界的景物，同时也容易在不同软件之间交换文件。

位图图像的缺点：在放大缩小或者旋转处理后会产生失真，同时文件数据量巨大，对内存要求容量也较高。例如，一条线段在点阵式图像中是由许多像素组成的，每一个像素是独立的，因此可以表现复杂的色彩纹路，但数据量相对增加，而且构成这条线段的像素是固定且有限的，在变换时就会影响其分辨率，产生失真。如图 5.2 所示，放大 3 倍、24 倍都有一定程度的失真。

图 5.2 位图图像放大

位图图像的大小与图像的分辨率与尺寸有关，图像较大其所占用的存储空间也较大，当图像分辨率较小时，其图像输出的品质也较低，位图比较适合制作细腻、轻柔缥缈的特殊效果，Photoshop 生成的图像一般都是位图图像。

5.1.2 图像的基本属性

1. 像素

像素(Pixel)是组成图像的最基本单元，是一个小的方形的颜色块。一个图像通常由许多像素组成，这些像素被排成横行或纵列，每个像素都是方形的。每个像素都有不同的颜色值。当扫描一幅图像时，要设置扫描仪的分辨率，这一分辨率决定了扫描仪从源图像里每英寸取多少个样点。这时，扫描仪将源图像看成是由大量的网格组成，然后在每一网格里取出一点，用它的颜色值来代表这一网格区域里所有点的颜色值。这些被选中的点就称为样点。

2. 分辨率

图像中每单位长度上的像素数目称为图像的分辨率，其单位为像素/英寸或是像素/厘米。图像的分辨率典型的是以每英寸的像素数(pixel per inch，ppi)来衡量。图像由像素点构成，而像素点密度决定了分辨率的高低。图像分辨率的高低直接影响图像质量，在相同尺寸的两幅图像中，高分辨率的图像包含的像素比低分辨率的图像包含的像素多。在一定显示分辨率情况下，图像分辨率越高，图像越清晰，同时图像文件也越大。

在Photoshop系统中，新建文件默认分辨率为72ppi，如果进行精美彩印刷图片的分辨率最少应不低于300ppi。

显示分辨率是指显示屏上能够显示出的像素数目。例如，一台14英寸笔记本电脑的显示分辨率为1440×900px，表示显示屏分成900行，每行显示1440px。对于一个确定大小的屏幕而言，屏幕能够显示的像素越多说明显示设备的分辨率越高，显示的图像质量也越高。

设备分辨率又称为输出分辨率，是指各类图像输出设备在输出图像时每英寸长度上可输出的点数(dots per inch，dpi)，如打印机、绘图仪的分辨率。

3. 像素深度

像素深度，也称为颜色深度、图像深度，是指描述图像中每个像素的数据所需要的二进制位数(b)，用来存储像素点的颜色、亮度等信息。像素深度决定了彩色图像的每个像素点可能有的颜色数，或者确定灰度图像中每个像素点可能有的灰度等级数。目前深度有1、8、16、24、32几种。深度为1时，表示像素的颜色只有1位，可以表示两种颜色(黑色和白色)；深度为8时，表示像素的颜色有8位，可以表示$2^8=256$种颜色；深度为24时，表示像素的颜色有24位，可以表示$2^{24}=16\ 777\ 216$种颜色，它用三个8位来分别表示R、G、B颜色，这种图像叫作真彩色图像；深度为32时，也是用三个8位来分别表示R、G、B颜色，另一个8位用来表示图像的其他属性(透明度等)。

5.1.3 色彩

颜色是外界光刺激作用于人的视觉器官而产生的主观感觉。颜色分为两大类：非彩色和彩色。非彩色是指黑色、白色和介于这两者之间深浅不同的灰色，也称为无色系列。彩色是指除了非彩色以外的各种颜色。

1. 色彩的产生

在自然界中，物体本身没有颜色，是光赋予了自然界一切非光源物体以丰富多彩的颜色，没有光就没有颜色。一个发光的物体称为光源，光源的颜色由其发出的光波来决定。而非光源物体的颜色则由该物体吸收或者反射的光波来决定。非光源物体从被照射的光里选择性地吸收了一部分波长的色光，并反射或透射剩余的色光。人眼看到的剩余的色光就是物体的颜色。例如，红色的花是因为吸收了白色光中的蓝色光和绿色光，而仅反射了红色光。

人眼可以分辨的是可见光，可见光是由各种不同波长的彩色光谱组合而成，波长范围大约在350～750nm，如图5.3所示列出了不同颜色的波长范围。

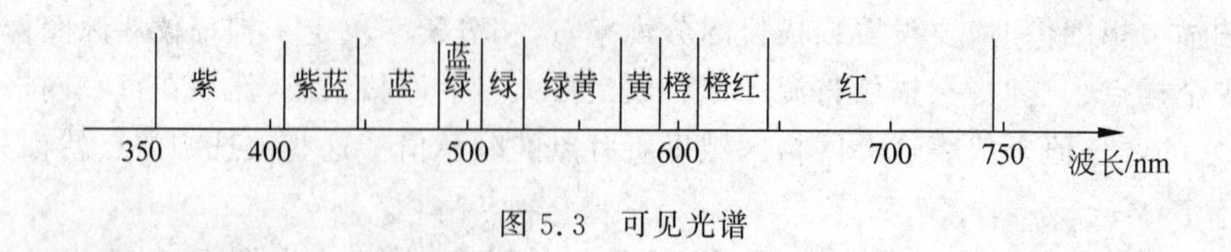

图 5.3　可见光谱

2. 色彩的三要素

人的视觉系统对彩色色度的感觉和亮度的敏感性是不同的。从人的视觉特性看，色彩可用色调、亮度和饱和度三个要素来描述。

(1) 色调：色调也称为色相，表示彩色的外观，指在不同波长的光的照射下人眼感觉到的颜色，如红色、绿色、黄色等。用于区别颜色种类。

(2) 亮度：亮度也称为明度，指彩色光作用于人眼时引起人眼视觉的明亮程度。它与彩色光线的强弱有关，而且与彩色光的波长有关。亮度最小时即为黑色，亮度最大时即为白色。

(3) 饱和度：饱和度也称为色度，表示颜色的深浅程度，色彩的浓淡程度。它取决于彩色光中白光的含量，掺入的白光越多，色彩越淡，饱和度越低，直至淡化为白色；未掺入白光的彩色最纯，亦即饱和度最高。

3. 色彩的三原色

三原色(也称为三基色)是指红、绿、蓝 3 种颜色。这是因为自然界中常见的各种颜色都可以由红、绿和蓝 3 种色光按一定比例混合而成。红、绿和蓝 3 种色光也是白光分解后得到的主要色光，与人眼网膜细胞的光谱响应区间相匹配，符合人眼的视觉生理效应。红、绿和蓝 3 种颜色混合得到的彩色范围最广，而且这 3 种色光相互独立，其中任意一种都不能由另外两种色光混合而成，因此称红、绿、蓝为色彩的三原色。

5.1.4 颜色模式

颜色模式，是将某种颜色表现为数字形式的模型，或者说是一种记录图像颜色的方式。分为 RGB 模式、CMYK 模式、HSB 模式、灰度模式、Lab 颜色模式、位图模式、索引颜色模式、双色调模式和多通道模式等。颜色模式除确定图像中能显示的颜色数之外，还影响图像的通道数和文件大小。

1. RGB 模式

RGB 模式是一种加色模式，它通过红、绿、蓝 3 种色光相叠加而形成更多的颜色，RGB 分别是 Red、Green 和 Blue。任何一种颜色由红、绿、蓝三基色通过不同的强度混合而成。一幅 24 位的 RGB 图像有 3 个色彩信息的通道：红色(R)、绿色(G)和蓝色(B)；将红、绿、蓝三种颜色分别按强度不同分成 256 个级别(值为 0～255)，组合可以得到 256×256×256＝167 777 216 种颜色。

当这三个分量的值均为 255 时像素为纯白色，当所有分量的值为 0 时，结果是纯黑色。因为 RGB 色彩模式产生颜色的方法是加色法，没有光时为黑色，加入 RGB 色的光产生颜色，RGB 每一色都是 0～255 种亮度的变化，当光亮达到最大时就为白色。

RGB 颜色模式是编辑图像的最佳颜色模型。新建 Photoshop 图像的默认模式为 RGB，计算机显示器总是使用 RGB 模型显示颜色。屏幕、扫描仪和投影仪都属于 RGB 设备，因为它们是由红、绿、蓝 3 个电子射线枪构成。

2. CMYK 模式

CMYK 模型颜色系统中任何一种颜色可以由青、洋红、黄和黑 4 种颜色混合而成。CMYK 分别代表 Cyan(青)、Magenta(洋红)、Yellow(黄)、blacK(黑)。

CMYK 模式是一种印刷模式,与 RGB 模式不同的是,RGB 是加色法,CMYK 是减色法。在 CMYK 模式中,每个像素的每种印刷油墨会被分配一个百分比值。最亮的颜色分配较低的印刷油墨颜色百分比值,较暗的颜色分配较高的百分比值。

CMYK 模型是最佳的颜色打印模式,RGB 模型尽管色彩多,但不能完全打印出来。一般先用 RGB 模型编辑,打印时转换为 CMYK 模型,因此,打印时的色彩会有一定的失真。

3. HSB 模式

HSB 颜色系统中任何一种颜色由色相、饱和度和亮度三个要素定义而成。H 代表色相,S 代表饱和度,B 代表亮度。

色相的意思是纯色,即组成可见光谱的单色。红色为 0°,绿色为 120°,蓝色为 240°。饱和度代表色彩的纯度,其值为 0～100,0 为灰色。亮度是色彩的明亮程度,最大亮度是色彩最鲜明的状态,其值为 0～100,0 为全黑。该模式是基于人眼对颜色的感觉。利用该模式可以任意选择不同明亮度的颜色。

4. 灰度模式

灰度模式,灰度图又叫 8b 深度图。每个像素用 8 个二进制位表示,能产生 2^8(即 256)级灰色调。灰度图像的每个像素有一个 0(黑色)～255(白色)的亮度值。使用黑白或灰度扫描仪产生的图像常以“灰度”模式显示。

当一个彩色文件被转换为灰度模式文件时,所有的颜色信息都将从文件中丢失,所以要转换为灰度模式时,应先做好图像的备份。

5. Lab 颜色模式

Lab 是一种国际色彩标准模式,它由 L、a、b 三个通道组成。L 通道是透明度,代表光亮度分量,范围为 0～100。其他两个是色彩通道,即色相和饱和度,用 a 和 b 表示,两者的范围都是 -120～+120。a 通道包括的颜色值从深绿色(低亮度值)到灰色(中亮度值),再到亮粉红色(高亮度值);b 通道是从亮蓝色(低亮度值)到灰色(中亮度值),再到焦黄色(高亮度值)。

Lab 颜色是在不同颜色模式之间转换时使用的内部颜色模式。它能毫无偏差地在不同系统和平台之间进行转换。计算机将 RGB 模式转换成 CMYK 模式时,实际上是先将 RGB 模式转换成 Lab 颜色模式,然后再将 Lab 颜色模式转换成 CMYK 模式。

6. 位图模式

位图模式为黑白位图模式,使用两种颜色值即黑色和白色来表示图像中的像素。它通过组合不同大小的点,产生一定的灰度级阴影。其位深度为 1,并且所要求的磁盘空间最少,该图像模式下不能制作出色彩丰富的图像,只能制作一些黑白图像。

需要注意的是,只有灰度模式的图像或多通道模式的图像才能转换为位图图像,其他色彩模式的图像文件必须先转换为这两种模式,然后才能转换为位图模式。

7. 色彩模式转换

由于实际需要,常常会将图像从一种模式转换为另一种模式。但由于各种颜色模式的色域不同,所以在进行颜色模式转换时会永久性地改变图像中的颜色值。

转换注意事项如下。

(1) 图像输出方式：印刷输出必须使用CMYK模式存储；在屏幕上显示输出，以RGB或索引颜色模式较多。

(2) 图像输入方式：在扫描输入图像时，通常采用拥有较广阔的颜色范围和操作空间的RGB模式。

(3) 编辑功能：CMYK模式的图像不能使用某些滤镜，位图模式不能使用自由旋转、层功能等。面对这些情况，通常在编辑时选择RGB模式来操作，图像制作完毕之后再另存为其他模式。这主要是基于RGB图像可以使用所有的滤镜和其他的一些功能。

(4) 颜色范围：RGB和Lab模式可选择颜色范围较广，通常设置为这两种模式以获得较佳的图像效果。

(5) 文件占用内存及磁盘空间：不同模式保存时占用空间是不同的，文件越大占用内存越多，因此可选择占用空间较小的模式，但综合而言选择RGB较佳。

5.1.5 图像数字化

图形是用计算机绘图软件生成的矢量图形，矢量图形文件存储的是描述生成图形的指令，因此不必对图形中的每一点进行数字化处理。现实中的图像是一种模拟信号。图像数字化是指将一幅真实图像转变成为计算机能够接受的数字形式，这涉及对图像的采样、量化和编码等。

1. 采样

采样就是将连续图像转换成离散点的过程。采样实质上就是要决定在一定面积内取多少个点来描述一幅图像，或者叫多少个像素点，称为图像的分辨率。分辨率越高，图像越清晰，存储量也越大。

2. 量化

量化是在图像采样离散化后，将表示图像色彩浓淡的值取为整数值的过程。将量化时可取整数值的个数称为量化级数。表示色彩(或亮度)所需的二进制位数为量化字长，称为颜色深度。一般用8位、16位、24位、32位等来表示图像颜色。24位可以表示$2^{24}=16\ 777\ 216$种颜色，称为真彩色。

3. 编码

图像文件的数据量与组成图像像素数量和颜色深度有关，可由以下公式计算：

$$s=(h\times w\times c)/8$$

其中，s是图像文件数据量；h是图像水平方向像素数；w是图像垂直方向像素数；c是颜色深度数值；8是将二进制位(b)转换成字节(B)。

例如，某图像采用24b真彩色，其图像尺寸为800×600，则图像文件体积为：

$$s=(800\times 600\times 24)/8=1\ 440\ 000\text{B}(1.37\text{MB})$$

可见数字化后图像数据量大，必须采取编码技术来压缩信息，它是图像存储与传输的关键。图像的压缩编码请参考其他书籍。

4. 图像大小

图像大小可用两种方法表示，第一种是“图像大小”，指的是图像在计算机中占用的随机存储器(RAM)的大小；第二种则是“文件大小”，是指图像保存文件后的长度。两者之间基本上是正比的关系，但并不一定相等。因为图像信息从RAM保存到文件时，会在文件中加上头部信息，再进行压缩。因此，文件大小通常会比图像大小小一些。

5.1.6 图像文件格式

在图形图像处理中，对于同一幅数字图像，采用不同文件格式保存时，会在图像颜色和层次还原方面产生不同的效果，这是由于不同文件格式采用不同压缩算法的缘故。

常用文件格式有以下几种。

1. BMP 格式

BMP 格式 是 Windows Bitmap 的缩写。BMP(Bitmap 位图)格式文件扩展名是.bmp，是标准的 Windows 图形图像基本位图格式，绝大多数图形图像软件都支持 BMP 文件格式文件。

BMP 格式文件的特点是数据几乎不进行压缩，包含的图像信息较丰富，但文件占用存储空间过大。目前在单机上 BMP 格式文件比较流行。BMP 文件有压缩和非压缩之分，一般作为图像资源使用的 BMP 文件都是不压缩的；BMP 支持黑白图像、16 色和 256 色的伪彩色图像以及 RGB 真彩色图像。

2. GIF 格式

GIF 是 Graphics Interchange Format 的缩写，格式文件扩展名是.gif。GIF 图像文件容量比较小，它形成一种压缩的 8b 图像文件，是美国联机服务商针对当时网络传输带宽的限制开发出的图像格式。

GIF 使用 LZW 压缩方法，其优点是压缩比高，磁盘空间占用较少，下载速度快，是网络中重要文件格式之一。目前 Internet 上大量采用的彩色动画文件多为这种格式文件。如果在网络中传送图像文件，GIF 图像文件要比其他格式的图像文件快得多。GIF 支持透明图像属性，还采用了渐显方式，即在图像传输过程中，用户先看到图像的大致轮廓，然后随着传输过程的继续而逐渐看清图像中的细节。

GIF 支持黑白图像、16 色和 256 色的彩色图像，目的是便于在不同的平台上进行图像交流和传输。GIF 图像的缺点是不能存储超过 256 色的图像。

3. JPEG 格式

JPEG 格式是常见的一种图像格式，它由联合照片专家组(Joint Photographic Experts Group)开发并命名为 ISO 10918-1，JPEG 仅仅是一种俗称而已。JPEG 文件的扩展名为.jpg 或.jpeg。JPEG 格式是压缩格式中的“佼佼者”，与 TIF 文件格式采用的 LIW 无损失压缩相比，它的压缩比例更大。JPEG 格式文件是一种很灵活的格式，具有调节图像质量的功能，允许用不同压缩比例对这种文件压缩。作为先进的压缩技术，它用有损压缩方式去除冗余图像和彩色数据，在获取较高压缩率的同时能够展现十分丰富生动的图像。但它使用的有损失压缩会丢失部分数据。用户可以在存储前选择图像的最后质量，这就能控制数据的损失程度。经过压缩，容量较小，常用于网页制作。

同一图像 BMP 格式的大小是 JPEG 格式的 5～10 倍。而 GIF 格式最多只有 256 色，JPEG 格式适用于处理 256 色以上图像和大幅面图像。JPEG 是一种有损压缩的静态图像文件存储格式，压缩比可以选择，支持灰度图像、RGB 真彩色图像和 CMYK 真彩色图像。

4. TIFF 格式

TIFF(Tagged Image File Format，标志图像文件格式)文件扩展名是.tif。TIFF 文件以 RGB 真彩色模式存储，常被用于彩色图像扫描和桌面出版业。

TIFF 可以用于 PC、Macintosh 以及 UNIX 工作站 3 大平台，是这 3 大平台上使用最广泛的绘图格式。用 TIFF 格式存储时应考虑到文件的大小，因为 TIFF 的结构要比其他格式更复杂。TIFF 文件包含两部分，第一部分是屏幕显示低分辨率图样，便于图像处理时预览和定位，第二部分则包含各分色与单独信息。

TIFF 支持 24 个通道，能存储多于 4 个通道的文件格式，还允许使用 Photoshop 中的复杂工具和滤镜特效，可以设置背景为透明色。TIFF 是一种无损压缩方式。

5. PNG 格式

PNG 格式文件是一种新兴的网络图像格式，扩展名是. png。PNG 是目前最不失真的格式，能将图像文件压缩到极限，既利于网络传输，又能保留所有与图像品质有关的信息，因为 PNG 是采用无损压缩方式来减少文件大小；显示速度很快，只需下载 1/64 的图像信息就可以显示出低分辨率的预览图像；PNG 同样支持透明图像制作，这样可以让图像和网页背景和谐地融合在一起。PNG 的缺点是 PNG 文件不支持动画应用效果。

6. PSD 格式

PSD 格式和 PDD 格式是 Photoshop 自身的专用文件格式，能够支持所有图像类型。PSD 格式和 PDD 格式能够保存图像数据的细小部分，它支持所有文件类型，能保存没有合并的图层、通道和蒙版等信息。但缺点是很少有其他的图像软件能读取这种格式，其通用性不强，且存盘容量极大。

7. TGA 格式

TGA 格式与 TIFF 相同，都可用来处理高质量的色彩通道图像。TGA 格式支持 32 位图像，它吸收了广播电视标准的优点，包括 8 位 Alpha 通道。另外，这种格式使 Photoshop 软件和 UNIX 工作站相互交换图像文件成为可能。

8. EPS 格式

EPS 格式是 Illustrator 和 Photoshop 之间可交换的文件格式。Illustrator 软件制作出来的流动曲线、简单图形和专业图像一般都存储为 EPS 格式。Photoshop 可以获取这种格式的文件。在 Photoshop 中，也可以把其他图形文件存储为 EPS 格式，在排版类的 PageMaker 和绘图类的 Illustrator 等其他软件中使用。

5.1.7 图像编辑软件

图像处理是对已有的位图图像进行编辑、加工、处理以及运用一些特殊效果。常见的图像处理软件有 Photoshop、Photo Painter、Photo Impact、Paint Shop Pro 和 Design Painter 等。

图形创作是按照自己的构思创作。常见的图形创作软件有 Freehand、Illustrator、CorelDRAW 和 AutoCAD 等，主要应用于平面设计、网页设计、数码暗房、建筑效果图后期处理以及影像创意等。

5.2 Photoshop 相关知识

Adobe Photoshop 简称 PS，是由 Adobe 公司开发和发行的图像处理软件。Photoshop 以其直观的界面、全面的功能成为最流行的图像处理软件，是我们学习的首选软件。

2003 年，Adobe Photoshop 8 被更名为 Adobe Photoshop CS。2013 年 7 月，Adobe 公司推出了 Photoshop CC，自此，Photoshop CS6 作为 Adobe CS 系列的最后一个版本被新的 CC 系列取代。目前市场最新版为 Adobe Photoshop CC 2020。

这里将以 Photoshop 2020 为例介绍 Photoshop 的使用。Photoshop 的窗口由标题栏、菜单栏、工具箱、工作窗口、面板、状态栏 6 部分组成。

5.2.1 常用工具

Photoshop 的基本工具存放在工具箱中，一般置于 Photoshop 界面的左侧。有些工具的图标右下角有一个小三角，表示此工具图标中还隐藏了其他工具。用鼠标按住此图标，便可以打开隐藏的工具栏。单击隐藏的工具后，所选工具便会代替原先工具出现在工具箱里。当把鼠标停在某个工具上时，会出现此工具的名称及快捷键。

Photoshop 工具箱中的工具十分丰富，功能也十分强大，它为图像处理提供了方便快捷的工具。Photoshop 的工具分为如下几大类：选择工具、移动工具、修复工具、填充工具、路径工具、文字工具等。工具箱下部是 3 组控制器：色彩控制器可以改变着色色彩；蒙版控制器提供了快速进入和退出蒙版的方式；图像控制窗口能够改变桌面图像窗口的显示状态。Photoshop CC 2020 主要工具箱如图 5.4 所示。按住 Tab 键，可以将所有的工具和面板隐藏，按住 Shift＋Tab 组合键，可以隐藏右边的活动面板。

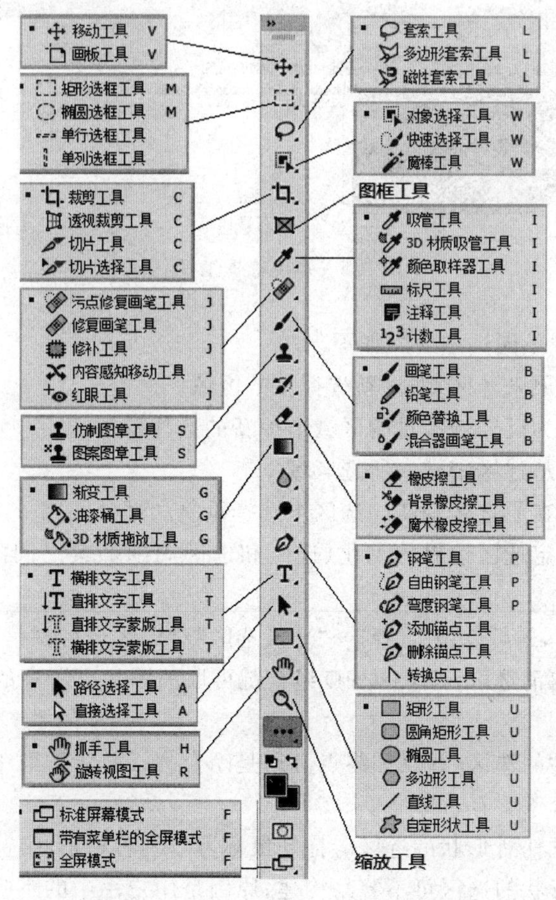

图 5.4　Photoshop CC 2020 工具箱

Photoshop 中每个工具都会有一个相应的工具选项栏，这个工具选项栏一般出现在 Photoshop 主菜单的下面，使用起来十分方便，可以设置工具的参数。

1. 选择工具

所谓选区，就是选择图片中的某个部分。当你选择了选区，那么用各种工具对图进行修饰时，只对选区中的图片起作用，没有选中的部分是不会被修改的。如果没有选择任何选区，那么 PS 的工具是对整张图片起作用的。

1）规则选框工具

规则选框工具只能选择矩形和圆形等内容，此类选框工具用来产生规则的选择区域，包括矩形选框工具、椭圆选框工具、单行选框工具和单列选框工具。

当选择矩形选框工具时，在图片上按住鼠标左键，拖动鼠标，就可以画出一个矩形的虚框，虚框内就是选择的区域。按住鼠标左键的同时，按住 Shift 键，可以画出正方形的虚框，这时候的选区就是正方形的。

选择工具选项栏上一般有四个设置，如图 5.5 所示，左边第一个虚框矩形为矩形选区，选项"添加到选区"选中的情况下，在右边拖动鼠标画矩形时，再按下 Shift 键，矩形虚框就变成正方形虚框，又选中了正方形选区。

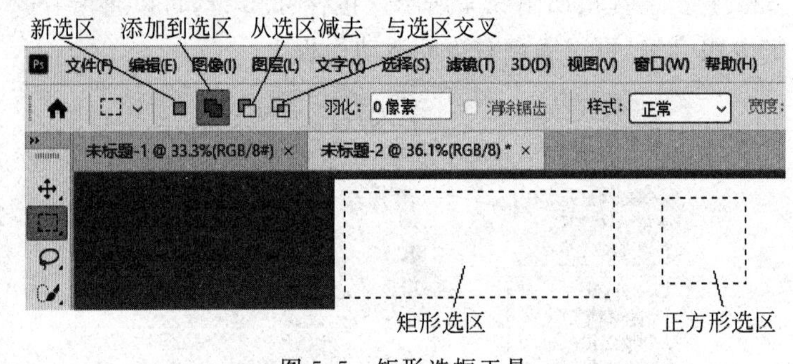

图 5.5　矩形选框工具

选择工具选项栏中不同选项含义如下。

(1) 新选区：取消原来选区，而重新选择新的区域。

(2) 添加到选区：为已经选择过的区域增加新的选择范围。

(3) 从选区减去：从选区中减去所选区域。

(4) 与选区交叉：在原选区和新的选区中选择重复的部分。

(5) 羽化：用于设定选区边界的羽化(选区和选区周围像素之间的一条模糊的过渡边缘)程度。

如果对选区不满意，还可以用"选择"→"变换选区"对选区进行调整。"选择"→"反向"可以完成反向选择。要取消选区，按 Ctrl＋D 组合键可取消图片上所有的选区。

2）套索工具

套索是一个封闭性的选区，起点和终点必须是闭合的。套索选取工具包括套索工具、多边形套索工具和磁性套索工具。

套索工具可以建立任意形状的选区。拖动鼠标可以画各种形状选择图像中任意形态的部分。不过这个任意形状的选区可不容易构建，原因是用户手中的不听使唤的鼠标。

多边形套索工具是用一系列直线连成一个选区。分别单击多边形不同顶点可以在图片上选择一个多边形的区域。按住 Shift 键,可以画出呈 45°和呈水平的线。虽然用一系列直线可以逼近一条曲线,但永远不能代替曲线。

磁性套索工具是给套索工具增加一块磁铁。当接触到反差明显的边界时,磁性工具会自动沿着这条边界移动。使用磁性套索工具系统会自动根据鼠标拖曳出的选区边缘的色彩对比度来调整选区的形状。对于选取区域外形比较复杂同时又与周围图像的彩色对比度反差比较大的图像,采用该工具创建选区是很方便的。它的使用方法是,单击图像边界一处,鼠标顺着边界附近移动,Photoshop 会自动将选区边界吸附到边界上,关键位置也可以再次单击鼠标进行定位设置锚点,如果对之前自动产生的锚点不满意,可以使用 Delete 键删除后重新定位。当鼠标回到起始点时,磁性套索工具的小图标的右下角会出现一个小圆圈,这时单击鼠标即可形成一个封闭的选区。

3) 对象选择工具

在定义的区域内查找并自动选择一个对象,可以说是智能抠图,直接拖动选择某区域就会自动选中区域内的某对象,当然还需要结合其他工具才能比较精确地选择对象。

4) 快速选择工具

快速选择工具类似于笔刷,并且能够调整圆形笔尖大小绘制选区。在图像中拖动鼠标即可绘制选区,按 Alt 键加拖动鼠标可以撤销部分选区。这是一种基于色彩差别但却是用画笔智能查找主体边缘的新颖方法。

5) 魔棒工具

魔棒工具是根据相邻像素的颜色相似程度来确定选区的选取工具,适合选取图像中颜色相近或有大色块单色区域的图像(以鼠标的落点颜色为基色)。

从工具箱中先选择魔棒工具,再分别单击各个颜色相似区域可确定选区。魔棒工具经常与反向选择结合使用完成最后的选取。

当使用魔棒工具时,Photoshop 将确定相邻近的像素是否在同一颜色范围容许值之内,这个容许值可以在魔棒工具选项栏容差中定义,所有在容许值范围内的像素都会被选上。容差即调整选区颜色的敏感性,取值范围为 0～255,值越小与所指定的像素点颜色相似度越高,选择的颜色范围则越窄,值越大反之。

类似地,使用“选择”→“色彩范围”也可选择相似颜色的区域。

6) 选区的操作

当使用选择工具选取图像的某区域后,还可以完成移动选区、调整选区(增加选区、减小选区、相交选区、取消选区、反选选区、隐藏选区)、羽化选区等操作。调整选区一般可以通过选择工具的工具选项栏、“选择”菜单、快捷键等来完成,主要有如下操作。

(1) 增加选区、减小选区、相交选区可采用工具选项栏操作,也可以用快捷键 Shift、Alt、Shift＋Alt。

(2) 取消选区用 Ctrl＋D 组合键。

(3) 隐藏/显示选区采用 Ctrl＋H 组合键。

(4) 选取当前图层的整个图片,采用 Ctrl＋A 组合键。

(5) 当前图层中,选取其他图层轮廓,采用 Ctrl 键＋单击图层缩览图的方法。

2. 移动工具

移动工具可以对选区、图层和参考线等内容进行移动，也可以将内容置入其他文档中。

如果图像不存在选区或鼠标在选区外，那么用移动工具可以移动整个图层。如果想将一幅图像或这幅图像的某部分复制到另一幅图像上，只需用移动工具把它拖放过去就可以了。用移动工具将图像中被选取的区域移动时，鼠标必须位于选区内，其图标表现为黑箭头的右下方带有一个小剪刀。

选择移动工具后，一般用鼠标拖动完成移动，对于很短距离的移动也可以使用键盘上的方向键。在使用除路径和切片之外的工具时，可以临时切换到移动工具，方法是按住 Ctrl 键。移动对象时，按 Alt 键可以复制对象。

3. 取样工具

1）吸管工具

可以利用吸管工具在图像中取色样以改变工具箱中的前景色或背景色。用此工具在图像上单击，工具箱中的前景色就显示所选取的颜色；如果在按住 Alt 键的同时，用此工具在图像上单击，工具箱中的背景色就显示为所选取的颜色。

2）颜色取样器工具

颜色取样器工具可以获取多达 4 个色样，并可按不同的色彩模式将获取的每一个色样的色值在信息浮动窗口中显示出来，从而提供了进行颜色调节工作所需的色彩信息，能够更准确、更快捷地完成图像的色彩调节工作。

4. 修复工具

修复工具是非常实用的工具，对于照片的修复等很有用处。

1）污点修复画笔工具

污点修复，就是把画面上的污点涂抹去。用污点修复画笔工具，再选择合适的画笔大小，在污点上拖动鼠标覆盖污点，松开鼠标这个污点就消失了。

2）修复画笔工具

用修复画笔工具可以将破损的照片进行仔细的修复。修复画笔工具可以有两种取样方式，一种是选择图案，利用该图案对画面进行修复；另一种是在图片上取样，首先要按下 Alt 键，利用鼠标单击定义好一个与破损处相近的基准点，然后放开 Alt 键，反复拖动涂抹破损处就可以修复。

修复画笔工具要把源（就是按住 Alt 键选择的区域）经过计算机的计算，融合到目标区域，修复画笔工具一般不是完全的复制，源的亮度等可能会被改变。

3）修补工具

修补工具可以用选区或者图像对某个区域进行修补。先拖动鼠标勾勒出一个需要修补的选区，会出现一个选区虚线框，移动鼠标时这个虚线框会跟着移动，移动到适当的位置（如与修补区相近的区域）单击即可。

类似地，可选择“编辑”→“填充”，使用“内容识别”来智能修补大面积区域。

5. 图章工具

1）仿制图章工具

仿制图章工具的功能是从图像中取样，将样本应用到其他图像或同一个图像的其他部分。按住 Alt 键再单击某区域完成取样，然后定位鼠标到想要覆盖的区域，再拖曳，可直接将取样的区域保持不变地复制到目标区域。

仿制图章工具的具体使用方法为：单击工具箱中的仿制图章工具，按住 Alt 键，将鼠标光标移动到打开图像中要复制的图案上单击（鼠标单击处的位置为复制图像的印制点），松开 Alt 键，然后将鼠标移动到需要复制图像的位置拖曳鼠标，即可将图像进行复制。重新取样后，在图像中拖曳鼠标，将复制新的图像。

仿制图章工具的使用方法与修复画笔工具基本相同。区别在于：仿制图章工具是完全复制效果，而修复画笔工具中源内容会与目标区域融合，可能会产生不一样的效果。

使用仿制图章工具时，可以打开仿制源面板，最多可以设置 5 个仿制源，还可以为每个仿制源设置一些简单的变换，如旋转、缩放等。

2）图案图章工具

图案图章工具的功能是用图案绘画，可以从图案库中选择图案或创建自己的图案。当创建自己的图案时，一般要先选取图像的一部分定义一个图案，然后才能使用图案印章工具将设定好的图案复制到鼠标的拖放处。

具体使用方法为：单击工具箱中的图案图章工具，用矩形选框工具选取需要复制的图案，然后选择“编辑”→“定义图案”，将其定义为样本，最后在工具选项栏的“图案”选项中选择定义的图案，并将鼠标光标移动到画面中拖曳即可复制图像。

6. 填充工具

1）渐变工具

所谓渐变，就是不同颜色之间逐渐均匀地过渡。渐变工具可以在图像区域或图像选择区域填充一种渐变混合色。

此类工具的使用方法是按住鼠标拖动，形成一条直线，直线的长度和方向决定渐变填充的区域和方向。如果在拖动鼠标时按住 Shift 键，就可保证渐变的方向是水平、竖直或成 45°角。

渐变工具包括 5 种渐变方式：线性渐变、径向渐变、角度渐变、对称渐变、菱形渐变。每一种渐变都有其相对应的选项，可以在选项中任意地定义、编辑渐变色，并且无论多少色都可以。

2）油漆桶工具

油漆桶工具可使用前景色或图案来填充图像中近似颜色的闭合区域和选区中近似颜色的闭合区域。油漆桶工具是一个魔棒工具和填充命令相结合的复合工具。

油漆桶工具选项栏中左边第一个下拉框可选择填充的内容是前景色还是图案，第二个下拉框可选择想填充的图案；右边的容差范围就指的是选择的容差值越大，油漆桶工具允许填充的范围就越大，它的使用非常简单，先在左边选好想填充的颜色或者图案，然后再单击填充到你想填充的图形中。

类似地，使用“编辑”→“填充”可选择颜色、图案对选定区域或者整个图层区域填充。

7. 文字工具

Photoshop 文字工具组中主要包括横排文字工具、直排文字工具、横排蒙版文字工具和直排蒙版文字工具。横排文字就是写从左到右排列的文字，直排文字就是写从上到下排列的文字。

单击工具栏上的文字工具按钮，在字体工具的工具选项栏中设置字体、字体的大小和字体的样式在图像编辑区中完成文字的录入及美化。

选择蒙版文字工具，在画面上单击，整个画面变成了淡红色，也就是建立了一层蒙版。

在上面输入文字。输入文字的时候可以调整文字的样式和大小(退出蒙版后,是无法再进行修改的)。文字输入完成后,选择移动工具,退出蒙版,这时候看到文字的周围是虚框,也就是说建立了一个文字的选区。建立了文字选区以后,可以对选区进行填充。

在 Photoshop CC 中,可以将输入的文字转换成工作路径和形状进行编辑,也可以将其进行栅格化处理,即将输入文字生成的文字层直接转换为普通图层。

8. 钢笔工具和路径工具

钢笔工具用来绘制各种图形和路径。选择钢笔工具,在画面上单击,就出现一个方块,这个方块称为锚点。再在另一个位置单击,就出现下一个锚点,两个锚点之间就行成了一条直线。不断绘制锚点,最后的终点如果和起点闭合则路径区域绘制结束,如果没有闭合就需结束,则需要按 Esc 键。

在绘制路径时按住鼠标,拖动可以绘制出曲线。按住 Alt 键,单击锚点就会去掉一半的控制点。

路径工具有两个,一个是路径选择工具,一个是直接选择工具。路径绘制完成后,没有被选择的时候,锚点都不显示。用路径选择工具选中路径后,路径上的锚点都会显示出来,可以移动整条路径。用直接选择工具选中某个锚点,可以拉动控制线,改变曲线的形状,实现修改部分路径。

【例 5.1】 利用钢笔工具绘制六边形路径和以前景色填充的七边形形状图层,如图 5.6 所示。

操作步骤如下。

(1) 选择钢笔工具,工具选项中"选择工作模式"为"路径"。分别单击各锚点,绘制一个闭合的六边形路径,各个顶点就是锚点,如图 5.6 所示。

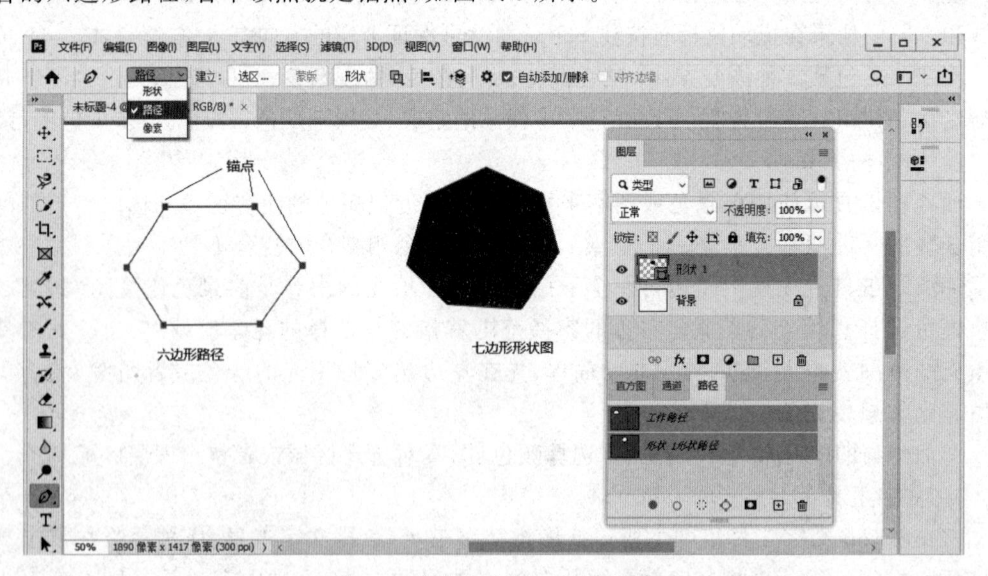

图 5.6 "钢笔工具"工具选项栏

(2) 钢笔工具选项中"选择工作模式"为"形状",此时上一步骤绘制的六边形路径不见了;在画布右边分别单击各锚点,绘制一个闭合的七边形形状,自动以前景色填充,并会新建一个形状图层,如图 5.6 所示。

(3) 选中路径面板中的“工作路径”可将六边形路径重新显示出来。选择工具箱中的“路径选择工具”后单击六边形路径可以将锚点显示出来,可以移动整个路径。选择工具箱中的“直接选择工具”后,再单击六边形路径可以调整各个锚点来实现微调路径。

【例 5.2】 使用钢笔工具,绘制曲线和直线组合路径如图 5.7 所示。

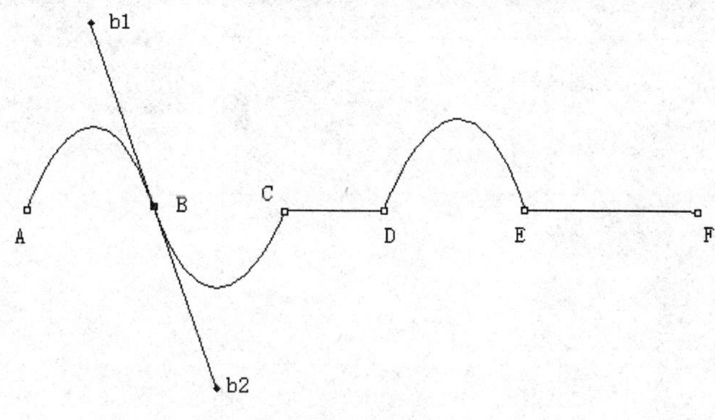

图 5.7 曲线和直线组合路径

操作步骤如下。

(1) 选择钢笔工具,工具选项中“选择工作模式”为“路径”。光标定位于画布靠左任一位置,按下鼠标左键,设为 A 点。

(2) 光标定位 A 点右边任一位置,按下鼠标左键,设为 B 点,按住鼠标,并从 B 点拖动到 b2 点,松开鼠标,可画出 AB 曲线。其中,b1、b2 点成为 B 点的控制点,b1B、Bb2 直线称为控制线。可利用直接选择工具拖动 b1、b2 控制点改变曲线的形状。

(3) 选择钢笔工具,因为 b2 控制点的存在,只要单击 B 点右边任一点,设为 C 点,就会画出 BC 曲线。

(4) 单击 C 点右边任一点,设为 D 点,此时画出 CD 直线。

(5) 在 E 点(画法和 B 点一样)按住鼠标,从 E 点往下拖动到一定位置,画出 DE 曲线。

(6) 按住 Alt 键同时单击 E 锚点就会去掉一半的控制点,再单击 F 点,这时 EF 才画得出直线,否则 F 点和 C 点一样。

在绘制路径的过程中,如果对绘制的图形不满意,可以按 Ctrl+Z 组合键撤销上几步的操作。

9. 形状工具

形状工具有矩形工具、圆角矩形工具、椭圆工具、多边形工具、直线工具、自定形状等。在其工具选项栏上,和上面的钢笔工具一样,也有“形状图层”“路径”和“像素”。“形状图层”绘制的是用前景色填充的路径。“路径”仅绘制路径,无颜色填充。“像素”绘制的是用前景色填充的图形,没有路径。在使用此工具时,同时使用 Shift 键,就可以绘制正方形、圆形和水平直线、垂直直线、45°角直线。

Photoshop 在“自定形状工具”里预置了很多形状,可以在网上下载到各种形状文件(*.csh),通过预设管理器载入 Photoshop 中,方便用自定形状工具绘图。

网上下载的形状载入 Photoshop 的具体操作步骤如下。

(1) 选择自定形状工具,工具选项中“选择工作模式”为“形状”,单击“形状”下拉框,弹出形状列表，单击右上角的下拉按钮，打开“重命名形状”等菜单，如图 5.8 所示，单击“导入形状”项。

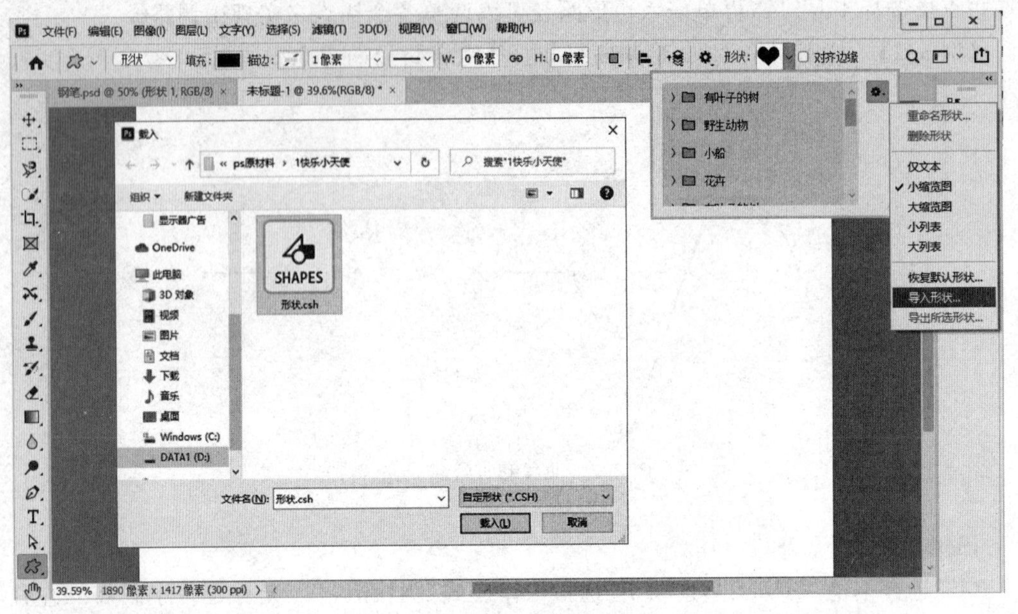

图 5.8　预设管理器菜单项

(2) 打开“载入”对话框，选择形状文件，单击“载入”按钮。

类似地，也可以从网上下载笔刷工具包(＊.abr)，通过导入画笔载入 PS 中，方便用画笔工具绘图。

5.2.2　图层

图像都是基于图层来进行处理的。图层就是图像的层次，可以将一幅作品分解成多个元素，即每一个元素都由一个图层进行管理。

图层，也称层、图像层，是 Photoshop 中十分重要的概念，这一概念几乎贯穿了所有的图形图像软件，极大地方便了图形设计和图像的编辑。图层就如同含有文字、图像等内容的胶片，一张张按顺序叠放在一起，组合起来形成一张完整的图像。图层把很多层画叠加在一起，编辑修改都可分别进行。

图层上有图像的部分可以是透明的或不透明的，而没有图像的部分一定是透明的。如果图层上没有任何图像，透过图层可以看到下面的可见图层。制作图片时，用户可以先在不同的图层上绘制不同的图形并编辑它们，最后将这些图层叠加在一起，就构成了想要的完整的图像。图层有以下特点。

(1) 图层之间的顺序可以任意调换。

(2) 下图层可以通过上图层的透明区域显现出来。

(3) 一个图层上进行的操作不会影响到其他图层。

(4) 看到的最终影像是图层叠加的总和。

1. “图层”面板

先打开一个图像文件，然后选择“窗口”→“图层”，则窗口中出现“图层”面板。如果未事先打开图像文件，则该面板为空面板。图层内容的缩览图显示在图层名称的左边，它随编辑而被更新。

“图层”面板上的右上角有一个 ≡ 选项，单击该图标会弹出“图层”下拉菜单。其子菜单含有新建图层、复制图层、删除图层、链接图层、锁定图层、合并可见图层、创建剪贴蒙版等选项，如图 5.9 所示。

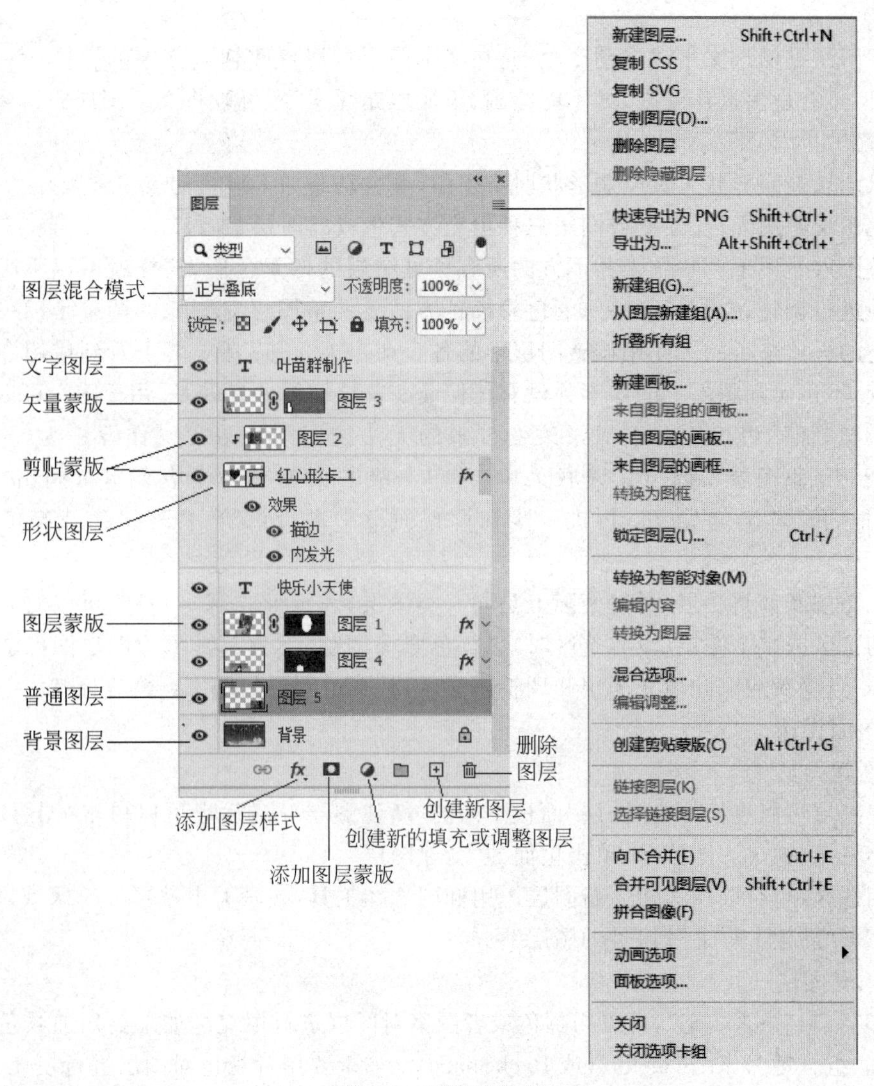

图 5.9 “图层”面板

在图层前面有个眼睛的标志，单击可以关闭图层，该图层就不显示了。再单击就打开图层，图层就显示了。双击图层的名称，可以对图层的名称进行修改。在“图层”面板右下角还有一系列的按钮，包括添加图层样式、添加图层蒙版、创建新图层、删除图层等。

2. 图层类型

Photoshop 中的图层主要有背景图层、普通图层、文字图层、形状图层、填充图层和调整图层等类型。

背景图层右边有个锁定的标志。一般来说，背景层位于最下面，最多只有一个，对于该层，我们不能进行移动，也无法更改图层的透明度。如果需要对背景层进行操作，需要先对它进行解锁。选择“图层”→“新建”→“背景图层”或者双击“图层”面板的背景层，打开“新建图层”对话框，输入图层的名称，就将背景层转换为普通图层了。转换完成后，就可以对背景层进行任意的操作。对于普通图层，选择“图层”→“新建”→“背景图层”，可以变为背景图层。

文字图层是输入文字时自动产生的，在文字图层可以修改输入文字的字体、字号、字体颜色等，但也有许多操作受限，如不能绘画、不能填充图案等，可以将文字图层栅格化为普通图层。

形状图层是用形状工具绘制形状时产生的，并自动添加了形状的矢量蒙版。

填充图层是用纯色、渐变或图案三种填充方式生成的图层蒙版。

调整图层是用于调整位于其下方的所有可见图层的像素色彩，这样就可以不必对每个图层单独进行调整，它是一种特殊的色彩校正方法。调整图层对图像的调整是以一种虚拟和参数化的方式进行的。使用调整图层中的各个命令时，可以在屏幕上看到应用命令后的颜色改变，不过实际图层上的像素并没有任何改变。这样做的好处是，用户随时可以舍弃不满意的调整，而不用担心由于像素改变带来的无法挽回的后果。操作方法为：选择“图层”→“新建调整图层”，调出其级联菜单，再单击级联菜单中的相应菜单可调出“新建图层”对话框，单击“确定”按钮，再进一步在调整面板中进行色阶、色彩平衡或亮度对比度等设置。

填充图层和调整图层一样，实际上是同一类图层，表示形式基本一样，可以对其下边所有图层的选区或整个图层(没有选区时)进行色彩等调整，不会对其下边图层图像造成永久性改变，一旦隐藏或删除填充图层和调整图层后，其下边图层的图像会恢复原状。

3. 图层操作

1）新建图层

新建图层可以直接单击“图层”面板下面的“新建图层”按钮，也可以单击“图层”面板右上角的小三角，弹出一个菜单，单击里面的“新建图层”。

利用选区，也可以快速建立新图层。用椭圆选择工具，在画面上选择一个区域。然后选择“图层”→“新建”→“通过拷贝的图层”。

2）填充图层

选择“编辑”→“填充”，可以用颜色或者图案对图层进行填充。如果要用前景色对图层进行填充，组合键为Alt+Delete(或BackSpace)。如果要用背景色对图层进行填充，组合键为Ctrl+Delete(或BackSpace)。

3）选择、移动、对齐图层

选择图层，只要在“图层”面板中单击该图层，就选中了；如果要多选，就按住Ctrl键同时单击进行连续的选择。还有一种选择方式就是直接在画面上进行选择，右击后在弹出的菜单中选择即可，一般用于选中一个图层。

在“图层”面板中要移动图层，只要选中图层拖动即可完成图层顺序调整。

选中多个图层后，选择移动工具，可选择工具选项栏中不同的对齐方式(顶对齐、垂直居中对齐、底对齐、左对齐、水平居中对齐、右对齐)。

4）复制和删除图层

复制图层，可以在“图层”面板上右击，在弹出的快捷菜单中选择“复制图层”，也可以将需要复制的图层直接拖入“图层”面板右下角的“新建图层”按钮中。

删除图层，可以在“图层”面板上右击，在弹出的快捷菜单中选择“删除图层”，也可以将需要删除的图层直接拖入“图层”面板右下角的“删除图层”图标中。

5）合并、链接图层

在作图的时候，如果有很多个图层，有时候需要用到合并图层。要记住，图层合并后，不能再进行单独的修改，所以合并之前一定要确定合并的图层已经不需要做任何改动。选中需要合并的图层，选择“图层”→“合并图层”（Ctrl+E 组合键）。

在实际作图中，有时候需要对几个图层同时进行变换大小、移动等处理。这时候就需要用到图层链接功能。将几个图层选中，单击链接按钮，就链接了图层。

6）锁定图层

对图层进行锁定，是为了在作图的过程中不影响锁定的图层。锁定有以下四种模式。选择图层，进行相应的锁定。

（1）锁定透明像素：只锁定画面中透明的部分，而有颜色像素的地方可以进行修改和移动。

（2）锁定图像像素：锁定有颜色像素的地方，这时候不能对图片进行修改，但是可以移动。

（3）锁定位置：锁定后可以对图像进行修改，但是不能移动位置。

（4）锁定全部：锁定后不能进行修改，也不能移动。

4. 图层混合效果

1）图层混合模式

图层混合，是指图层与它下面的图层上的对应像素以不同的模式进行混合，常被用于制作各种特殊效果，也可以用于图像自身色彩的调整。图层混合模式有正常、溶解、变暗、正片叠底、颜色加深、线性加深、变亮、滤色、叠加、柔光、强光、亮光等。

在“图层”面板中，有一个设置图层混合模式的下拉列表，用鼠标单击它，将显示图层混合模式，它决定图层之间以何种方式混合。

2）图层样式

图层样式可以为图层的图形、图像和文字，加上各种各样的效果。Photoshop 已经为我们预置了很多样式。单击“样式”面板右上角的≡按钮，会弹出导入样式、旧版样式及其他（该菜单含有 Web 样式）等下拉菜单，可以加入更多的样式。如图 5.10 所示，新建文字图层“girl”，单击“样式”面板上的 Web 样式“高光拉丝金属”即可完成样式应用，观察“图层”面板文字层右边多了个“fx”，可以看到该样式使用了斜面和浮雕、描边、光泽、图案叠加等效果。单击 fx 右边的˄项可以隐藏图层样式效果选项。

单击“图层”面板下面的 fx 按钮，在弹出的快捷菜单中选择“混合选项”，打开“图层样式”对话框，如图 5.11 所示，可自行制作图层样式。

3）不透明度

“图层”面板中有不透明度和填充不透明度两种。不透明度很好理解，就是图层中所有内容和效果的不透明程度。填充不透明度只降低图层中填充像素的不透明度，而不改变其

图 5.10 “样式”面板

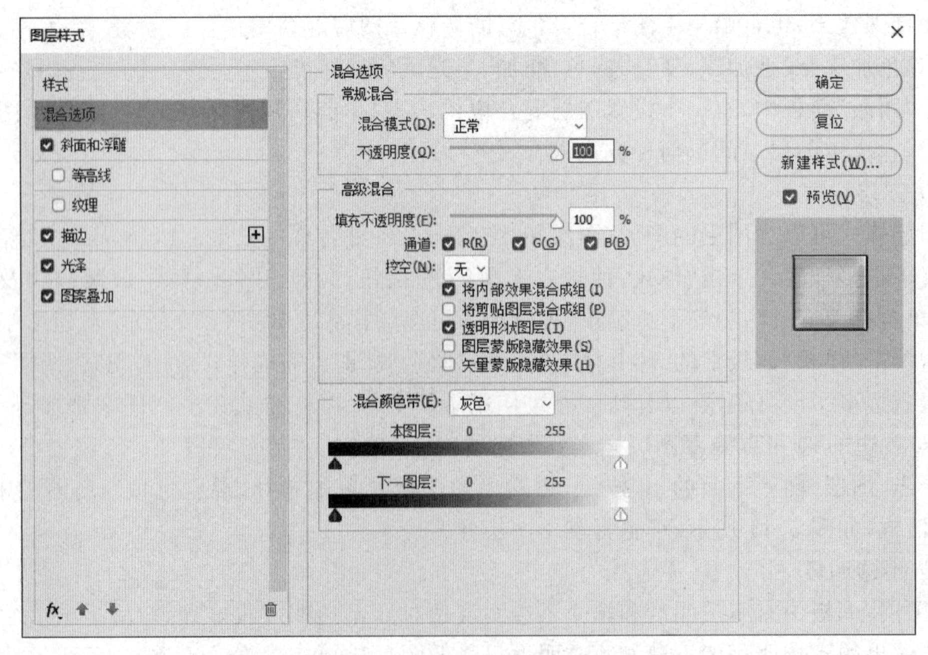

图 5.11 “图层样式”对话框

图层样式的透明度。在调整不透明度后，图层的图层样式和其颜色跟着图层的不透明度变化；而调整填充不透明度后，变化的仅仅是图层本身，图层样式不受影响。

5.2.3 路径

路径是由一条或几条相交或不相交的直线或曲线组合而成的，也就是说，路径可以是封闭的、没有起点的；也可以是开放的、有两个不同的端点。路径分为开放路径和闭合路径。

路径绘制一般有以下两种方法。

(1) 使用钢笔或自由钢笔工具，其工具选项中“选择工作模式”为“路径”，绘制没有规则的未知复杂路径。

(2) 使用矩形工具、圆角矩形工具、椭圆工具、多边形工具、直线工具、自定形状工具等，其工具选项中“选择工作模式”为“路径”，绘制已知形状的路径。

路径绘制完成后都可以进行修改，要修改路径，必须先显示路径上的锚点。锚点是定义路径中每条线段开始和结束的点。路径没有被选择的时候，锚点都不显示。用路径选择工具选中路径后，路径上的锚点都会显示出来。

移动和编辑锚点，可以修改路径的形状。用添加锚点工具单击路径没有锚点的线段可以添加锚点；用删除锚点工具单击某个锚点可以删除此锚点。用直接选择工具选中某个锚点后可以拖动控制点，改变曲线的形状。用转换点工具选中某个锚点，可以完成曲线和直线转角的转换。

路径可以绘制精确的选取框线，使用钢笔或自由钢笔等工具，通过调整线段的控制手柄，可以绘制任意的、精确的选取外框。在图像中使用钢笔工具开始描绘路径时，如果没有选取在已有路径上工作，则会在路径浮动面板上建立一个暂时的新工作路径。由于是暂时的工作路径，在取消对路径选择后再描绘路径时，新的工作路径会取代原来的。所以必须存储此工作路径以避免遗失其内容。

路径的特点是，它是矢量的，可以随意变换大小，而且它是单独存在的，不属于任何图层，需要在哪个图层进行操作，就选择哪个图层使用路径。

可以通过路径存储选取区域，路径与选区之间可以互相转换。以路径形式存储选取区域，需要时再把它们转成选取区域就可以重新修改图像的某个部分。

1. 将选区转换成路径

通过“路径”面板上单击“从选区生成工作路径”按钮，把用任何选取工具所建立的选区转换成路径。右击选框，在弹出的快捷菜单中选择“建立工作路径”也可完成转换。

选区转换成路径后，可以使用钢笔工具、路径选择工具和直接选择工具精确调整路径；也可以完成路径文字、创建矢量蒙版等操作。

2. 将路径转换成选区

通过路径浮动面板底部的“将路径作为选区载入”按钮，可以将路径转换成选取区域。右击路径，在弹出的快捷菜单中选择“载入选区”也可完成转换。

【例 5.3】 利用横排文字工具和路径，完成“生日快乐”不同样式的设计，如图 5.12 所示。

操作步骤如下。

图 5.12　不同文字样式设计

(1) 新建文字图层“生日快乐”,文字放置在画布中间,华文琥珀字体,大小为 100,颜色随意。

(2) 选择“文字”→“创建工作路径”,发现在“路径”面板中已创建了“工作路径”,双击它,打开“存储路径”对话框,输入“生日快乐(变)”,单击“确定”按钮,将工作路径保存起来。

(3) 在文字图层上方新建图层 1,隐藏文字图层,在图层 1 中用“直接选择工具”单击路径中的“快”字,再拖动部分锚点;使用钢笔工具组中的“添加锚点工具”添加锚点后再拖动调整锚点,完成字形修改,如图 5.13 所示,单击“生日快乐”字以外的区域。

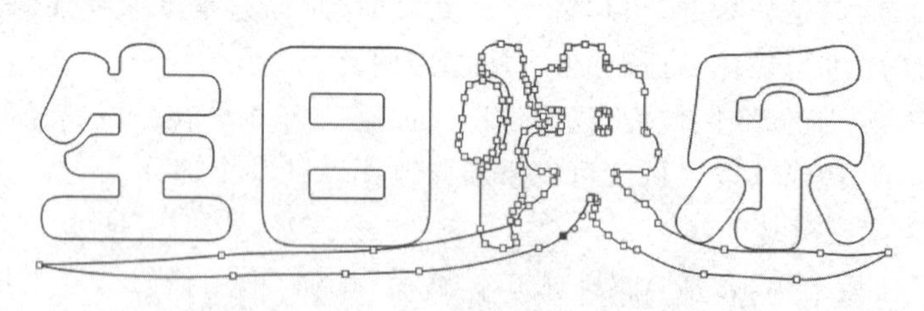

图 5.13　字形修改

(4) 在图层 1 中,单击“路径”面板右边的 ≡ 按钮,或者右击“生日快乐(变)”路径,在弹出的快捷菜单中选择“填充路径”,选择合适的图案填入,隐藏图层 1。

(5) 显示并选择文字图层,选择“文字”→“创建工作路径”。“路径”面板中创建了临时“工作路径”。移动文字部分到画布上方。

(6) 新建图层 2,画笔工具选择预设“硬边圆”,大小为 8px;在“路径”面板中选择临时工作路径,右击它,在弹出的快捷菜单中选择“描边路径”。

(7) 打开“描边路径”对话框,工具选择“画笔”,单击“确定”按钮完成空心字。移动文字部分到画布下方。

(8) 显示图层1，如果对变形的字不满意，在“路径”面板中选择“生日快乐(变)”路径，可以重新进行编辑修改后填充图案处理。

【例 5.4】 利用椭圆选框工具和路径，完成环绕圆文字的制作，如图 5.14 所示。

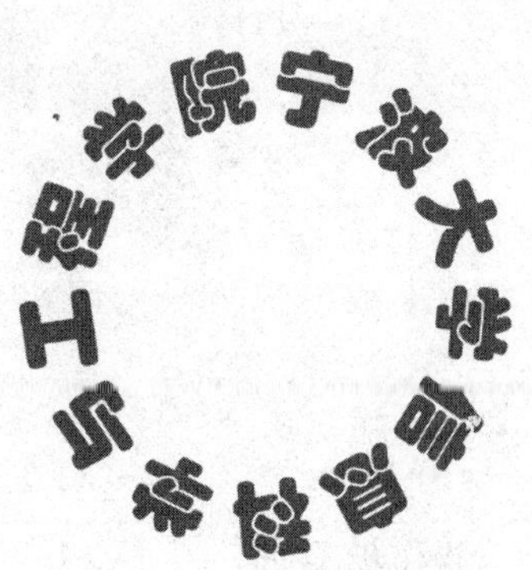

图 5.14　环绕圆文字

操作步骤如下。

(1) 选择椭圆选框工具，按住 Shift 键，在画布上画一个正圆。

(2) 在“路径”面板上单击“从选区生成工作路径”按钮，将正圆选框变成路径。

(3) 新建一图层，选择横排文字工具(华文琥珀，大小为 50 点)，光标指向路径圆左边起点附近，当光标变成⌶时，单击后输入文字“宁波大学信息科学与工程学院”。

(4) 拖动鼠标全选文字，按 Alt＋方向箭头(→←)组合键放大或缩小字间距，使文字正好环绕整个圆。

当然本例也可以直接用椭圆工具绘制一个正圆路径来完成，请读者自己完成。

5.2.4　图像的变换

1. 自由变换和变换

打开菜单栏中的“编辑”菜单，会看到“自由变换”和“变换”这两个选项(对于背景层是不起作用的)。

“变换”下面还有更多的选项，如缩放、旋转、斜切、扭曲、透视、变形、翻转等。

选择“变换”→“旋转”，可以对图像进行旋转。旋转的时候，可以直接在工具选项栏角度处输入角度，进行精确的旋转。也可以按住图像上变换框的四个角，进行旋转。同时按住 Shift 键进行旋转，就是按照 15°旋转的。

选择“变换”→“斜切”，可以对图像进行斜方向的变换。

选择“变换”→“变形”，可以对图像进行变形。Photoshop 预置了很多变形，如扇形、拱形、鱼形等。

在“编辑”菜单中有一个“自由变换”命令，是个集常规变换之大成之作。它可以在一个连续的操作中应用变换(旋转、缩放、斜切、扭曲和透视)，也可以应用变形变换。这个命令的组合键是 Ctrl＋T，如果配合使用功能键 Ctrl(控制自由变化)、Shift(控制方向、角度和等比例放大缩小)、Alt(控制中心对称)，则可以最大限度地发挥自由变换的灵活性。3 个功能键可以组合应用，如按 Shift ＋Alt 组合键时，拖动对象四个角的控制点，对象变成以中心点为对称中心的等比例变化的形状。

2. 映射

所谓映射，也就是复制对称的物体。使用这个功能，可以制作出对称物品、水中倒影之类的特殊效果。按 Ctrl＋Alt＋T 组合键，物品上多了一个变换框。这个变换框看起来和 Ctrl＋T 组合键相同，实际上，这时候已经复制了一个物品，因为和原来的物品重叠，所以还看不出来。

【例 5.5】 利用变换图像，完成对称图像的制作，如图 5.15 所示。

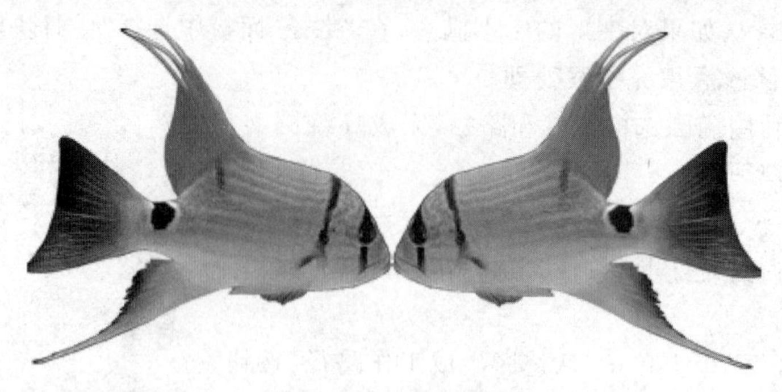

图 5.15 对称鱼制作

操作步骤如下。

(1) 新建默认 Photoshop 大小白色背景的图像，新建一图层并复制透明背景图“鱼.png”过来。

(2) 按 Ctrl+T 组合键后，使鱼图片出现 8 个控制点；拖动四角四个控制点其中一个缩小鱼，将鱼调整到合适大小(鱼宽度应该小于图像大小的一半)，移动鱼到左边合适位置。按 Enter 键确认。

(3) 按 Ctrl+Alt+T 组合键后，工具选项中将“切换参考点”选中，拖动鱼中心原点到右边中间控制点，如图 5.16 所示。

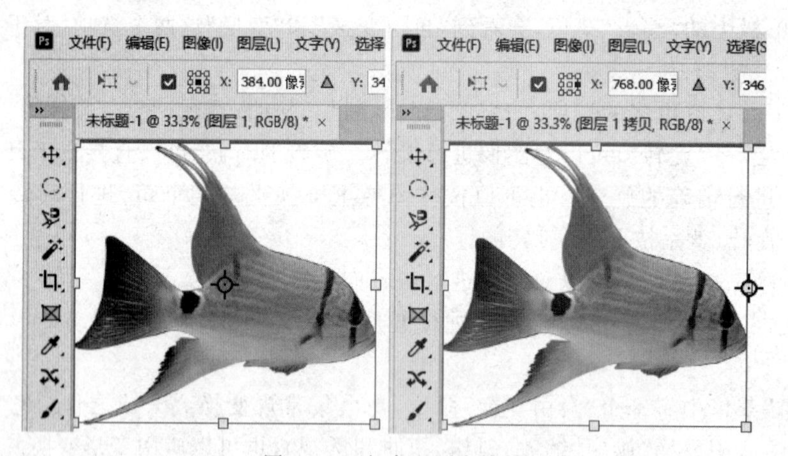

图 5.16 鱼中心原点拖动

(4) 选择“编辑”→“变换”→“水平翻转”，按 Enter 键确认。

【例 5.6】 利用变换图像，完成自行车水中倒影的制作，如图 5.17 所示。

操作步骤如下。

(1) 新建默认 Photoshop 大小白色背景的图像，新建图层 1，利用画笔工具在画布上画一辆合适大小的自行车(这是笔者自己导入的画笔笔刷)。

(2) 按 Ctrl+Alt+T 组合键后，拖动自行车中心原点到下边中间控制点。

(3) 选择“编辑”→“变换”→“垂直翻转”，按 Enter 键确认，新生成图层 1 复制图层。

图 5.17　自行车水中倒影

(4) 为了让倒影看起来更加真实,选择“滤镜”→“扭曲”→“波纹”,进行适当设置。将图层 1 复制图层不透明度设为 50%。

(5) 按 Ctrl+T 组合键,使倒影图片出现 8 个控制点,将其调整到合适大小。

3. 变换复制

所谓变换复制,就是对图形进行复制的同时实施了一定的变换。按 Ctrl+Alt+T 组合键复制物品后,再修改原点位置和变换角度,这时候建立的复制副本就呈现了一定角度,然后按 Ctrl+Alt+Shift+T 组合键,进行再次变换复制多次完成。

图 5.18　制作花

【例 5.7】 先制作花瓣,再利用变换复制图像,完成花的制作,如图 5.18 所示。

操作步骤如下。

(1) 新建默认 Photoshop 大小白色背景的图像,选择椭圆工具,在工具选项栏里选中“路径”选项,在画布上画一椭圆,如图 5.19(a)所示。

(2) 选择路径工具“直接选择工具”,单击椭圆后,如图 5.19(b)所示。

(3) 选择钢笔工具“转换点工具”,单击上顶点锚点和下低点锚点后,将顶点变成尖角,如图 5.19(c)所示。

(4) 右击路径,在弹出的快捷菜单中选择“建立选区”,在打开的对话框中单击“确定”按钮,此时如图 5.19(d)所示。

(5) 新建图层 1,选择“编辑”→“描边”,在打开的“描边”对话框中,设置宽度为 3px,颜色为红色,单击“确定”按钮。按 Ctrl+D 组合键取消选框,此时如图 5.19(e)所示。

(6) 按 Ctrl+Alt+T 组合键后,按住 Alt 拖动中心原点到下边中间控制点,在工具选项栏中调整旋转角度为 30,按 Enter 键确认,此时有两片花瓣。

(7) 按 Ctrl+Alt+Shift+T 组合键进行再次变换复制,一共执行 10 次,这样就得到了一朵非常漂亮的花。

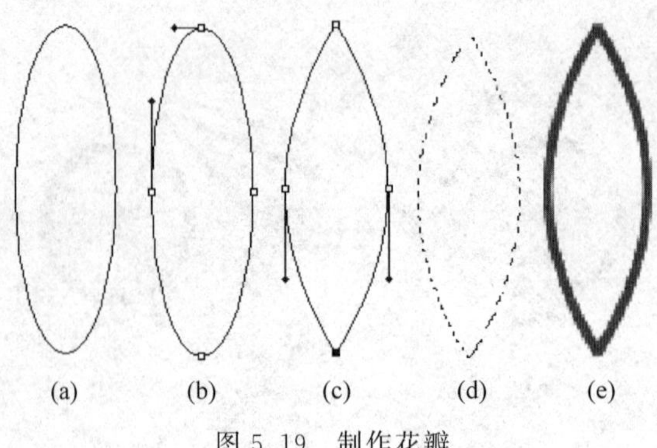

图 5.19　制作花瓣

5.2.5　蒙版

所谓的蒙版，实际上是利用黑白灰之间不同的色阶，来对所蒙版的图层实现不同程度的遮挡。蒙版中用黑色填充的地方，图像被彻底遮挡了。白色填充的地方则显示如初。用灰色填充的地方，则被隐隐约约遮挡住了。在这里，黑白灰不同于一般的颜色，仅代表对图像的遮挡程度。

蒙版是一种通常为透明的模板，覆盖在图像上保护某一特定的区域，从而允许其他部分被修改。蒙版与选择区域相似，不同的是当图像加上了蒙版后，蒙版蒙住的图像区域将受到保护，所做的各种操作只影响没被蒙上的区域。蒙版由一个灰度图来表示，黑色表示图像中没被选择的部分，白色表示被选择了的部分，而不同层次的灰度表示蒙住的程度，可以在灰度图里使用各种工具为图像制出选区。用蒙版则只是盖起来，去掉了蒙版，图片还是原来的图片，不会有任何损伤。

有了蒙版，操作的对象不再是图层上的真实像素，而是像素上的一个蒙版。这样操作就具有了更加灵活的自由度，不再因为可能破坏图像而缩手缩脚。

1. 快速蒙版模式

快速蒙版模式主要用于创建、编辑和修补图片选区，并没有在原图上加上蒙版。

Photoshop 的蒙版控制器包括标准蒙版模式和快速蒙版模式。这两种模式提供了两种制作选区的不同方式。在标准模式下，是利用工具箱中的选取工具制作选区，这也是通常使用的工作模式。而在快速蒙版模式下，可利用绘图工具制作复杂的选区。

在快速蒙版模式下，可使用画笔来绘出选区，此时前景色一般只使用黑色或者白色。当前景色为黑色时被涂抹的区域以红色显示，表示非选中区域；当前景色为白色时被涂抹的区域以白色显示，表示选中区域。

【例 5.8】 利用快速蒙版模式绘出选区，完成鱼的选取。

操作步骤如下。

(1) 在标准模式下，打开鱼图片，选择魔棒工具，在工具选项栏中选择“添加到选区”，单击左上角白色空白区域，再单击右下角不连续的白色空白区域，选中所有白色区域，如图 5.20(a)所示。

(2) 选择“选择”→“反选”，单击工具箱中的“以快速蒙版模式编辑”按钮，进入快速蒙版模式，如图 5.20(b)所示，此时原来白色区域变成了红色显示，左下角文字以白色显示。

(3) 为了只选中鱼，选择画笔工具，前景色选择黑色，涂抹左下角白色文字部分，使其变成红色显示。

(4) 单击工具箱中的“以标准模式编辑”按钮，回到标准模式，发现只有鱼被选框选中。

(a) (b)

图 5.20 选取鱼

2. 图层蒙版

图层蒙版可以添加覆盖在图层上，可以在不破坏图层的情况下控制图上不同区域像素的显隐程度。添加图层蒙版后，在“图层”面板中，图层和图层蒙版显示在同一层中，左边是图层缩览图，右边是图层蒙版缩览图。

对于图层蒙版，可以用绘画工具(画笔工具、橡皮擦工具、历史记录画笔、渐变工具等)进行涂抹操作。前景色为黑色时，就是隐藏涂抹的部分，前景色为白色时，就是显示涂抹的部分。涂抹前，一定要保证选中的是图层蒙版，否则可能对原图片造成破坏。

添加图层蒙版一般有以下两种方法。

(1) 打开或新建一图片，选择显示区域；打开其他要在显示区域显示的图片，复制部分或全部；返回显示区域图片，选择“编辑”→“选择性粘贴”→“贴入”(组合键为 Ctrl＋Alt＋Shift＋V)。

(2) 打开一图片，在“图层”面板中，用选框工具选中图片部分区域(不选也可以)，单击“图层”面板中的“添加图层蒙版”按钮。添加图层蒙版后，可使用画笔工具对图层蒙版进行修改完善。

【例 5.9】 利用横排文字蒙版和图层蒙版制作“宁波大学”字样图，如图 5.21 所示。

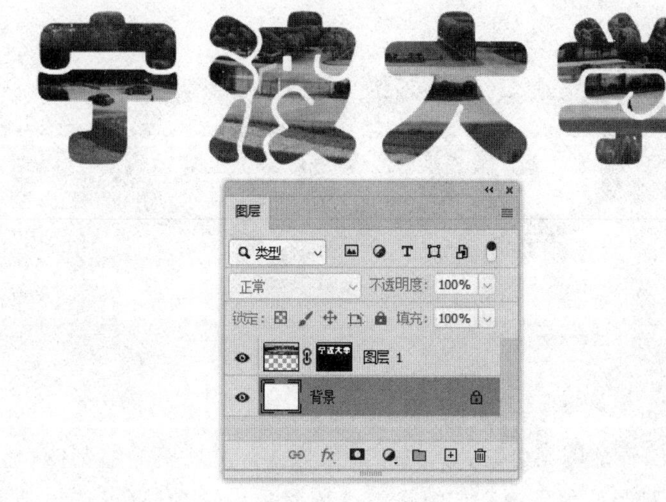

图 5.21 字图

操作步骤如下。

(1) 新建默认 Photoshop 大小白色背景的图像“字图”,选择横排文字蒙版工具,工具选项栏里设置字体为华文琥珀,字体大小为 100。

(2) 单击画布靠左任意位置,画布会变成红色背景,输入“宁波大学”字样,单击“提交所有编辑”按钮 ✔ 确认,出现宁波大学字样虚框。

(3) 打开宁波大学图片,按 Ctrl+A 组合键全选,按 Ctrl+C 组合键复制。返回字图图片,选择“编辑”→“选择性粘贴”→“贴入”。

(4) 选择移动工具移动图片到合适位置,观察“图层”面板,在图层 1 中,左边为图片图层缩览图,右边为图层蒙版缩览图,此时,图片图层为选中状态,移动工具移动的是图片。

(5) 单击图层蒙版缩览图后,利用移动工具可移动宁波大学字样。

(6) 单击“图层”面板中图层 1 两图中间的空白区域后,出现链接符号,光标指向它显示“指示图层蒙版链接到图层”,表示已链接,此时利用移动工具移动的话,应该是两者一起移动。

(7) 单击链接符号可以取消链接。

【例 5.10】 制作五环图。

操作步骤如下。

(1) 新建默认 Photoshop 大小白色背景的图像,新建“黑色环”图层,选择椭圆选框工具,按 Shift 键,画正圆选框,填充黑色。

(2) 执行“选择”→“变换选区”命令后,按 Alt 键,并拖动四角缩小选区到合适位置,按 Enter 键确认。

(3) 按 Delete 键删除内圆,按 Ctrl+D 组合键删除选区。在“图层”面板中,右击“黑色环”图层名字部分,在弹出的快捷菜单中选择“复制图层”。打开“复制图层”对话框,命名为“红色环”。同样复制出蓝色环、黄色环、绿色环。

(4) 选择“窗口”→“样式”,打开“样式”面板,选择“旧版样式及其他”→“所有旧版默认样式”→“Web 样式”,打开 Web 样式,使用其中不同颜色设置各环,利用移动工具,移动并对齐各环(上左：蓝；上中：黑；上右：红；下左：黄；下右：绿),如图 5.22 所示。

图 5.22 五环设计 1

(5) 选择黄色环,添加图层蒙版,按 Ctrl 键并单击蓝色环层的缩览图,此时还在黄色环图层上,选中的部分是与蓝色环同一位置区域。前景色设置为黑色,选择画笔工具,涂抹黄色环与蓝色环上方交叉位置,使黄色消失。按 Ctrl 键并单击黑色环层的缩览图,涂抹黄色环与黑色环下方交叉位置,使黄色消失,按 Ctrl+D 组合键删除选区。

(6) 选择绿色环,添加图层蒙版,按 Ctrl 键并单击红色环层的缩览图。前景色设置为黑色,选择画笔工具,涂抹绿色环与红色环下方交叉位置,使绿色消失。按 Ctrl 键并单击黑色环层的缩览图,涂抹绿色环与黑色环上方交叉位置,使绿色消失,按 Ctrl+D 组合键删除选区。

(7) 完成后各环扣在一起,效果如图 5.23 所示。

图 5.23　五环设计 2

在图层蒙版缩览图上右击,出现一系列菜单。

(1) 停用图层蒙版:相当于暂时隐藏图层蒙版的效果,图片又恢复到原始状态。再次单击就是启用图层蒙版。

(2) 删除图层蒙版:把蒙版删除掉。

(3) 应用图层蒙版:把蒙版的效果用在图片上。这时候图层后面就看不到跟随的蒙版标志了。一旦应用了蒙版,就无法再对蒙版进行编辑,此时该图层变成了普通图层,原图被修改了。

3. 矢量蒙版

矢量蒙版可以添加覆盖在图层上,创建的蒙版是矢量图形。可以使用矢量工具(选择工具、钢笔工具、文本工具、形状工具等)对蒙版图形进行编辑修改,从而改变覆盖区域。也可以对矢量蒙版任意缩放而不必担心产生锯齿。添加矢量蒙版后,在"图层"面板中,图层和矢量蒙版显示在同一层中,左边是图层缩览图,右边是矢量蒙版缩览图。

添加矢量蒙版的方法:图片上用钢笔工具、形状工具等绘制路径后,再选择"图层"→"矢量蒙版"→"当前路径"(或者使用工具选项中的"蒙版"按钮也可以),将路径转换为矢量蒙版。

创建矢量蒙版后,单击右边的矢量蒙版缩览图,选中蒙版部分,再使用直接选择工具,利用锚点可对蒙版进行微调,这样显示出来的区域也会跟随调整。

【例 5.11】　已有如图 5.24(a)所示猴子、如图 5.24(b)所示篮子,要求制作组合图,如图 5.24(c)所示。

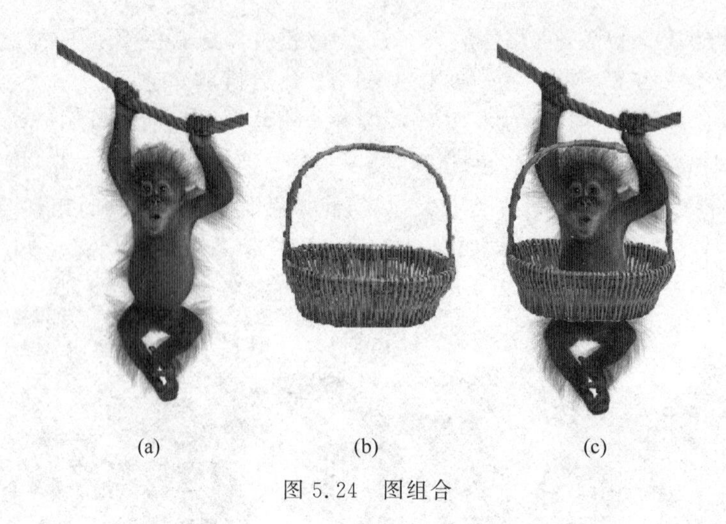

图 5.24 图组合

操作步骤如下。

(1) 打开篮子图片,使用魔棒工具等只将篮子选中后复制。打开猴子图片,粘贴篮子图片过来,调整到合适大小和位置。

(2) 在篮子图层上使用钢笔工具,工具选项栏中,“路径操作”处选中选项“减去顶层形状”。单击多次选择篮子右边与猴子左手交叉的部分区域,再单击多次选择篮子与猴子肚子交叉的部分区域,如图 5.25(a)所示。

(3) 选择“图层”→“矢量蒙版”→“当前路径”,创建矢量蒙版。在“图层”面板中,单击矢量蒙版缩览图,显示出蒙版路径,如图 5.25(b)所示,此时发现蒙版区域不理想。

(4) 利用直接选择工具拖动锚点,也可采用添加锚点工具和删除锚点工具等工具调整路径区域,如图 5.25(c)所示。

(5) 再次单击矢量蒙版缩览图,可不显示路径,直接显示图片组合效果。

图 5.25 矢量蒙版形状修改

在矢量蒙版上缩览图右击,可弹出以下三个子菜单。

(1) 停用/启用矢量蒙版:相当于暂时隐藏矢量蒙版效果,图片又恢复到原始状态。单击启用矢量蒙版可再次启用蒙版。

(2) 删除矢量蒙版：把蒙版删除掉。

(3) 栅格化矢量蒙版：将矢量蒙版转换为图层蒙版。

4. 剪贴蒙版

剪贴蒙版由两个或两个以上图层组成，蒙版最底层一般为基层(不能为背景层)，相当于显示的窗口，可以为任意颜色填充，基层上方可以有多个内容层，内容只能在基层有颜色的区域显示。

对于剪贴蒙版基层，可以用画笔工具任意颜色进行涂抹操作，涂抹后的区域都将显示出内容层同位置内容。涂抹前，一定要保证选中的是基层，否则可能对内容层造成破坏。

添加剪贴蒙版的一般方法为：背景层上方插入一基层，基层上绘制或者插入任意形状、图画等，在基层上方插入至少一个内容层，右击内容层图层名，在弹出的快捷菜单上选择“创建剪贴蒙版”。

【例 5.12】 利用剪贴蒙版制作马图，如图 5.26 所示。

图 5.26　马图

操作步骤如下。

(1) 新建一图片文件，选择自定形状工具“马”(这是笔者自己导入的自定形状)，工具选项栏里选择“形状”，在画布上拖动鼠标画出一匹马来。发现“图层”面板中自动创建了“Forme 32 1”图层。

(2) 打开另外准备填充马身的图片，复制过来放在了图层 1。按 Ctrl+T 组合键变换图片大小使其覆盖马形状。右击“图层 1”，在弹出的快捷菜单中选择“创建剪贴蒙版”，图层 1 图层缩览图前出现了一个向下的箭头，表示已创建剪贴蒙版。

(3) 图层 1 的图片内容显示在“Forme 32 1”图层中。“Forme 32 1”图层是基层，图层 1 是内容层。

5.2.6 通道

所谓通道就是在 Photoshop 环境下，将图像的颜色分离成基本的颜色，每一个基本的颜色就是一条基本的通道。因此，当打开一幅以颜色模式建立的图像时，“通道”工作面板将为其色彩模式和组成它的原色分别建立通道。

通道主要是用来存储图像色彩的，多个通道的叠加就可以组成一幅色彩丰富的全彩图像。由于对通道的操作具有独立性，用户可以分别针对每个通道进行色彩、图像的加工。可以将选择的区域存储为一个独立的通道，需要重复使用该选区时就不用重新去选择了，直接将通道中保存的选区载入即可。此外，通道还可以用来保存蒙版，它可以将图像的一部分保护起来，使用户的描绘、着色操作仅局限在蒙版之外的区域，可以说，通道是Photoshop最强大的特点之一。

打开RGB图像文件时，“通道”工作面板会出现主色彩通道RGB和3个颜色通道(红、绿、蓝)。单击颜色通道左边的“眼睛”图标将使图像中的该颜色隐藏，单击颜色通道的标注部分，则可以见到能通过该颜色滤光镜的图像。将其中的一种颜色通道删除，RGB色彩通道也会随之消失，而此时图像将由删除颜色和相邻颜色的混和色组成。而对于CMYK模式的图像，则删除颜色通道的操作会使一种油墨颜色消失，同时CMYK颜色通道消失。这种由两个颜色通道组成的色彩模式称为多通道模式。

图层蒙版、快速蒙版其实是通道的典型应用。为某一图层增加图层蒙版后，会在相应图层的后面增加一个标识，但这个标识并不是图层蒙版本身，真正的图层蒙版其实是一个通道，是通道中的一幅灰度图，因此，只有打开“通道”面板，才能看到图层蒙版的庐山真面目。如果在“通道”面板中删除这一通道后，图层中原来的蒙版标识符也即随之消失。

【例5.13】 利用通道制作RGB三原色圆。

操作步骤如下。

(1) 新建一背景色为黑色的图片文件。打开“通道”面板，选中并显示红色通道，其他通道隐藏。

(2) 选取画笔，将前景色改成白色，工具选项栏设置大小为500px的硬边圆，在画布左上部单击，可以看到一个白的圆圈。

(3) 将绿通道显示出来，此时显示红通道和绿通道，其他通道隐藏，可以看到一个红的圆圈。选中绿通道，在画布右上部单击，使绿色和红色圆左右相交。

(4) 选中并显示蓝通道，显示所有通道，在画布下中部单击，使蓝色、绿色、红色圆相交，如图5.27所示。可以看到，红色与绿色相交部分为黄色，红色与蓝色相交部分为紫色，三圆相交部分为白色。

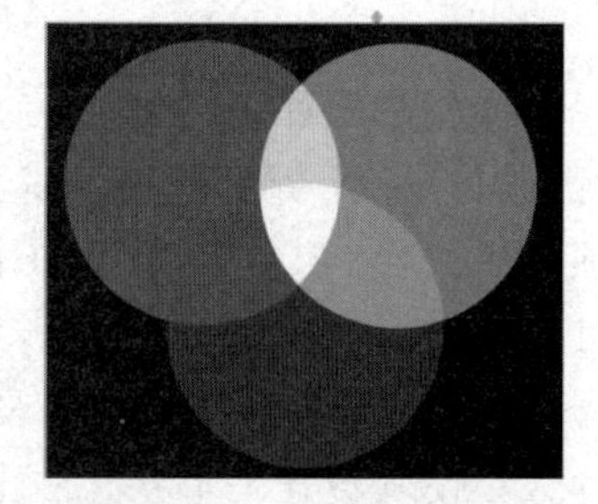

图5.27 三原色图

(5) 在“通道”面板中，选择RGB后，按Ctrl键再单击红通道缩览图，可以选中红色部分；按Ctrl+Shift组合键再单击绿通道缩览图和蓝通道缩览图，选中三个圆。在“通道”面板中单击“将选区存取为通道”按钮，或者选择“选择”→“存储选区”，填入合适的选区名称如“三原色选区”，以供日后使用。按Ctrl+D组合键取消选区。

(6) 在“通道”面板中，选择RGB后，按Ctrl键再单击“三原色选区”通道缩览图，按Ctrl+C组合键可复制到新建图片文件中。

【例5.14】 利用通道完成移花接木(将蒲公英移到仙人掌上)。

分析：使用工具箱中的选择工具很难将如图5.28所示的蒲公英选择出来，利用颜色通道提供的通道能够达到选择目的。

操作步骤如下。

(1) 打开“蒲公英”图片，观察“通道”面板中各颜色通道，找出最能将对象与背景区分开的颜色通道，此时发现蓝通道区分效果最好。

图 5.28　蒲公英原图

（2）右击蓝通道，复制“蓝”通道为“蓝拷贝”通道。隐藏其他通道，只显示“蓝拷贝”通道。

（3）选择“图像”→“调整”→“色阶”，打开“色阶”对话框，调整色阶，使得蒲公英能保留纤细的绒毛，同时使背景尽可能变成黑色，如图 5.29 所示，单击“确定”按钮。

图 5.29　色阶调整通道

（4）使用画笔工具，前景色为黑色，将背景色没有变黑的区域涂成黑色。用魔棒工具选择背景黑色部分，反向选择后，将前景色设置成白色，按 Alt+Delete 组合键用白色填充选中区域，取消选区。此时蒲公英通道已经创建完成，在通道中，白色代表选中，黑色代表没选中。

(5) 选中"蓝拷贝"通道，单击面板下方的"将通道作为选区载入"按钮；单击选中 RGB 通道，隐藏"蓝拷贝"通道，显示其他通道，按 Ctrl+C 组合键复制。

(6) 打开"仙人掌"图片，使用快速选择工具选择花部分，如图 5.30 所示，选择"选择"→"修改"→"扩展"，打开"扩展选区"对话框，扩展量设为 5px，单击"确定"按钮扩展选区。

(7) 选择"编辑"→"填充"，打开"填充"对话框，内容使用"内容识别"，单击"确定"按钮，可发现仙人掌花朵已经被其他内容填充。

(8) 按 Ctrl+V 组合键复制选择好的蒲公英花朵，按 Ctrl+T 组合键自由变换，右击蒲公英，在弹出的快捷菜单中选择"扭曲"，调整好大小、形状及位置，如图 5.31 所示。

图 5.30　仙人掌原来的花

图 5.31　移花接木效果

5.2.7　Photoshop 快捷键

Photoshop 中常用的快捷键如表 5.1 所示。

表 5.1　Photoshop 常用快捷键

操　　作	快　捷　键
默认前景色和背景色	D
切换前景色和背景色	X
切换标准模式和快速蒙版模式	Q
标准屏幕模式、带有菜单栏的全屏模式、全屏模式切换	F
还原/重做前一步操作	Ctrl+Z
一步一步向前还原	Ctrl+Alt+Z
一步一步向后重做	Ctrl+Shift+Z
剪切选取的图像或路径	Ctrl+X 或 F2
复制选取的图像或路径	Ctrl+C
合并复制	Ctrl+Shift+C

续表

操　　作	快　捷　键
将剪贴板的内容粘到当前图形中	Ctrl＋V 或 F4
将剪贴板的内容粘到选框中	Ctrl＋Shift＋V
自由变换	Ctrl＋T
应用自由变换(在自由变换模式下)	Enter
从中心或对称点开始变换	(在自由变换模式下) Alt
限制(在自由变换模式下)	Shift
扭曲(在自由变换模式下)	Ctrl
取消变形(在自由变换模式下)	Esc
自由变换复制的像素数据	Ctrl＋Shift＋T
再次变换复制的像素数据并建立一个副本	Ctrl＋Shift＋Alt＋T
删除选框中的图案或选取的路径	Delete
用背景色填充所选区域或整个图层	Ctrl＋BackSpace 或 Ctrl＋Delete
用前景色填充所选区域或整个图层	Alt＋BackSpace 或 Alt＋Delete
打开“填充”对话框	Shift＋BackSpace
从历史记录中填充	Alt＋Ctrl＋BackSpace
建立一个新的图层	Ctrl＋Shift＋N
通过复制建立一个图层	Ctrl＋J
通过剪切建立一个图层	Ctrl＋Shift＋J
从对话框建立一个通过剪切的图层	Ctrl＋Shift＋Alt＋J
合并可见图层	Ctrl＋Shift＋E
合并图层	Ctrl＋E
全部选取	Ctrl＋A
取消选择	Ctrl＋D
重新选择	Ctrl＋Shift＋D
反向选择	Ctrl＋Shift＋I
载入选区	Ctrl＋单击“图层”“路径”“通道”面板中的缩览图
放大视图	Ctrl＋＋或者 Ctrl＋Alt＋＋
缩小视图	Ctrl＋Alt＋－
满画布显示	Ctrl＋0
实际像素显示	Ctrl＋Alt＋0
显示/隐藏选择区域	Ctrl＋H
显示/隐藏路径	Ctrl＋Shift＋H
显示/隐藏标尺	Ctrl＋R
显示/隐藏所有命令面板	Tab
显示或隐藏工具箱以外的所有调板	Shift＋Tab

视频讲解

5.3　案例一　快乐小天使

要求：通过“快乐小天使”的制作，熟悉和掌握移动工具、自定形状工具、修补工具、钢笔工具、图层蒙版、剪贴蒙版、矢量蒙版、图层样式、路径文字输入等的应用，熟练掌握 Photoshop 工具箱中各种工具的使用技巧。最终效果如图 5.32 所示。

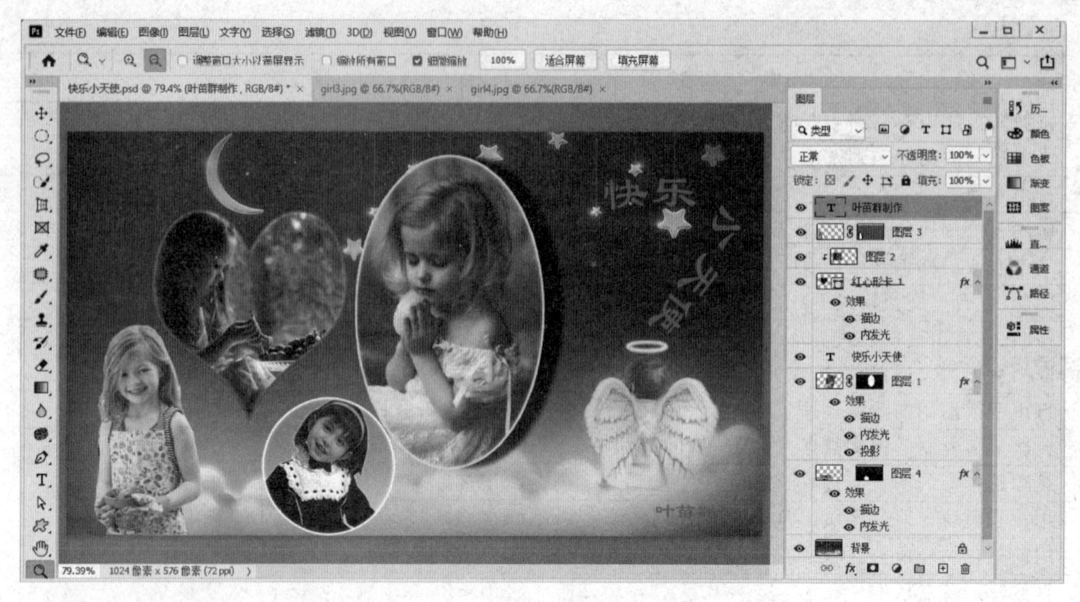

图 5.32 “快乐小天使”效果图

具体操作步骤如下。

1. 修补工具处理背景图片

(1) 打开 Adobe Photoshop 应用程序,选择“文件”→“打开”,打开“打开”对话框,如图 5.33 所示。选择“快乐小天使”文件夹下所有的图片文件:背景.jpg、girl1.jpg、girl2.jpg、girl3.jpg、girl4.jpg,单击“打开”按钮。这样这几幅图片都被打开到 Photoshop 窗口中了。

图 5.33 “打开”对话框

（2）单击已打开的图片 背景.jpg，使得当前窗口为背景图片窗口。单击工具箱中的“缩放工具”按钮，标题栏下方出现该工具的“选项”属性，如图 5.34 所示。单击“适合屏幕”按钮。

图 5.34 “缩放工具”选项属性

（3）此时 Photoshop 界面如图 5.35 所示。观察到图片下方有该图片下载网站的一些信息，接下来将这些信息去除。

图 5.35 Photoshop 界面

（4）单击工具箱中的“修补工具”按钮 修补工具，拖动鼠标环绕着要删除的信息“昵图网……”画一个圆圈，释放鼠标，出现要修补的区域，如图 5.36 所示。

图 5.36 修补的区域

（5）拖动选中的修补选区到图右边（右边的内容为目标信息），如图 5.37 所示。释放鼠标，左边部分区域被替换成了右边的内容。

（6）使用同样的方法，修补图中其他不需要的信息。此时背景图片处理完毕，如图 5.38 所示。选择“文件”→“存储为”，将图片文件保存为“快乐小天使.jpg”。

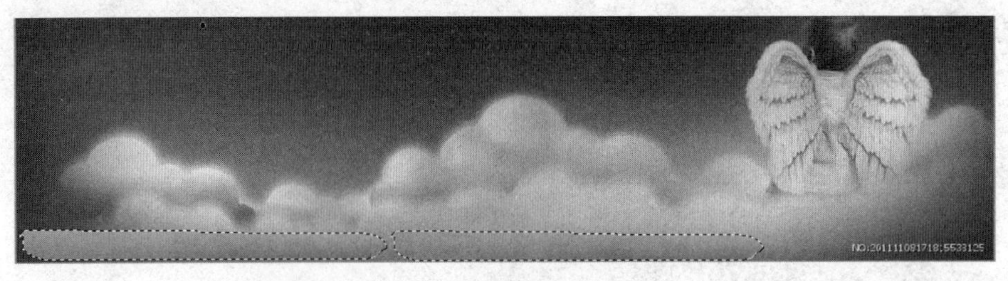

图 5.37　一个修补区域完成

图 5.38　修补全部完成

2. 图层蒙版

(1) 单击窗口中的 girl1.jpg 图片文件，按 Ctrl＋A 组合键全选图片，单击工具箱中的"移动工具"按钮 移动工具，拖动 girl1.jpg 图片到"快乐小天使"图片中。观察"图层"面板，多了"图层 1"图层。

(2) 选择"编辑"→"自由变换"(或者按 Ctrl＋T 组合键)，图片上出现 8 个控点，拖动四角其中一个控点，适当缩小图片。

(3) 将鼠标移向四角，当光标变成 时，拖动鼠标适当旋转图片。单击菜单下面"选项"窗口中的"提交变换"按钮 (或者按 Enter 键)，完成变换。

(4) 单击工具箱中的"椭圆选框工具"按钮 椭圆选框工具，拖动选择小女孩部分图片，虚线椭圆部分就是选中部分，如图 5.39 所示。可以通过"选择"→"变换选区"来重新调整已选定的内容。

图 5.39　椭圆选框选取

(5) 单击“图层”面板中的“添加图层蒙版”按钮 。此时“图层”面板和图片效果如图 5.40 所示。椭圆以外的部分已经隐藏起来。

图 5.40 图层蒙版效果

图层蒙版中的黑色表示本图层的透明部分,本图层黑色区域被蒙版蒙住不显示出来;白色表示图层的不透明部分,本图层白色区域照原样显示。

3. 剪贴蒙版

(1) 单击“图层”面板中的“创建新图层”按钮 ,此时图层 2 出现在图层 1 上方。

(2) 单击工具箱中的“自定形状工具”按钮 自定形状工具,选项属性“选择工作模式”设置为“形状”,“形状”设置为“红心形卡” (如果没有该形状,请使用“导入形状”导入),如图 5.41 所示。在图中拖动鼠标,画上一个心形形状。此时图层 2 变成了“红心形卡 1”图层。

图 5.41 插入“自定形状工具”

(3) 单击窗口中打开着的 girl2.jpg 图片文件,按 Ctrl+A 组合键全选图片后,按 Ctrl+C 组合键复制图片。单击“快乐小天使”图片,按 Ctrl+V 组合键将 girl2.jpg 图片复制过来。观察“图层”面板,多了“图层 2”图层。

(4) 按 Ctrl+T 组合键,适当缩小图片,使图片与心形基本吻合;右击图片,在弹出的快捷菜单中选择“水平翻转”,按 Enter 键确定翻转图片。

(5) 右击“图层”面板中的“图层 2”,在弹出的快捷菜单中选择“创建剪贴蒙版”。选中“图层 2”,利用单击工具箱中的“移动工具”按钮适当移动心形中的图片。如果要一起移动图片和心形形状,就需要用 Ctrl 键一起选中“图层 2”和“红心形卡 1”图层,才可以移动。此时图片和“图层”面板如图 5.42 所示。

图 5.42　图片和“图层”面板显示

(6) 选择“文件”→“存储为”,将图片文件保存为“快乐小天使.psd”。

4. 矢量蒙版

(1) 复制窗口中的 girl3.jpg 图片到“快乐小天使”图片左下角中,生成“图层 3”图层。按 Ctrl+T 组合键,适当缩小图片。

(2) 使用“缩放”工具(也可以按 Alt 键+滚动鼠标)放大图片显示,再使用“抓手工具”按钮(也可以按空格键)或者使用“窗口”→“导航器”,使 girl3.jpg 图片尽量显示到屏幕最大。

(3) 单击工具箱中的“钢笔工具”按钮 钢笔工具,选项属性“选择工作模式”设置为“路径”,绕着 girl3.jpg 图片女孩周围多次单击鼠标,直到完成封闭图形,如图 5.43 所示,这样就完成了女孩图路径的创建。如果对路径不甚满意,可以使用 直接选择工具,单击路径后,拖动实心的锚点进行调整。

(4) 选择“图层”→“矢量蒙版”→“当前路径”(或者单击“钢笔工具”选项属性中“蒙版”选项),创建图层 3 矢量蒙版。选择“路径”面板,单击“将路径作为选区载入”按钮,按 Ctrl+D 组合键取消选区。

图 5.43　钢笔工具创建路径

(5) 使用"缩放"工具 缩小图片显示，此时"图层"面板、"路径"面板和图片效果如图 5.44 所示，此时单击图层 3 右边的"矢量蒙版缩览图"后，也可以使用直接选择工具进行调整。

5. 图层样式

(1) 在"图层"面板中，单击选择"背景"图层。单击工具箱中的"椭圆选框工具"按钮 椭圆选框工具，按 Shift 键并拖动到背景中下方位置绘制一个正圆。

(2) 全选并复制窗口中的 girl4.jpg 图片后，在快乐小天使图片中，选择"编辑"→"选择性粘贴"→"贴入"，在背景层上方生成了"图层 4"图层。按 Ctrl+T 组合键，利用变换缩小图片，使得效果如图 5.45 所示。思考一下这种使用选择性粘贴/贴入的方法实质上是使用上述哪种蒙版？

图 5.44　矢量蒙版效果

图 5.45　选择性粘贴效果

(3) 选择“图层 4”图层，单击“图层”面板中的“添加图层样式”按钮 fx，在弹出的快捷菜单中选择“描边”，打开“图层样式”对话框，描边大小选择 3px，位置为外部，混合模式为正常，不透明度为 100%，颜色选择白色(rgb:255,255,255)，同时选中“内发光”选项，如图 5.46 所示。

(4) 选择“红心形卡 1”图层，单击“图层”面板中的“添加图层样式”按钮 fx，在弹出的快捷菜单中选择“描边”，打开“图层样式”对话框，描边颜色选择红色(rgb:255,0,0)，同时选中“内发光”选项。

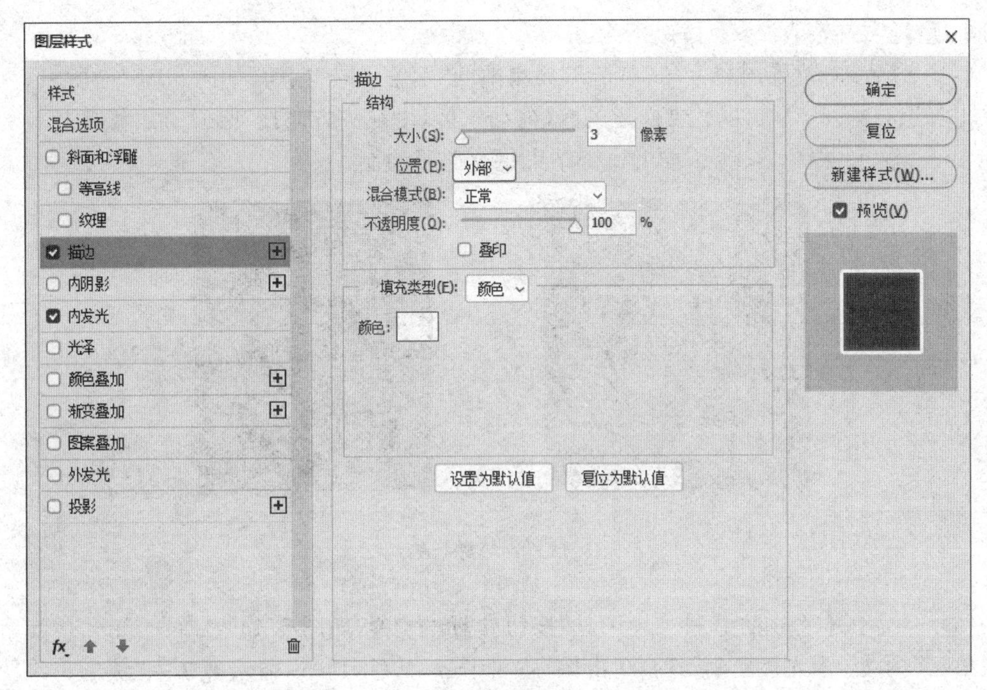

图 5.46 “图层样式”内发光

(5) 选择“图层 1”图层,单击“图层”面板中的“添加图层样式”按钮 fx,在弹出的快捷菜单中选择“投影”,打开“图层样式”对话框,混合模式为“正片叠底”,不透明度为 75%,投影角度 180°,距离 30px; 单击描边选项进行设置,描边颜色选择黄色(rgb:255,255,0),同时选中“内发光”选项,如图 5.47 所示。

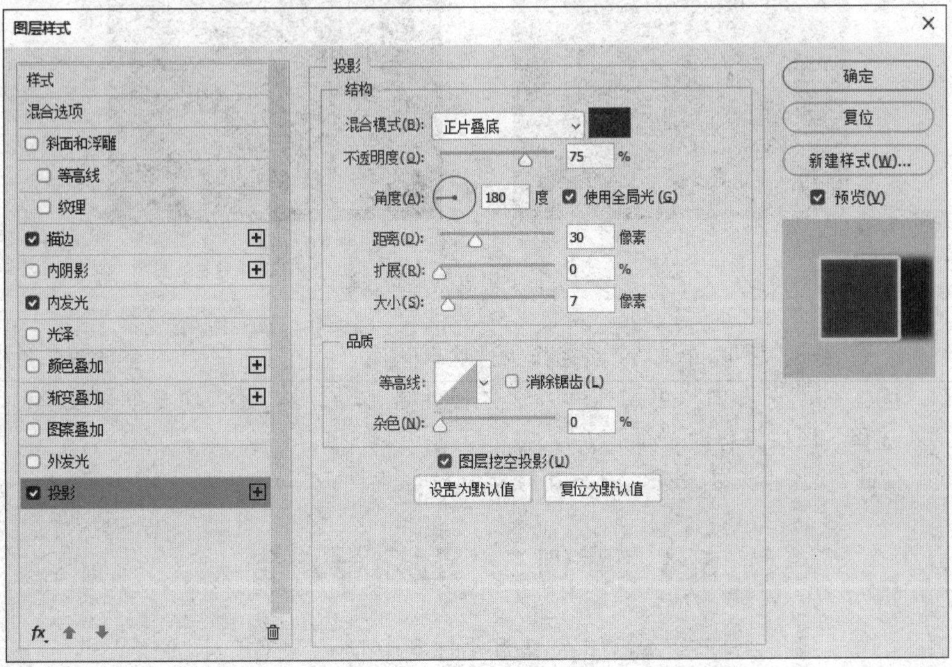

图 5.47 “图层样式”投影

6. 路径文字输入

(1) 光标移向背景图右上角,单击工具箱中的"钢笔工具"按钮,如图 5.48(a)所示,鼠标先单击①点,再单击②点并不要松开鼠标,拖动鼠标,沿箭头方向拖动到③点,松开鼠标;如图 5.48(b)所示,再单击④点,按 Esc 键结束钢笔路径绘制。

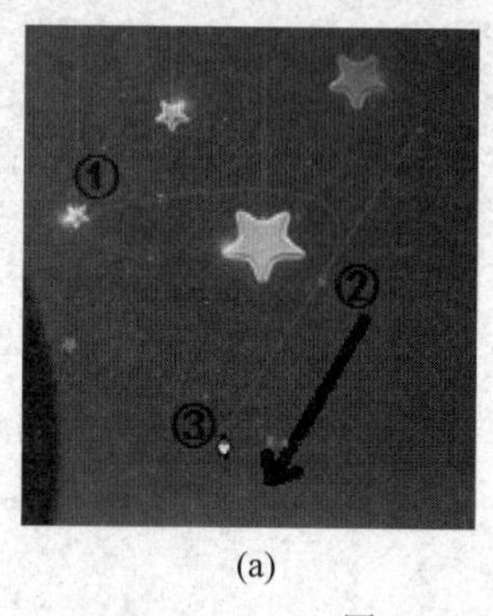

(a)

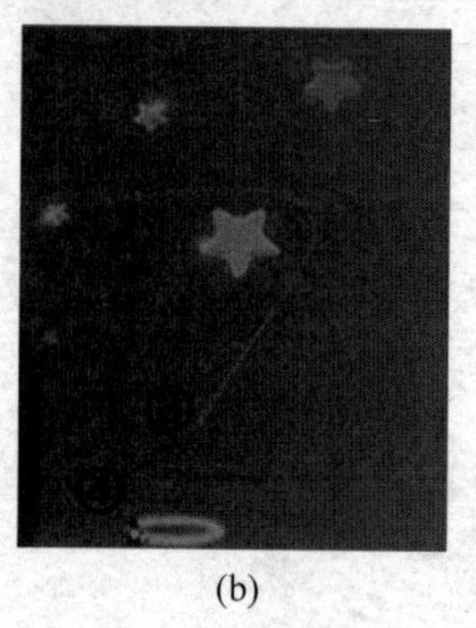

(b)

图 5.48 钢笔路径绘制

(2) 单击工具箱中的"横排文字工具"按钮 T 横排文字工具,如图 5.49(a)所示,光标指向路径左上角起点附近,当光标变成 时,单击鼠标;如图 5.49(b)所示,输入中文字"快乐小天使",文字会沿着钢笔路径输入,选中文字设置字体为隶书,大小 68 点,字体颜色为(rgb:255,100,100)。

(a)

(b)

图 5.49 文字沿着钢笔路径输入

(3) 选择"路径"面板,单击"将路径作为选区载入"按钮,按 Ctrl+D 组合键取消选区。

(4) 新建一图层,在图片可视处输入学号和姓名,以后所有案例均要求显示学号和姓名。试着选择各图层并移动至合适位置。

(5) 存储"快乐小天使.psd"文件,并另存为 JPG 文件。

视频讲解

5.4 案例二 显示器广告

要求:通过"显示器广告"的制作,熟悉和掌握魔棒工具、钢笔工具、渐变工具、油漆桶工具、矢量蒙版、不透明度调整、文字蒙版等的应用,进一步熟练 Photoshop 工具箱中各种工具的使用技巧。最终效果如图 5.50 所示。

图 5.50　“显示器广告”效果图

具体操作步骤如下。

1. 魔棒工具与自由变换

(1) 启动 Photoshop 应用程序,打开素材“显示器广告”文件夹中“大海.jpg”“海豚.jpg”“显示器.jpg”图片文件。

(2) 切换到“显示器.jpg”图片,选择“魔棒工具” 魔棒工具,“选项”属性处“容差”设置为 10,单击显示器外纯白色区域,此时纯白色区域将全部被选中。

(3) 选择“选择”→“反选”,这样就选中了显示器部分,按 Ctrl+C 组合键复制选中内容。

(4) 切换到“大海.jpg”图片,按 Ctrl+V 组合键将显示器复制过来,生成了“图层 1”图层。按 Ctrl+T 组合键,“选项”属性处 W 和 H 设置为 140%,将显示器放到大海图片右下角位置。

(5) 将“海豚.jpg”图片也复制到“大海.jpg”,生成了“图层 2”图层。将图层 2“不透明度”设置为70%,调整位置和大小如图5.51所示。调整不透明度是为了能够看清楚下面显示器图层,方便之后选取。注意要将海豚图覆盖显示器图片的显示屏部分,并保留海豚头略超出显示器,这是为了突出显示器画面的逼真效果,让人感觉海豚要从显示器中跃出来。

图5.51　海豚图覆盖显示屏

2. 钢笔工具与矢量蒙版

(1) 单击工具箱中的“钢笔工具”,从工具选项栏中选择“路径”和“添加到路径区域”。单击显示器图的显示屏右下角位置,从该位置开始,沿顺时针方向单击锚点选择路径,基本上沿着显示屏即可,但要注意的是,露在显示屏外的海豚身体部分也要选取在内,钢笔路径如图5.52所示,返回到起点,闭合路径。

(2) 选择“图层”→“矢量蒙版”→“当前路径”,创建图层2矢量蒙版。

(3) 将图层2“图层”面板中的“不透明度”恢复为100%,此时显示器与海豚图基本操作完毕,如图5.53所示。

3. 文字蒙版与渐变工具

(1) 单击工具箱中的“直排文字蒙版工具”按钮,选项中设置字体为“华文琥珀”,大小为22点,单击图片左边区域,此时图片变成红色半透明显示状态(也就是快速蒙版状态),输入“任屏冲击”文字,单击工具选项中的“提交所有当前编辑”按钮。这时文字为虚线选中状态,图片恢复正常。

(2) 单击“图层”面板中的“创建新图层”按钮,创建“图层3”图层。

图 5.52　钢笔工具选取区域

图 5.53　显示器与海豚图

(3) 单击工具箱中的“渐变工具”按钮 渐变工具，单击工具选项中下拉框(单击可打开“渐变”拾色器)，选择“紫色-18”，沿着“任屏冲击”文字从上到下拖动鼠标，这样就完成了给文字填充渐变色，此时图层和文字如图 5.54 所示。按 Ctrl+D 组合键取消选择。

图 5.54　渐变工具填充文字

(4) 新建“图层 4”，单击工具箱中的“横排文字蒙版工具”按钮 横排文字蒙版工具，选项中设置字体为“华文琥珀”，大小为 22 点，单击上方输入“虚拟视界”文字，单击工具选项中的“提交所有当前编辑”按钮 ✓。这时文字为虚线选中状态。

(5) 单击工具箱中的“油漆桶工具”按钮 油漆桶工具，工具选项中的“设置填充区域的源”设置为“图案”，图案样式设置为“草-游猎”，单击“虚拟视界”文字，这样就完成了给文字填充图案。按 Ctrl+D 组合键取消选择。

(6) 参照图 5.50 效果，用移动工具移动各图层到合适位置，注意图层 1 和图层 2 务必要一起选中后同时移动，将图片另存为“显示器广告.psd”。

视频讲解

5.5　案例三　特效边框

要求：通过“特效边框”的制作，熟悉快速蒙版、滤镜、路径选区转换等的应用，进一步熟练 Photoshop 工具箱中各种工具的使用技巧。最终效果如图 5.55 所示，边框部分为黄色。

图 5.55 “特效边框”效果

具体操作步骤如下。

1. 快速蒙版

(1) 用 Photoshop 打开素材“女孩.jpg”,如图 5.56 所示。

图 5.56 女孩原图

(2) 双击“图层”面板中的背景层,打开“新建图层”对话框,如图 5.57 所示,单击“确定”按钮,将背景层转换为普通层“图层 0”。

(3) 选择“图像”→“画布大小”,打开“画布大小”对话框。选中“相对”复选框,宽度和高度都设置为 1 厘米,如图 5.58 所示,单击“确定”按钮。此时在图像周围拓宽了 1 厘米的透明边缘。

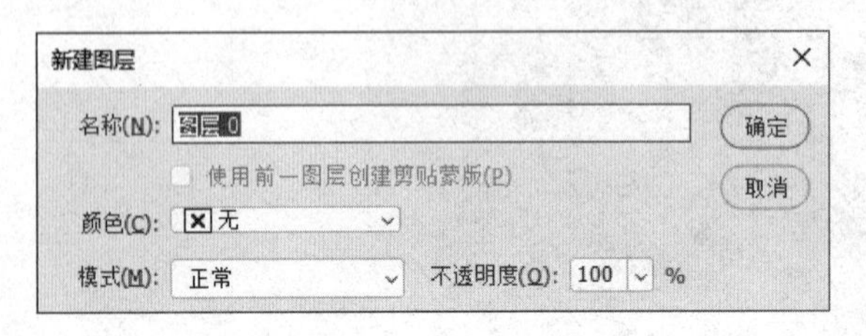

图 5.57 转换背景层为普通图层

图 5.58 “画布大小”对话框

(4) 单击工具箱中的“矩形工具”按钮，选项中“选择工作模式”设置为“路径”，沿图像(不含拓展部分)边缘拖动鼠标画出一个矩形区域。单击“路径”面板中的“将路径作为选区载入”按钮，创建矩形选区，如图 5.59 所示。

图 5.59 创建矩形选区

(5) 单击选中工具箱底部的“以快速蒙版模式编辑”按钮，将所选区域转换为蒙版状态，此时图片周围拓展部分显示为红色半透明。

2. 滤镜

(1) 选择“滤镜”→“像素化”→“彩色半调”，打开“彩色半调”对话框。设置“最大半径”为 20 像素，其他默认，如图 5.60 所示，单击“确定”按钮。

(2) 选择“滤镜”→“像素化”→“碎片”，对当前蒙版进行碎片处理。

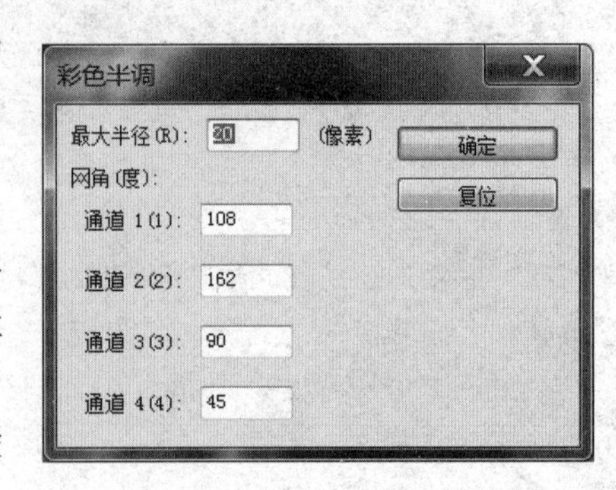

图 5.60 “彩色半调”对话框

(3) 选择"滤镜"→"锐化"→"锐化",对当前蒙版进行锐化处理。再选择"滤镜"→"锐化"两次。

(4) 单击工具箱中的"以标准模式编辑"按钮,将蒙版转换为选区,此时红色半显消失。选择"选择"→"反选",反向选择选区。按 Delete 键删除选区内的图像,注意只是边缘部分图像删除。

(5) 利用"颜色"面板将背景色(工具箱中 ,显示在前面的为前景色,后面的为背景色)设置为黄色(255,255,0),按 Ctrl+BackSpace 组合键,将选区内的颜色填充为黄色;又或者利用前景色设置为黄色(255,255,0),按 Alt+Delete 组合键,将选区内的颜色填充为黄色。

(6) 按 Ctrl+D 组合键取消选区,即可得到最终的边框特效效果。保存为"特效边框.psd"文档。

5.6 案例四 雨景效果

视频讲解

要求:通过"雨景效果"的制作,熟悉图层混合模式、滤镜、图像调整等的应用,进一步熟练 Photoshop 工具箱中各种工具的使用技巧。最终效果如图 5.61 所示。

图 5.61 "雨景效果"效果图

具体操作步骤如下。

1. 图像调整

(1) 打开素材中的"小镇风景"图像,如图 5.62 所示。

(2) 在"图层"面板中,右击背景层,在弹出的快捷菜单中选择"复制图层",打开"复制图层"对话框,如图 5.63 所示,单击"确定"按钮。

图 5.62 小镇风景原图

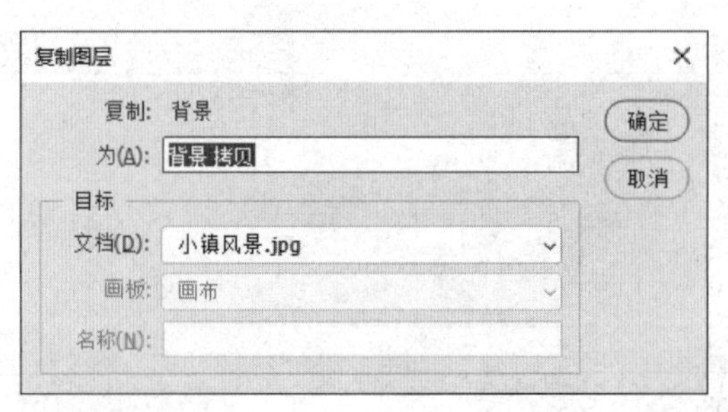

图 5.63 “复制图层”对话框

(3) 选择“滤镜”→“像素化”→“点状化”,打开“点状化”对话框,设置“单元格大小”为 3,如图 5.64 所示,单击“确定”按钮。

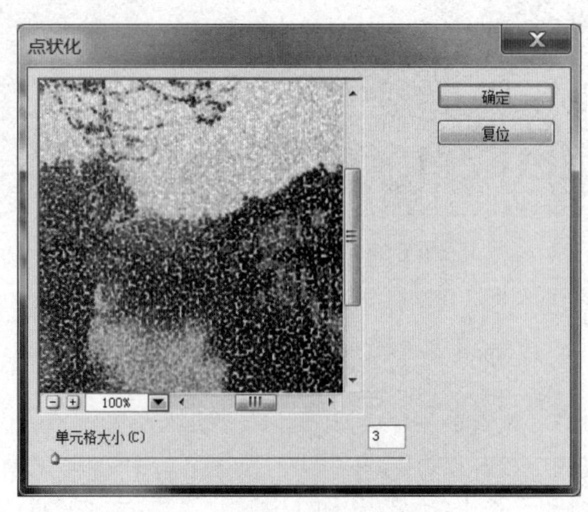

图 5.64 “点状化”对话框

(4) 选择“图像”→“调整”→“阈值”，打开“阈值”对话框，设置“阈值色阶”为 227，如图 5.65 所示，单击“确定”按钮。

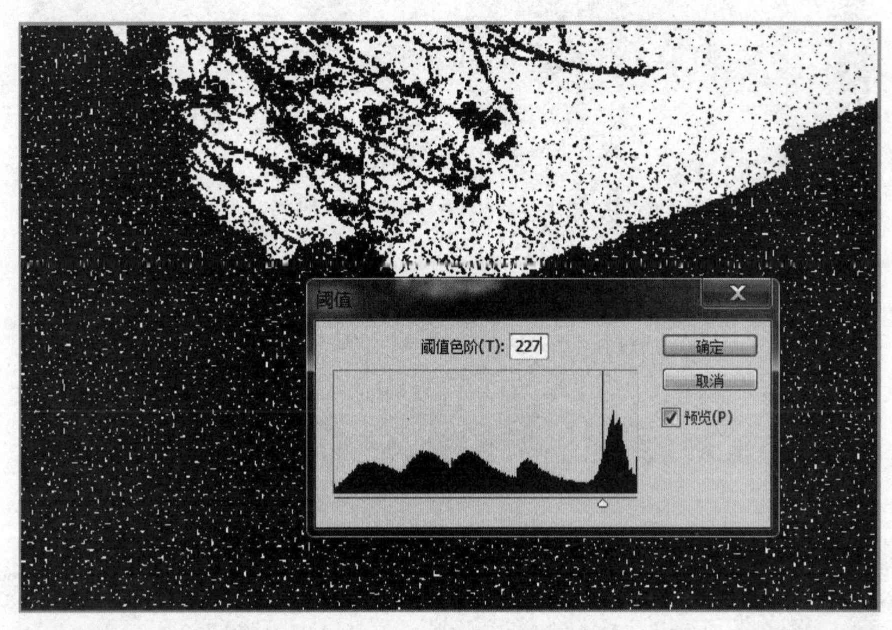

图 5.65 “阈值”对话框

2. 图像混合模式

(1) 在“图层”面板中的“设置图层的混合模式”下拉列表框(位于“图层”面板左上角，一开始显示“正常”)中选择“滤色”。

(2) 选择“滤镜”→“模糊”→“动感模糊”，打开“动感模糊”对话框，设置“角度”为 80°，“距离”为 28px，单击“确定”按钮。

(3) 选择“滤镜”→“锐化”→“USM 锐化”，打开“USM 锐化”对话框，设置“数量”为 500%，“半径”为 0.5px，单击“确定”按钮。

(4) 保存为“雨景效果.psd”文档。

5.7 案例五 动态水波效果

要求：通过“动态水波效果”的制作，熟悉和掌握仿制图章工具、修复画笔工具、裁剪工具、魔棒工具、模糊工具、液化、羽化、动态图制作，进一步掌握变形、形状和图层混合模式等应用，理解 Photoshop 动画的使用。最终效果如图 5.66 所示。

具体操作步骤如下。

1. 鱼缸图片处理

(1) 打开素材“鱼缸”图片文件，单击工具箱中的“裁剪工具”按钮 裁剪工具，在“鱼缸.jpg”图片中拖动选择中间部分，松开鼠标后，也可以拖动控点重新调整裁剪区域(如图 5.67 所示)。单击工具选项中的“提交当前裁剪操作”按钮 ✔，完成裁剪操作。保存“鱼缸”图片文件。

图 5.66 “动态水波效果”效果图

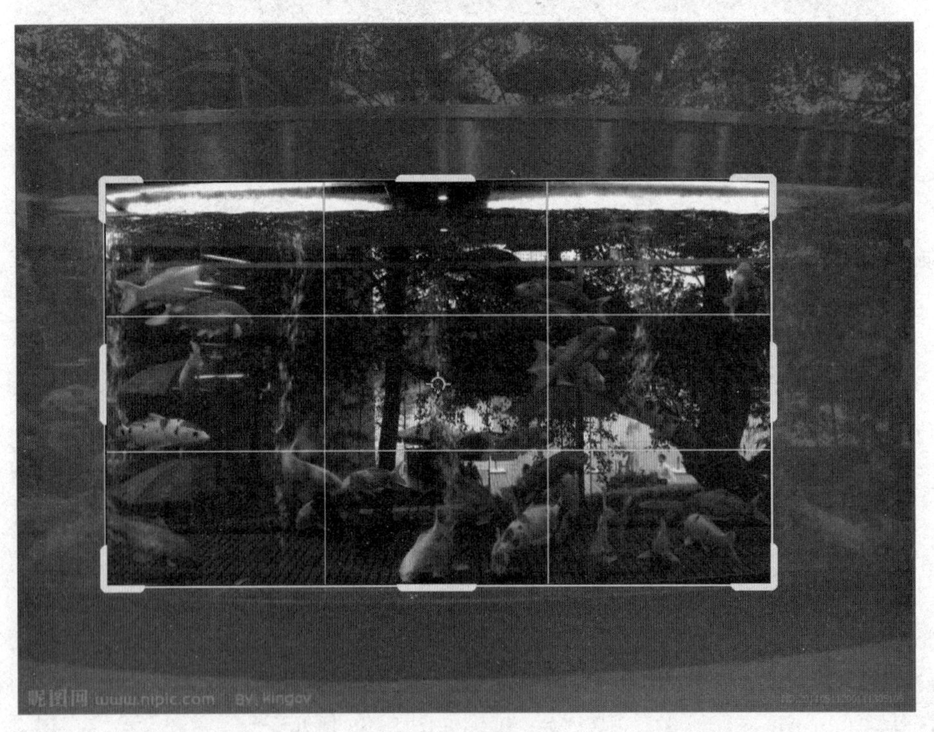

图 5.67 裁剪区域

(2) 打开如图 5.68 所示图片“鱼 1.jpg”“鱼 2.jpg”“鱼 3.jpg”“鱼 4.jpg”。

(3) 单击打开的图片“鱼 1.jpg”，采用魔棒工具选中黑色区域，然后反向选择，即可选中鱼。将“鱼 1.jpg”中选中的鱼使用移动工具拖动到“鱼缸”图片中，生成“图层 1”图层。将该图层鱼进行自由变换、变形、水平翻转等操作，使鱼 1 与鱼缸图片中的鱼大小相当，放在鱼缸右中部合适位置。

图 5.68　鱼原始图

(4) 单击工具箱中的“模糊工具”，拖动鼠标在图层 1 鱼 1 四周涂抹，将鱼 1 边缘模糊化。

(5) 单击打开的图片“鱼 2.jpg”，采用魔棒工具选中白色区域，然后反向选择，即可选中鱼。将“鱼 2.jpg”中选中的鱼使用移动工具拖动到“鱼缸”图片中，生成“图层 2”图层，将该图层鱼进行自由变换操作，使鱼 2 与鱼缸图片中的鱼大小相当，放在鱼缸左下部合适位置。

(6) 单击工具箱中的“移动工具”，按住 Alt 键，同时拖动鱼 2 到其右边一点，即完成复制鱼 2 操作，同时生成“图层 2 拷贝”图层。

2. 修复画笔工具

(1) 单击打开的图片“鱼 3.jpg”，选择魔棒工具，在工具选项中选中“添加到选区”项，单击选中各白色区域。

(2) 选择工具箱中的快速选择工具，在工具选项中选中“添加到选区”项，拖动鼠标选中左下角文字部分。

(3) 反向选择，即可只选中鱼。将“鱼 3.jpg”中选中的鱼使用移动工具拖动到鱼缸图片中，生成“图层 3”图层，将该图层鱼进行自由变换、旋转等操作，放在鱼缸左中部合适位置。

(4) 单击工具箱中的“修复画笔工具”，按住 Alt 键，单击图层 3 鱼 3 中间部分一点(如图 5.69(a)所示，鱼身的图标⊕就是单击位置，也是复制源部分)，光标定位到图左下角合适位置开始拖动鼠标涂抹即可完成部分图片的复制，如图 5.69(b)所示。

(a)

(b)

图 5.69　画笔修复工具运用

3. 仿制图章工具

(1) 单击打开的图片“鱼 4.jpg”，采用磁性套索工具来选择：单击工具箱中的“磁性套索工具”按钮 磁性套索工具，单击鱼身边沿一点，光标慢慢沿着鱼边沿移动，如果偏离了鱼身可以采用单击鼠标来定位，如果想要删除返回可以按 Delete 键，当形成闭合路径时，则磁性套索选择结束。如图 5.70 所示，左边为套索过程，右边为套索结束后自动闭合选择区域。

图 5.70　套索过程和套索结束

(2) 将“鱼 4.jpg”中选中的鱼使用移动工具拖动到鱼缸图片中，生成“图层 4”图层，将该图层鱼进行自由变换、旋转等操作，放在鱼缸中上部合适位置。将图层 4 混合模式设置成“点光”。

(3) 单击工具箱中的“仿制图章工具”，按 Alt 键，单击图层 4 鱼 4 中间部分一点。新建“图层 5”图层，到图中部合适位置开始拖动鼠标涂抹即可完成图片的部分复制。

(4) 适当放大图层 5 中的鱼，将图层 5 混合模式设置成“排除”，产生让鱼儿到水泡后面的效果。

4. 保存图片

(1) 选择“文件”→“存储”，保存图片为“鱼缸. psd”。此时各个图层都是可以修改的。图层和图片效果如图 5.71 所示。

图 5.71　图层和图片效果

(2) 选择“文件”→“存储为”，保存图片为“动态水波效果. jpg”，文件格式改为 JPG。此图片格式不再保留图层信息，所有图层合并到背景层。

(3) 选择“文件”→“关闭全部”令，关闭打开的所有图片文件。

5. 同心圆环制作

(1) 新建一个 20×18cm(宽度 20cm、高度 18cm)、分辨率为 72ppi 的“同心圆环”背景白色文档。

视频讲解

(2) 选择“视图”→“新建参考线”,打开“新建参考线”对话框,垂直方向位置为 10cm,如图 5.72 所示,单击“确定”按钮。另新建水平方向参考线为 9cm,形成一个交叉点,可作为同心圆圆心的位置。

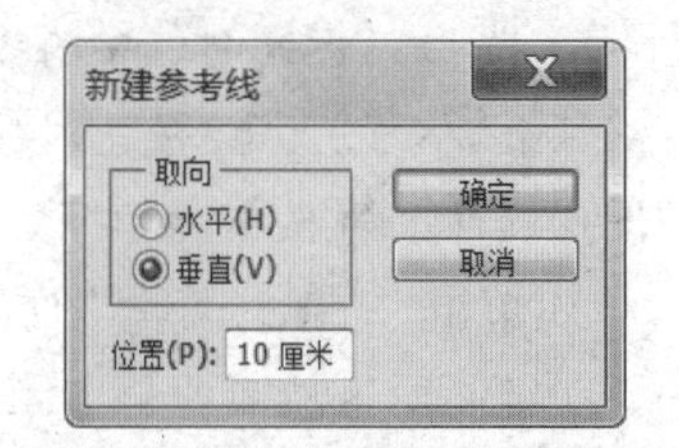

图 5.72 “新建参考线”对话框

(3) 单击工具箱中的“默认前景色和背景色”按钮,自动将前景色设置为黑色,背景色设置为白色。

(4) 选择“编辑”→“填充”,打开“填充”对话框,填充内容使用前景色,单击“确定”按钮后,文档背景色被设置为黑色;上述设置操作也可以使用 Alt+Delete 组合键将文档背景色设置为黑色。

(5) 单击工具箱中的“切换前景色和背景色”按钮,此时前景色为白色,背景色为黑色。

(6) 单击工具箱中的“椭圆工具”按钮,工具选项中“选择工作模式”选中“形状”,按住 Shift 键,在文档中拖动,绘制覆盖文档的白色正圆。按 Ctrl+T 组合键,使白色圆处于变换状态,拖动圆四角边缘控点,使白色圆等比例放大或缩小;移动圆,使圆心正好处在参考线交点,如图 5.73 所示,此时生成了“椭圆 1”图层,按 Enter 键确认变换。

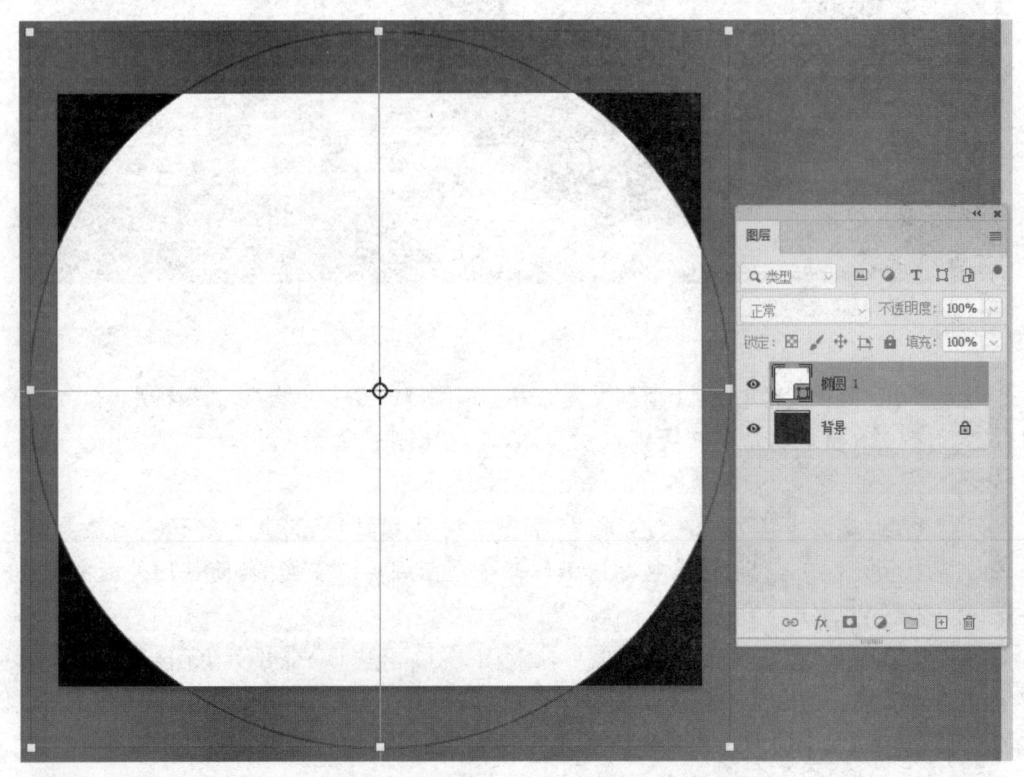

图 5.73 画圆

(7) 单击工具箱中的“默认前景色和背景色”按钮，前景色设置为黑色，再新建图层 1。使用“椭圆工具”按钮，按住 Shift 键，在文档中拖动，绘制比上一步圆小一点的同心黑色圆，按 Ctrl+T 组合键调整黑色圆大小及位置。此时图层 1 变成了“椭圆 2”图层。

(8) 按 Ctrl 键同时选中“椭圆 1”和“椭圆 2”图层，右击选择“复制图层”。出现“复制图层”对话框，单击“确定”按钮，生成了“椭圆 1 拷贝”和“椭圆 2 拷贝”图层。单击“椭圆 2 拷贝”图层前面的按钮，暂时隐藏该图层。

(9) 单击“椭圆 1 拷贝”图层，按 Ctrl+T 组合键使其处于变换状态；按住 Alt(保证中心点不变)键同时拖动圆四角边缘控点，使白色圆等比例中心点不变地缩小变换圆，如图 5.74 所示，按 Enter 键确认变换。

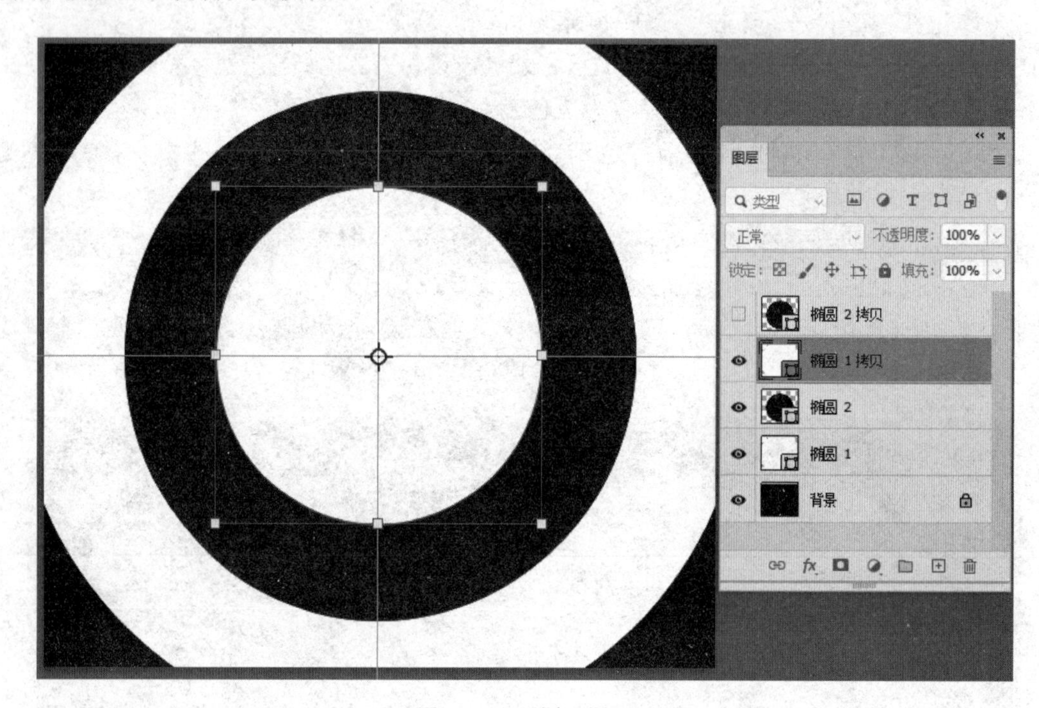

图 5.74　画同心圆 3

(10) 单击“椭圆 2 拷贝”图层前面的按钮，显示该图层，并单击选中该图层。按 Ctrl+T 组合键后，按 Alt 键同时拖动四周控点变换圆，使其比刚才白圆再小一点，按 Enter 键确认变换。

(11) 复制“椭圆 1 拷贝”图层，生成了“椭圆 1 拷贝 2”图层，将此图层移动到最上面，单击该图层，按 Ctrl+T 组合键后，按 Alt 键同时拖动四周控点变换圆，使其比外面黑圆再小一点，按 Enter 键确认变换。

(12) 隐藏背景层，选中除背景层以外所有图层，右击选择“合并可见图层”，合并在“椭圆 1 拷贝 2”图层。用魔棒工具选中所有黑色部位，按 Delete 键删除。按 Ctrl 键并单击该图层前面缩览图选中该图层，如图 5.75 所示，按 Ctrl+C 组合键复制，图片中应该已经没有黑色，只有两个白色圆环和一个小圆。保存图片文件为“同心圆环. psd”。

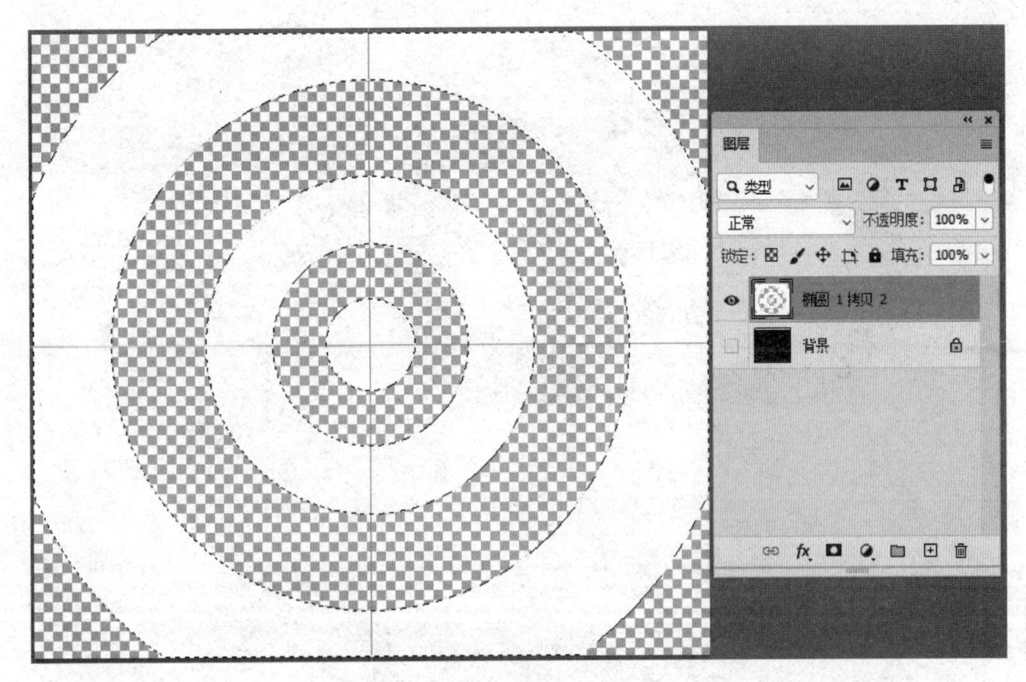

图 5.75 同心圆环

6. 液化处理

(1) 选择“文件”→“打开”,打开“动态水波效果.jpg”图片文件。用 Ctrl+V 组合键将“同心圆环”选中的图层复制过来,生成“图层 1”图层。

(2) 单击“图层 1”图层,用 Ctrl+T 组合键并结合 Shift 键拖动控点,调整图层 1 大小和背景图完全一致,不保持圆环纵横比。按 Ctrl 键并单击该图层前面的缩览图,选中该图层。

(3) 选择“选择”→“修改”→“羽化”,打开“羽化选区”对话框,设置羽化半径为 6px,如图 5.76 所示。

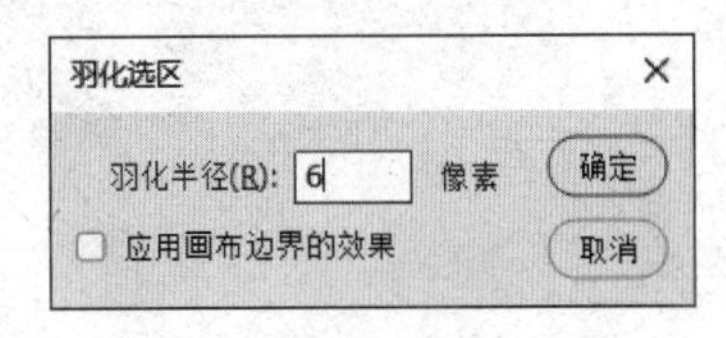

图 5.76 “羽化选区”对话框

(4) 单击“背景”图层后,再选择“图层”→“新建”→“通过拷贝的图层”(或者按 Ctrl+J 组合键),这样就完成了图层的复制,图层名为“图层 2”(重复做时,图层 2 会变成图层 3、图层 4、图层 5)。

(5) 在新复制的图层中,选择“滤镜”→“液化”,打开“液化”对话框,选择该对话框左边工具箱中的“膨胀工具”,设置合适的画笔大小(大的圆环需要大一点的笔画大小),然后在圆环图像中涂抹,这样涂抹的部分就会膨胀,涂的时候要顺着圆圈涂,用力要均匀,一般涂一遍即可,如图 5.77 所示,图像部分全部涂好后,单击“确定”按钮。

(6) 先选中“图层 1”图层,再按 Ctrl 键并单击圆环图层“图层 1”前面的缩览图。按 Ctrl+T 组合键,然后在上面的选项栏中把宽和高等比例放大 20%,即设置 W:120%、H:120%,如图 5.78 所示,按 Enter 键确认放大。(重复做时,此步骤不需要任何变化。)

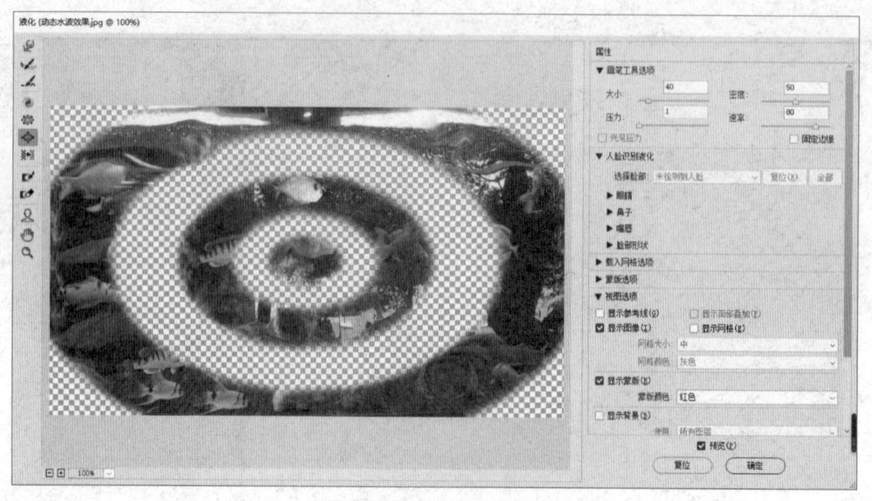

图 5.77 “液化”对话框

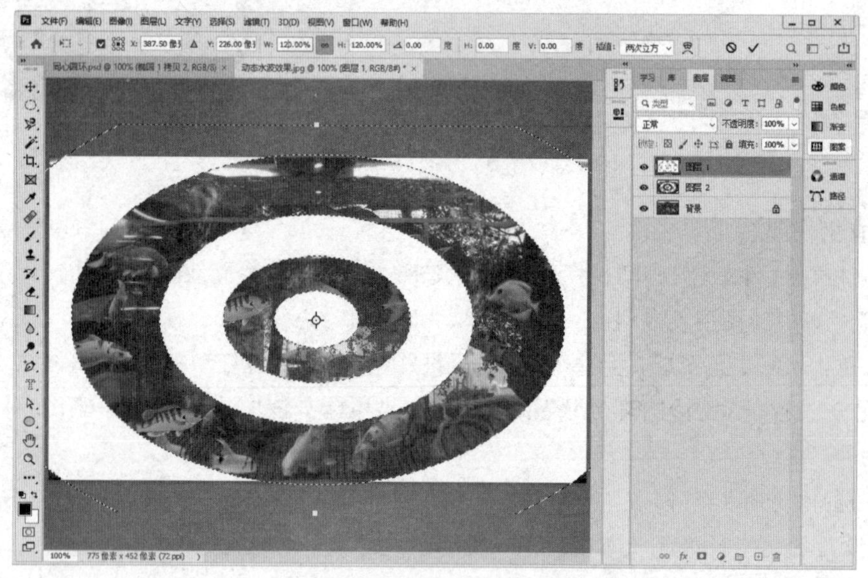

图 5.78 圆环图层效果 1

（7）重复第（3）～（6）步（重复一次，液化处理一遍，把圆环放大 20%），这样重复做共 4 次，如图 5.79 所示为制作好的所有图层。

7. 动态水波效果处理

视频讲解

（1）隐藏除背景层外的所有层，单击背景层。选择“窗口”→“时间轴”，打开“时间轴”面板，单击“创建帧动画”选项，修改动画（帧）持续时间为 0.5s。

（2）单击“时间轴”面板中的“复制所选帧”，产生第 2 帧，设置“图层”面板，只显示“图层 2”和背景层。

（3）单击“复制所选帧”，产生第 3 帧，只显示“图层 3”和背景层。

（4）单击“复制所选帧”，产生第 4 帧，只显示“图层 4”和背景层。

（5）单击“复制所选帧”，产生第 5 帧，只显示“图层 5”和背景层。

（6）如图 5.80 所示，单击“时间轴”面板中的“播放动画”按钮▶，可预览动画效果。

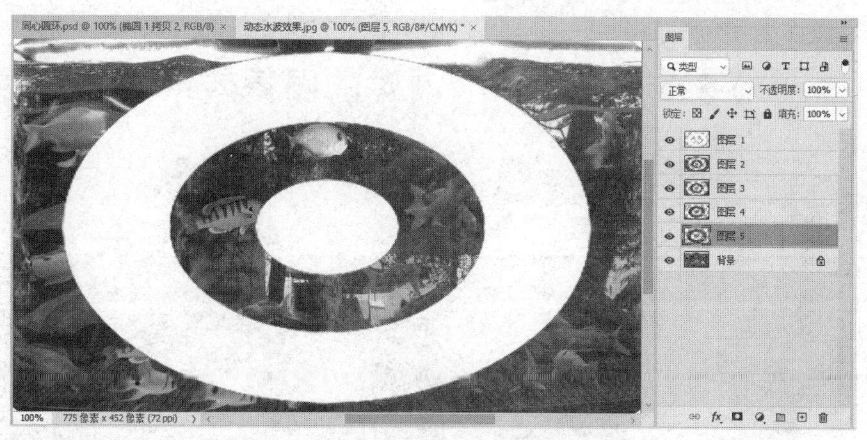

图 5.79　圆环图层效果 2

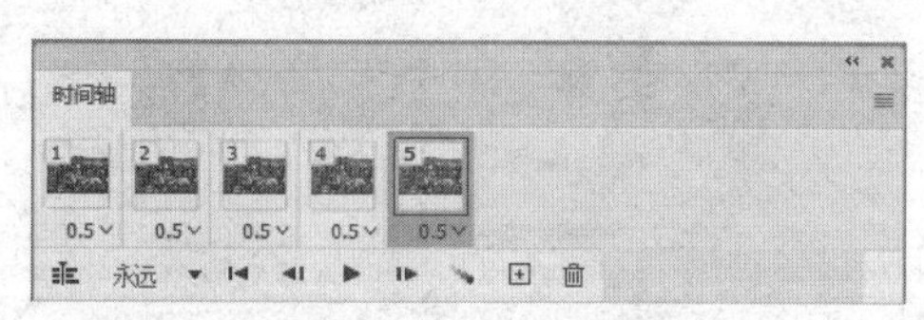

图 5.80　动画制作

(7) 选择"文件"→"导出"→"存储为 Web 所用格式(旧版)",打开对话框,如图 5.81 所示。这里采用默认设置,单击"存储"按钮。打开"将优化结果存储为"对话框,取名"动态水波效果.gif"保存。预览此 gif 效果应该为动态效果。

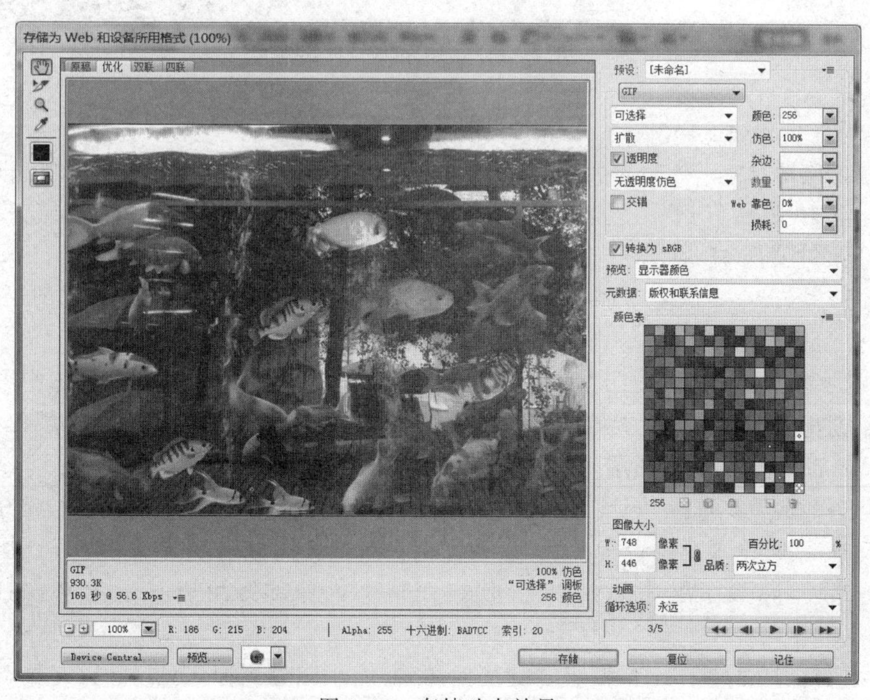

图 5.81　存储动态效果

(8) 选择"文件"→"存储",保存成"动态水波效果.psd"文档。

5.8 案例六 渐隐的图像效果

要求：通过“渐隐的图像效果”的制作，熟悉和掌握图层、图层混合模式、图层蒙版等的应用。最终效果如图 5.82 所示。

图 5.82 “渐隐的图像效果”效果图

具体操作步骤如下。

(1) 打开“图像.jpg”和“背景.jpg”两幅图，复制“图像.jpg”到“背景.jpg”里，自动生成“图层 1”，复制“图层 1”到“图层 2”“图层 3”，此时“图层”面板中从上到下的图层分别为“图层 3”“图层 2”“图层 1”“背景”。

(2) 移动图层中图像使其水平排列(从左到右分别为“图层 3”“图层 2”“图层 1”)，如图 5.83 所示。

(3) 选择图层 2，选择“图层”→“图层蒙版”→“显示全部”添加图层蒙版，选中图层 2 图层蒙版缩览图，设置前景色为黑色，使用画笔工具涂抹图层 2 和图层 1 重叠区域白色部分，隐藏图层 2 部分图像，使得图层 1 人像部分可以显示出来。

(4) 选择图层 3，选择“图层”→“图层蒙版”→“显示全部”添加图层蒙版，选中图层 3 图层蒙版缩览图，设置前景色为黑色，使用画笔在图层 2 图像中涂抹图层 3 和图层 2 重叠区域白色部分，隐藏图层 3 部分图像，使得图层 2 人像部分可以显示出来，如图 5.84 所示。

(5) 选择图层 2，按 Ctrl+T 组合键变换图像，缩小图像到原来的 95%，并移动图像使脚部对齐，并设置其图层不透明度为 60%。可使用画笔完善图层蒙版部分，使图层 1 能较完整地显示出来。

图 5.83　复制图层

图 5.84　添加图层蒙版后效果

(6) 选择图层 3，按 Ctrl+T 组合键变换图像，缩小图像到原来的 90%，并移动图像使脚部对齐，并设置其图层不透明度为 40%。

(7) 合并图层 1、2、3 层，并设置图层混合模式为"正片叠底"，保存文件为"渐隐的图像效果. psd"。

5.9 案例七 光盘盘贴

视频讲解

要求：通过“光盘盘贴”的制作，熟悉和掌握形状图层、剪贴蒙版等的应用。最终效果如图 5.85 所示。

图 5.85 “光盘盘贴制作”效果图

具体操作步骤如下。

(1) 新建 12cm×12cm、分辨率为 72ppi 的图片文件“光盘盘贴”，背景色为白色。

(2) 为准确画圆形选区，可显示网格线：选择“编辑”→“首选项”→“参考线、网格和切片”，设置网格线间隔为 2cm，如图 5.86 所示；选择 “视图”→“显示”→“网格”，显示网格。

(3) 将背景色设置为黑色，前景色设置为白色。

(4) 选择椭圆工具，在其工具选项中，“选择工作模式”设置为“形状”，“路径操作”设置为“新建图层”选项。光标从中心点开始向外拖动鼠标，再按住 Alt 键(以中心点为中心画圆)和 Shift 键(画正圆)，画出直径为 12cm(6 个网格)的正圆。

(5) 选择椭圆工具，在其工具选项中，“选择工作模式”设置为“形状”，“路径操作”设置为“排除重叠形状”选项。光标从中心点开始向外拖动鼠标，再按住 Shift＋Alt 组合键，画出直径为 4cm(两个网格)的正圆。如图 5.87 所示，生成“椭圆 1”图层。

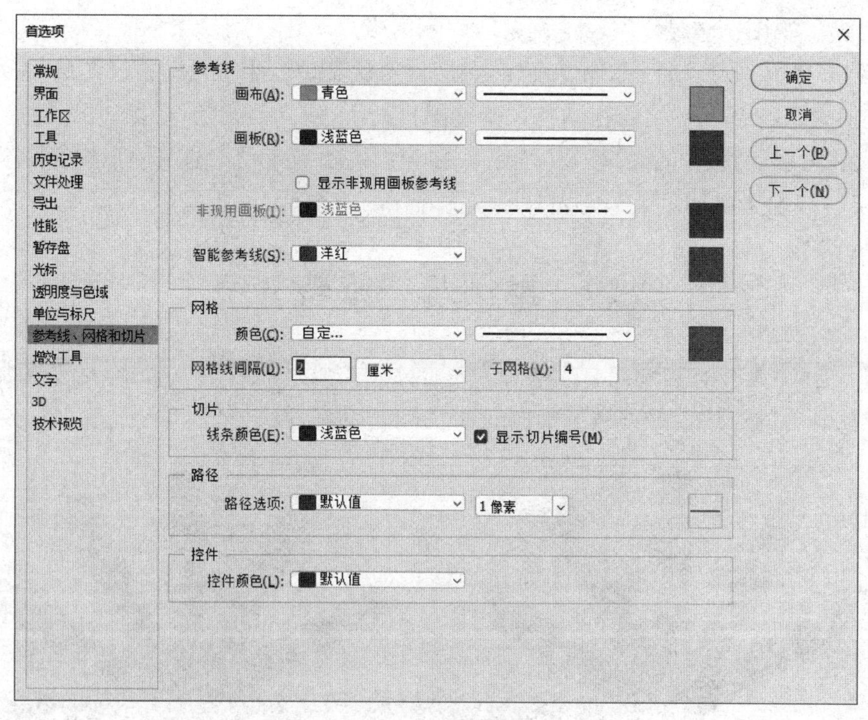

图 5.86　设置网格线等

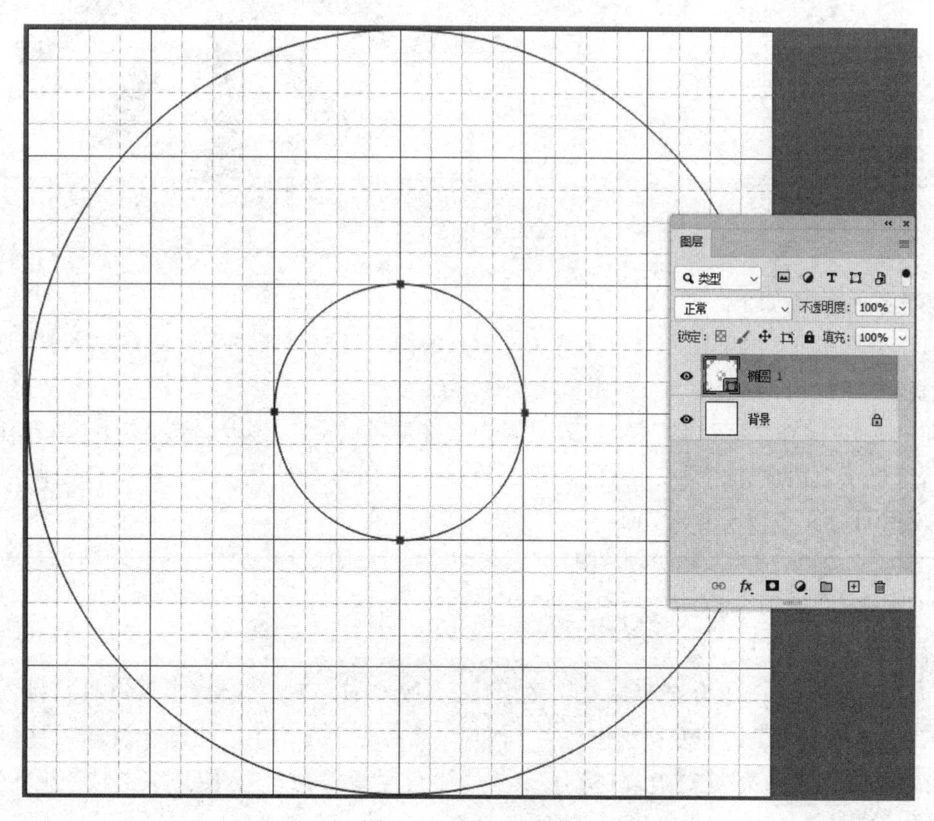

图 5.87　同心圆制作

(6) 选择“视图”→“显示”→“√网格”,隐藏网格。

(7) 打开素材图片文件“贴图.jpg”,复制到“光盘盘贴”,生成“图层 1”图层,按 Ctrl+T 组合键变换,按住 Shift 键结合拖动控点调整图片大小,使其能覆盖“椭圆 1”图层。

(8) 在“图层”面板中右击“图层 1”图层,在弹出的快捷菜单中选择“创建剪贴蒙版”或者选择“图层”→“创建剪贴蒙版”,将图片贴入光盘中。存储为“光盘盘贴.psd”文档。

5.10 案例八 旋转文字

要求:通过“旋转文字”的制作,熟悉和掌握文字工具、图层样式、投影、渐变叠加、图层、旋转以及动画等的应用。最终效果如图 5.88 所示。

图 5.88 旋转文字效果图

具体操作步骤如下。

(1) 新建一张 500×500px、分辨率为 72ppi 的图片,选择“视图”→“新建参考线”创建水平、垂直参考线(均设置为 250px)用于定位中心点。

(2) 使用“横排文字工具”T,格式设置为华文琥珀,36 点,浑厚,输入文字“每天有个好心情”,将文字左边放在正中心位置,如果文字超出界面可以使用 Alt+←组合键调整字符间距,使得所有文字位于界面内。

(3) 单击选择文字图层,单击“图层”面板中的“添加图层样式”按钮 fx,在弹出的菜单中选择“渐变叠加”选项,而后出现“图层样式”对话框,如图 5.89 所示,“渐变”选择“紫色”下其中一种颜色,其他默认。

(4) 先按 Ctrl+J 组合键复制文字图层后,再按 Ctrl+T 组合键(也可以直接按 Ctrl+Alt+T 组合键完成复制和变换操作),文字出现 8 个控点和 1 个中心注册点 每天有个好心情,拖动中心注册点到最左边 每天有个好心情,工具选项中角度 ⊿ 设为−30(使文字逆时针旋转 30°),按 Enter 键确认变换后效果如图 5.90 所示。

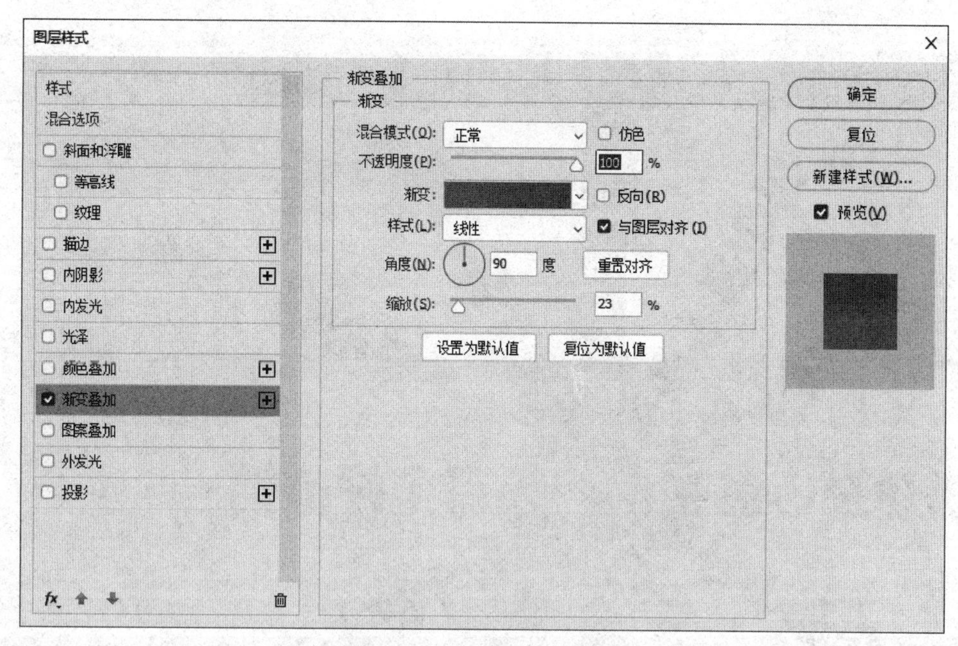

图 5.89　投影和渐变叠加

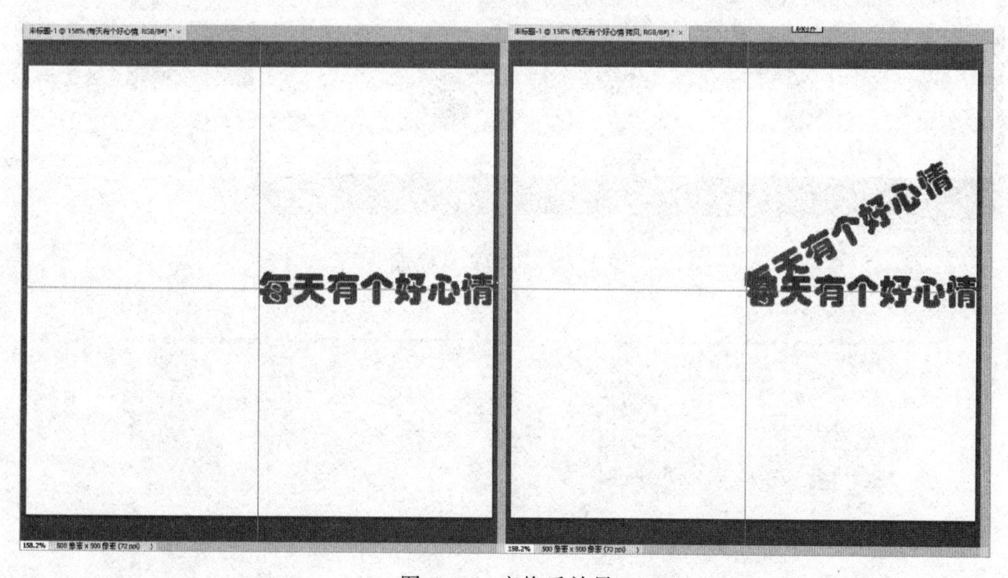

图 5.90　变换后效果

(5) 使用“再次变换”组合键 Ctrl＋Shift＋Alt＋T 一共 10 次。每按一次，新产生一个和原来文字一样的图层，并且在原来的基础之上每次逆时针旋转 30°，如图 5.91 所示。

(6) 隐藏除了背景层以外的图层。选择“窗口”→“时间轴”，在“时间轴”面板中单击“创建帧动画”，第一帧只显示背景层，设置每帧 0.2s；单击“动画”面板中的“复制所选帧”按钮 ⊞ 复制一帧，显示上面一层“每天有个好心情”文字层和背景层。以此类推，每次复制一帧后，加上一层显示。“时间轴”面板设置如图 5.92 所示，单击“播放动画”按钮 ▶ 预览动画效果。

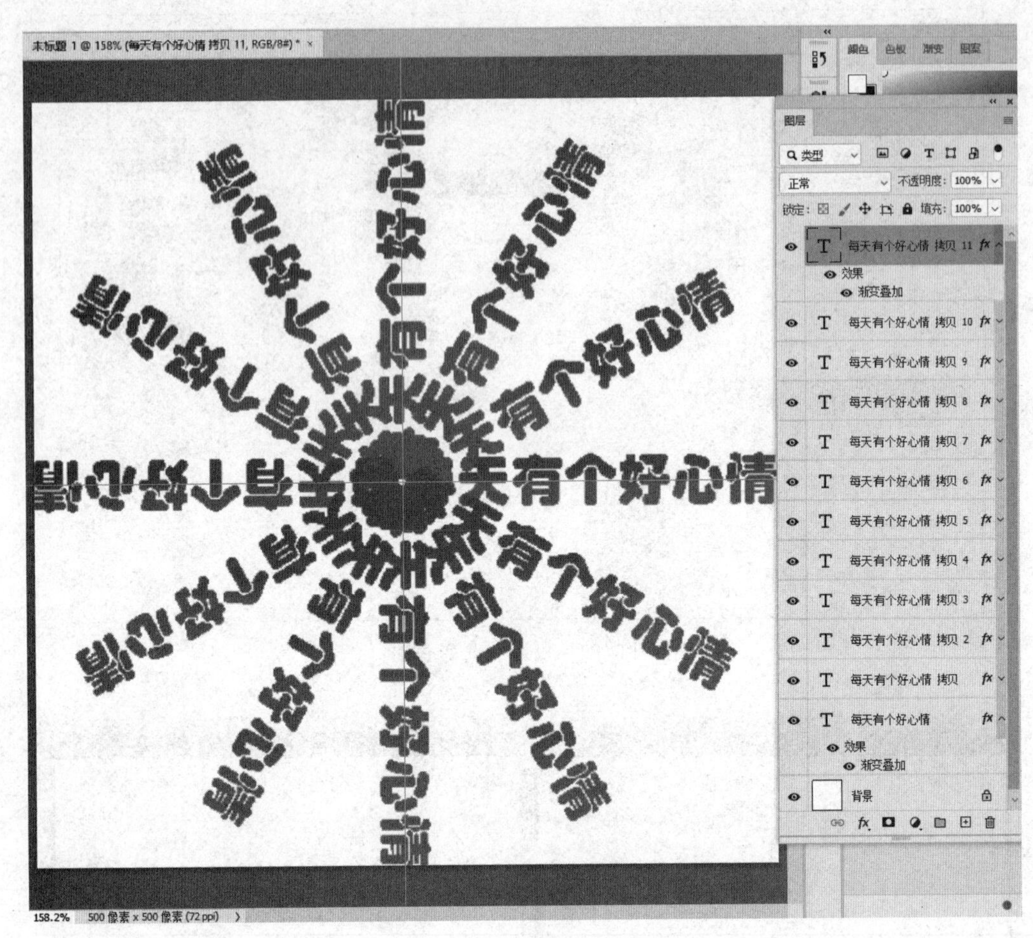

图 5.91　平面设计完成

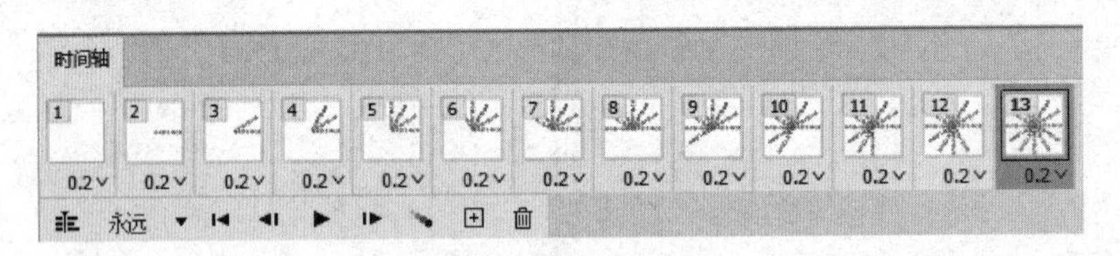

图 5.92　动画效果设置

(7) 图片保存成"旋转文字.psd"。选择"文件"→"导出"→ "存储为 Web 所用格式(旧版)",将动画图片保存为"旋转文字.gif"。

视频讲解

5.11　案例九　汽车海报

要求：通过"汽车海报"的制作,熟悉和掌握变形直排文字、图层样式、图层混合模式、渐变工具、图层蒙版、自由变换、图层合并等综合应用,了解调整图层,最终效果如图 5.93 所示。

图 5.93 "汽车海报"效果图

具体操作步骤如下。

1. 海报主体制作

(1) 选择"文件"→"打开",打开"打开"对话框,如图 5.94 所示。选择"汽车海报"文件夹下所有的图片文件:蓝天白云.jpg、田野.jpg、jeep1.png、jeep 2.jpg、jeep 3.jpg、报架.png,单击"打开"按钮。这样这几幅图片都被打开到 Photoshop 窗口了。

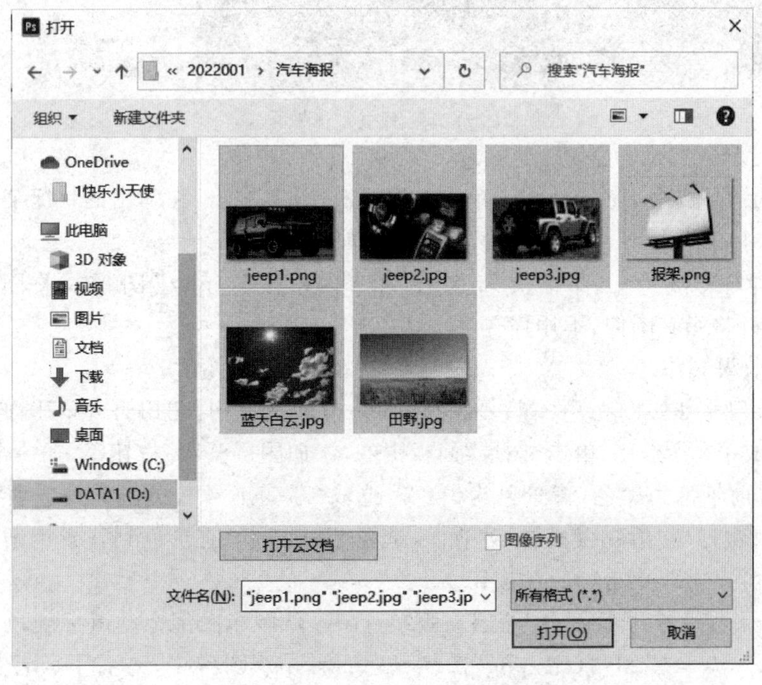

图 5.94 "汽车海报"所用原材料

(2) jeep2. png 中，按 Ctrl＋A 组合键全选图像；按 Ctrl＋T 组合键自由变换图像，设置自由变换选项栏中“w”和“h”均为 8%，使其缩小到原来的 8%大小，进行变换；按 Ctrl＋C 组合键复制选区内图像。在 jeep1. png 中，按 Ctrl＋V 组合键，将缩小后的 jeep2. png 复制过来，移动到车头上方附近，分别修改图层名称为“jeep1”和“jeep2”。

(3) 在 jeep2 图层中，单击“图层”面板下方的“添加图层样式”按钮，在弹出的快捷菜单中选择“描边”，打开“图层样式”对话框，设置“大小”为 1px，“颜色”为白色，单击“确定”按钮。

(4) 在 jeep3. png 中，按 Ctrl＋A 组合键全选图像；按 Ctrl＋T 组合键自由变换图像，设置自由变换选项栏中“w”和“h”均为 12%，使其缩小到原来的 12%大小；按 Ctrl＋C 组合键复制选区内图像。在 jeep1. png 中，按 Ctrl＋V 组合键，将缩小后的 jeep3. png 复制过来，移动到左上角附近，修改图层名称为“jeep3”，设置图层的混合模式为“柔光”。

(5) 在 jeep3 图层中，选择直排文字工具，选项栏中设置字体大小为 36 点，字体系列为华文琥珀，字体颜色为黄色，在右边输入“路就在脚下”文字；单击文字工具选项中的“创建文字变形”按钮，打开“变形文字”对话框，“样式”选择“旗帜”，单击“确定”按钮，将文字移动到合适位置，如图 5.95 所示。

图 5.95　海报主体效果

(6) “图层”面板中，按 Ctrl 键＋单击全选所有图层，右击，在弹出的快捷菜单中选择“合并图层”。合并图层后，各个图层内容不再可以单独调整。

(7) 选择“文件”→“存储为”，保存为“海报主体. png”图像。关闭 jeep1. png、jeep 2. jpg、jeep 3. jpg 图像，不用保存。

2. 背景效果制作

(1) 全选“蓝天白云. jpg”图像，复制到“田野. jpg”图像中。“田野. jpg”图像中，“蓝天白云. jpg”图像成了“图层 1”，单击“图层”面板中的“添加图层蒙版”按钮，添加一个蒙版。

(2) 设置前景色为黑色，背景色为白色。选取“渐变工具”，单击工具选项栏中的“点按可编辑渐变”项，打开“渐变编辑器”对话框，选择“基础”中“前景色到背景色渐变”；工具选项中“模式”为“正常”，单击“确定”按钮。

(3) 单击图层 1 中蒙版部分“图层蒙版缩览图”，从画布底部拖动鼠标到顶部，可以将两个图片组合在一起。复制“报架. png”图像到“田野. jpg”图像中，靠右下放置如图 5.96 所示，生成“图层 2”图层。

图 5.96　背景效果

3. 最终效果合成

(1) 打开“海报主体.png”图像,全选复制到“田野.jpg”图像中,生成“图层 3”图层;将此时的“田野.jpg”图像存储为“汽车海报.psd”文档。

(2) 图层 3 中,按 Ctrl+T 组合键自由变换图像,海报主体图像中出现 8 个控点,右击它,在弹出的快捷菜单中选择“斜切”(或者“扭曲”),拖动各控点调整直至“海报主体”图像正好覆盖“报架”白板部分,按 Enter 键确认变换。

(3) 在“图层”面板中单击“创建新的填充或调整图层”按钮 ,在弹出的菜单中选择“色相/饱和度”,设置“饱和度”为 30,由此建立了一个调整图层。如图 5.97 所示,“色相/饱和度 1”图层就是调整图层,可以修改设置饱和度、色度、明度等,对下面的图层均起作用;也可以删除该调整图层,删除后对其他图层没有任何内容修改。

图 5.97　汽车海报设计状态

调整图层是记录调整命令参数的图层,这些参数可以随时编辑。调整图层不依附于任何现有图层,总是自成一个图层,但不能单独存在,会影响到下面的所有图层。

(4) 保存“汽车海报.psd”文档。

5.12 案例十 雄鹰展翅

要求：通过“雄鹰展翅”的制作，熟悉操作变形、智能对象、内容识别、动画、选区变换等综合应用，最终效果如图5.98所示。

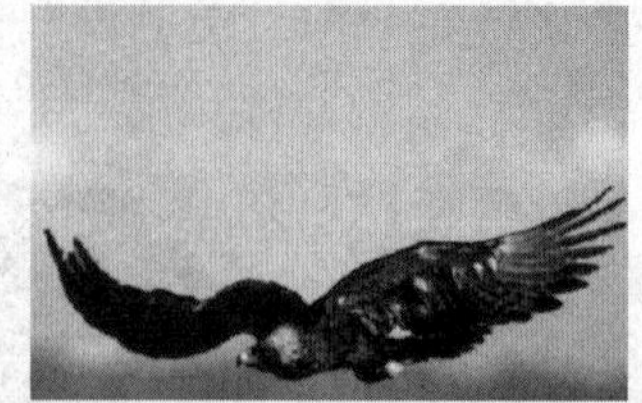
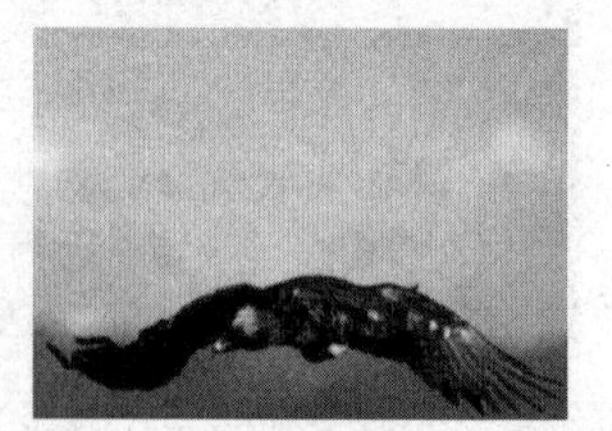

图5.98 雄鹰展翅效果

具体操作步骤如下。

1. 分离背景与雄鹰

(1) 打开“雄鹰.jpg”图像，使用快速选择工具，选项栏中选中“添加到选区”，多次拖动鼠标选择雄鹰以外区域，再反向选区，使选中雄鹰。

(2) 按Ctrl+C组合键，再按Ctrl+V组合键，建立了仅有雄鹰的“图层1”。

(3) 按住Ctrl键，再单击图层1缩览图图标，使选中雄鹰区域。

(4) 单击背景图层，当前图层切换到背景图层，选择“选择”→“修改”→“扩展”，打开“扩展选区”对话框，设置扩展量为3px，单击“确定”按钮。

(5) 选择“编辑”→“填充”，打开“填充”对话框，内容使用选择“内容识别”，模式为“正常”，不透明度为100%，单击“确定”按钮。

(6) 隐藏图层1，按Ctrl+D组合键取消选择，可看到背景图层雄鹰已经消失。显示图层1，此时“图层”面板如图5.99所示，背景图缩览图中没有雄鹰，此时已完成背景与雄鹰分离。

图5.99 背景与雄鹰分离

2. 操纵变形

(1) 在图层 1 中,选择“图层”→“智能对象”→“转换为智能对象”,这一步是为了避免之后操作变形次数过多造成画质损失。此时图层 1 缩览图图标变成了 ,光标指向它,显示“智能对象缩览图”。

(2) 复制图层 1,命名为“图层 2”。图层 2 中,选择“编辑”→“操控变形”,雄鹰上出现网格,单击雄鹰各个需要变形移动部分及其他不需要变形区域增加图钉(图钉有两个作用,一个是固定,一个是移动变形),如图 5.100(a)所示,图钉呈圆点。

(3) 用鼠标拖动翅膀上的图钉,使雄鹰变形为如图 5.100(b)所示,图层 1 雄鹰上没有网格与图钉,图层 2 在前面有图钉和网格,按 Enter 键确认变形。

(4) 复制图层 2,命名为“图层 3”。图层 3 中,选择“编辑”→“操控变形”,适当单击增加图钉,用鼠标拖动翅膀上的图钉,使雄鹰变形为如图 5.100(c)所示,图层 1、图层 2 雄鹰上没有网格与图钉,图层 3 在前面有图钉和网格,按 Enter 键确认变形。

(a)

(b)

(c)

图 5.100　移动图钉点变形过程

(5) 此时“图层”面板和画布效果如图 5.101 所示。图层 1、图层 2、图层 3 均为智能对象,自动建立了智能滤镜和操控变形。双击操控变形可以重新操作图钉,编辑变形。

图 5.101　“图层”面板和画布效果

3. 动画制作

(1) 隐藏图层 2、图层 3,只显示“图层 1”和背景层。选择“窗口”→“时间轴”,打开“时间轴”面板,单击“创建帧动画”按钮,修改动画(帧)持续时间为 0.1s。

(2) 单击“动画”面板中的“复制所选帧”,产生第 2 帧,设置只显示“图层 2”和背景层。

(3) 单击“动画”面板中的“复制所选帧”，产生第3帧，设置只显示“图层3”和背景层。

(4) 如图5.102所示，设置左下角播放次数为“永远”，单击“动画”面板中的“播放动画”按钮▶，可预览动画效果。如果要删除某帧的话，单击“动画”面板中“删除所选帧”按钮，不能使用Delete键删除，否则可能图层被删除了。

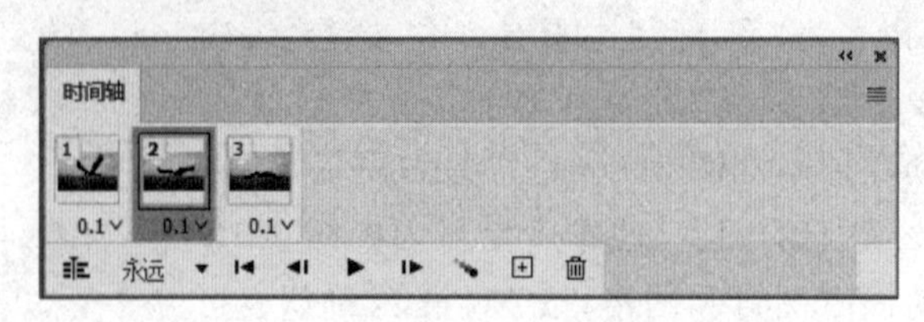

图5.102 “时间轴”面板设置

(5) 存储为“雄鹰展翅.psd”文档。选择“文件”→“导出”→“存储为Web所用格式”，打开“存储为Web所用格式”对话框，单击“存储”按钮，打开“将优化结果存储为”对话框，取名为“雄鹰展翅.gif”在合适位置保存。

习 题

一、判断题

1. 饱和度取决于彩色光中白光的含量，掺入白光越多，饱和度越高。(　　)

2. 在一定显示分辨率的情况下，图像分辨率越高，图像越清晰，同时图像文件也越大。(　　)

3. 在Photoshop中，如果在不创建选区的情况下填充渐变色，渐变工具将作用于整个图像。(　　)

4. 在Photoshop中，选区是无法转换成路径的。(　　)

5. JPEG是一种有损压缩的静态图像压缩标准。(　　)

6. 位图图像与分辨率无关，可以将它任意放大，其清晰度保持不变。(　　)

7. 黑白图片的像素深度为1。(　　)

8. 色调指的是色彩的明暗深浅程度。(　　)

9. 在Photoshop中，路径中的锚点是可以移动的。(　　)

10. 位图图像文件的大小与图像大小无关，只与图像的复杂程度有关。(　　)

二、选择题

1. 计算机显示器所用的三原色指的是________。

   A. HSB　　B. CMY　　C. CMYK　　D. RGB

2. Photoshop中能够保留图层信息的文件存储格式是________。

   A. JPG　　B. BMP　　C. GIF　　D. PSD

3. 使用Photoshop图像处理时，实现图像自由变换的组合键是________。

   A. Ctrl+Z　　B. Ctrl+D　　C. Ctrl+T　　D. Ctrl+J

4. Photoshop图像处理时，连续的色彩相似区域的选取常使用的工具是________。

   A. 钢笔　　B. 魔棒　　C. 套索　　D. 画笔

5. Photoshop 中用来绘制路径的工具是________。

A. 画笔　　B. 喷枪　　C. 钢笔　　D. 套索

6. 在 Photoshop 中，关于图层背景层描述正确的是________。

A. 普通图层不能转成背景层

B. 在"图层"面板上背景层是不能上下移动的，只能在最下面一层

C. 背景层上创建图层蒙版后，依然是背景层

D. 背景层不能转成普通图层

7. 在 Photoshop 中图层蒙版中________区域部分为正常显示，________区域部分为被隐蔽。

A. 白色　黑色　　D. 灰色　白色

C. 透明色　黑色　　D. 黑色　白色

8. 某一幅图像其尺寸为 800×600px，采用 8 位图像深度，则图像文件大小约为________。

A. 1.37MB　　B. 0.46MB　　C. 3.68MB　　D. 4.8MB

9. 图像数字化不包含________。

A. 采样　　B. 量化　　C. 压缩　　D. 编码

10. 单击"图层"面板上某图层左边的眼睛图标，使其变成后，结果是________。

A. 该图层被删除　　B. 该图层被隐藏

C. 该图层被锁定　　D. 该图层被混合

11. 在 Photoshop 中，下列关于图层的描述错误的是________。

A. 一幅图像可以由很多图层组成

B. 图层透明的部分是有像素的

C. 背景层可以转换为普通的图像图层

D. 图层主要有背景图层、普通图层、文字图层、形状图层等

12. 下列不属于色彩三要素的是________。

A. 色调　　B. 亮度　　C. 对比度　　D. 饱和度

13. Photoshop 中用"变换"命令对图片进行缩放时，按住________键可以保证等比例缩放。

A. Alt　　B. Ctrl　　C. Shift　　D. Ctrl+Shift

14. 如何使用仿制图章工具在图像中取样？________

A. 在取样的位置单击鼠标并拖拉

B. 按住 Shift 键的同时单击取样位置来选择多个取样像素

C. 按住 Alt 键的同时单击取样位置

D. 按住 Ctrl 键的同时单击取样位置

15. 下面哪种工具选项可以将 Pattern(图案)填充到选区内？________

A. 画笔工具　　B. 图案图章工具

C. 橡皮图章工具　　D. 喷枪工具

三、实践练习

1. 艺术字：分别使用图层蒙版和剪贴蒙版制作图片填充文字"宁波"，如图 5.103 所示。

2. 牵手文字：使用图层蒙版实现 2008 牵手字效果，如图 5.104 所示。提示：每个文字各占一个图层。

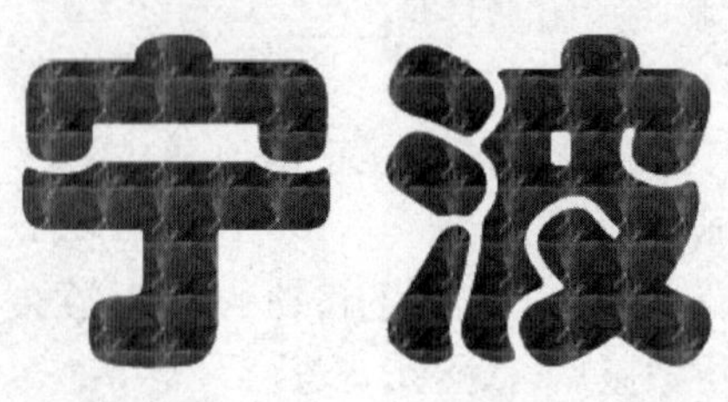

图 5.103　艺术字效果

图 5.104　牵手文字效果

3. 图片合成 1：试着使用图层蒙版来完成建筑物与云图片合成云建筑。原材料与效果图如图 5.105 所示。

(a) 建筑物

(b) 云

(c) 云建筑合成效果

图 5.105　图片合成 1

4. 图片合成 2：分别使用图层蒙版和矢量蒙版来完成背景、弹簧与狗图片合成。原材料与效果图如图 5.106 所示。

(a) 弹簧

(b) 狗

(b) 背景

(c) "弹簧与狗"效果图

图 5.106　图片合成 2

5. 试着完成自定形状矢量蒙版,原材料与效果图如图 5.107 所示。提示:自定形状工具中,“选择工具模式”选项使用“路径”,“形状”使用“有叶子的树”中的“枫树”。

(a) 小女孩原图

(b) 枫树小女孩效果图

图 5.107　自定形状矢量蒙版效果

6. 自创一个 Photoshop 案例:可网上搜索原材料,再利用 Photoshop 图层蒙版、矢量蒙版、剪贴蒙版、文字特效及动态效果等知识点合成最后效果。

第6章　动画设计与制作

6.1　动画基础知识

动画由于在多媒体中具有表现手法直观、形象、灵活等诸多特点，所以在多媒体作品中应用十分广泛，同时也深受用户的喜爱。在多媒体作品中，适当使用动画元素，可以增强效果，起到画龙点睛的作用。

6.1.1　动画基本概念

动画是把人和物的表情、动作、变化等分段画成许多静止的画面，每个画面之间都会有一些微小的改变，再以一定的速度连续播放，给视觉造成连续变化的图画。

计算机动画(Computer Animation)是利用人眼视觉暂留的生理特性，采用计算机的图形和图像数字处理技术，借助动画软件直接生成或对一系列人工图形进行一种动态处理后生成的可以实时播放的画面序列。

运动是动画的要素，计算机动画是采用连续显示静态图形或图像的方法产生景物运动的效果的。当画面的刷新频率在每秒24～50帧的时候，就能使人感觉到运动的效果。在实际计算机动画制作过程中，为了减少存储空间占用和运算数据量，画面的刷新频率常设置为每秒15～30帧。

计算机动画的另一个显著特点是画面的相关性，只有在任意相邻两帧画面的内容差别很小时(或者说是画面局部的微小改变)，才能产生连续的视觉效果。

6.1.2　动画的原理

由于人类的眼睛在分辨视觉信号时，会产生视觉暂留的情形，也就是当一幅画面或者一个物体的景象消失后，在眼睛视网膜上所留的映像还能保留大约1/24s的时间。如果每秒更替24幅或更多幅画面，那么，前一个画面在人脑中消失之前，下一个画面就进入人脑，从而形成连续的影像。只要将若干幅稍有变化的静止图像顺序地快速播放，而且每两幅图像出现的时间小于人眼视觉惰性时间(每秒钟传送24幅图像)，人眼就会产生连续动作的感觉(动态图像)，即实现动画和视频效果。

电视、电影和动画就是利用了人类眼睛的视觉滞留效应，只要快速地将一连串图形显示出来，然后在每一张图形中做一些小小的改变(如位置或造型)，就可以制作成动画的效果。

6.1.3　动画的分类

动画的分类方法较多，从制作技术和手段上分，可分为以手工绘制为主的传统动画和以计算机为主的计算机动画。传统的动画用手工方式在赛璐珞片上绘制各幅图像，然后通过连续拍摄而得到。赛璐珞是一种透明胶片，可以覆盖在背景上。计算机动画的原理与传统动画基本相同，只是在传统动画的基础上把计算机技术用于动画的处理和应用，并可以达到传统动画所达不到的效果。

按照画面景物的透视效果和真实感程度，计算机动画分为二维动画(2D)和三维动画(3D)。二维动画又叫"平面动画"，平面上的画面用纸张、照片或计算机屏幕显示，无论画面的立体感多强，终究是在二维空间上模拟真实三维空间效果。计算机二维动画的制作包括输入和编辑关键帧，计算和生成中间帧，定义和显示运动路径，给画面上色，产生特技效果，实现画面与声音同步，控制运动系列的记录等。三维动画又叫"空间动画"，画中的景物有正面、侧面和反面，调整三维空间的观点，能够看见不同的内容。计算机三维动画是根据数据在计算机内部生成的，而不是简单的外部输入。制作三维动画首先要创建物体模型，然后让这些物体在空间中动起来，如移动、旋转、变形、变色，再通过打灯光等技术生成栩栩如生的画面。

按照计算机处理动画的方式不同，计算机动画分为造型动画(Cast-based Animation)、帧动画(Frame Animation)和算法动画(Palette Animation)三种。

按照动画的表现效果分，计算机动画又可分为路径动画(Path Animation)、调色板动画(Algorithmic Animation)和变形动画(Animation)。

另外，不同的计算机动画制作软件，根据本身所具有的动画制作和表现功能，又将计算机动画分为更加具体的种类，如渐变动画、遮罩动画、逐帧动画、引导动画等。

6.1.4　动画制作流程

计算机二维动画是对手工传统动画的一个改进，就是将事先由手工制作的原动画逐帧输入计算机，然后由计算机帮助完成绘线和上色等工作，并且由计算机控制完成记录工作。主要制作过程如图6.1所示。

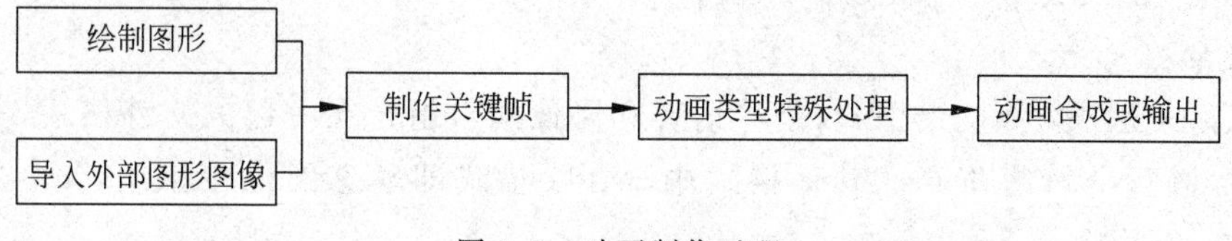

图6.1　动画制作过程

绘制图形：根据动画制作的需要手工绘制一些必要的图形元素。

导入外部图形图像：直接从外部文件中导入已有的图形和图像。

制作关键帧：根据动画制作的需要制作一些必要的关键帧。

动画类型特殊处理：根据动画制作的需要采用不同的制作方法，以产生特殊的动画效果。

动画合成或输出：进行合成及最终作品的输出，可以将动画转换成所需的类型再输出，以便在多媒体作品中引用。

6.1.5 动画文件格式

动画文件有多种格式，不同的动画软件产生不同的文件格式。下面介绍几种常用的动画文件格式。

1. FLA 格式

FLA 格式是 An 动画文件源程序格式，程序描述图层、库、时间轴、舞台和场景等对象，可以对描述对象进行编辑和加工。

2. SWF 格式

SWF 格式是 An 动画文件打包后的格式，是 An 成品动画的格式，是一种支持矢量图和点阵图的动画文件格式。该格式的动画可以在网络上演播，不能进行修改和加工，数据量小、动画流畅。该格式是矢量动画格式，它采用曲线方程描述其内容，不是由点阵组成内容，因此这种格式的动画在缩放时不会失真，非常适合描述由几何图形组成的动画，如教学演示等。由于这种格式的动画可以与 HTML 文件充分结合，并能添加 MP3 音乐，因此被广泛地应用于网页上，成为一种“准”流式媒体文件。

3. GIF 格式

GIF 格式是一种图像文件格式，几乎所有相关软件都支持。由于采用了无损数据压缩方法中压缩率较高的 LZW 算法，文件尺寸较小，因此被广泛采用。此格式是用于网页的帧动画文件格式，包括单画面图像和多画面图像（256 色，分辨率 96dpi）。GIF 动画格式可以同时存储若干幅静止图像并进而形成连续的动画。目前 Internet 上大量采用的彩色动画文件多为这种格式的 GIF 文件。

4. FLIC(FLI/FLC)格式

FLIC(FLI/FLC)格式是 Autodesk 公司在其出品的 Autodesk Animator/Animator Pro/3D Studio 等 2D/3D 动画制作软件中采用的彩色动画文件格式，FLI 是最初的基于 320×200px 的动画文件格式，FLC 是 FLI 的扩展格式，采用了更高效的数据压缩技术，其分辨率也不再局限于 320×200px。每帧 256 色，画面分辨率为 320×200px～1600×1280px，代码效率高、通用性好，大量用在多媒体产品中。

5. 其他格式

AVI 格式是音视频交错格式，是将语音和影像同步组合在一起的文件格式，其受视频标准制约，画面分辨率不高。其他格式中，MPG 格式即动态图像专家组，MOV 格式即 QuickTime 影片格式。

6.1.6 动画制作软件

计算机动画的关键技术体现在计算机动画制作软件及硬件上。计算机动画软件有很多种，不同的动画效果，取决于不同的计算机动画软硬件的功能。虽然制作的复杂程度不同，但动画的基本原理是一致的。制作动画的计算机软件包括二维动画制作软件和三维动画制作软件两大类，且每种软件又按自己的格式存放建立的动画文件。制作二维动画的软件有 Adobe Animate、GIF Animator、Animator Pro、Animation Studio 等，制作三维动画的软件有 3D Studio Max、Cool 3D、Maya 等。

6.2 Animate 相关知识

Adobe Animate 是目前应用广泛的一种二维矢量动画制作软件，凭借其文件小、动画清晰、可交互和运行流畅等特点，主要用于制作网页、广告、动画、游戏、电子杂志和多媒体课件等。

Adobe Animate 的前身是 Flash，之前有 Flash CS3、Flash CS4、Flash CS5、Adobe Flash CS5.5、Adobe Flash CC 等版本。Flash 在 2016 年正式更名为 Adobe Animate CC，缩写为 An，目前市场上最新版为 Adobe Animate CC 2020。这里将以 Adobe Animate CC 2020 为例介绍 An 的使用。

6.2.1 An 界面

1. 菜单和舞台

An 的工作界面由菜单栏、舞台、"时间轴"面板、工具箱、"属性"面板和浮动面板等组成。菜单栏位于窗口的顶部，主要包括文件、编辑、视图、插入、修改、文本、命令、控制、调试、窗口和帮助共 11 个菜单，如图 6.2 所示。

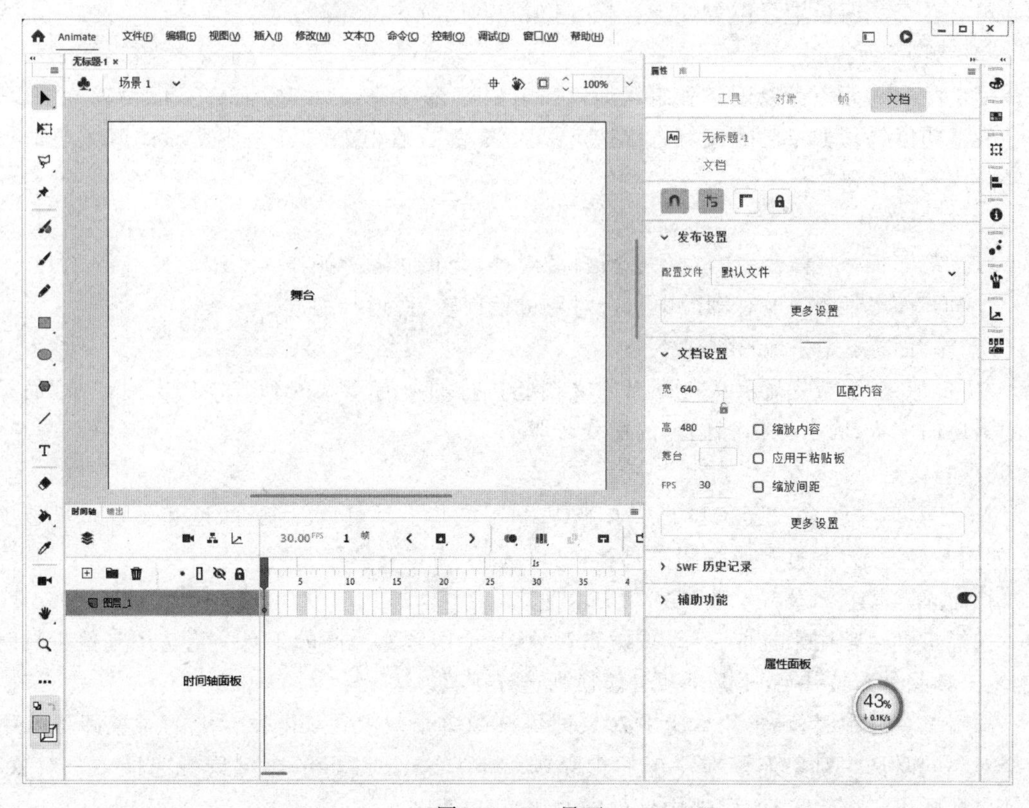

图 6.2 An 界面

舞台是动画创作的主要工作区域，编辑电影画面的矩形区域。在 An 中，舞台只有一个，但场景可以有许多个，在播放过程中可以更换不同的场景。在舞台上可以对动画的内容进行绘制和编辑，这些内容包括矢量图形、位图、文本、按钮和视频等。动画在播放时只显示舞台中的内容，对于舞台外灰色区域的内容是不显示的。

2. 面板

面板组是 An 中各种面板的集合。面板上提供了大量的操作选项，可以对当前选定对象进行设置。要打开某个面板，只需选择“窗口”菜单中对应的面板名称命令即可。

1）“时间轴”面板

“时间轴”面板是 An 界面中十分重要的部分。时间轴的功能是管理和控制一定时间内图层的关系以及帧内的文档内容。与电影胶片类似，每一帧相当于每一格胶片，当包含连续静态图像的帧在时间轴上快速播放时，就看到了动画。“时间轴”面板决定了各个场景的切换以及演员出场、表演的时间顺序。

2）“属性”面板

“属性”面板用于显示和更改当前选定文档、文本、帧或工具等的属性，是 An 中变换最为丰富的面板，它是一种动态面板，随着用户在舞台中选取对象的不同或者工具箱面板中选用工具的不同，自动地发生变换以显示不同对象或工具的属性。

3）“库”面板

“库”面板中包含所有导入的外部文件以及用户制作的元件，用来管理制作动画时所用的素材。在“库”面板中可以方便地查找、组织和调用资源。

4）“颜色”面板

使用“颜色”面板可以创建和编辑纯色和渐变填充，调制出大量的颜色，以设置笔触、填充色和透明度等。如果已经在舞台中选定了对象，那么在“颜色”面板中所做的颜色更改就会被应用到该对象。

5）其他面板

“对齐”面板：对舞台中的对象进行自动对齐、分布间隔等操作。

“变形”面板：精确地对舞台中所选对象进行旋转、变形和缩放等操作。

“动作”面板：用来编写程序。

“历史记录”面板；显示从打开当前文档起执行的所有步骤的列表，将“历史记录”面板中的滑块向上拖动，可以回到以前的操作步骤。

3. 工具箱

An 工具箱中包含一套完整的绘画工具，利用这些工具可以绘制、涂色和设置工具选项等，如图 6.3 所示，要打开或关闭工具箱，可以选择“窗口”→“工具”。

1）选择工具

选择工具通常用来选取、移动或编辑对象，是使用频率最高的工具。当选中其他工具时(钢笔工具除外)，按住 Ctrl 键可暂时切换到选择工具。

选择工具选中时，单击舞台上的对象即可选中单个对象；双击舞台上的对象即可选中单个对象同时选中对象连接在一起的轮廓线；按住 Shift 键再单击对象可选择多个对象；拖动鼠标画出一个矩形框，可选中框内的对象。

用选择工具选取对象后，拖动鼠标可将对象移动到舞台其他位置；按住 Alt 键的同时拖动鼠标，即可完成选中对象的复制。

选择工具还可以对图形对象快速编辑。把光标移动到对象边缘处，当光标变成箭头右

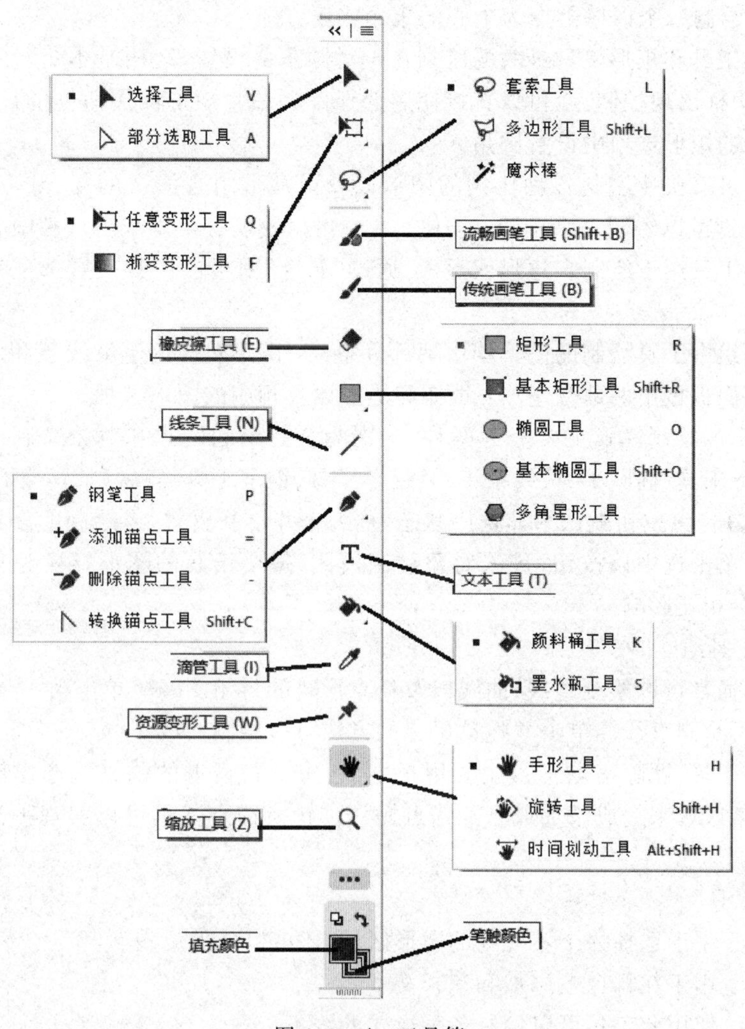

图 6.3　An 工具箱

下方带有圆弧或者直角（当移到矩形四角时或者按下 Ctrl 键），拖动鼠标即可对图形进行调整编辑。

部分选取工具主要用于对路径及其锚点进行选择、移动和删除，以及对路径方向进行调整。部分选取工具只有鼠标单击方法用于选取矢量线来改变选中对象的路径转折点。

2）任意变形工具

对象的变形主要有缩放、旋转、倾斜、扭曲等，可以利用任意变形工具来实现，使用该工具时，只要用鼠标选择要变形的对象，当对象上出现 8 个方向控制点时，拖动某个控制点即可缩放或旋转。

除了任意变形工具之外，“变形”面板可精确控制对象的变形效果；选择“修改”→“变形”可以完成任意变形、扭曲、封套、缩放、旋转与倾斜、缩放和旋转、逆时针旋转 90°、顺时针旋转 90°、垂直翻转、水平翻转。

3）矩形工具组

矩形工具用于绘制矩形和正方形。绘制过程中，按住 Shift 键可以绘制一个正方形；按住 Alt 键可以绘制一个以单击点为中心的矩形或正方形。

基本矩形工具和矩形工具最大的区别在于对圆角的设置，运用基本矩形工具绘制的矩形，会在四周边框出现控制点，可以直接使用选择工具调整矩形四周边框的控制点，也可以在"属性"面板的矩形选项中设置圆角。

椭圆工具可以快速绘制各种比例的圆形以及由圆形组合演变的复合图形。绘制过程中，按住 Shift 键可以绘制一个正圆；按住 Alt 键可以绘制一个以单击点为中心的圆形。

多角星形工具用于绘制多边形或星形，通过"属性"面板的工具设置选项来选择画多边形及星形。

矩形工具组中工具绘制的图形均由两部分组成：图形轮廓的笔触线条和内部的填充颜色。其"属性"面板也由两部分组成：填充和笔触以及相应的图形选项。

An 中图形的绘制模式主要分为两种，分别为合并绘制模式和对象绘制模式。选择绘图工具(如矩形工具、椭圆工具、线条工具、铅笔工具、钢笔工具等)后，工具箱下方会出现"对象绘制"按钮 。该按钮默认为非选中状态，称为合并绘制模式，当绘制的多个图形重叠时会自动合并。单击选中该按钮，进入对象绘制模式，每个绘制的图形转换为独立的图形对象，重叠时不会相互影响。

4) 钢笔工具组

钢笔工具通常可以绘制直线、曲线以及任意形状的封闭图像。单击第一个锚点，再单击另一位置，即可绘制直线。单击并拖动鼠标的方法可以绘制曲线。

添加锚点工具、删除锚点工具主要用来增加、减少路径上的锚点。选择部分选取工具后，单击图形某区域来完成添加或删除锚点操作。转换锚点工具可以实现平滑点和角点之间的相互转换。

5) 其他工具

套索工具：用于选择一个不规则的图形区域，还可以处理位图。

文本工具：用于在舞台上添加和编辑文本。

线条工具：使用此工具可以绘制各种形式的线条。

铅笔工具：用于绘制直线和折线等。

颜料桶工具：不仅可以改变图形填充颜色，还可以对封闭区域进行颜色填充。

滴管工具：用于将图形的填充颜色或线条属性复制到其他的图形线条上，还可以采集位图作为填充内容。

橡皮擦工具：用于擦除舞台上的内容。

手形工具：当舞台上的内容较多时，可以用来平移舞台以及各个部分的内容。

缩放工具：用于缩放舞台中的图形。

笔触颜色：用于设置线条的颜色。

填充颜色：用于设置图形的填充区域颜色。

6.2.2 帧

在时间轴中，使用帧来组织和控制文档的内容。在时间轴中放置帧的顺序将决定帧内对象最终的显示顺序。不同内容的帧串联就组成了动画。

帧是构成 An 动画的基本元素，时间轴上的一小格代表一帧，表示动画内容中的一幅画面。用如图 6.4 所示的时间轴图来解释 An 的基本术语图层和帧，以便于以后制作。

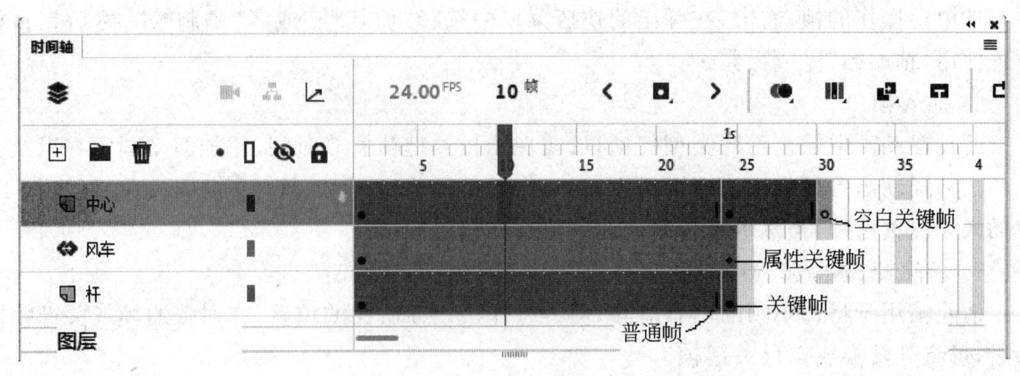

图 6.4　时间轴

1. 帧类型

1）普通帧

普通帧即帧，是用来计量播放时间或过渡时间用的，不能手动设置普通帧的内容，它是播放过程中由前后关键帧以及过渡类型自动填充的，手动插入或删除普通帧，会改变前后两个关键帧之间的过渡时间。普通帧主要是过渡和延续关键帧内容的显示。

2）关键帧

关键帧用来定义动画变化的帧。在动画播放的过程中，关键帧会呈现出主要的动作或内容上的变化。关键帧中的对象与前后帧中的对象的属性是不同的。在时间轴中关键帧显示为黑色实心圆。

3）空白关键帧

空白关键帧中没有任何对象存在，如果在空白关键帧中添加对象，它会自动转换为关键帧，同样，如果将某个关键帧中的全部对象删除，则此关键帧会变为空白关键帧。在时间轴中空白关键帧是以空心圆表示。

4）属性关键帧

属性关键帧是指在补间范围内的某一帧，当编辑补间对象的某一属性时，该帧将出现一个黑色实心的菱形，记录下目标对象的属性值变化，如位置、大小、旋转、透明度等。

2. 帧速率

帧速率，有时也称为帧频率，是动画播放的速度，以每秒播放的帧数来度量。帧速率太慢会使动画看起来不连贯，帧速率太快会使动画的细节变得模糊。默认情况下，An 动画是每秒 24 帧的帧速率。选择“修改”→“文档”，打开“文档属性”对话框，在对话框的“帧速率”文本框中设置帧的频率。或者双击“时间轴”面板下的“帧速率”标签，可直接输入帧速率值。

3. 帧操作

1）选择帧

在时间轴上单击可以选中某个帧；要选择连续的多个帧，单击选择第一个帧，再结合 Shift 键单击最后一个帧；要选择不连续的帧，单击选择第一个帧，再结合 Ctrl 键依次单击帧。

2）移动或复制帧

选中要操作的帧，右击，在弹出的快捷菜单中选择“剪切帧”或者“复制帧”，然后在目标位置使用“粘贴帧”完成操作。

3）插入帧

通过在动画中插入不同类型的帧，可实现延长关键帧播放时间、添加新动画内容以及分隔两个补间动画等操作。快捷键插入帧：按 F5 键插入普通帧，按 F6 键插入关键帧，按 F7 键插入空白关键帧，当然也可以用快捷菜单插入相应的帧。

4）清除帧、删除帧、翻转帧

清除帧用于将选中帧的内容清除，但继续保留该帧所在的位置，在对普通帧或关键帧清除后，可将其转换成空白关键帧。

删除帧用于将选中的帧从时间轴中完全清除。被删除后面的帧会自动前移并填补被删除帧所占的位置。

翻转帧可以将选中的帧的播放顺序进行颠倒。

6.2.3 图层

如果说帧是时间上的概念，不同内容的帧串联组成了运动的动画，那么图层就是空间上的概念，图层中放置了组成 An 动画的所有对象。

1. 图层定义

可以把图层看成是堆叠在一起的多张透明纸。在工作区中，当图层上没有任何内容的时候，就可以透过上面的图层看到下面图层的图像。用户可以通过图层组合出各种复杂的动画。

每个图层都有自己的时间轴，且包含一系列的帧，在各个图层中所使用的帧都是相互独立的。图层与图层之间也是相互独立的，也就是对各图层单独进行编辑不会影响其他图层上的内容。多个图层按一定的顺序叠放在一起则会产生综合的效果。图层位于“时间轴”面板的左侧，An 中的各图层显示及主要的图层类别如图 6.5 所示。

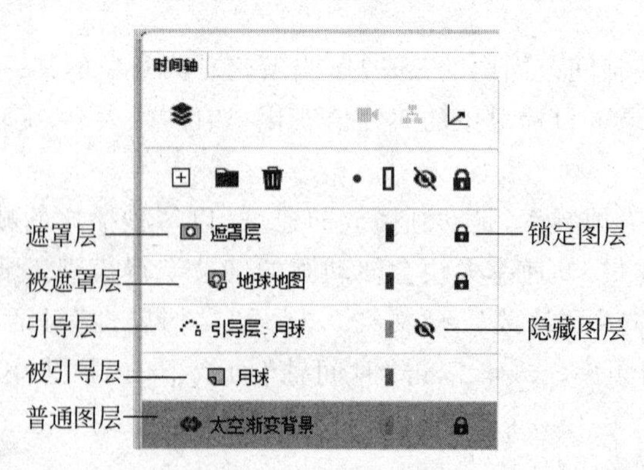

图 6.5　各图层表示

通过在时间轴上单击图层名称可以激活相应图层。在激活的图层上编辑对象和创建动画，不会影响其他图层上的对象。默认情况下，新建图层是按照创建的顺序来命名的，用户可以根据需要对图层进行移动、重命名、删除和隐藏等操作。

2. 引导层

引导层是An引导层动画中绘制路径的图层。引导层中的图案可以为绘制的图形或对象定位，主要用来设置对象的运动轨迹。引导层不从影片中输出，所以它不会增加文件的大小，而且它可以多次使用。

创建引导层的方法有两种，一种是直接选择一个图层，选择"添加传统运动引导层"；另一种是先选择"引导层"，使其自身变成引导层，再将其他图层拖曳到引导层中，使其归属于引导层。

任何图层都可以使用引导层，当一个图层为引导层后，图层名称左侧的辅助线图标表明该层是引导层。

3. 遮罩层

遮罩层是一种特殊的图层。创建遮罩层后，遮罩层下面图层的内容就像透过一个窗口显示出来一样。在遮罩层中绘制对象时，这些对象具有透明效果，可以把图形位置的背景显露出来。在An中，使用遮罩层可以制作出一些特殊的动画效果，如聚光灯效果和过渡效果等。

遮罩层可以将与其相链接的图形中的图像遮盖起来。用户可以将多个层组合放在一个遮罩层下，以创建出多样的效果。遮罩层必须至少有两个图层，上面的一个图层称为"遮罩层"，下面的一个图层称为"被遮罩层"；这两个图层中只有相重叠的地方才会被显示。也就是说，在遮罩层中有对象的地方就是"透明"的，可以看到被遮罩层中的对象，而没有对象的地方就是不透明的，被遮罩层中相应位置的对象是看不见的。

6.2.4 元件

1. 元件、实例和库

元件是An作品中的一个基本单位，是一种可以在An中重复使用的特殊对象，使用元件可以提高动画制作的效率，减小文件的体积。元件一旦创建，就可以反复使用，而原始数据只需要保存一次。

将元件拖放到舞台后称为实例。实例是元件在场景中的应用，它是位于舞台上或者嵌套在另一个元件内的元件副本。用户可以对实例进行任意修改，而不会影响到元件的任何属性；但对元件自身修改，实例也会随之发生改变。实例的外观和动作无须和元件一样，每个实例都可以有不同的大小和颜色，并可以提供不同的交互。

库是用来存放和管理元件、位图、声音等素材的。"库"面板的列表显示库中所有项目的名称，利用库可以方便地查看、组织和编辑这些内容。

在制作动画时，首先把一个对象定义为"元件"，所有元件都会存储在库中，然后在场景中加入它的"实例"。这样无论一个对象出现几次，在文件中也只需存储一个副本，从而在很大程度上减小了文件的大小。

2. 元件分类

An元件分为3类：图形元件、影片剪辑元件和按钮元件。

1）图形元件

图形元件依赖主时间轴播放的动画剪辑，不可以加入动作代码。把图形元件放到主场景，不会播放。一般用于制作静态图像。图形元件在"库"面板中以一个几何图形构成的图标表示。

2）影片剪辑元件

影片剪辑元件可以独立于主时间轴播放的动画剪辑，可以加入动作代码。可以存放影片（即动画），当影片剪辑有动画时，把影片剪辑元件放到主场景时，会循环不停地播放。凡是用按钮元件和图形元件可以实现的效果，影片剪辑元件都可以完成，影片剪辑中还能融入多种不同类型的素材如位图、声音、程序等。影片剪辑元件在“库”面板中以一个齿轮图标表示。

3）按钮元件

按钮元件有“弹起”“指针经过”“按下”和“点击”四帧的特殊影片剪辑，可以加入动作代码。用来创建影片中的相应鼠标事件的交互按钮，实际上是一个只有 4 帧的影片剪辑，但它的时间轴不能播放，只是根据鼠标指针的动作做出简单的响应，并转到相应的帧。按钮元件在“库”面板中以一个手指向下按的图标表示。

6.2.5 对象

1. 对象的分类

An 中的动画都是由对象组成的，对象可以分为 4 类：形状、组、元件和文本。

形状：通过绘图工具绘制产生的圆、矩形、星形等形状；形状对象被选中时以网点覆盖。形状对象不是整体，形状的各部分及其大小都可以改变。显著特征是单击选中图形时，会显示许多点。

组：是指绘制的图形或打散的对象，通过编组命令组合为一块整体对象。组对象不会存储在库中，复制后文档内存会增大。显著特征是四周有绿色边框，无注册点和变形点。

元件：通过选择“插入”→“新建元件”或“转换为元件”创建。元件存储在库中，图形和素材都可以转换为元件，在场景中引用，其实质也是组。显著特征是四周有蓝色边框，中间有注册点和变形点。

文本：通过工具箱文本工具产生。

对象实质上也可分为两类，形状为一类，其余三种为同一类，并且相互可以转换。通过“修改”→“组合”（或者 Ctrl＋G）将形状对象转换为组对象，通过“修改”→“分离”（或者 Ctrl＋B）可将组对象打散转变为形状对象。

在制作 An 动画时，形状对象采用形状补间；其余对象采用其他动画补间。

2. 对象的组合

对象的组合是指将选中的两个或多个对象（可以是形状、位图、元件和其他组）组合在一起，进行移动、旋转及缩放等操作时，它们会一同变化。

选择要组合的对象后，通过“修改”→“组合”（或者 Ctrl＋G）即可将选中的对象进行组合。

组和对象内部的子对象是可以编辑的，选中组合后的对象，选择“编辑”→“编辑所选项目”；或使用选择工具后双击该组，即可进入组合对象编辑状态，此时可对子对象进行编辑操作。编辑完成后，双击舞台空白区域即可退出编辑状态。

若要取消对象的组合，选中该组合对象后，选择“修改”→“取消组合”进行取消。

3. 对象的分离

对象的分离主要用于将组合的对象以及位图、文字等对象分解成独立的可编辑元素。通过"修改"→"分离"(或者 Ctrl+B),即可对所选对象进行分离。

对于不同类型的图形对象分离操作的效果不太一样：对于组合,该操作相当于取消组合；对于形状图形,不需要也不能再进行分离；对于绘制对象、位图等,可以将图形转换为形状；对于元件,取其中的第 1 帧而舍弃其他帧；对于多个文字的文本对象,分离成单个文字的文本对象；对于单个文字的文本对象,分离可以转换为形状图形。需要注意的是,并不是所有的分离操作都是可逆的。

分离操作和"取消组合"命令是两个不同的概念,虽然有时可以实现同样的效果。但"取消组合"命令只能将组合后的对象重新拆分为组合前的各个部分,而分离操作是将对象分离,生成与原对象不同的对象。

6.2.6 逐帧动画

逐帧动画,有些资料中也称为帧并帧动画,一般来说指的是整个动画的每一帧都是由动画开发者创作而非计算机自动补间而产生的。因为每个帧都不一样,不但给制作增加了负担而且最终输出的文件量也很大,但它的优势也很明显,动画表现非常细腻,尤其对于一些非线性的动画,只能通过逐帧动画来实现。

在 An 中创建逐帧动画有如下方法。

(1) 用各静态图片(JPG、PNG 等格式)连续导入到 An 的不同帧中。

(2) 用鼠标等在场景中一帧帧画出帧内容。

(3) 用文字作为帧中的内容,实现打字、文字跳跃等特效。

(4) 导入 GIF 序列图像、SWF 动画文件产生的动画序列。

【例 6.1】 创建一个"吃苹果"动画。

操作步骤如下。

(1) 新建 An 文档,选取椭圆工具,设置颜色,画正圆。选取部分选取工具,单击正圆后,调整顶部和底部,使之像苹果。选取椭圆工具在圆上方画椭圆,使用任意变形工具变形旋转,使之像苹果柄。

(2) 按 F6 键插入关键帧,使用橡皮擦擦去部分,再按 F6 键,又擦去部分,如此重复多次。

(3) 按 Ctrl+Enter 组合键测试影片效果,保存文档。

【例 6.2】 已有小鸟飞翔的 7 个静态图片,创建"小鸟飞翔"动画。

操作步骤如下。

(1) 新建 An 文档,选择"文件"→"导入"→"导入到舞台",选取小鸟飞翔的 7 个图片(如图 6.6 所示)导入。

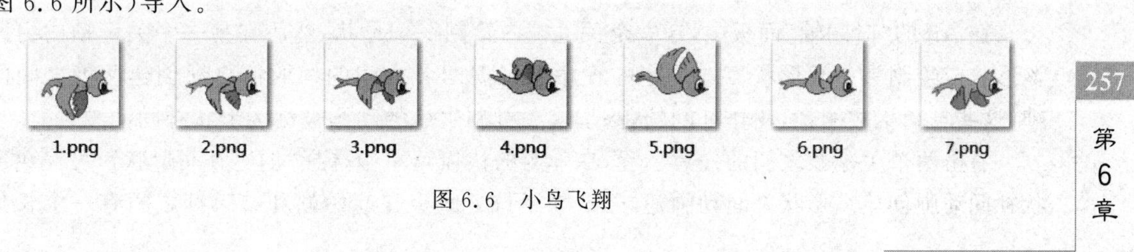

图 6.6 小鸟飞翔

(2) 选中全部,右击,在弹出的快捷菜单中选择“分散到图层”。

(3) 单击 2.png 图层中的第 1 帧,光标指向它,当光标图标右下角出现矩形时,拖动到第 2 帧;同样分别将 3.png 图层的第 1 帧移动到第 3 帧,将 4.png 图层的第 1 帧移动到第 4 帧……将 7.png 图层的第 1 帧移动到第 7 帧。

(4) 按 Ctrl+Enter 组合键测试影片效果,保存文档。

思考:如何将小鸟飞翔动作减慢?请分别使用改变帧速率和总帧数的方法实现。

【例 6.3】 “圆形文字逐个显示”的制作,效果如图 6.7 所示。

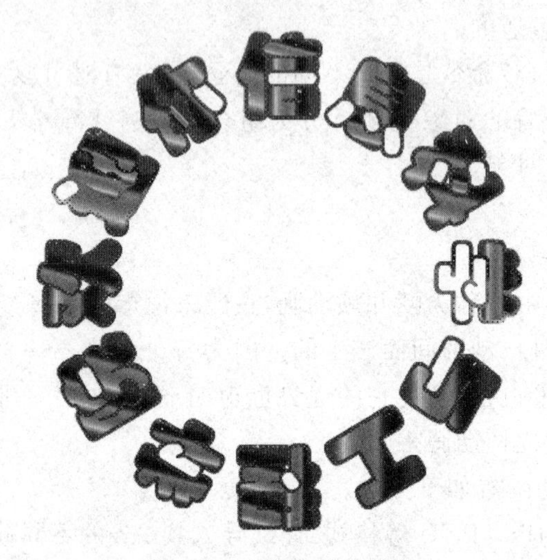

图 6.7　文字特效效果图

操作步骤如下。

(1) 新建一个 An 文档,单击“文本工具”,设置为华文彩云、70pt,在舞台上方中部位置输入一个“信”字。用选择工具选择文字,再单击“任意变形工具”,拖动文字注册点到舞台中央区域。

(2) 打开“变形”面板,单击“重置选区和变形”1 次,此时看起来没什么反应;设置旋转为 30°单击“重置选区和变形”10 次。单击“文本工具”,光标指向要修改的文字单击,然后修改文字,原来所有字都是“信”,改成“信息科学与工程学院欢迎你”。

(3) 按 Ctrl+A 组合键选中所有文字,右击选中的文字,在弹出的快捷菜单中选择“分散到图层”,删除“图层_1”图层。再次选中所有文字,按 Ctrl+B 组合键分离文字,“属性”面板中设置填充色为多彩色,使用“颜料桶工具”将文字填充成适合的颜色。

(4) 参照例 6.2,将文字逐个显示出来。

6.2.7　形状补间动画

在 An 的“时间轴”面板中,在一个关键帧内绘制一个形状,然后在另一个关键帧内更改该形状或绘制另一个形状,An 设定的程序可根据两者之间的帧的值自动创建两者之间的帧,这些自动生成的帧,叫作补间帧,基于这种机制生成的动画被称为形状补间动画。

右击两个关键帧之间的任意位置,在弹出的快捷菜单中选择“创建补间形状”,可完成形状补间动画创建。形状补间动画建好后,“时间轴”面板在起始帧和结束帧之间有一个长长的箭头。

形状补间动画使用的对象大多数为鼠标绘制的矢量形状，如果使用图形元件、文字，则必须选择“修改”→“分离”(Ctrl+B)，将其转换为矢量图形，再创建形状补间动画。

【例 6.4】 已有一花朵图片，创建一个“花变形”动画，使一幅画慢慢变成一个字。

操作步骤如下。

(1) 新建 An 文档，选择“文件”→“导入”→“导入到舞台”，导入花朵图片，改变其属性宽为 640px，高为 480px，居中显示。按 Ctrl+B 组合键分离。

(2) 第 30 帧插入空白关键帧(快捷键 F7)，输入“花”字(450px 大小，华文琥珀，颜色尽量与花朵图片中的花类似)，分离。

(3) 右击 1～30 中部分帧，在弹出的快捷菜单中选择“创建补间形状”。单击第 1、20、30 帧的效果如图 6.8 所示。

(4) 在第 40 帧插入一普通帧，用来延续字显示时长，测试影片效果，保存文档。

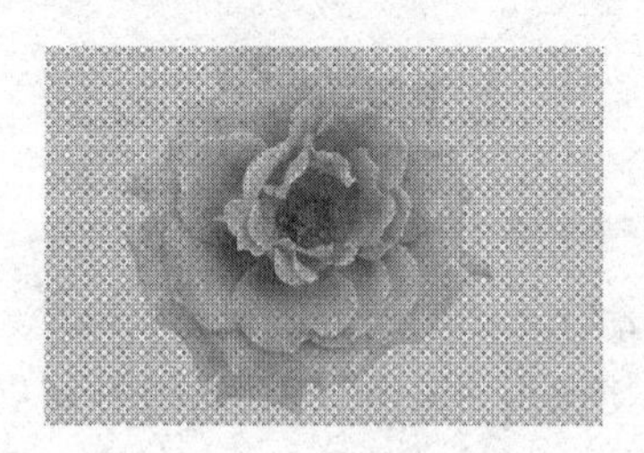

图 6.8 “花变形”第 1、20、30 帧效果

6.2.8 传统补间动画

在 An 的“时间轴”面板中，一个关键帧上放置一个元件，然后在另一个关键帧上改变该元件的大小、位置、颜色、透明度、旋转或者直接放置另外一个元件，An 会根据首尾两个关键帧自动创建中间的补间帧从而形成的补间动画被称为传统补间动画。

右击两个关键帧之间的任意位置，在弹出的快捷菜单中选择“创建传统补间”，可完成传统补间动画创建。传统补间动画建好后，“时间轴”面板的背景色变为淡紫色，在起始帧和结束帧之间有一个长长的箭头。传统补间动画是最简单的点对点平移，没有速度变化，一切其他效果都需要通过后续的其他方式去调整。

与形状补间动画不同的是，传统补间动画的对象必须是元件或成组对象(包括影片剪辑、按钮、图形元件、文字、位图、组合等)，不能是形状，只有把矢量组合或转换成元件后才可以制作传统补间动画。

【例 6.5】 有“城市背景”和“汽车”图片，请分别使用汽车移动和背景移动的方法，创建“开车”动画。

操作步骤如下。

(1) 新建 An 文档，选择“文件”→“导入”→“导入到舞台”，图层 1 第 1 帧导入“城市背景”图片，图层 1 命名为“城市背景”，调整“城市背景”图片宽不变，高为 480px，并使其右边与舞台右边对齐。

(2) 新建“汽车”图层，第 1 帧导入“汽车”图片，将图片放置在舞台右边，如图 6.9 所示。

图 6.9 汽车开始位置

(3) 单击“汽车”图层第 30 帧，按 F6 键插入关键帧；移动汽车到舞台左边。

(4) 右击“汽车”图层第 1～30 帧任意位置，在弹出的快捷菜单中选择“创建传统补间”。

(5) 单击“城市背景”图层第 30 帧，按 F5 键插入帧。单击第 15 帧，效果如图 6.10 所示，测试影片效果，保存文档。

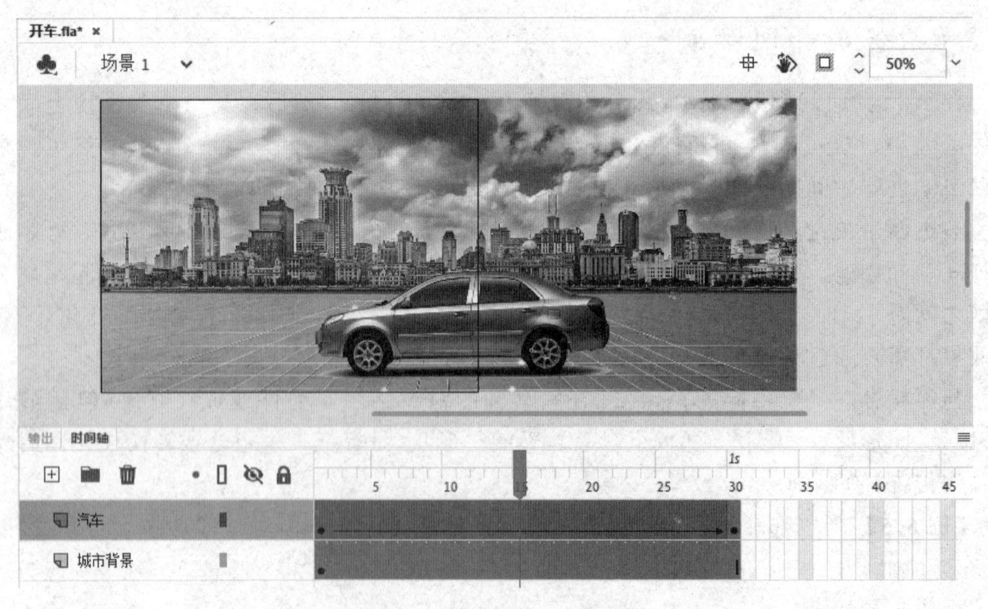

图 6.10 “开车”第 15 帧效果

思考：如何用另外一种方法实现：将汽车放置在舞台中间不动，通过城市背景移动来实现开车的效果，请读者自己实验完成。此时如果要制作出轮胎转动的效果，则需要先制作轮胎转动的影片剪辑元件，再将两个转动的轮胎加入汽车。

6.2.9 补间动画

补间动画是 An 的补间方式,具有强大的功能。补间动画在整个补间范围内由一个对象目标组成。补间动画可以实现对象速度变化、路径偏移等复杂操作。

在 An 的"时间轴"面板中,在一个关键帧上放置一个元件,不需要再在时间轴的其他地方插入关键帧,直接右击该关键帧,在弹出的快捷菜单中选择"创建补间动画",再在时间轴上需要加关键帧的地方直接修改或拖动舞台上的元件(也可以插入关键帧),就自动形成了补间动画,补间动画的路径直接显示在舞台上,可以使用选择工具变更路径。

与其他动画不同的是,补间动画的对象必须是元件。该方法利用属性关键帧实现动作补间效果,其终止帧使用的是属性关键帧而不是关键帧,实现的是对该对象实例大小、位置、颜色、旋转、透明度等属性值的改变。

只有补间动画才能使用动画编辑器面板进行更详细的动画设置。选择"窗口"→"动画编辑器"命令,可以打开动画编辑器面板,设置各属性关键帧的值;添加或删除属性关键帧;设置滤镜、色彩效果、缓动等效果。

【例 6.6】 只提供一幅静态蝴蝶图片,创建一个"蝴蝶飞"动画。

操作步骤如下。

(1) 新建 An 文档,选择"文件"→"导入"→"导入到舞台",导入蝴蝶图片,改变其属性高为 480px,居中显示。

(2) 右击第 1 帧,在弹出的快捷菜单中选择"创建补间动画",出现"将所选的内容转换为元件以进行补间",单击"确定"按钮。

(3) 第 15、30 帧分别按 F6 键插入关键帧。单击第 15 帧,使用任意变形工具,将蝴蝶等高缩小。

(4) 单击第 1、15、24 帧,效果如图 6.11 所示,测试影片效果,保存文档。

图 6.11 "蝴蝶飞"第 1、15、24 帧效果

本例如果用形状补间动画来实现,导入图片后需要分离图片,第 15、30 帧插入两关键帧后,第 15 帧关键变形时等高缩小,然后帧 1～15、15～30 将都要插入形状补间动画。

例 6.5"开车"动画也可以用补间动画来完成,请读者试着去完成。

6.2.10 引导动画

引导动画是沿着一定的轨迹进行运动的一种动画,它由引导层和被引导层组成。引导层是用来指示元件运动路径(路径是用钢笔工具、铅笔工具、椭圆工具等工具绘制出的引导线)的,被引导层中的对象是跟着引导层中的引导线走的,对象可以使用影片剪辑元件、图形元件、文字等,但不能是矢量图形。

引导动画实际上是在传统补间动画的基础上添加一个引导图层,该图层有一条可以引导运动路径的引导线,使另一个图层中的对象依据此引导线进行运动的动画。在制作引导动画时,运动元件的中心必须要与引导线重合,否则就不能产生效果。

一个引导层中可以有多条路径,被引导层也可以有多个,即一个引导图层下面可以附带多个引导图层。

【例 6.7】 创建一个"蝴蝶环绕飞"动画,要求蝴蝶翅膀会挥舞,蝴蝶环绕一个花环飞行。

操作步骤如下。

(1) 新建 An 文档,选择"文件"→"导入"→"导入到舞台",导入花环图片,改变其属性宽为 640px,高为 480px,居中显示,改图层名为"花环"。

(2) 选择"插入"→"新建元件",打开"创建新元件"对话框,名称处输入"蝴蝶飞",类型选择"影片剪辑",单击"确定"按钮。

(3) 进入"蝴蝶飞"元件编辑界面,导入蝴蝶图片,右击图层_1 第 1 帧,创建补间动画,光标指向第 30 帧,当光标出现双向箭头时,拖动鼠标到第 10 帧。第 5、10 帧插入关键帧,第 5 帧等高变窄变形,如图 6.12 所示。

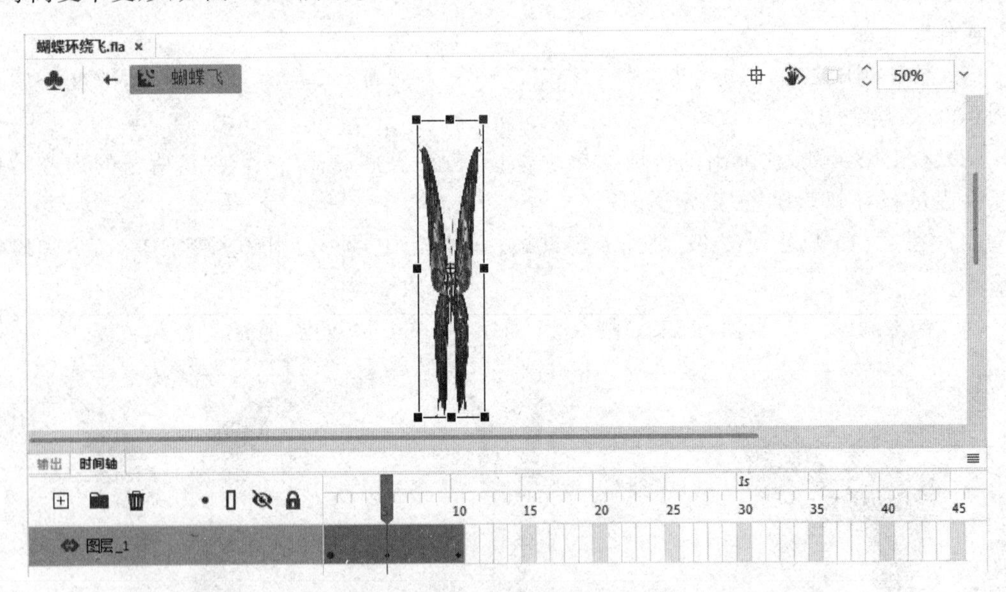

图 6.12 "蝴蝶飞"元件编辑界面

(4) 单击舞台左上角向左箭头 ←,切换回舞台。新建"蝴蝶"图层,选择第 1 帧,拖动"库"面板中的"蝴蝶飞"元件到舞台中间,使用任意变形工具变小、旋转。

(5) 右击"蝴蝶"图层,在弹出的快捷菜单中选择"添加传统运动引导层","蝴蝶"图层上方出现"引导层:蝴蝶"图层。

(6) 单击"引导层:蝴蝶"图层第 1 帧,选择"椭圆工具",设置笔触大小为 1,笔触颜色为黑色,填充颜色为无,在舞台上画一椭圆,使用任意变形工具调整椭圆,使其与花环基本吻合,用橡皮擦工具在左下角任一位置擦除一部分,使椭圆有个小缺口,如图 6.13 所示。

(7) 在"蝴蝶"图层第 30 帧插入关键帧,其他图层第 30 帧插入帧。

图 6.13　引导层建立

（8）单击“蝴蝶”图层第 1 帧，移动蝴蝶到左下角缺口位置，使蝴蝶中心点与椭圆缺口上端贴合。使用任意变形工具旋转蝴蝶，调整蝴蝶飞行方向，如图 6.14 所示。

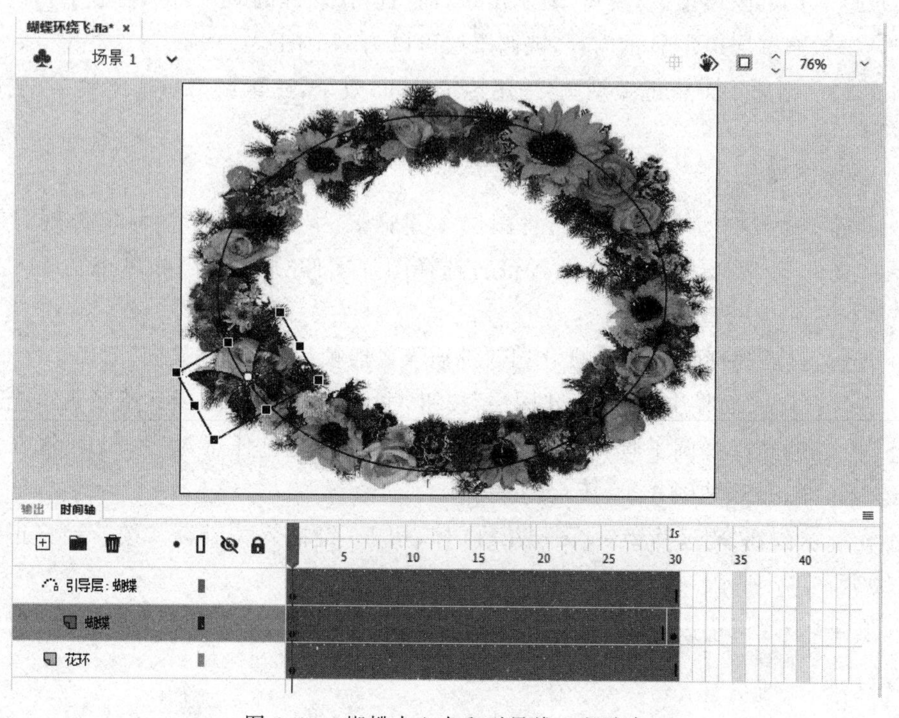

图 6.14　蝴蝶中心点和引导线一段贴合

(9) 单击“蝴蝶”图层第 30 帧，移动蝴蝶到左下角缺口位置，使蝴蝶中心点与椭圆缺口下端贴合。

(10) 右击“蝴蝶”图层第 1～30 帧任意帧，在弹出的快捷菜单中选择“创建传统补间”，在其“属性”面板中，选中“调整到路径”选项。测试影片，效果如图 6.15 所示。

图 6.15 “蝴蝶环绕飞”动画效果

6.2.11 遮罩动画

遮罩动画是通过遮罩层来有选择地显示位于其下方的被遮罩层内容的。在 An 的图层中有一个遮罩图层类型，为了得到特殊的显示效果，可以在遮罩层上创建一个任意形状的“视窗”，被遮罩层可以通过该“视窗”显示出来，而“视窗”之外的对象将不会显示。遮罩层决定显示形状，被遮罩层决定显示内容，被遮罩层可以为多个图层。

【例 6.8】 创建一个望远镜动画(采用传统补间)效果，遮罩层为望远镜镜头，被遮罩层为风景图。

操作步骤如下。

(1) 新建 An 文档“望远镜. fla”，将图层 1 重命名为“风景图”，光标定位到时间轴第 1 帧，选择“文件”→“导入”→“导入到舞台”，选择图片文件“风景图. jpg”，将其导入到舞台上，调整舞台大小与风景图相同。

(2) 光标定位到时间轴第 30 帧，按 F5 键插入普通帧。锁定“风景图”图层。

(3) 在“时间轴”面板中单击“新建图层”按钮，将新图层命名为“望远镜镜头”，光标定位到时间轴第 1 帧，选择椭圆工具，设置笔触颜色为无，填充颜色任意，按住 Shift 键在舞台左边位置绘制一个正圆，如图 6.16 所示。

(4) 光标定位到“望远镜镜头”图层第 30 帧，按 F6 键插入关键帧。按→键将正圆移动到右边，如图 6.17 所示。

(5) 右击“望远镜镜头”图层第 1～30 帧任意帧，在弹出的快捷菜单中选择“创建传统补间”。

图 6.16　正圆在左边

图 6.17　正圆移动到右边

(6) 右击“望远镜镜头”图层，在弹出的快捷菜单中选择“遮罩层”，如图 6.18 所示。

(7) 按 Ctrl+Enter 组合键测试影片的播放效果，如图 6.19 所示。

【例 6.9】 创建一个探照灯动画(采用补间动画)效果，遮罩层为探照灯光，被遮罩层为风景图。

操作步骤如下。

(1) 新建 An 文档“探照灯.fla”，将图层 1 重命名为“背景”，光标定位到时间轴第 1 帧，选择“文件”→“导入”→“导入到舞台”，选择图片文件“探照对象.jpg”，将其导入到舞台上，

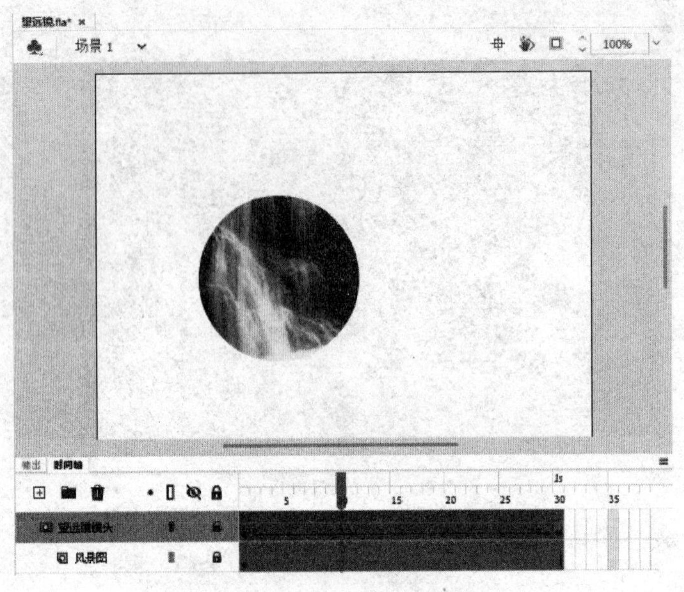

图 6.18　望远镜遮罩效果

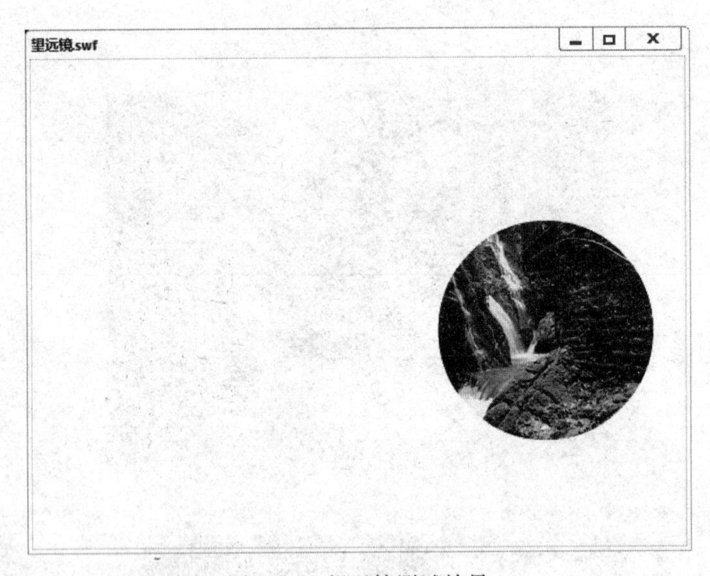

图 6.19　望远镜测试效果

设置图片与舞台大小相同。在第 50 帧插入普通帧。

(2) 右击“背景”图层,在弹出的快捷菜单中选择“复制图层”。新图层命名为“探照对象”。隐藏“探照对象”图层。

(3) 选择“背景”图层第 1 帧,右击舞台上图片,在弹出的快捷菜单中选择“转换为元件”,打开“转换为元件”对话框,名称为“背景”,类型为“图形”。单击“确定”按钮。在元件实例的“属性”面板中设置色彩效果的亮度,将其亮度条往左边移动,调小,使图片只能朦胧看到一点。

(4) 在最上层新建图层“探照灯光”,选择椭圆工具,设置笔触颜色为无,填充颜色任意,按住 Shift 键在第 1 帧舞台左边位置绘制一个正圆。

(5) 右击“探照灯光”图层时间轴第1帧(如果有其他帧,请删除),在弹出的快捷菜单中选择“创建补间动画”,出现“将所选的内容转换为元件以进行补间”,单击“确定”按钮。将补间动画延长至50帧。

(6) 右击“探照灯光”图层时间轴第50帧,在弹出的快捷菜单中选择“插入关键帧”→“位置”插入属性关键帧。单击“探照灯光”图层第50帧,在舞台上拖动正圆到右侧,舞台上出现虚线位移路径,用选择工具拖动路径使其向下弯曲,如图6.20所示。

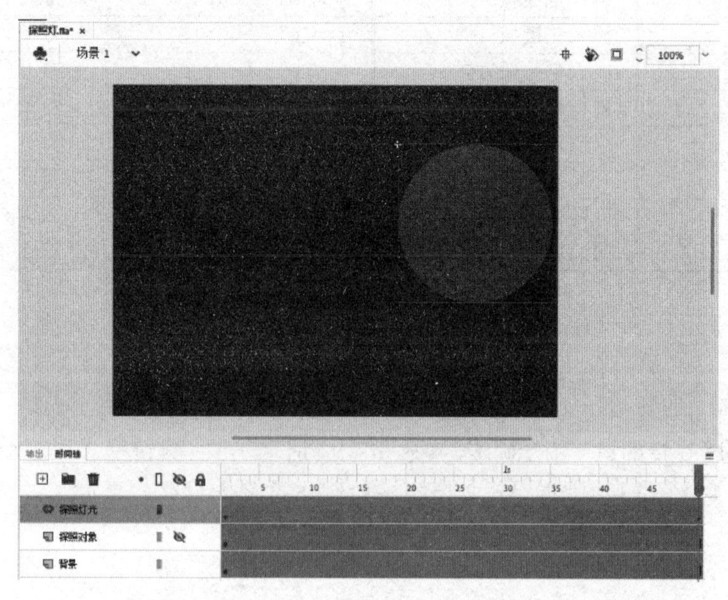

图 6.20 补间动画路径调整

(7) 显示“探照对象”图层。右击“探照灯光”图层,在弹出的快捷菜单中选择“遮罩层”,定位“时间轴”面板的播放头到第25帧,显示的效果如图6.21所示。

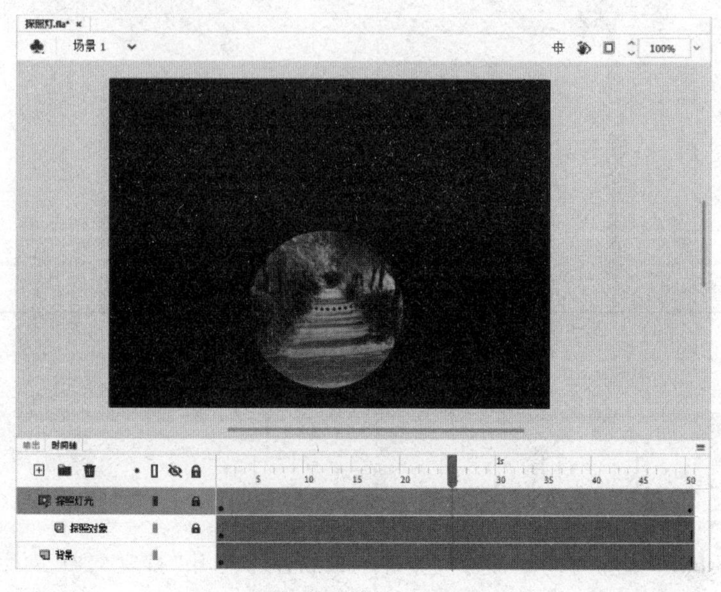

图 6.21 第25帧效果

6.2.12 An 快捷键

An 中常用的快捷键如表 6.1 所示。

表 6.1 An 中常用的快捷键

快捷键	功能	快捷键	功能
F5	插入普通帧	Ctrl+Shift+V	原位置粘贴
F6	插入关键帧	Ctrl+Shift+A	原位复制粘贴
F7	插入空白关键帧	Ctrl+L	打开“库”面板
Ctrl+F8	创建新元件	Ctrl+F2	打开“工具”
F8	图形转换为元件	Ctrl+F3	打开“属性”面板
Ctrl+B	将元件打散为图形	Ctrl+'	显示网格
F12	以网络形式打开预览	Ctrl++	放大视图
Ctrl+Enter	测试影片	Ctrl+-	缩小视图

视频讲解

6.3 案例一 旋转的风车

要求：通过“旋转的风车”的制作，熟悉和掌握钢笔工具、颜料桶工具、变形面板、滤镜、补间动画和元件等的应用，掌握 An 文档的一般制作过程。最终效果如图 6.22 所示。

图 6.22 旋转的风车效果

具体操作步骤如下。

1. 新建 An 文档

(1) 打开 Animate 应用程序，选择“文件”→“新建”，打开“新建文档”对话框，如图 6.23 所示，平台类型选择 Action Script 3.0，角色动画标准文档默认的宽为 640px，高为 480px，帧速率为 30fps，背景颜色为白色。单击“创建”按钮。这样就创建了一个 An 新文档，进入 An 主界面。

(2) 选择“文件”→“保存”命令，保存到合适位置，文件名为“旋转的风车”。此时文件全称为“旋转的风车.fla”。选择“窗口”→“工作区”→“传统”，这时 An 界面左边是工具箱，右边是“属性”面板，上面是“时间轴”面板，中下方是舞台。

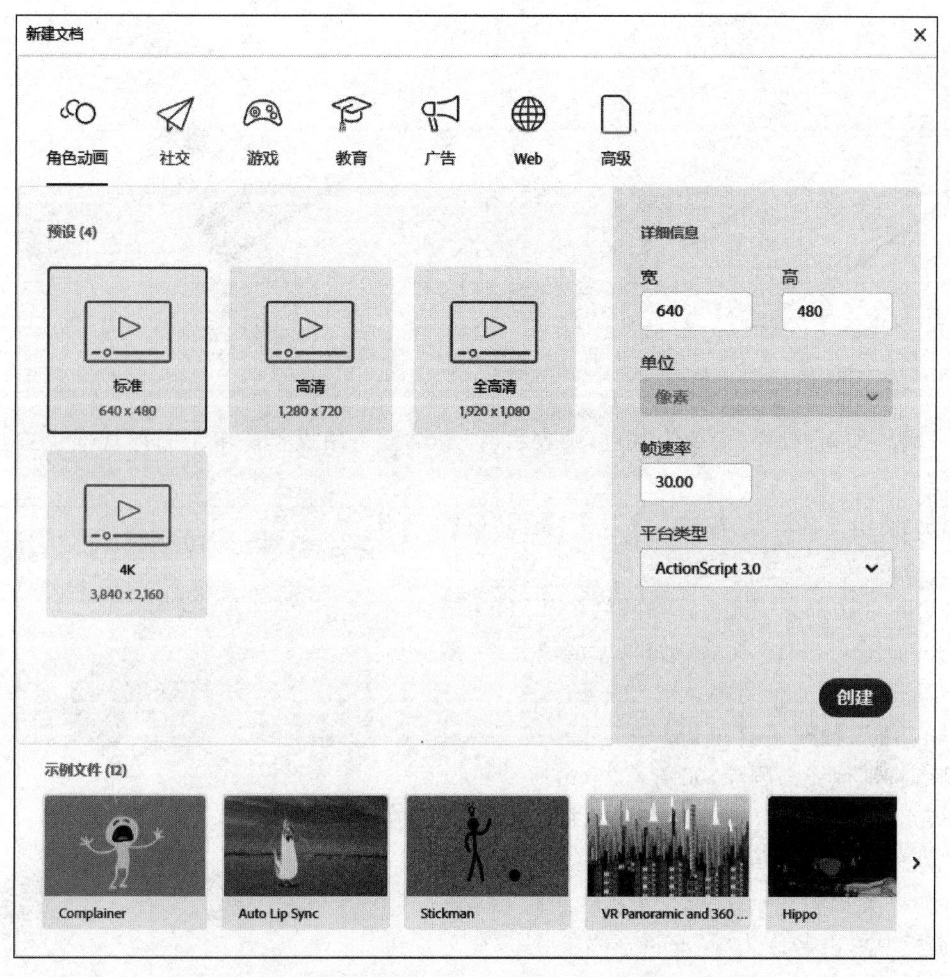

图 6.23　An 新建文档

2. 新建“风车叶子”元件

(1) 选择“插入”→“新建元件”，打开“创建新元件”对话框，如图 6.24 所示，名称输入“风车叶子”，类型选择“图形”，单击“确定”按钮。

(2) 进入编辑元件界面，中间有一个“+”号。选择工具箱中的“钢笔工具”，单击“+”号，再按顺时针方向单击其他点，建立如图 6.25(a)所示梯形，按 Esc 键结束钢笔绘制。

(3) 重新选择钢笔工具，单击对角线两个点画上连线，如图 6.25(b)所示，选择工具箱中的“选择工具”，光标移向对角线时，光标显示↖，此时向右上角拖动鼠标，对角线变成了曲线，如图 6.25(c)所示。

(4) 使用选择工具拖动选中整个图形，选择“修改”→“分离”(可以使用 Ctrl+B 组合键)，将

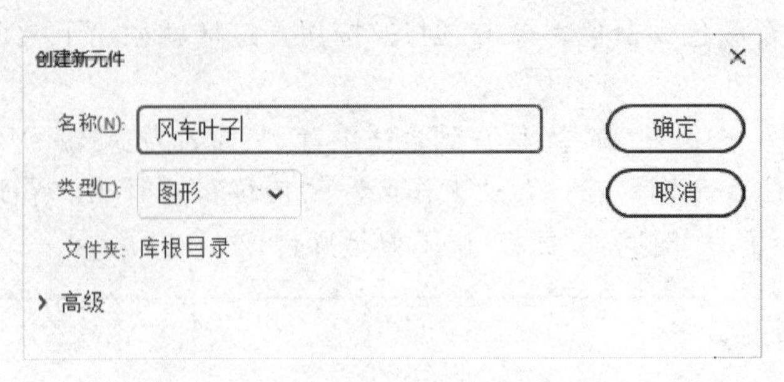

图 6.24 “创建新元件”对话框

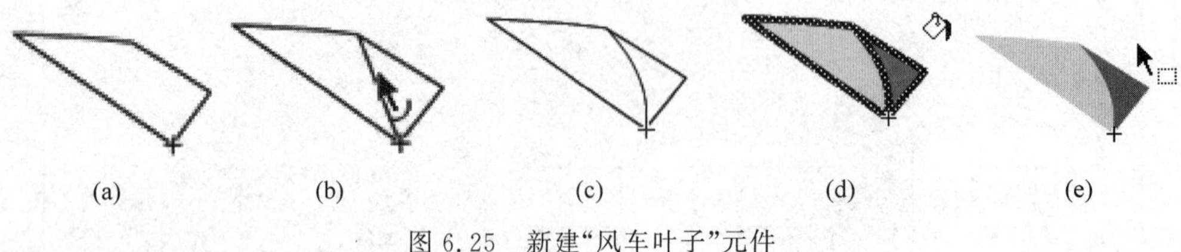

图 6.25 新建“风车叶子”元件

图形分离。如果“分离”命令为灰色，则表示已经分离，不用操作。单击图形其他位置，不要选中图形。

(5) 使用工具箱“颜料桶工具”，在“属性”窗口中设置不同填充颜色（右边部分填充色选择颜色＃00CC00，左边部分填充色选择颜色＃FFFF00）进行填充，如图 6.25(d)所示。如果无法填充，一般是由于图形没有完全封闭。

(6) 使用选择工具单击一根连线，按 Delete 键删除，将其他线都删除，如图 6.25(e)所示。

(7) 单击舞台左上角向左箭头返回“场景 1”，结束“风车叶子”元件编辑，选择“窗口”→“库”，打开库（如果菜单中显示 ✓ 库(L)，表示已经打开），在“库”面板中单击名称为“风车叶子”的元件，在上方会预览显示其内容，如图 6.26 所示。

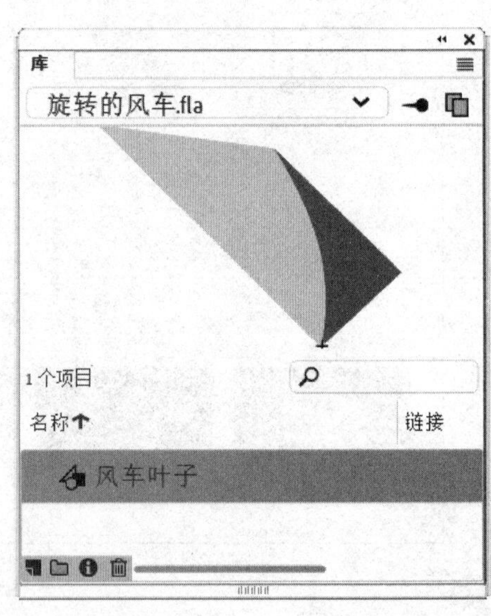

图 6.26 “风车叶子”元件在“库”面板中

3. 制作“风车”元件

(1) 拖动“库”面板中的“风车叶子”元件到舞台上，如图 6.27(a)所示，这样就在舞台上创建了一个实例。选择工具箱中的“任意变形工具”，如图 6.27(b)所示，图形上显示 8 个控点；移动中间的注册点（空心圆点）到＋点，如图 6.27(c)所示。

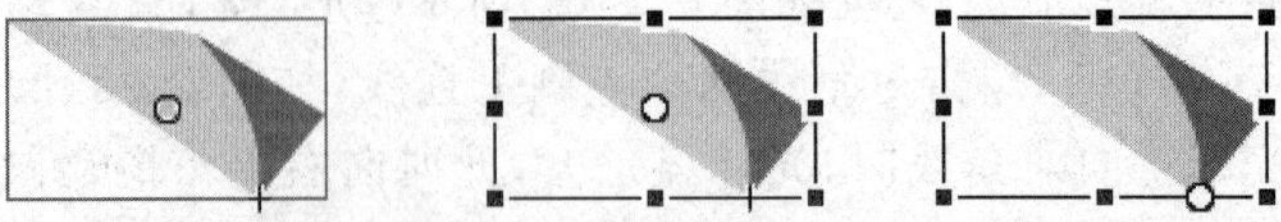

(a) (b) (c)

图 6.27 拖动“风车叶子”元件

(2) 选择"窗口"→"变形",打开"变形"面板,如图 6.28 所示,旋转处输入"90",再单击"重置选区和变形"按钮 3 次。

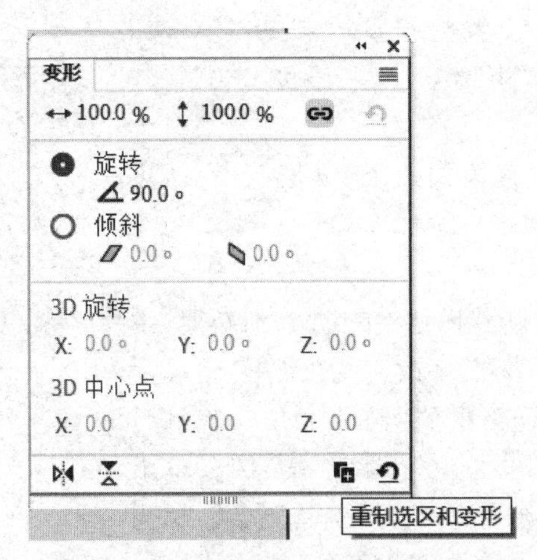

图 6.28　变形旋转

(3) 此时复制并旋转生成了共 4 个风车叶子,如图 6.29(a)所示。拖动选中所有叶子,如图 6.29(b)所示。

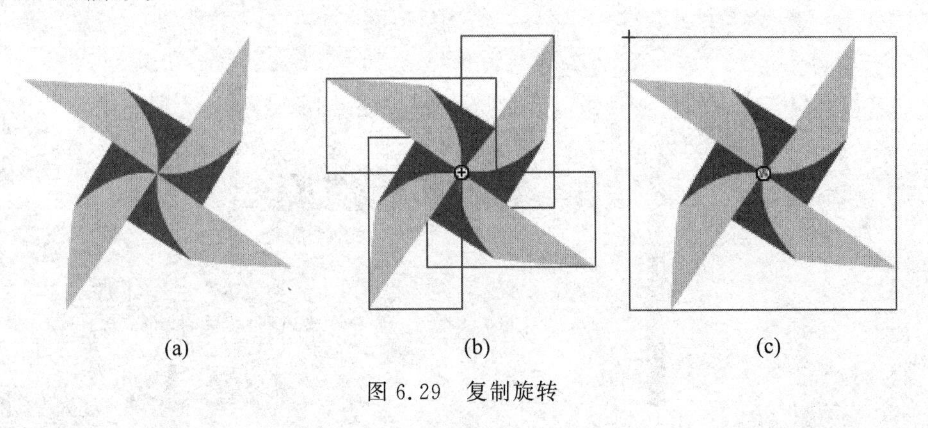

图 6.29　复制旋转

(4) 选择"修改"→"转换为元件",打开"转换为元件"对话框,名称输入"风车",类型选择"影片剪辑",如图 6.30 所示,单击"确定"按钮。此时风车如图 6.29(c)所示。

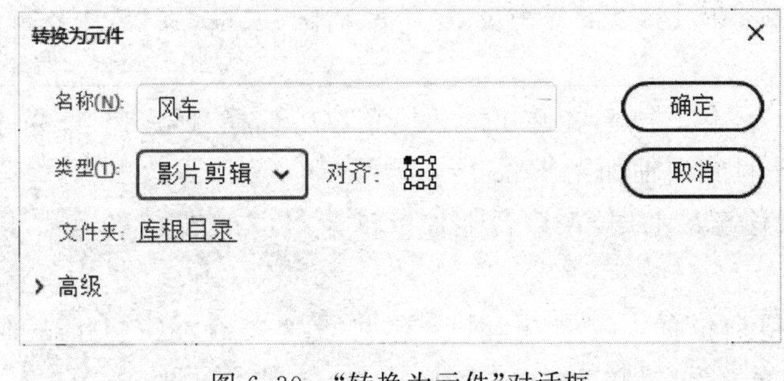

图 6.30　"转换为元件"对话框

4. 滤镜效果

(1) 单击舞台中"风车"实例,再单击其"属性"面板"滤镜"右边的"添加滤镜"按钮,在出现的菜单中选择"投影",设置滤镜属性投影效果,如图 6.31 所示,模糊 X:8px,模糊 Y:8px,强度: 50%,其他默认。

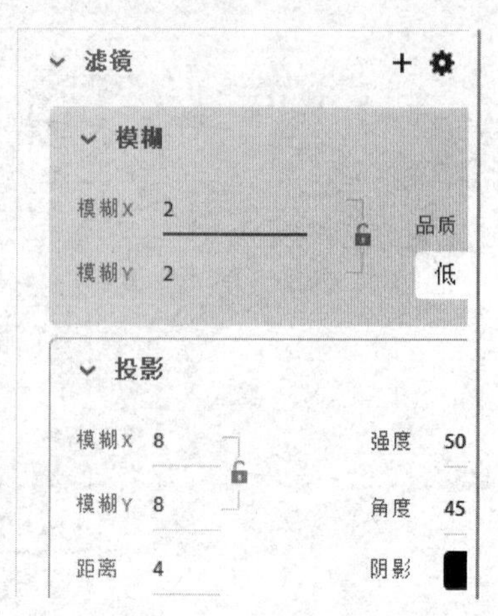

图 6.31　设置滤镜属性

(2) 添加模糊滤镜,设置模糊效果(模糊 X:2px,模糊 Y:2px)。

5. 动画处理

(1) 使用时间轴上的"新建图层"按钮,分别新建"中心"层、"杆"层。将原来的图层_1 改名为"风车"。单击"中心"层第 1 帧,选择工具箱中的"椭圆工具",笔触为无,填充色为黄色,在风车中心位置画上一个圆。单击"杆"层第 1 帧,选择工具箱中的"矩形工具",笔触为无,填充色为#00CC00,从风车中心往下画一个矩形。

(2) 移动各层,使层的顺序(从上到下: 中心、风车、杆)如图 6.32 所示。

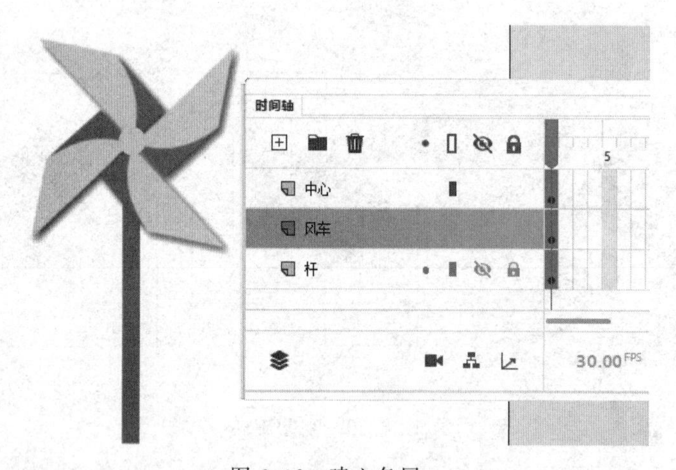

图 6.32　建立各层

(3) 右击"风车"图层第 1 帧,在弹出的快捷菜单中选择"创建补间动画"。单击"风车"图层第 1～30 任意帧,在"属性"面板中设置"补间动画"属性,旋转方向: 顺时针,旋转: 1 次,如图 6.33 所示。

(4) 右击"中心"层第 30 帧,在弹出的快捷菜单中选择"插入帧"。单击"杆"层第 30 帧,按 F5 键插入帧。此时时间轴如图 6.34 所示。

(5) 新建图层,移至最上层,在舞台上加上读者自己的姓名和学号,以后每个案例需要同样操作。

(6) 单击舞台空白位置,在"属性"面板中,可设置文档属性宽和高,使其与风车大小适当匹配。当前帧设置为第 1 帧,按住 Ctrl 键并单击各图层,可将各图层都选中,移动风车等内容到文档中间合适位置。

图 6.33 设置“补间动画”属性

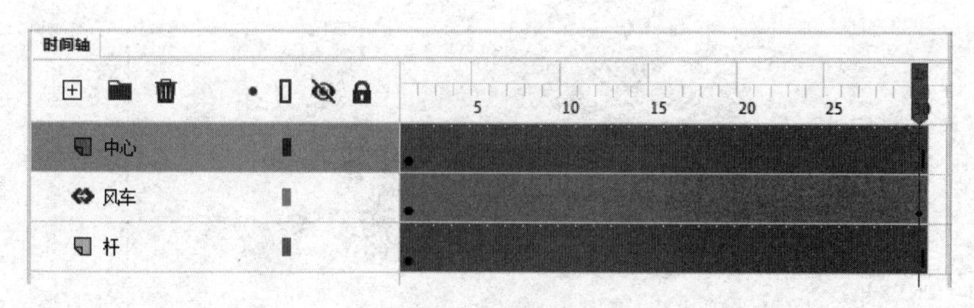

图 6.34 时间轴

(7) 选择“文件”→“保存”，保存文件为“旋转的风车.fla”。按 Ctrl+Enter 组合键测试影片，测试后自动生成“旋转的风车.swf”。

(8) 选择“文件”→“导出”→“导出动画 GIF”，在弹出对话框中单击“保存”按钮，其他默认，导出文件为“旋转的风车.gif”。

6.4 案例二 动态书写文字

要求：通过“动态书写文字”的制作，熟悉和掌握文本工具、选择工具、库文件导入、分离和逐帧动画等的应用，进一步掌握变形、时间轴、图层和元件等应用。最终效果如图 6.35 所示。

具体操作步骤如下。

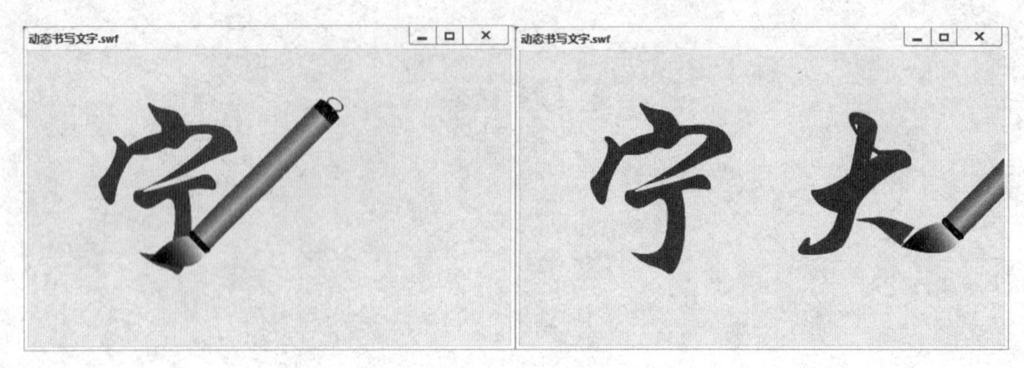

图 6.35　动态书写文字效果图

1. 输入文字

(1) 新建一个 500×300px 的“动态书写文字”An 文档，帧速率设置为 6，舞台背景颜色设置为淡黄色(＃FFFFCC)。双击“时间轴”面板选择“图层_1”名称，改名为“文字”。

(2) 选择工具箱中的“文本工具”T，在属性窗口中设置，字符系列为“华文行楷”，字符大小为 200pt，文本颜色任意，单击舞台输入“宁大”。

(3) 用选择工具选中输入的文字，选择“窗口”→“对齐”，打开“对齐”面板，选中“与舞台对齐”选项，单击“垂直居中分布”按钮和“水平居中分布”按钮，使文字居于舞台中间，如图 6.36 所示。

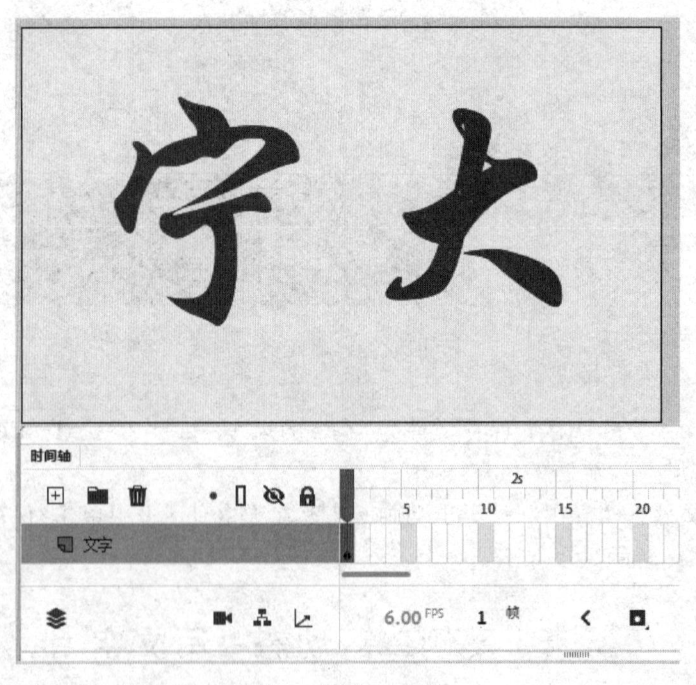

图 6.36　输入文字

(4) 单击“文字”图层，选中文字，共选择“修改”→“分离”(Ctrl＋B 组合键)两次(第一次分离是将“宁”“大”两个字分开，第二次分离是将文本打散转换为图形)，分离后文字应有小网格点，这样才能对其进行擦除操作，如果擦除后立刻恢复原状，表示没有分离完成。

2. 插入关键帧，文字擦除处理

(1) 单击"文字"图层第 1 帧，选择"插入"→"时间轴"→"关键帧"(快捷键 F6)，使用工具箱中的"橡皮擦工具"，将文字按照笔画相反的顺序，倒退着将文字擦除。如图 6.37 所示，"大"字已经被擦除一部分，"文字"图层已经插入了第 2 帧。

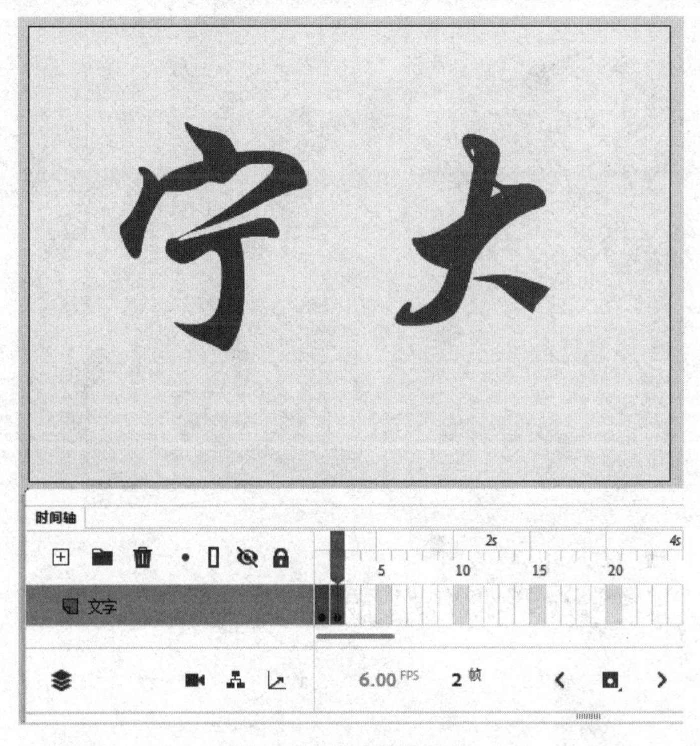

图 6.37　文字擦除开始

(2) 按快捷键 F6 插入第 3 帧，然后再擦除一部分文字，倒退着将文字擦除。擦除时注意重复的笔画应该先保留(先保留"大"字一横完整，到下一笔画再擦除)，如图 6.38 所示。这样反复，每擦一次按 F6 键一次，每次擦去多少决定写字的快慢，为了使动画效果流畅自然，可根据文本笔画数及复杂程度平均分配帧数。笔者一共使用了约 30 个关键帧(不同人操作可能不同)，把所有的文字部分擦完。

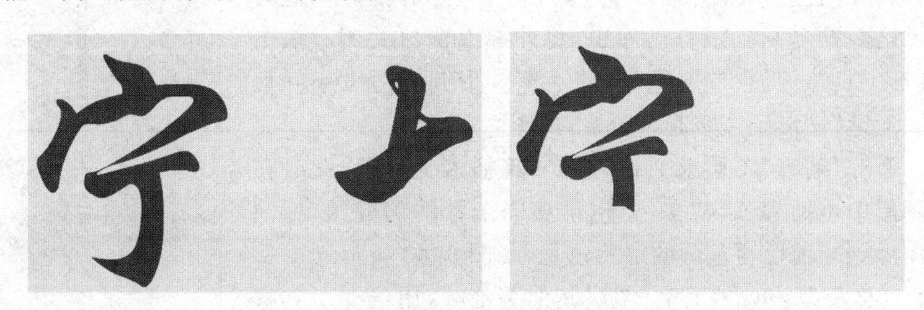

图 6.38　文字擦除过程

(3) 在"文字"图层中，右击第 1 帧，在弹出的快捷菜单中选择"选择所有帧"，选中所有关键帧。选择"修改"→"时间轴"→"翻转帧"，或者右击选择"翻转帧"，将"文字"图层顺序完全颠倒过来。翻转后，第 1 帧（如果这一帧没有任何内容，则删除）就只剩最后一点的部分了，如图 6.39 所示。此时测试影片已经有文字动态效果了。单击图层上的“锁定”按钮 将“文字”图层锁定，以免误操作。

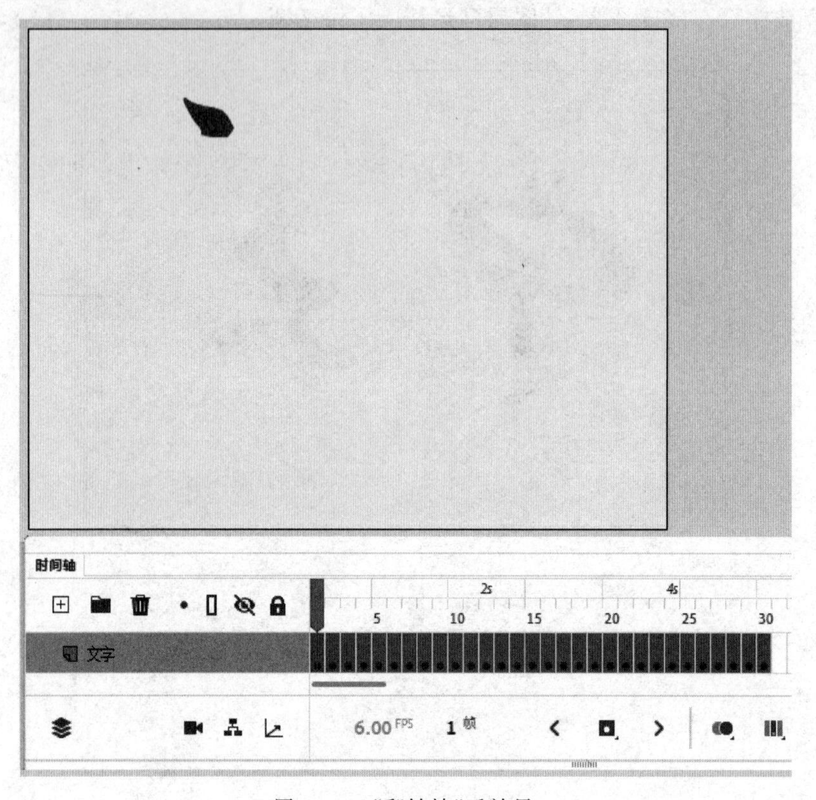

图 6.39 “翻转帧”后效果

3. 添加毛笔

(1) 新添加图层，改名为“毛笔”。选择“文件”→“导入”→“打开外部库”，打开素材“毛笔元件.fla”，此时会弹出“库-毛笔元件.fla”外部库窗口，该窗口中已有“毛笔”元件，如图 6.40 所示。

(2) 单击“毛笔”图层第 1 帧，拖动毛笔元件到舞台中，此时毛笔元件已经被复制到了自己库中，将外部库窗口关闭。单击“任意变形工具”，缩放、旋转毛笔，使毛笔变形到合适大小和形状，拖动“毛笔”图形到文字起始位置，如图 6.41 所示。

(3) 单击“毛笔”图层第 2 帧，按 F6 键插入关键帧，此时在“毛笔”图层中也插入了与“文字”图层相同个数的关键帧，拖动“毛笔”图形到当前已写笔画的最后位置，如图 6.42 所示。

(4) 这样反复，单击“毛笔”图层其他关键帧，用选择工具移动毛笔，使毛笔始终随着笔画最后的位置走，如图 6.43 所示。

(5) 按 Ctrl+Enter 组合键测试影片，保存影片为“动态书写文字.fla”。

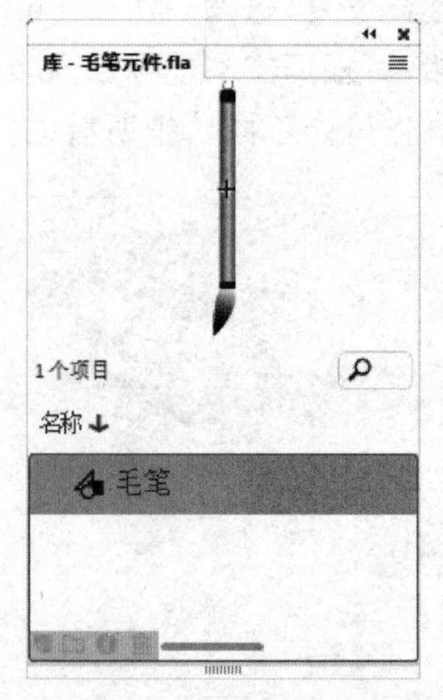

图 6.40 库-毛笔元件

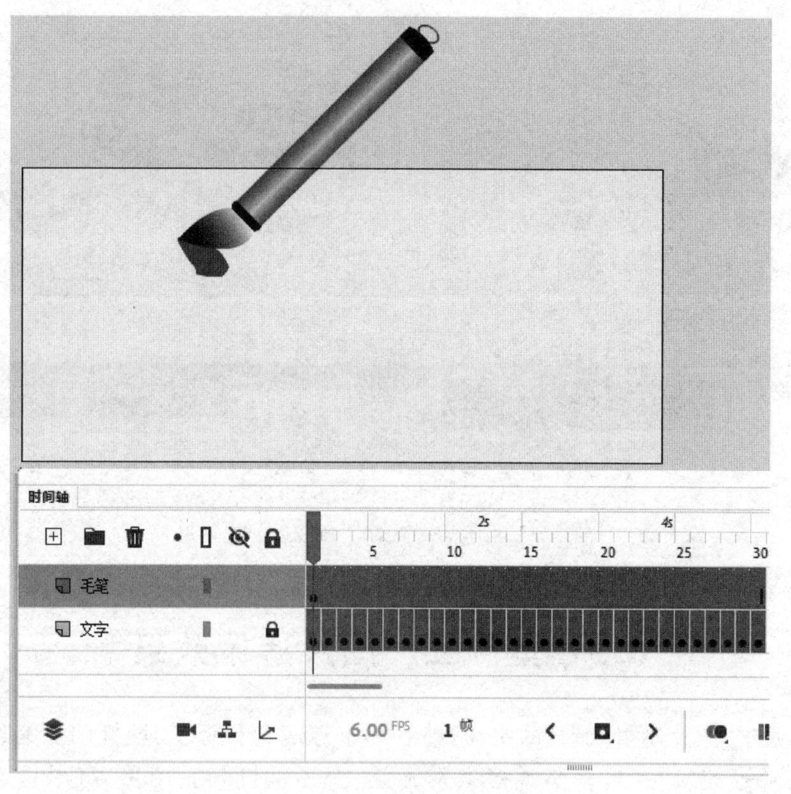

图 6.41　毛笔到文字起始位置

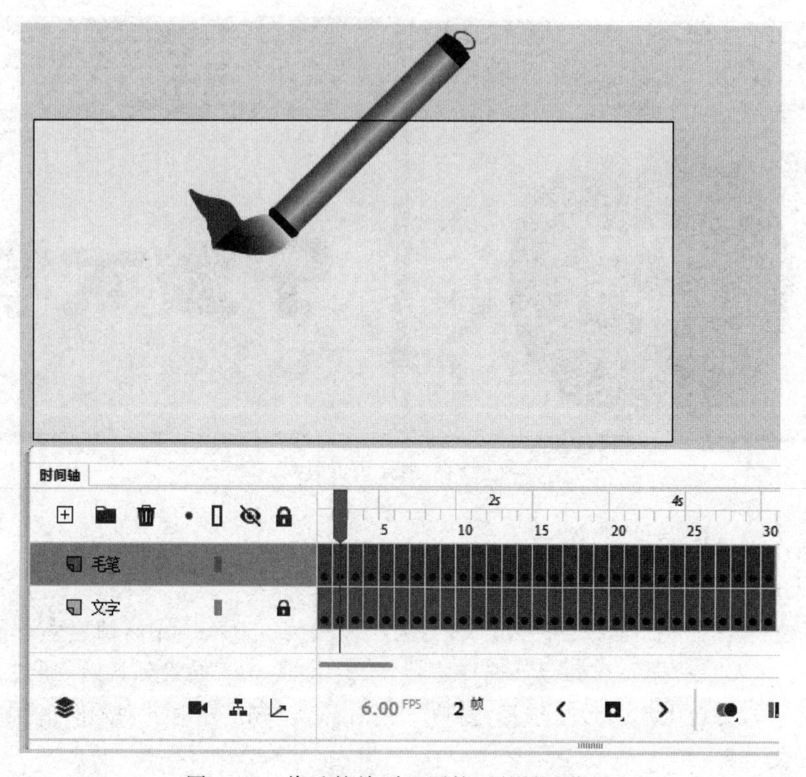

图 6.42　将毛笔放到已写笔画的最后位置

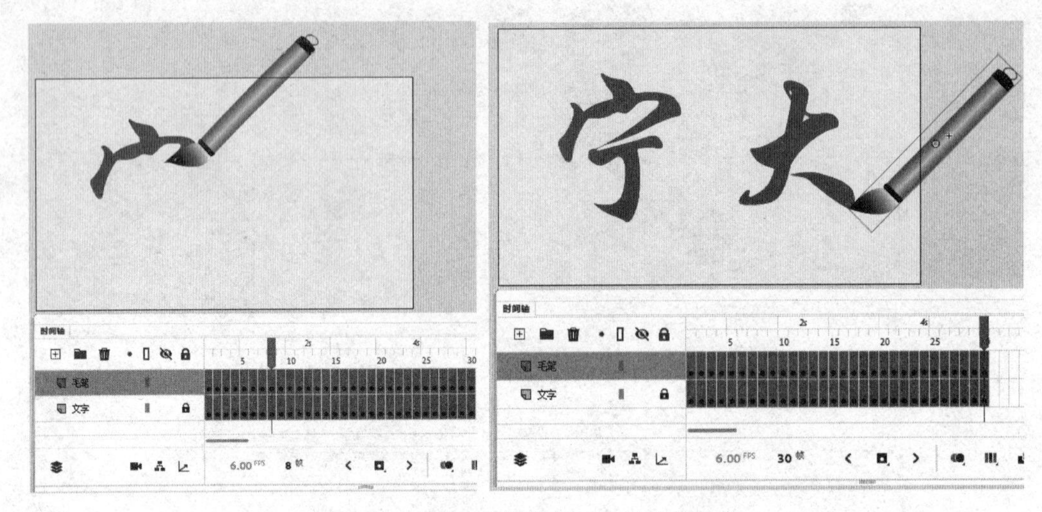

图 6.43　毛笔始终随着笔画最后的位置走

视频讲解

6.5　案例三　图片遮罩效果

要求：通过“图片遮罩效果”的制作，熟悉和掌握多角星形工具、椭圆工具、遮罩动画和补间形状动画等的应用，进一步掌握文本工具、变形、时间轴、图层等应用。最终效果如图 6.44 所示。

图 6.44　图片遮罩效果

具体操作步骤如下。

1. 插入形状和文字

(1) 新建一个“图片遮罩效果”An 文档，大小设置为 550×400px，帧速率设置为 30。选择“文件”→“导入”→“导入到舞台”，选择图片“宁波大学.jpg”导入到舞台，通过“属性”窗口更改图片大小与舞台大小一致。选择“窗口”→“对齐”，单击“左对齐”按钮和“顶对齐”按钮，将图片正好覆盖舞台。

(2) 在"时间轴"面板中选择"图层_1"第 60 帧，右击，在弹出的快捷菜单中选择"插入关键帧"。

(3) 新建"图层_2"，单击其第 1 帧，选择工具箱中的"多角星形工具"，单击"属性"面板中的"工具选项"中的样式为"星形"，如图 6.45 所示。

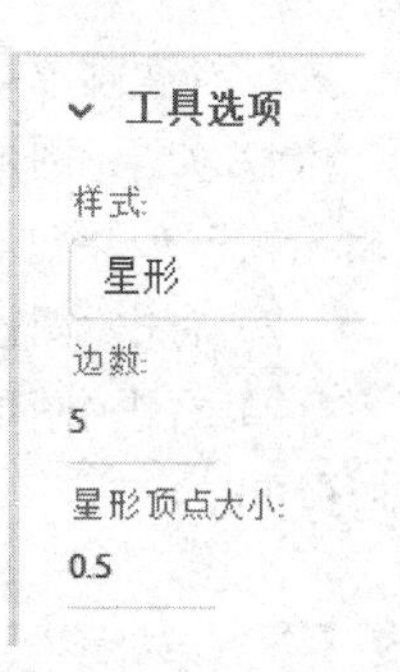

图 6.45 星形设置

(4) 拖动鼠标在舞台上画出一个五角星，如图 6.46 (a)所示。在"时间轴"面板中选择"图层 2"第 20 帧，右击，在弹出的快捷菜单中选择"插入空白关键帧"，选择工具箱中的"椭圆工具"，在舞台上画一个正圆，将其设置在舞台中央，如图 6.46 (b)所示。

(a)

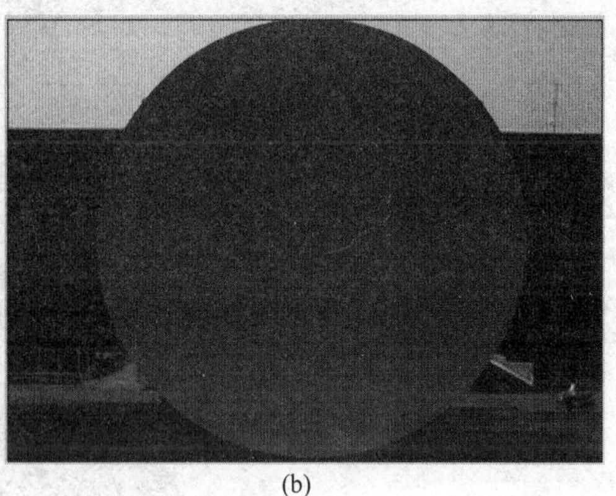

(b)

图 6.46 画五角星和圆

(5) 在"时间轴"面板中选择"图层_2"第 40 帧，右击，在弹出的快捷菜单中选择"插入空白关键帧"，选择工具箱中的"文本工具"，在属性窗口中设置，字符系列为"华文琥珀"，字符大小为 120 点。单击舞台输入"宁波大学"文本，使用"对齐"面板，将其设置在舞台中央，如图 6.47 所示。

图 6.47 输入文字

2. 创建遮罩动画和补间形状动画

(1) 如果“图层_2”第60帧没有插入任何帧,则选择它,右击,在弹出的快捷菜单中选择“插入帧”,如果已经存在普通帧,则不需要插入。

(2) 右击“图层_2”图层,在弹出的快捷菜单中选择“遮罩层”。

(3) 右击“图层_2”中的第1帧,在弹出的快捷菜单中选择“创建补间形状”。此时,时间轴如图6.48所示。

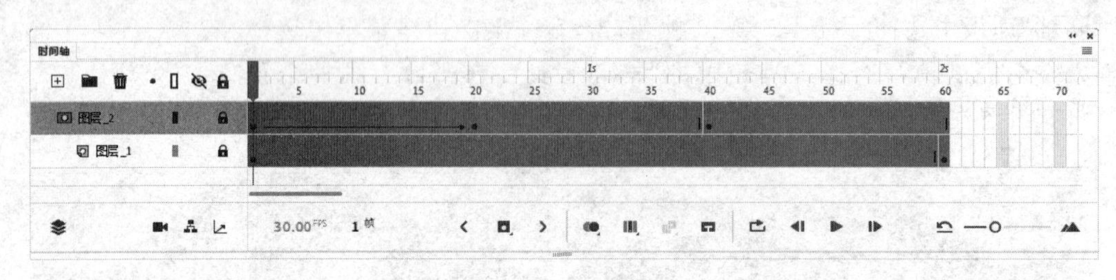

图6.48 时间轴

(4) 分别单击“图层2”第1、10、20、40帧,可以观察到如图6.49所示的结果。从第1帧到第20帧是形状逐渐变化过程,其他没有变化,有形状遮罩效果和文字遮罩效果等。

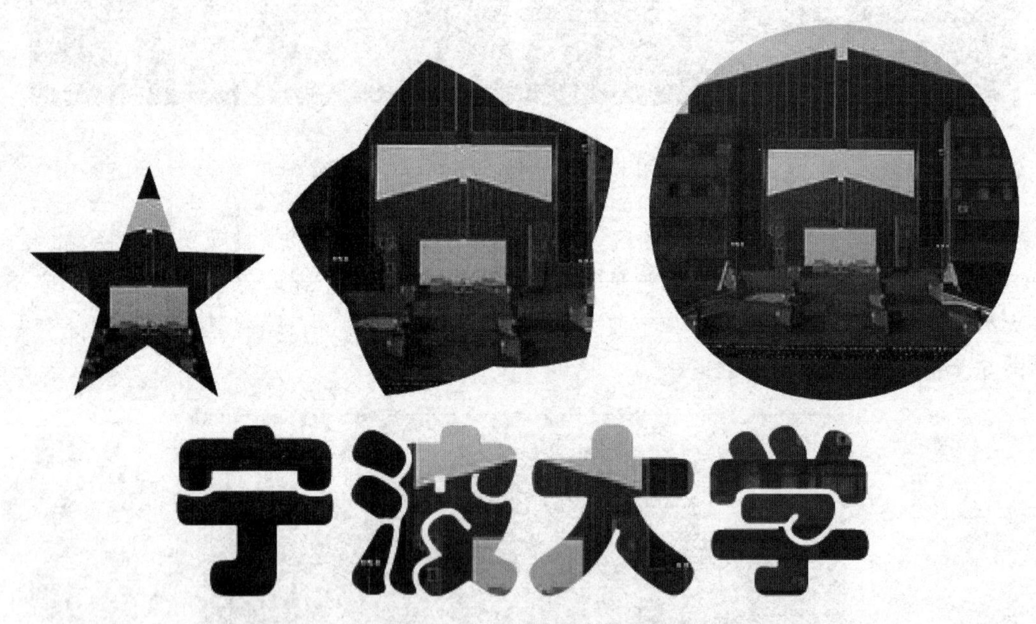

图6.49 各形状遮罩效果

(5) 按Ctrl+Enter组合键测试影片,从五角星遮罩效果到圆形遮罩效果是一个形状渐变过程和文字遮罩效果。保存影片为“图片遮罩效果.fla”,并导出动画GIF文档。

视频讲解

6.6 案例四 放大镜

要求:已有两张内容一样、大小不同的图片文件,制作“放大镜”阅读效果,熟悉和掌握椭圆工具、遮罩动画、传统补间动画、帧复制等的应用,进一步掌握时间轴、图层等应用。最终效果如图 6.50 所示。

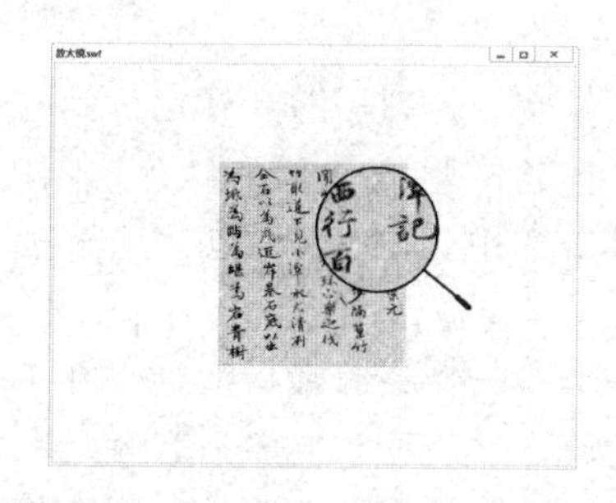

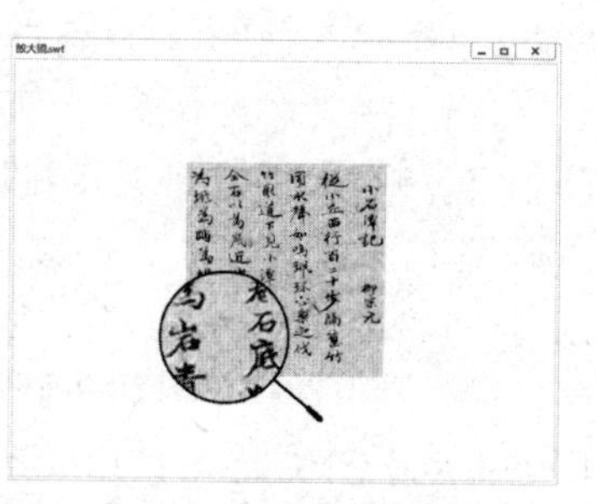

图 6.50 放大镜效果图

具体操作步骤如下。

1. 导入图片和初画放大镜

(1) 新建 640×480px 大小的 An 文档“放大镜.fla”,选择“文件”→“导入”→“导入到舞台”,选择图片文件“古文书法图.jpg”和“放大图.jpg”一起导入到舞台上。右击图片,在弹出的快捷菜单中选择“分散到图层”,两图片分别在两个图层,修改图层_1 名称为“放大镜镜片”,另外两图层名去掉“_jpg”,如图 6.51 所示。

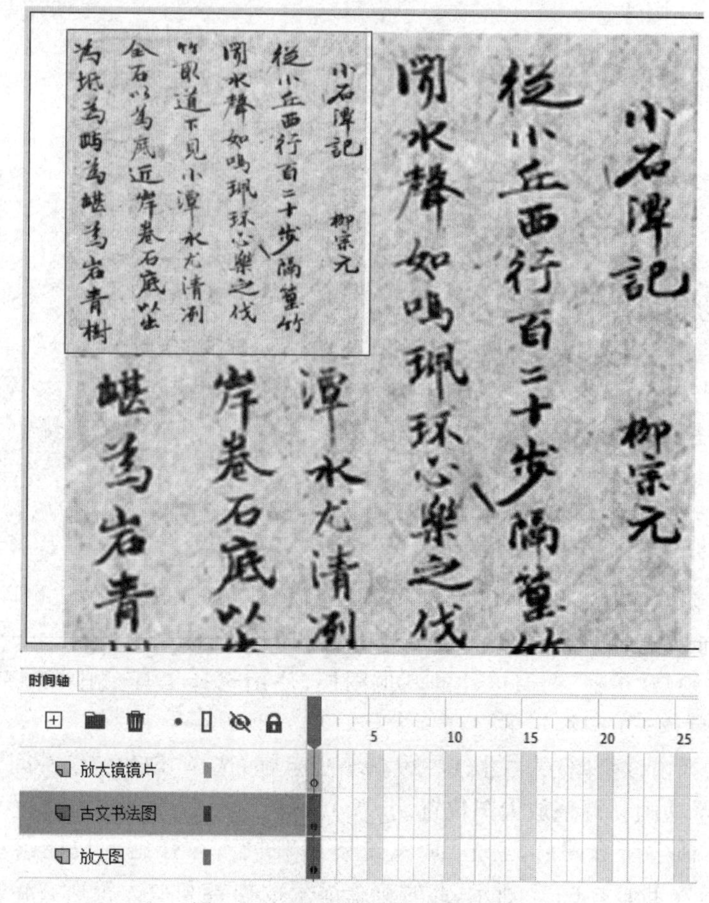

图 6.51 导入图片并分散到图层

(2) 移动“放大图”图层到“古文书法图”上方。隐藏“放大图”图层，使用“对齐”面板将“古文书法图”图层中对象垂直、水平对齐(相对于舞台对齐)。

(3) 右击“放大镜镜片”图层，在弹出的快捷菜单中选择“锁定其他图层”，光标定位到时间轴第1帧，选择椭圆工具，设置笔触颜色为黑色，笔触大小为3，填充颜色为红色，按住Shift键在图片文字上方绘制一个正圆。单击选择工具，双击选中正圆全部(包括笔触和圆)，在“属性”面板中设置宽度、高度均为150px。

(4) 使用选择工具将正圆移动到舞台右上合适位置(顶部与舞台靠齐，最后两列字在正圆差不多中间位置)；使用线条工具在圆的一侧绘制线条作为放大镜手柄，上部分笔触为3，下部分笔触为7，笔触颜色为黑色，如图6.52所示。如果此时处于“绘制对象”模式，则切换回场景1。

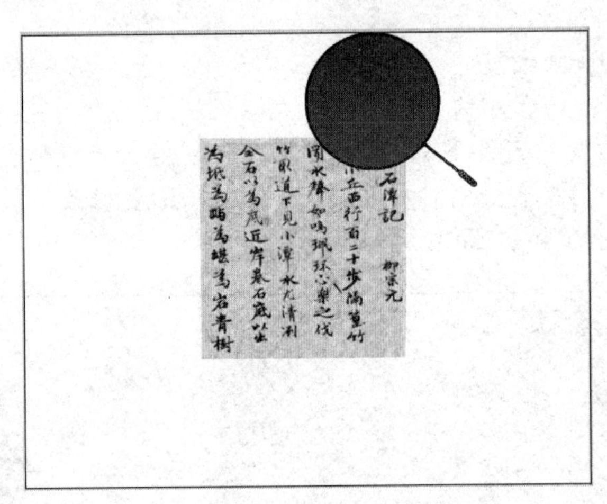

图6.52　初画放大镜

2. 处理放大镜和制作传统补间动画

(1) 单击“古文书法图”图层时间轴第20帧，按F5键插入普通帧，分别单击“放大图”和“放大镜镜片”图层时间轴第20帧，按F6键插入关键帧。单击选择“放大镜镜片”图层时间轴第20帧，此时镜片和镜框都处于选中状态，按键盘↓键移动放大镜到舞台下方，如图6.53所示。

(2) 右击“放大镜镜片”图层，在弹出的快捷菜单中选择“复制图层”，修改新图层名为“镜框”。

(3) 锁定并隐藏“放大镜镜片”图层以外的其他图层，使用选择工具、删除键将第1帧与第20帧中的镜框及把手(所有黑色线条)清除，只剩下红圆镜片。

(4) 锁定并隐藏“镜框”图层以外的其他图层，使用选择工具、删除键将第1帧与第20帧镜片(所有红色填充)清除。

(5) 分别选择前3个图层，右击1～20帧中任意帧，选择“创建传统补间”命令。

3. 制作遮罩动画和调整放大图位置

(1) 显示并锁定所有图层，右击“放大镜镜片”图层，在弹出的快捷菜单中选择“遮罩层”，第1帧显示效果如图6.54所示，此时遮罩显示的内容和放大镜所在位置不一致，接下来需要调整“放大图”图层中的图片位置。

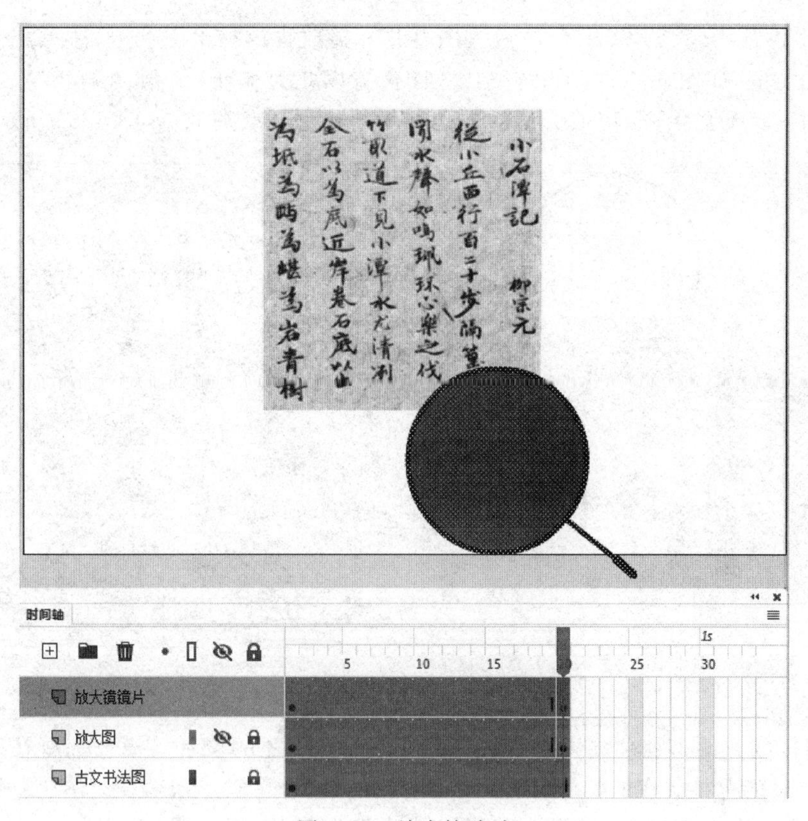

图 6.53　放大镜移动

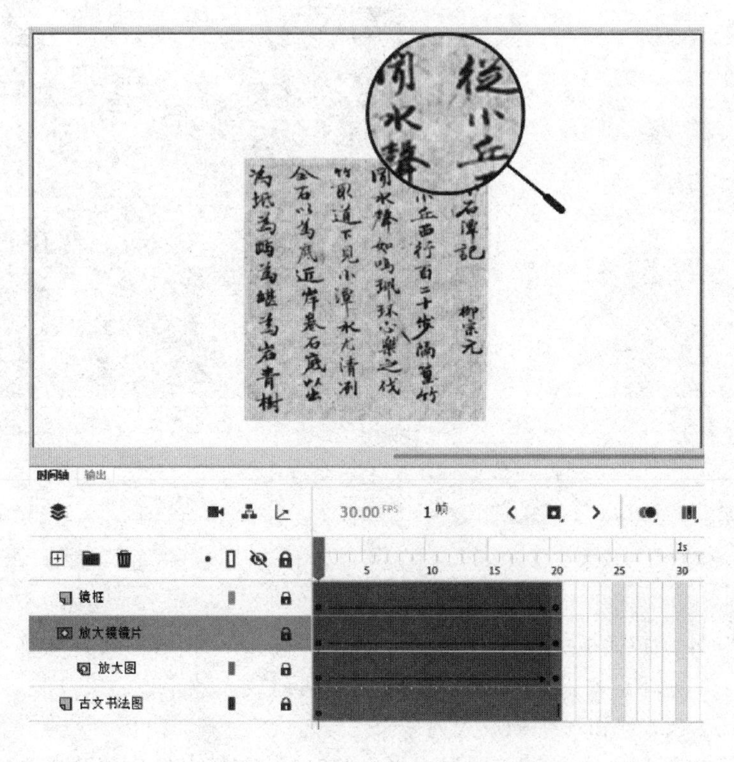

图 6.54　遮罩初始效果

(2) 隐藏“放大镜镜片”图层和“放大图”图层，播放头放在第1帧上，注意观察放大镜圆中心所在的位置，如图6.55所示，调整放大图位置以此为基准。显示并解锁“放大图”图层。用键盘方向键移动放大图，使放大镜的中心点与刚才基准点类似，如图6.56所示。

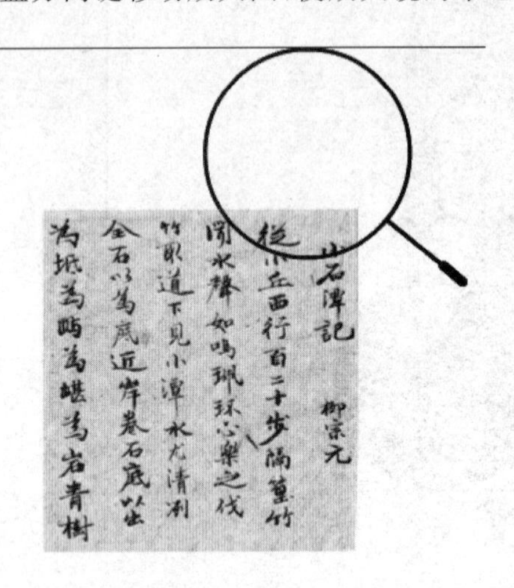

图6.55　第1帧原图与放大镜位置

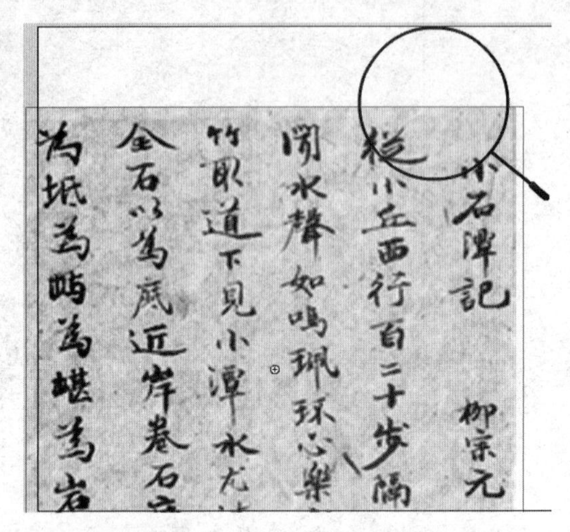

图6.56　第1帧放大图位置

(3) 同样的方法，调整“放大图”图层第20帧图片对象的位置。播放头放在第20帧上，注意观察放大镜中心所在的位置，如图6.57所示。显示并解锁“放大图”图层。用键盘方向键移动放大图，使放大镜的中心点与刚才的基准点类似，如图6.58所示。

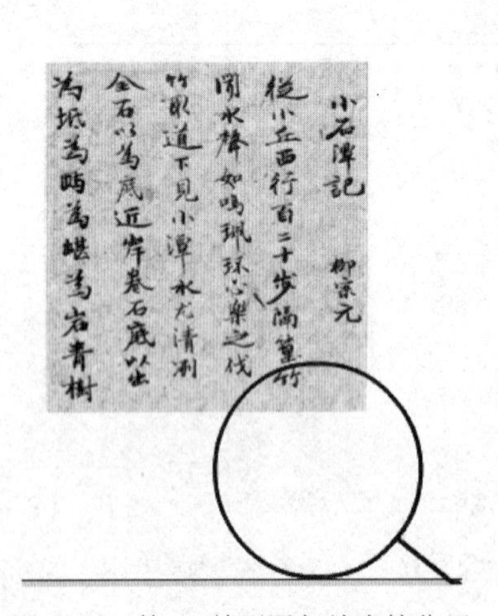

图6.57　第20帧原图与放大镜位置

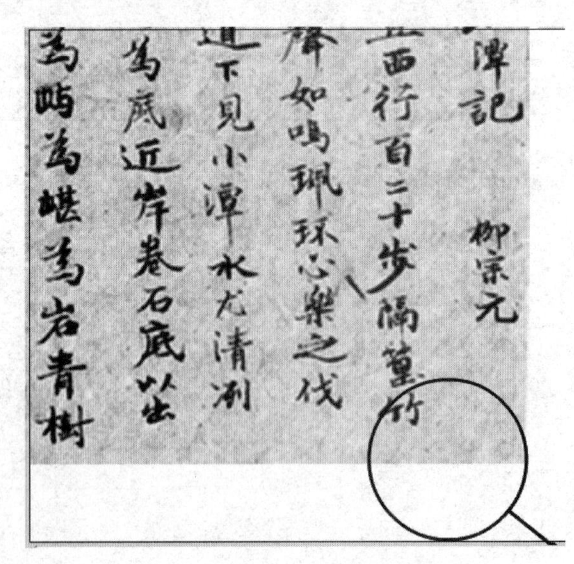

图6.58　第20帧放大图位置

(4) 此时“时间轴”面板如图6.59所示，按Ctrl+Enter组合键可以观测影片播放效果，调低帧速率到10再观察效果。到目前为止，右边两列放大效果设置完毕。

4. 处理左边1、2列和3、4列放大效果

(1) 锁定所有图层。在“镜框”图层中右击第1帧，在弹出的快捷菜单中选择“复制帧”；

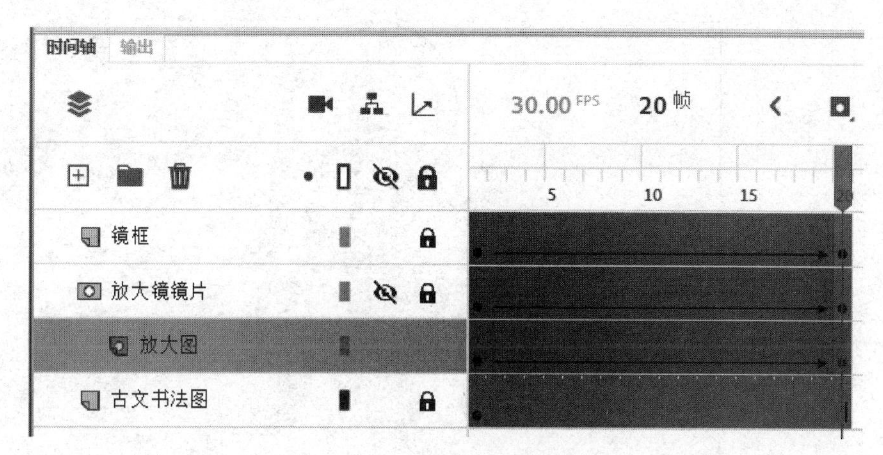

图 6.59　最后两列设置完成时间轴

分别右击第 21、41 帧，在弹出的快捷菜单中选择“粘贴帧”。右击第 20 帧，在弹出的快捷菜单中选择“复制帧”；分别右击第 40、60 帧，在弹出的快捷菜单中选择“粘贴帧”。

(2) 同上处理“放大镜镜片”图层和“放大图”图层。“古文书法图”图层第 60 帧插入普通帧。

(3) 隐藏“放大图”图层，显示并解锁“放大镜镜片”图层和“镜框”图层，按住 Ctrl 键的同时选中两图层的第 21 帧，按键盘←键，同时移动放大镜镜片和镜框，使镜片中心点大概在第 3、4 列中间位置，如图 6.60 所示。同上方法处理两图层的第 40 帧，如图 6.61 所示。

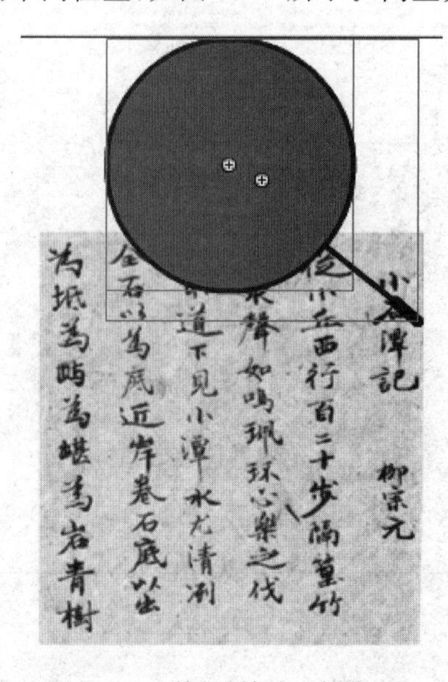

图 6.60　第 21 帧放大镜位置

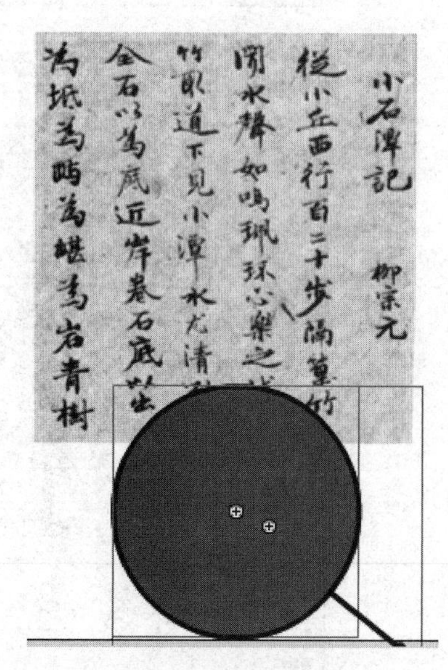

图 6.61　第 40 帧放大镜位置

(4) 隐藏“放大镜镜片”图层和“放大图”图层，播放头放在第 21 帧上，注意观察放大镜中心所在的位置，如图 6.62 所示，调整放大图位置以此为基准。显示并解锁“放大图”图层。用键盘方向键水平移动放大图，使放大镜的中心点与刚才基准点类似，如图 6.63 所示。同上方法处理第 40 帧。

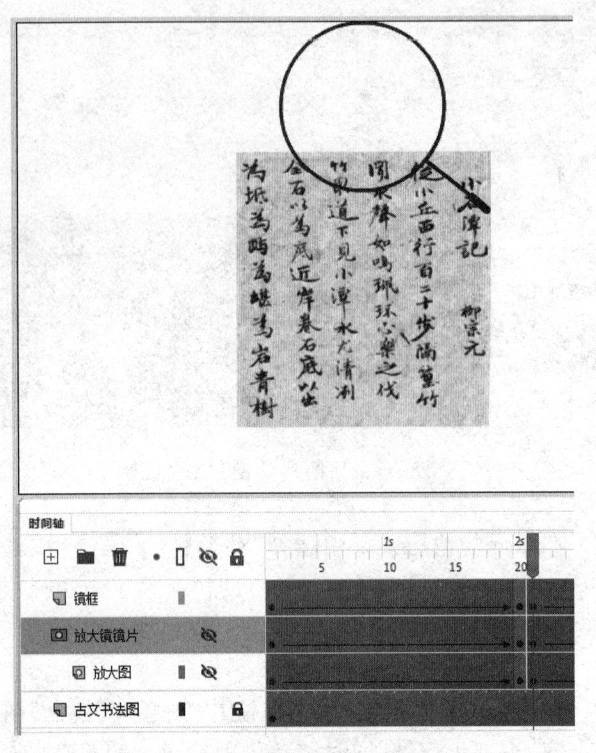

图 6.62　第 21 帧原图与放大镜位置

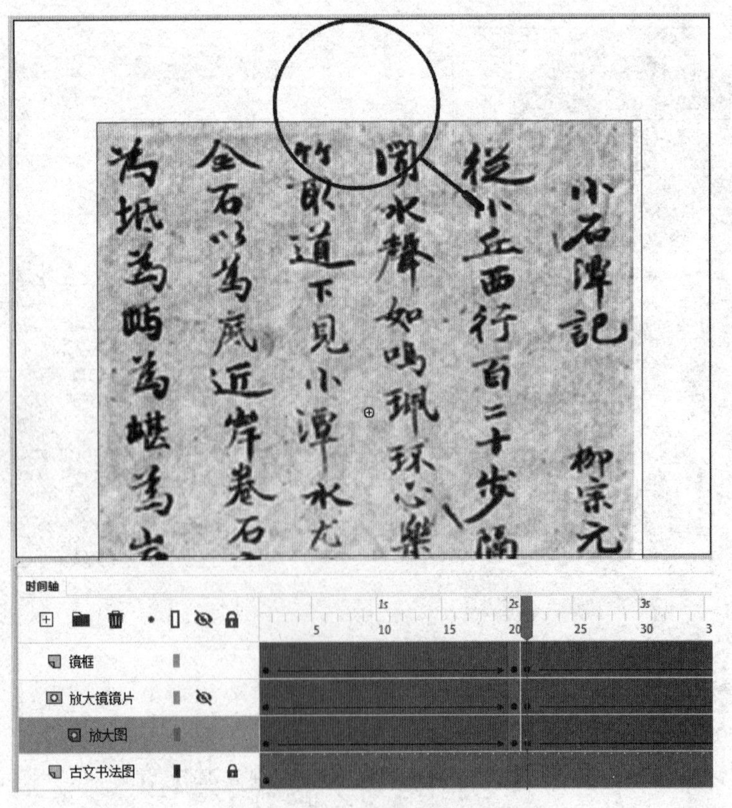

图 6.63　第 21 帧放大图位置

(5) 参照步骤(3)、(4)处理第1、2列(最左边两列)文字放大镜效果。测试并保存文档为“放大镜.fla”。

6.7 案例五 红星闪闪

要求:通过“红星闪闪”的制作,熟悉和掌握矩形工具、“样本”面板、“变形”面板、“对齐”面板和创建传统补间动画等的应用,进一步掌握遮罩层、多角星形工具、颜料桶工具、变形、时间轴、图层等应用。最终效果如图6.64所示。

图6.64 红星闪闪效果图

具体操作步骤如下。

1. 制作红色五角星

(1) 新建一个An文档,大小设置为500×500px,帧速率设置为12,背景颜色设置为白色。

(2) 单击“多角星形工具”,设置笔触颜色任意,填充为无,在工具选项中样式设置为“星形”,边数为5,在舞台中画一个水平五角星。用选择工具拖动全选五角星,设置其属性,宽和高均为200px,如图6.65(a)所示。利用“对齐”面板将五角星水平垂直居中于舞台。

(3) 利用“线条工具”绘制多条线条,将五角星内部用线连接起来,如图6.65(b)所示。

(4) 利用“颜料桶工具”给五角星各个区域分别填充(如果不能分别填充,则需要将五角星分离),填充色选择“样本”面板中左下角中默认颜色的第三个颜色(红色渐变),如图6.65(c)所示。

(5) 利用“选择工具”和删除键清除五角星所有线条,如图6.65(d)所示。锁定并隐藏“图层_1”图层。

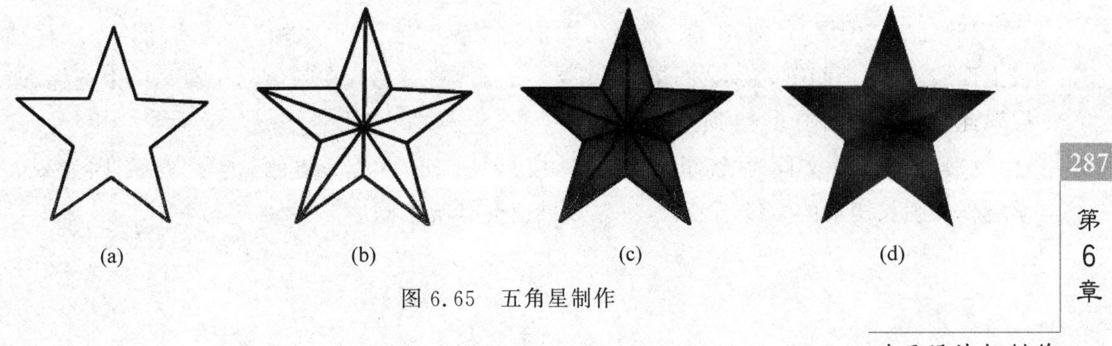

图6.65 五角星制作

2. 制作闪光

(1) 新建"图层_2"图层,用工具箱中的"矩形工具",填充色为"样本"面板中左下角中默认颜色的最后一个颜色(彩色渐变),笔触为无。在舞台靠左中位置画一很细的矩形,选中矩形后,单击"任意变形工具",此时如图 6.66(a)所示,将中间的注册点(空心圆点)拖动到右下角一点,如图 6.66(b)所示。

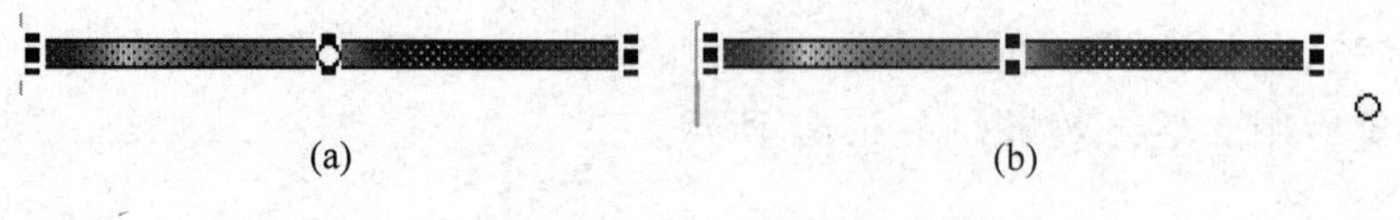

图 6.66 制作细长矩形闪光条

(2) 打开"变形"面板,设置旋转角度为 15°,单击"重置选区和变形"按钮多次,使复制完成的细长矩形闪光条圆形排列,如图 6.67(a)所示。

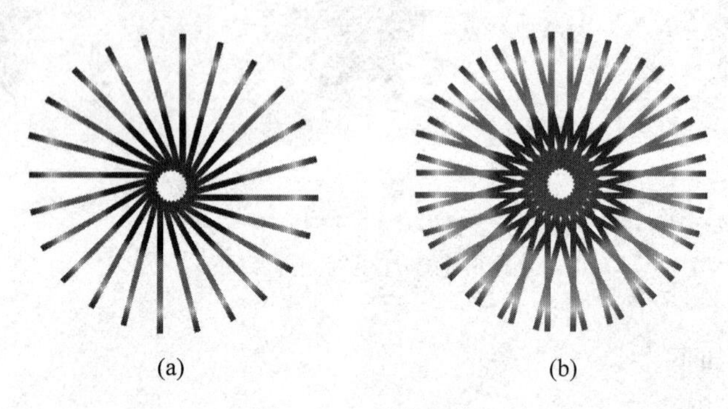

图 6.67 制作闪光

(3) 拖动鼠标选中所有矩形,利用"对齐"面板将其水平垂直居中于舞台(如果居中后发现细长矩形乱置,则在居中前可将其转换为元件)。

(4) 新建"图层_3"图层,右击"图层_2"第 1 帧,在弹出的快捷菜单中选择"复制帧",右击"图层_3"第 1 帧,在弹出的快捷菜单中选择"粘贴帧",选择"修改"→"变形"→"水平翻转",此时效果如图 6.67(b)所示。

(5) 单击选择"图层_2"第 40 帧,按 F6 键插入一个关键帧;右击"图层_2"第 1 帧,在弹出的快捷菜单中选择"创建传统补间",在其"属性"窗口中,补间旋转设置"逆时针×1"。单击选择"图层_3"第 40 帧,按 F6 键插入一关键帧;右击"图层_3"第 1 帧,在弹出的快捷菜单中选择"创建传统补间",在"属性"窗口中设置"顺时针×1"旋转。

(6) 右击"图层_1"第 40 帧,在弹出的快捷菜单中选择"插入帧"。拖动"图层_1"移动到最上面层,并取消隐藏,显示"图层_1"图层。右击"图层_3",在弹出的快捷菜单中选择"遮罩层",此时时间轴如图 6.68 所示。

(7) 保存影片文件为"红星闪闪. fla",按 Ctrl+Enter 组合键测试影片效果,因为每个同学制作的细长矩形的宽度不一致,所以效果也会有所不同。

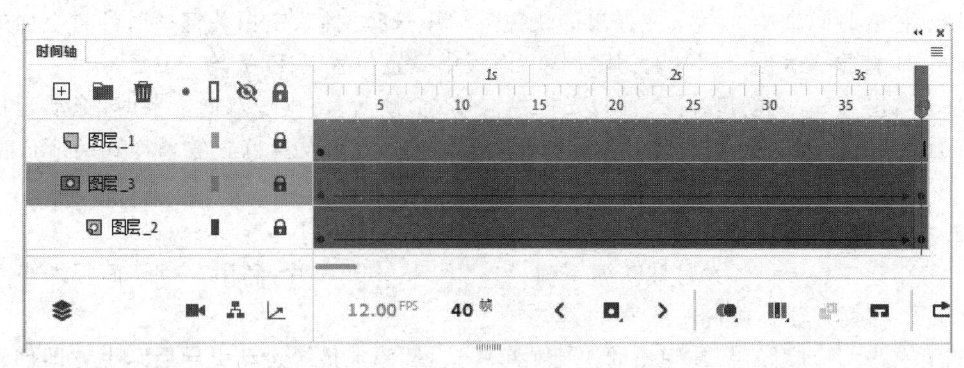

图 6.68　时间轴

6.8　案例六　月球绕地球转

要求：已有"太空 1.jpg""太空 2.jpg""地球地图.jpg""月球.jpg"图片，利用遮罩层动画、引导层动画、补间动画、Alpha 通道等技术制作月球绕地球转的动画，效果如图 6.69 所示，太空背景有渐变效果、地球自转、月球绕地球转。

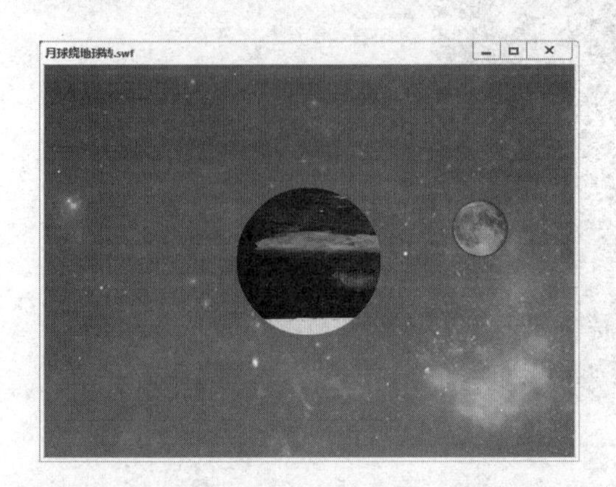

图 6.69　月球绕地球转效果

具体操作步骤如下。

1. 制作太空渐变背景

(1) 新建 An 文档"月球绕地球转.fla"，大小设置为 550×400px，帧速率设置为 30。将图层_1 重命名为"太空渐变背景"，光标定位到时间轴第 1 帧，选择"文件"→"导入"→"导入到舞台"，选择图片文件"太空 1.jpg"，此时出现"此文件看起来是图像序列的组成部分。是否导入序列中的所有图像"，单击"否"按钮，将其导入舞台上，图片对象"属性"面板中设置位置 X 和 Y 均为 0。

(2) 右击时间轴第 1 帧，在弹出的快捷菜单中选择"创建补间动画"，弹出"将所选的内容转换为元件以进行补间"，单击"确定"按钮。

(3) 单击时间轴第 30 帧，按 F6 键插入关键帧。单击舞台中太空 1 图片，在"属性"面板中设置色彩效果样式 Alpha 值为 50%。

(4) 右击时间轴第31帧,在弹出的快捷菜单中选择"插入空白关键帧",参考上面的步骤,在第31帧导入太空2图片,图片"属性"面板中设置位置X和Y均为0。

(5) 右击第31帧创建补间动画,光标指向第31帧后,待出现双向箭头时,拖动延长到第60帧。在第60帧按F6键插入关键帧,单击太空2图片设置色彩效果样式Alpha值为50%。锁定"太空渐变背景"图层。

2. 创建引导层等图层

(1) 新建图层,命名为"月球",第1帧导入"月球.jpg"图片,利用"变形"面板缩小到原来的15%,移动月球到舞台左下角。

(2) 右击"月球"图层,在弹出的快捷菜单中选择"添加传统运动引导层",上方即创建了一个"引导层:月球"图层。

(3) 新建两个图层:"地球地图"和"遮罩层"图层,此时时间轴和图片第1帧效果如图6.70所示。

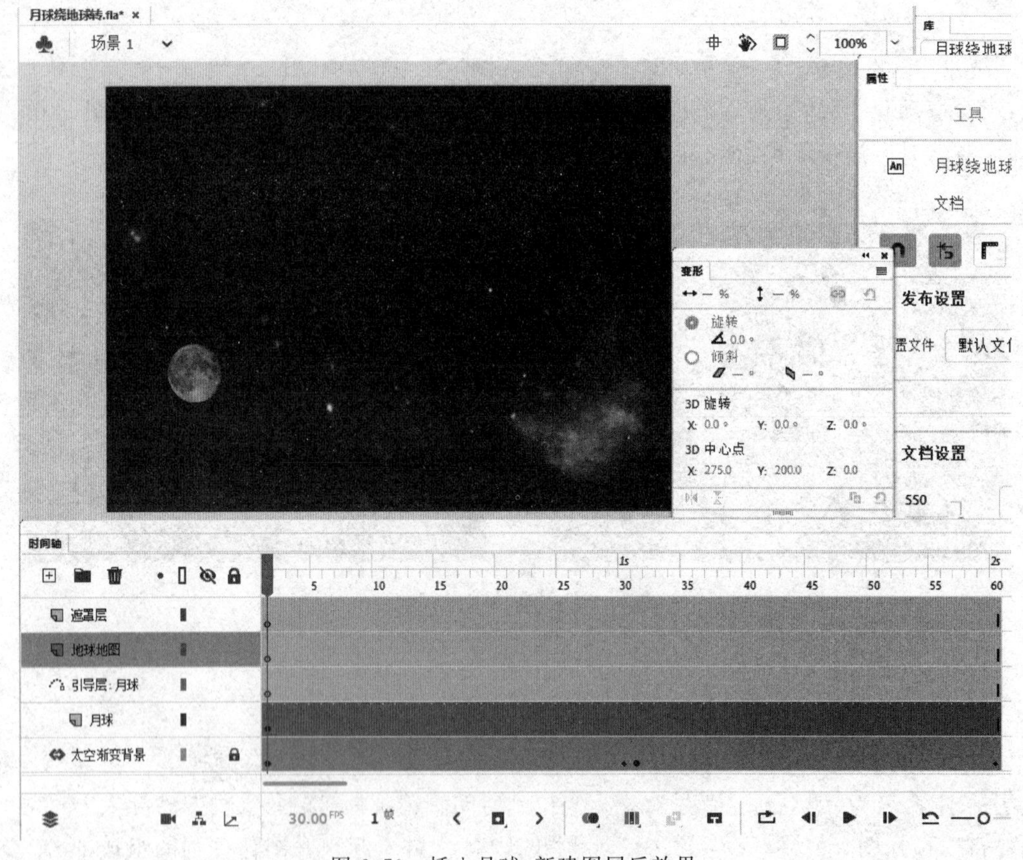

图6.70 插入月球、新建图层后效果

3. 实现月球运动

(1) 单击"遮罩层"图层第1帧,从工具箱中选择"椭圆工具",笔触为无,填充为红色,结合Shift键,在舞台上画一正圆,"属性"面板中设置宽和高为150px,使用"对齐"面板中的"水平中齐"和"垂直中齐"将正圆位于舞台正中央。

(2) 单击"引导层:月球"图层第1帧,从工具箱中选择"椭圆工具",笔触颜色为红色,笔触大小为 3,填充为无,在舞台上画一比“遮罩”图层正圆大的椭圆,选择“任意变形工具”调整大小和位置,如图 6.71 所示。

(3) 选择橡皮擦工具在椭圆左下角月球附近擦除一段,使椭圆留出一个缺口,如图 6.72 所示。

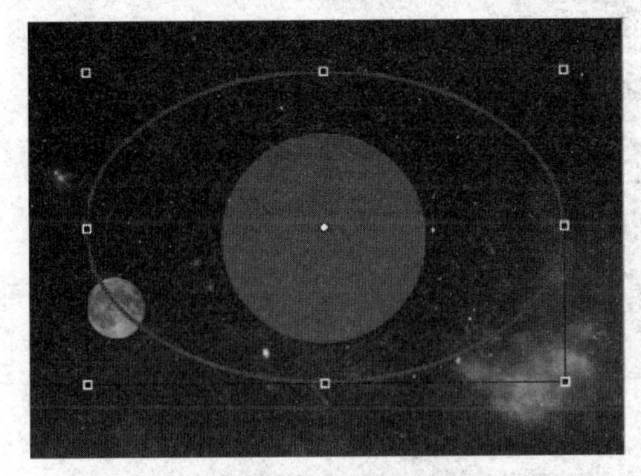

图 6.71　椭圆引导线

图 6.72　有缺口的椭圆引导线

(4) “月球”图层第 60 帧插入关键帧。单击“月球”图层第 1 帧,用选择工具拖动月球到椭圆缺口的下端,使中心点与椭圆引导线正好贴合,如图 6.73 所示。单击“月球”图层第 60 帧,拖动月球到椭圆缺口的上端,使中心点与椭圆引导线正好贴合,如图 6.74 所示。

图 6.73　月球与引导线下端对准

图 6.74　月球与引导线上端对准

(5) 右击“月球”图层第 1 帧,在弹出的快捷菜单中选择“创建传统补间”,此时测试影片,月球已经可以绕着中间正圆运动了。锁定“月球”图层和“引导层:月球”图层。

4. 地球自转效果

(1) 单击“地球地图”图层第 1 帧,导入“地球地图.jpg”图片,在“属性”面板中调整高度为 150px,宽度不变。移动地球地图覆盖“遮罩”图层红色正圆,使其右端与“遮罩”图层正圆右端靠齐,如图 6.75 所示。

(2) 右击“地球地图”图层第 1 帧,在弹出的快捷菜单中选择“创建补间动画”,弹出“将所选的内容转换为元件以进行补间”,单击“确定”按钮。右击“地球地图”图层第 60 帧,在弹出的快捷菜单中选择“插入关键帧”→“位置”,插入属性关键帧。使用键盘方向键→移动地球地图直至左端与正圆对齐,如图 6.76 所示。

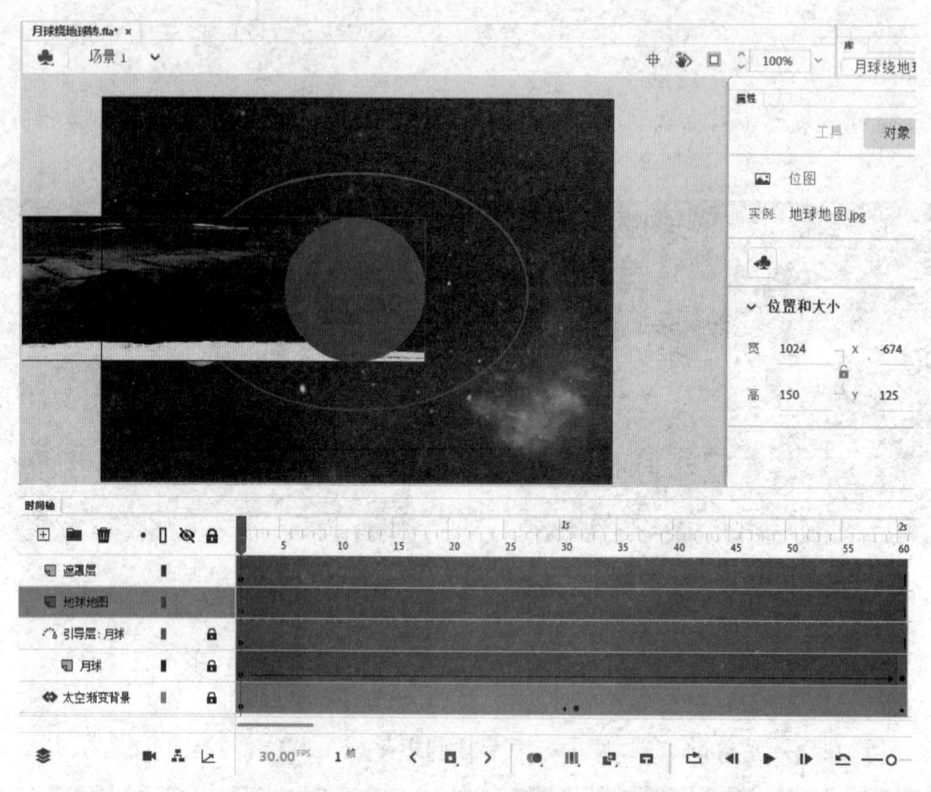

图 6.75　第 1 帧地图与正圆右侧对准

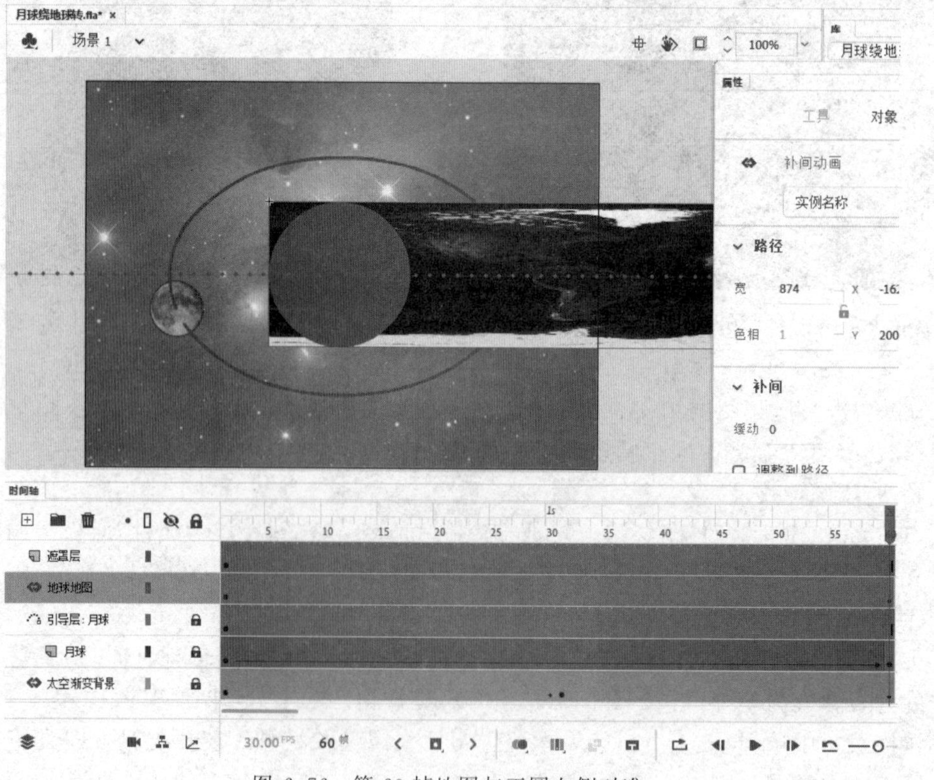

图 6.76　第 60 帧地图与正圆左侧对准

(3) 右击“遮罩层”图层，在弹出的快捷菜单中选择“遮罩层”，隐藏引导层，定位“时间轴”面板的播放头到第 31 帧，显示的舞台效果和时间轴如图 6.77 所示。按 Ctrl+Enter 组合键测试影片，保存文档。

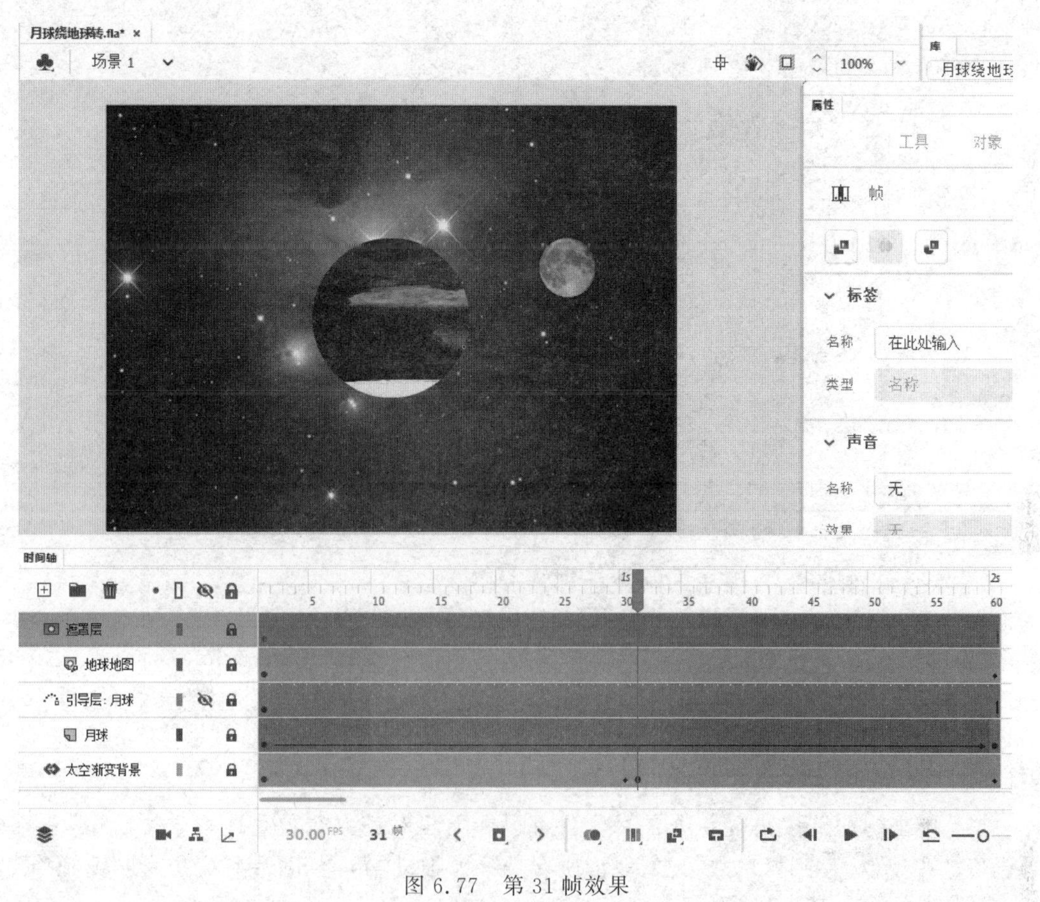

图 6.77　第 31 帧效果

6.9　案例七　兔子跑步

视频讲解

要求：通过“兔子跑步”的制作，熟悉和掌握动画编辑器、垂直翻转旋转等变形、添加传统运动引导层和创建引导动画等的应用，进一步掌握元件、钢笔工具、选择工具、时间轴、图层、补间动画、传统补间动画等应用。最终效果如图 6.78 所示。

图 6.78　兔子跑步效果图

具体操作步骤如下。

1. 制作“兔子奔跑”元件

(1) 新建一个 An 文档,舞台宽高设置为 640×480px,帧速率设置为 24fps。选择“文件”→“导入”→“导入到舞台”,打开“导入”对话框,如图 6.79 所示,选择“兔子奔跑”所有素材文件,包括“跑道.jpg”“兔子 1.png”…“兔子 8.png”。

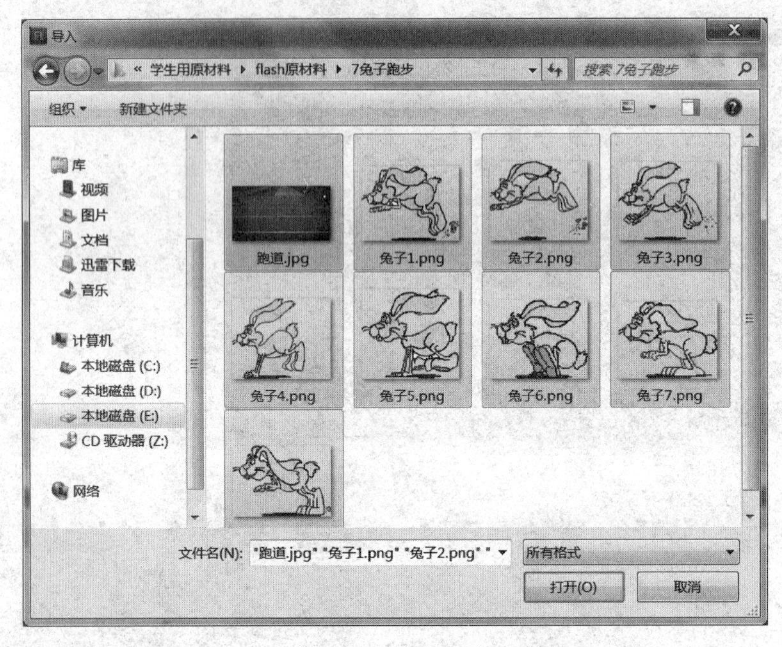

图 6.79　兔子图片

(2) 单击“打开”按钮后,9 个图片文件都以左上角对齐方式重叠地列于舞台中,并且全部已经选中,光标移到舞台外单击,取消所有选择。拖动“跑道”图片到旁边,使“跑道”图片和其他图片分开一段距离。

(3) 拖动鼠标一起选中所有兔子图片(不要移动兔子图片),右击,在弹出的快捷菜单中选择“转换为元件”,打开“转换为元件”对话框,设置名称为“兔子奔跑”,类型为“影片剪辑”,单击“确定”按钮。删除舞台中选中的兔子图片。

(4) 拖动“跑道”图片回到舞台左上角对齐,在“属性”面板中设置图片宽高为舞台大小 640×480px,设置位置 X 和 Y 均为 0,使图片恰好覆盖舞台。

(5) 右击“库”面板中的“兔子奔跑”元件,在弹出的快捷菜单中选择“编辑”,进入元件编辑界面,此时所有兔子图还是选中状态的,右击,在弹出的快捷菜单中选择“分散到图层”,删除“图层_1”图层。

(6) 单击“时间轴”中“兔子 2.png”图层的第 1 帧,光标指向第 1 帧,按住鼠标左键,当光标图标显示为有矩形框时,拖动第 1 帧到第 2 帧;同样操作,将“兔子 3.png”图层的第 1 帧拖动到第 3 帧;将“兔子 4.png”图层的第 1 帧拖动到第 4 帧;将“兔子 5.png”图层的第 1 帧拖动到第 5 帧;将“兔子 6.png”图层的第 1 帧拖动到第 6 帧;将“兔子 7.png”图层的第 1 帧拖动到第 7 帧;将“兔子 8.png”图层的第 1 帧拖动到第 8 帧。此时,“兔子奔跑”元件制作完毕,如图 6.80 所示。

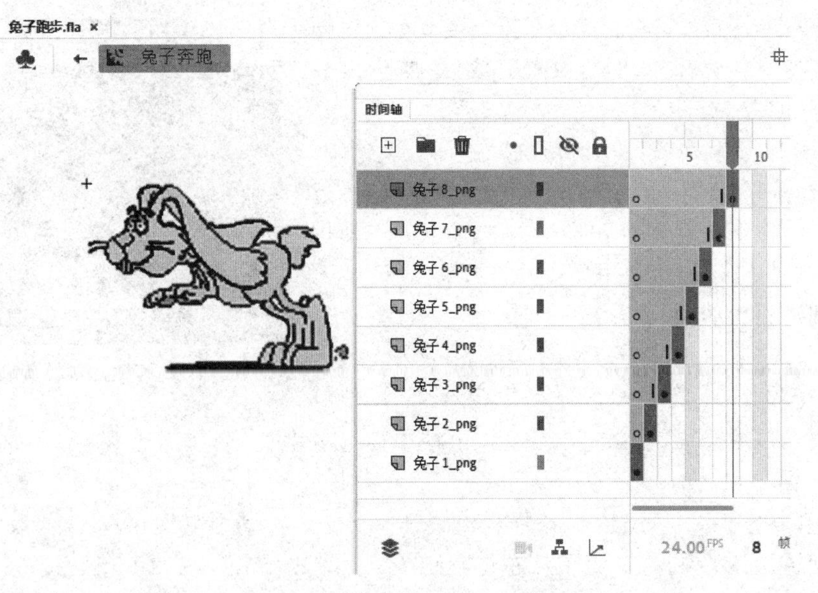

图 6.80 “兔子奔跑”元件制作

2. 创建补间动画

(1) 返回“场景 1”舞台。新建“图层_2”图层，拖动“兔子奔跑”元件到舞台右上边适当位置，并用变形工具变小到适当大小。单击“图层_1”第 90 帧，按 F5 键插入帧。右击“图层_2”第 1 帧，在弹出的快捷菜单中选择“创建补间动画”，光标指向第 24 帧，拖动到第 40 帧，将补间动画延长到 40 帧。此时当前帧应该是第 40 帧，拖动兔子移动到舞台最左边，如图 6.81 所示，自动在舞台上生成了运动轨迹。

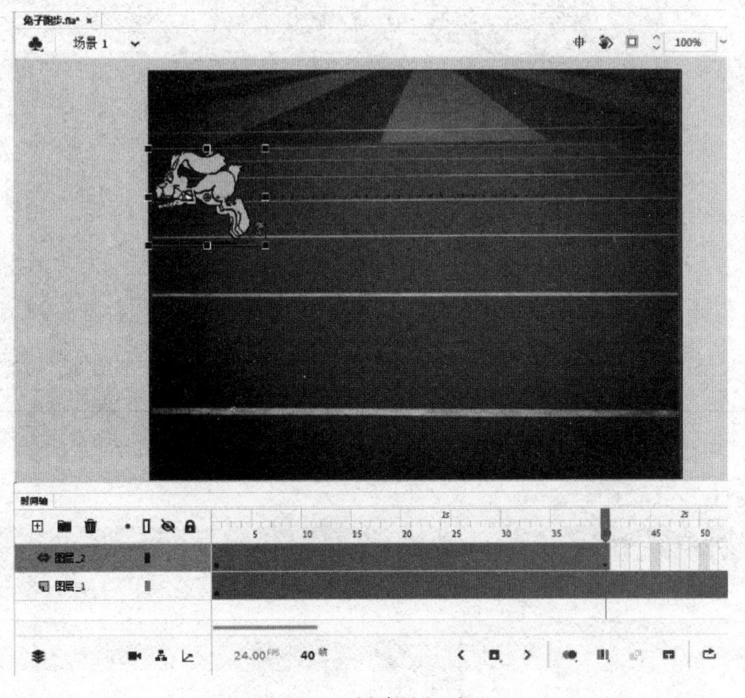

图 6.81 创建补间动画

（2）单击“图层_2”第 41 帧，按 F6 键插入关键帧。右击兔子，在弹出的快捷菜单中选择“变形”→“逆时针旋转 90 度”，设置完成后，如图 6.82 所示，兔子也跟着旋转了。

（3）单击“图层_2”第 50 帧，按 F6 键插入关键帧。往下拖动兔子，使兔子处于两根白线之间离我们最近的跑道中。（接下来返回舞台右边的操作也可以使用类似的方法完成，下面将使用另一种方法来完成。）

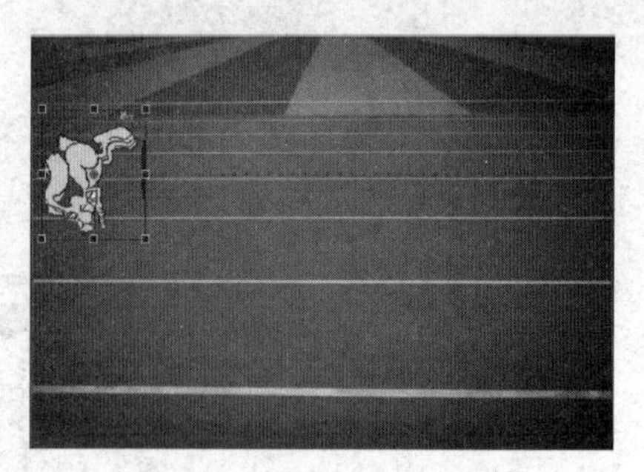

图 6.82 逆时针旋转 90°

3. 创建引导动画

（1）新建“图层_3”图层；单击“图层_2”第 50 帧，右击舞台中兔子，在弹出的快捷菜单中选择“复制”；锁定图层_2 和图层_1，在“图层_3”第 51 帧中插入空白关键帧，右击舞台，在弹出的快捷菜单中选择“粘贴到当前位置”。

（2）单击“图层_3”第 51 帧，选择“修改”→“变形”→“垂直翻转”，再选择“修改”→“变形”→“顺时针旋转 90 度”，将感觉兔子从左往右跑步了。单击“图层_3”第 90 帧，按 F6 键插入关键帧，右击“图层_3”第 51～90 帧中任意一帧，在弹出的快捷菜单中选择“创建传统补间”。

（3）右击“图层_3”图层，在弹出的快捷菜单中选择“添加传统运动引导层”。在“图层_3”上方就出现了“引导层：图层_3”图层。

（4）在“引导层：图层_3”第 51 帧插入空白关键帧，选择“钢笔工具”，单击兔子图片中心一点，再在跑道右边单击一点，即画了一条直线，这条直线就是引导线，如图 6.83 所示。

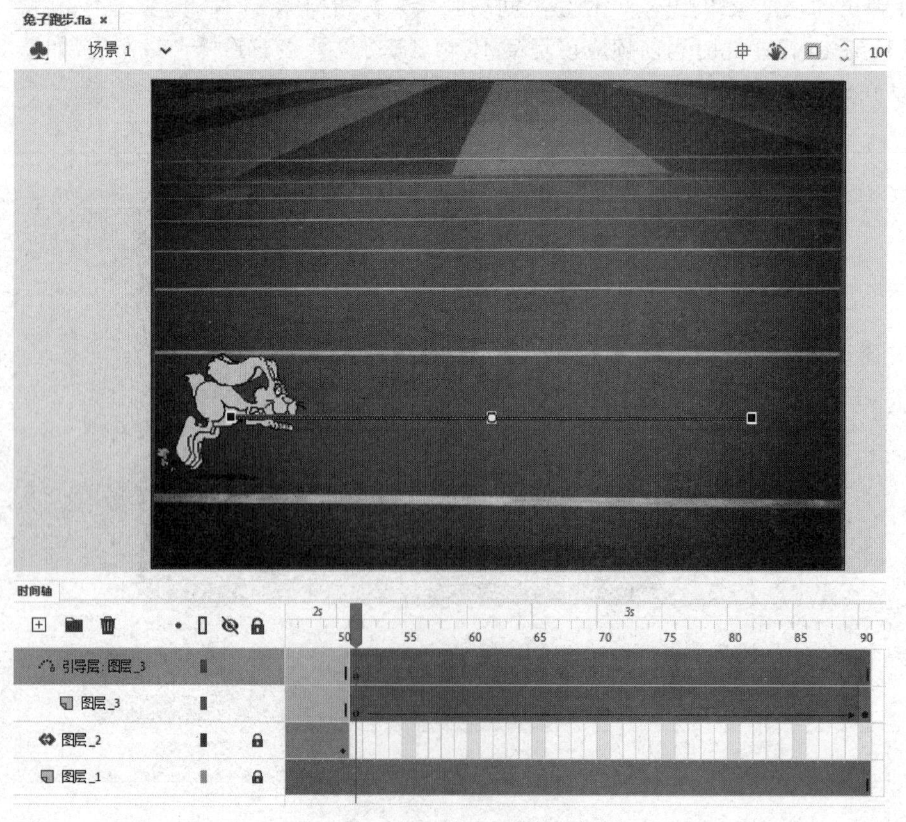

图 6.83 引导层制作

(5) 单击“选择工具”，单击“图层_3”第 51 帧，拖动兔子图片正好从引导线左端开始，如图 6.84(a)所示；单击“图层_3”第 90 帧，拖动兔子图片正好在引导线右端结束，如图 6.84(b)所示。

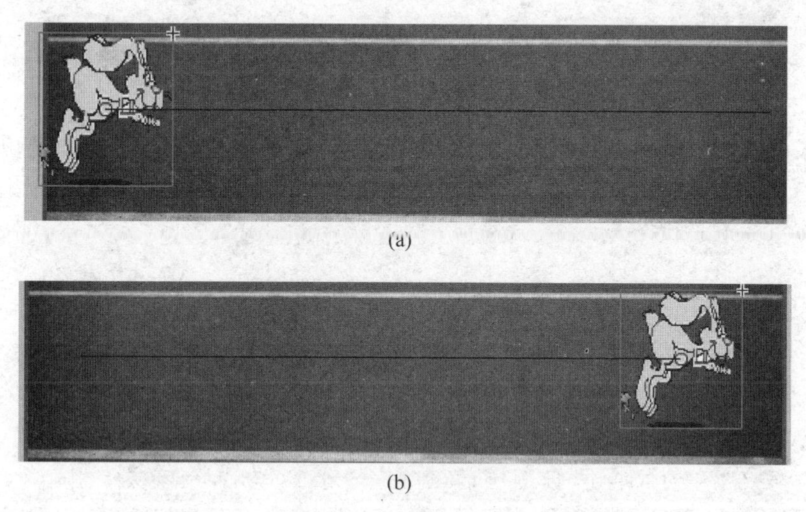

(a)

(b)

图 6.84　引导动画

(6) 按 Ctrl+Enter 组合键测试影片，此时兔子在跑道上跑步，跑的是三段直线。保存影片为“兔子跑步.fla”。

(7) 解锁所有图层，单击时间轴上不同的补间区域，用选择工具调整运动路径使原来的直线变为曲线，如图 6.85 所示，再测试影片，观察效果，另存影片为“兔子跑步(弯线).fla”。

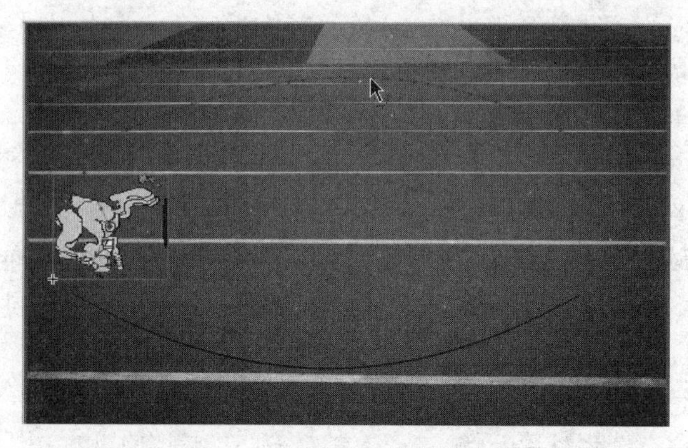

图 6.85　调整运动路径为曲线

视频讲解

6.10　案例八　移动的球

要求：通过“移动的球”的制作，熟悉和掌握椭圆工具、投影效果、发光效果、色彩效果等的应用，进一步掌握创建引导动画、元件、时间轴、图层、变形等应用。最终效果如图 6.86 所示。

具体操作步骤如下。

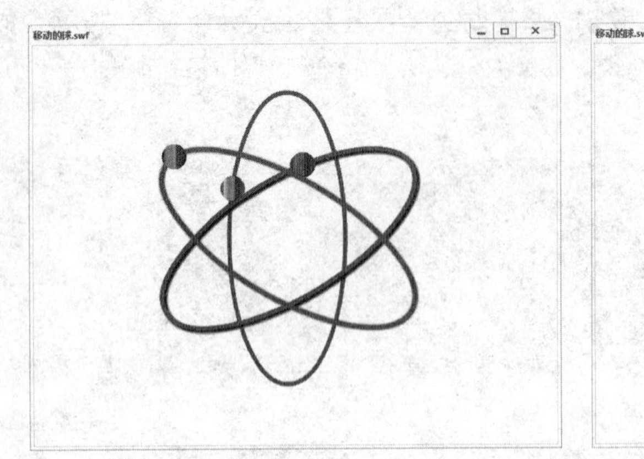

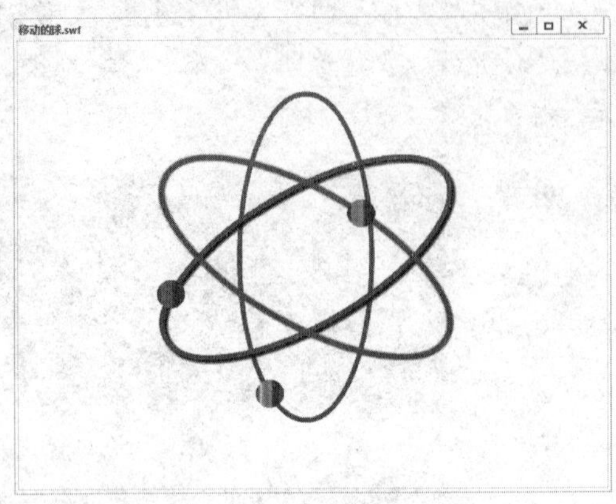

图 6.86　移动的球效果

(1) 创建 An 新文档,将“图层_1”改名为“背景 1”,用椭圆工具绘制一个无填充色、笔触颜色为红色、笔触为 5 的长椭圆,使用“对齐”面板使椭圆居中于舞台。复制“背景 1”图层,改名为“引导层 1”。选中“背景 1”图层,新建一个“球 1”图层,在该层绘制一个无笔触色的正圆,填充为任意渐变色。

(2) 右击“引导层 1”图层,在弹出的快捷菜单中选择“引导层”,此时引导层 1 为 引导层 1,拖动“球 1”图层到“引导层 1”图层下方,使引导层 1 变成 引导层 1,表示引导设置成功。

(3) 右击“引导层 1”图层,在弹出的快捷菜单中选择“隐藏其他图层”,只显示“引导层 1”图层,用橡皮擦,在椭圆上拖动擦去一小部分。只显示“球 1”图层,选中并右击球,在弹出的快捷菜单中选择“转换为元件”,转换成类型为“影片剪辑”的“球”元件。只显示“背景 1”图层,选中并右击椭圆,在弹出的快捷菜单中选择“转换为元件”,转换成类型为“影片剪辑”的“椭圆”元件。转换成元件的目的是可以设置滤镜等效果。

(4) 按 Ctrl 键并单击一起选中“引导层 1”“球 1”“背景 1”图层,右击选中图层,在弹出的快捷菜单中选择“复制图层”;将新复制的图层命名为引导层 2、球 2、背景 2。再复制引导层 2、球 2、背景 2,将新复制的图层命名为引导层 3、球 3、背景 3。

(5) 只显示“背景 2”图层,选中椭圆,用“变形”面板使其旋转 60°,同样设置“引导层 2”图层。只显示“背景 3”图层,选中椭圆,用“变形”面板使其旋转 120°,同样设置“引导层 3”图层。

(6) 只显示“球 1”和“引导层 1”图层,单击“球 1”第 50 帧,按 F6 键;单击“引导层 1”第 50 帧,按 F5 键;单击“背景 1”第 50 帧,按 F5 键。右击“球 1”层 1～50 任意帧,选择“创建传统补间”。单击“球 1”第 1 帧,移动球到椭圆缺口的一端;单击“球 1”第 50 帧,移动球到椭圆缺口的另一端。至此,一个球能沿着椭圆顺利移动了。

(7) 只显示“背景 2”图层,选择工具选中第 1 帧椭圆,在“属性”面板中设置“投影”滤镜效果。只显示“背景 3”图层,设置“发光”滤镜,具体自己设置。

(8) 设置“球 2”“球 3”色彩效果的色调、高级等样式,具体自己调整,几个球的颜色最好能很好区分。

(9) 参考第 6 步,使“球 2”“球 3”也能沿着椭圆移动。设计完时间轴和其中一帧效果如图 6.87 所示。

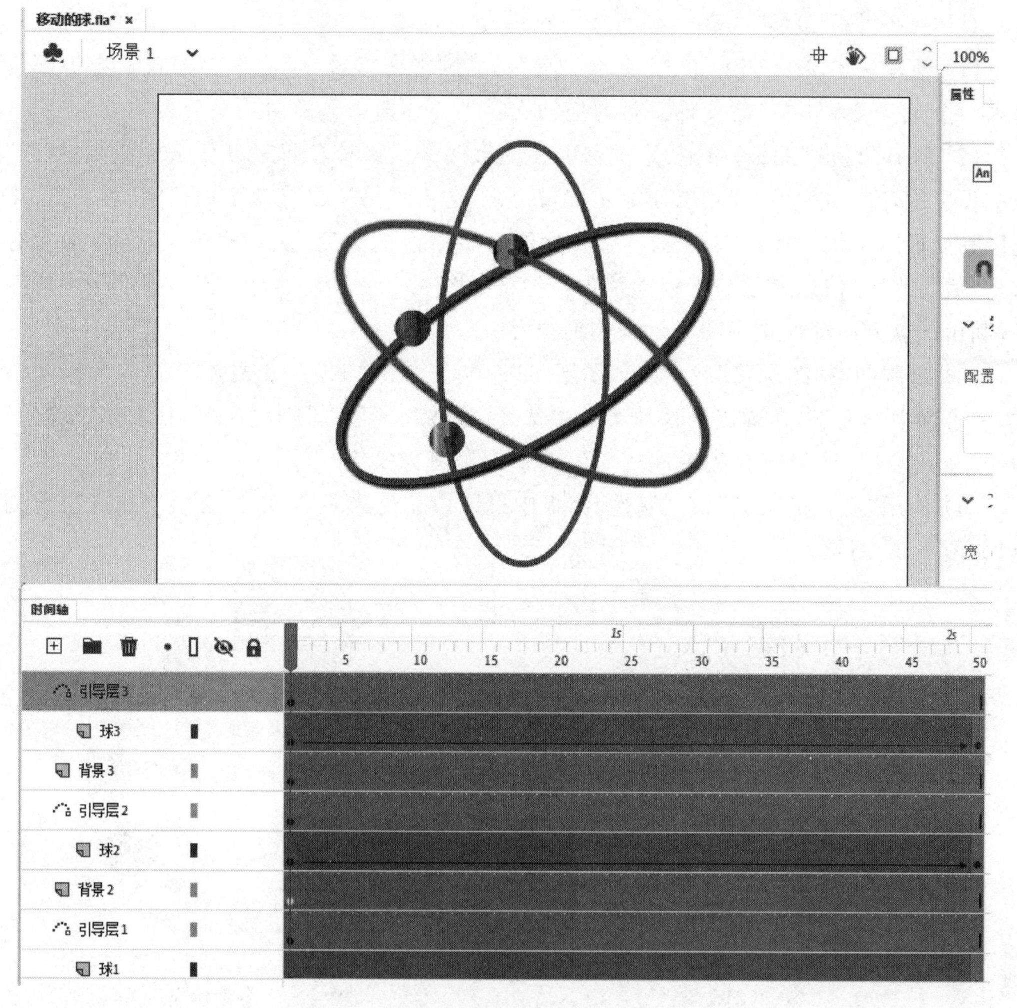

图 6.87　移动的球设计

（10）保存影片为“移动的球.fla”，测试影片效果。

6.11　案例九　文字特效

要求：通过“文字特效”的制作，熟悉和掌握复制动画、预设动画、分散到图层等的应用，进一步掌握文本工具、创建传统补间动画、时间轴、图层、变形等应用。最终效果如图 6.88 所示。

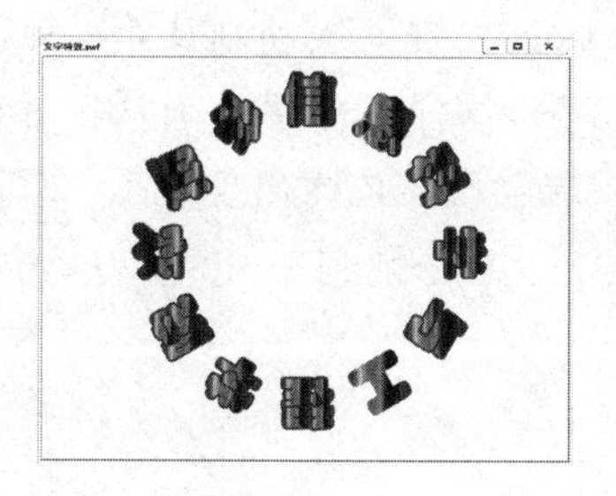
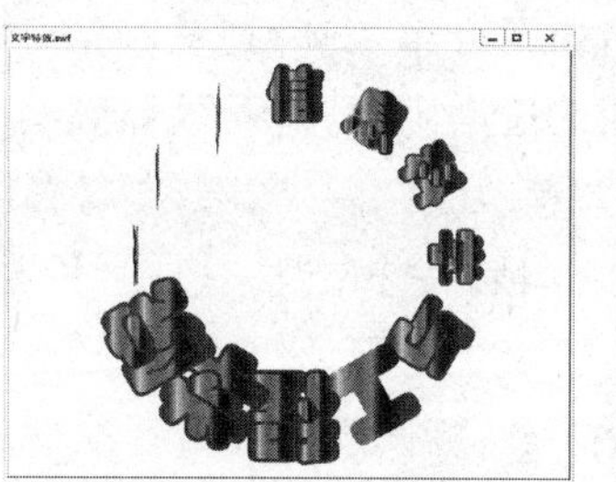
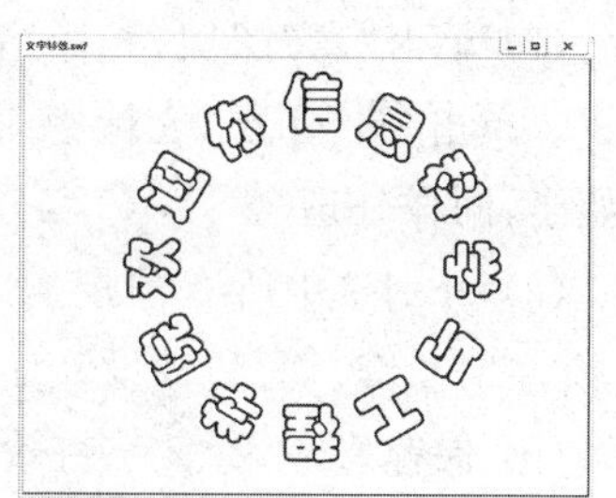

图 6.88　文字特效效果图

具体操作步骤如下。

(1) 新建一个 An 文档,单击“文本工具”,设置“华文彩云、70 点”,在舞台上方中部位置输入一个“信”。单击“任意变形工具”,拖动文字中心注册点到舞台中央位置附近。

(2) 打开“变形”面板,单击“重置选区和变形”1 次,此时看起来没什么反应;“变形”面板中设置旋转为角度为 30°后按 Enter 键,舞台上会出现另一个旋转之后的字,再单击“重置选区和变形”10 次。单击“文本工具”,光标选中要修改的文字,然后修改文字,原来所有字都是“信”,改成“信息科学与工程学院欢迎你”,如图 6.89 所示,用选择工具拖动选中所有文字,利用键盘方向键将文字圆尽量调整到舞台中央位置。

(3) 复制图层“图层_1”后,锁定“图层_1”图层。单击“图层_1_复制”图层,所有文字选中,右击选中的文字,在弹出的快捷菜单中选择“分散到图层”,删除“图层_1_复制”图层。按 Ctrl+A 组合键,选中所有文字,按 Ctrl+B 组合键分离文字。

(4) 使用“颜料桶工具”,在“属性”面板中设置填充色为多彩色,将文字填充成适合的颜色,如图 6.90 所示。

图 6.89　圆形文字

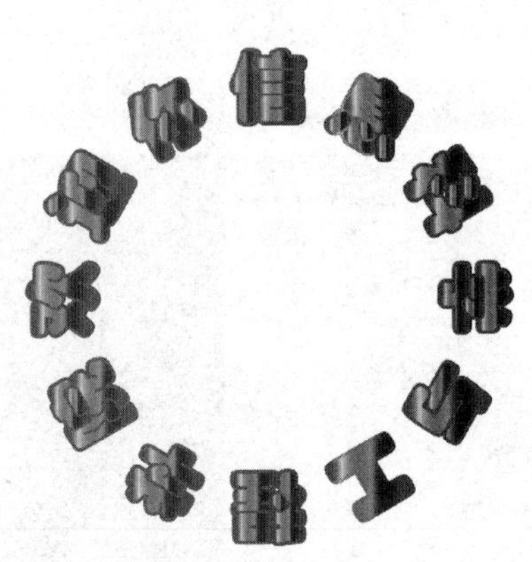

图 6.90　文字填充后

(5) 单击“信”图层,选择“窗口”→“动画预设”,在弹出的“动画预设”面板中选择“默认预设”中的“2D 放大”,如图 6.91 所示,单击“应用”按钮。右击“信”图层已创建的任意帧,在弹出的快捷菜单中选择“复制动画”;分别右击“息”“科”“学”图层第 1 帧,在弹出的快捷菜单中选择“粘贴动画”。这样“信”“息”“科”“学”文字都应用了“2D 放大”动画。

(6) 将“与”“工”“程”“学”“院”文字都应用“脉搏”动画。将“欢”“迎”“你”文字都应用“3D 螺旋”动画。

(7) 单击“息”图层,光标指向图层第 1 帧,拖动到第 2 帧,这样这一层动画从第 2 帧开始了。单击“科”图层,光标指向图层第 1 帧,拖动鼠标到第 3 帧,这样这一层动画从第 3 帧开始了,同样处理“学”“与”“工”“程”“学”“院”图层,使得各图层动画可依次出现。

(8) 分别选中所有图层第 60 帧,按 F6 键。拖动“图层_1”第 1 帧到第 60 帧,单击第 70 帧,按 F6 键。时间轴设计如图 6.92 所示。

(9) 保存影片为“文字特效. fla”,测试影片效果。

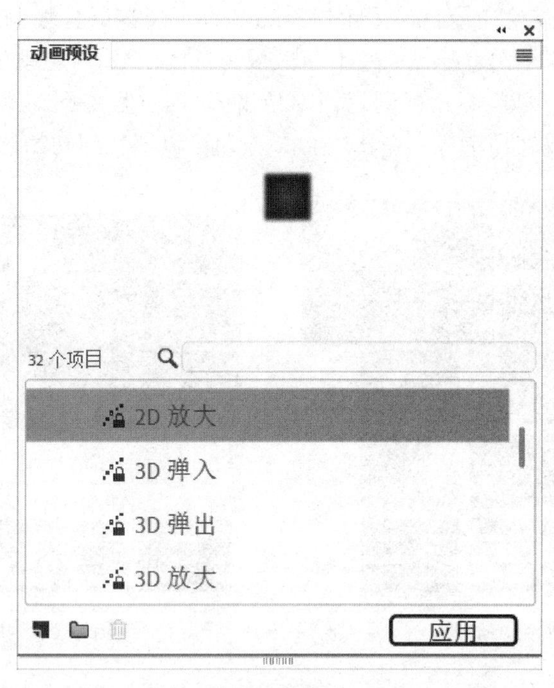

图 6.91　动画预设选择

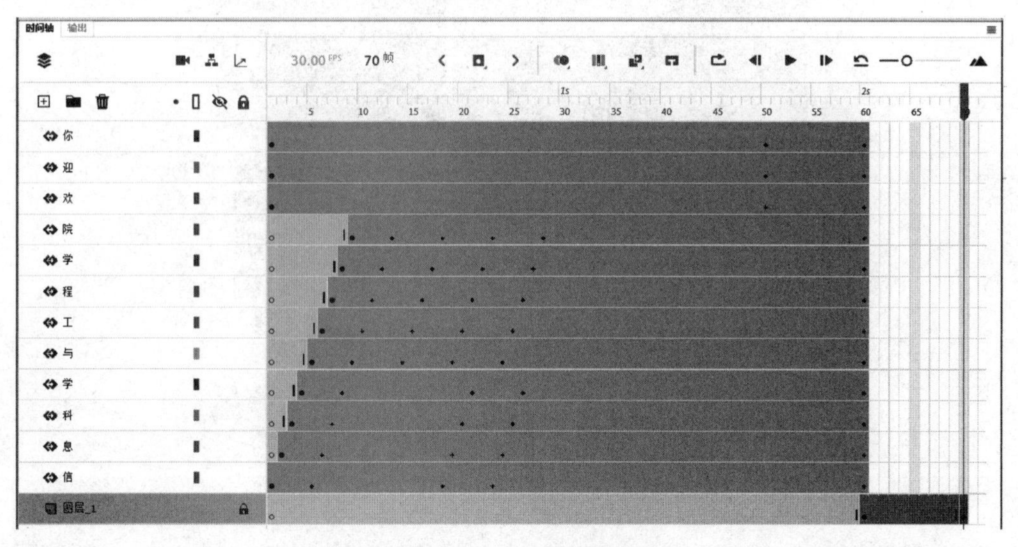

图 6.92　文字特效时间轴设计

视频讲解

6.12　案例十　拼图游戏

An 时间轴上的帧指针默认是按顺序一帧一帧地往前走，也就是按序进行播放。如果需要改变帧指针的播放顺序，就必须在关键帧上添加必要的脚本代码，这种脚本称为帧动作。

要求：通过“拼图游戏”的制作，了解 ActionScript 脚本语言控制及高级动画制作。如图 6.93 所示，右上角显示图片原图；左上角区域为拼图区域，可拖动子图片到此区域，如果位置正确，则留在拼图区域，不正确则返回原位置，拼图过程如图 6.94 所示；图 6.95 表示拼图成功，出现“拼图成功!”字样。单击“再来”按钮可以恢复到初始状态，重新拼图。

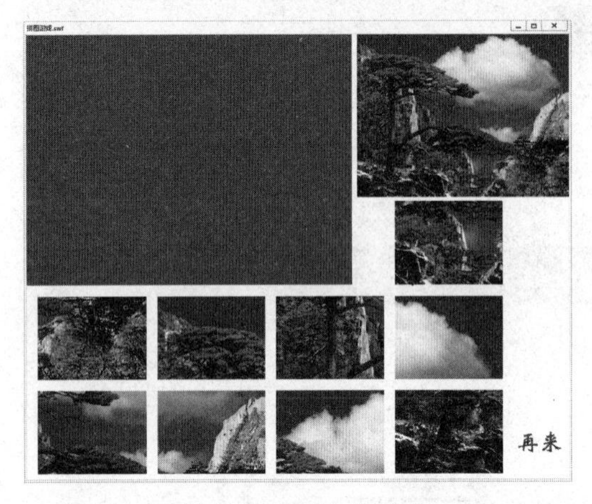

图 6.93 拼图初始状态

图 6.94 拼图过程中

图 6.95 拼图成功效果

1. 分割图片

(1) 网上搜索下载一风景图，用 Photoshop 打开该图，使用裁剪工具，工具选项中宽度设置为 600px、高度设置为 450px，裁剪图片，存储为“风景原图.jpg”。新建垂直参考线 200px、400px，水平参考线 150px、300px。

(2) 打开工具箱的切片工具，在工具选项中单击“基于参考线的切片”按钮，将图片切成 9 份，如图 6.96 所示。

(3) 选择“文件”→“导出”→“存储为 Web 所用格式”，打开“存储为 Web 所用格式”对话框，默认设置，单击“存储”按钮，打开“将优化结果存储为”对话框，指定图片保存位置，文

图 6.96　切片效果

件名为“p.gif”，单击“保存”按钮。观察图片保存文件夹中，产生了 images 子文件夹，打开后，里面已经保存有 9 幅分割完成的图片，如图 6.97 所示。

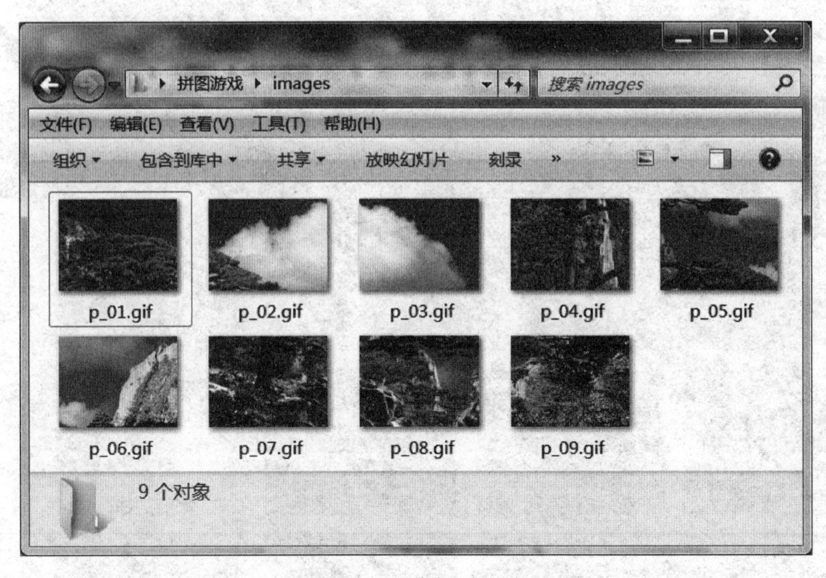

图 6.97　分割后图片

(4) 不保存“风景原图.jpg”图片，退出 Photoshop。

2. 创建拼图区域

(1) 打开 An 应用程序，新建 ActionScript 3.0 文档，文档大小为 1000×800px，保存为“拼图游戏.fla”。

(2) 将“风景原图.jpg”和 images 子文件夹中的 9 幅图片导入库中。

(3) 选择矩形工具,“属性”面板中矩形工具下方选中“对象绘制模式”选项 ,在舞台上画一无笔触任意填充色的矩形,“属性”面板中设置宽 200px、高 150px。右击矩形,在弹出的快捷菜单中选择“转换为元件”,打开“转换为元件”对话框,名称为“j”,类型为“影片剪辑”,单击“确定”按钮。

(4) 先复制两个矩形,用“对齐”面板对齐,使其并列显示在左上角;选中第一排 3 个矩形,复制到第 2、3 排,移动调整矩形使其形成规整的拼图区域。

(5) 分别单击各矩形,在“属性”面板中设置实例名称分别为 j1、j2、j3(第一排)、j4、j5、j6(第 2 排)、j7、j8、j9(第 3 排)。请注意实例名称中字母均为小写,以下同。

3. 其他界面设计

(1) 拖动库中的“风景原图.jpg”图片到舞台右上角,使用“变形”面板将图片等比例缩小至原来的 65%。

(2) 拖动库中的“p_01.gif”“p_02.gif”…“p_09.gif”到舞台合适位置,“风景原图”下方一个为“p_08.gif”(位置 X:680,Y:300);拼图区域下方一排为“p_09.gif”(X:20,Y:470)、“p_01.gif”(X:240,Y:470)、“p_04.gif”(X:460,Y:470)、“p_03.gif”(X:680,Y:470);舞台最后一排为“p_05.gif”(X:20,Y:640)、“p_06.gif”(X:240,Y:640)、“p_02.gif”(X:460,Y:640)、“p_07.gif”(X:680,Y:640)。此时设计界面如图 6.98 所示。

图 6.98　拼图游戏设计界面 1

(3) 将子图片“p_01.gif”转换为影片剪辑元件 p1,并在“属性”面板中设置实例名称为 p1。其他子图片也转换成相应影片剪辑元件 p2～p9,并在“属性”面板中设置实例名称分别为 p2～p9。

(4) 在舞台右边空隙处输入"拼图成功!"文字,转换为影片剪辑元件,并将实例名称改为 finishtext。在舞台右下角,新建并插入按钮元件,元件中输入文字"再来",修改按钮元件实例名称为 againbutton。

4. 加入代码

(1) 新建一图层,命名为 AS。按 F9 键或者右击第 1 帧,在弹出的快捷菜单中选择"动作",进入代码编辑状态。输入以下代码并调试测试。

```
finishtext.visible = false;                                          //拼图成功标记
var f1,f2,f3,f4,f5,f6,f7,f8,f9:Boolean = false ;                     //各子图片拼成功标记
p1.addEventListener(MouseEvent.MOUSE_DOWN,ClickToDrag1);             //侦听 p1 中鼠标按下事件并处理
function ClickToDrag1(event:MouseEvent):void
{p1.startDrag();}                                                    // p1 保持可拖动状态
stage.addEventListener(MouseEvent.MOUSE_UP, ReleaseToDrop1);//侦听鼠标释放事件并处理
function ReleaseToDrop1(event:MouseEvent):void
{    if(p1.hitTestObject(j1))                                        //检测两个对象是否发生碰撞
     {   p1.x = j1.x; p1.y = j1.y; f1 = true;                        //p1 放置到矩形 j1 位置,并标记
         if(f1 && f2 && f3 && f4 && f5 && f6 && f7 && f8 && f9 )
           {finishtext.visible = true;}                              //如果全部放置完成,则显示
         } else     {p1.x = 240;p1.y = 470;}                       //没碰撞到,则拖动的对象回到原位置
     p1.stopDrag();}                                                 // p1 停止拖动
p2.addEventListener(MouseEvent.MOUSE_DOWN, ClickToDrag2);            //侦听 p2 中鼠标按下事件并处理
function ClickToDrag2(event:MouseEvent):void
{    p2.startDrag();}
stage.addEventListener(MouseEvent.MOUSE_UP, ReleaseToDrop2);
function ReleaseToDrop2(event:MouseEvent):void
{    if(p2.hitTestObject(j2))
     {   p2.x = j2.x; p2.y = j2.y; f2 = true;
         if(f1 && f2 && f3 && f4 && f5 && f6 && f7 && f8 && f9 )
         {finishtext.visible = true;}
         } else     {p2.x = 460; p2.y = 640; }
     p2.stopDrag();}
p3.addEventListener(MouseEvent.MOUSE_DOWN, ClickToDrag3);            //侦听 p3 中鼠标按下事件并处理
function ClickToDrag3(event:MouseEvent):void
{    p3.startDrag();}
stage.addEventListener(MouseEvent.MOUSE_UP, ReleaseToDrop3);
function ReleaseToDrop3(event:MouseEvent):void
{    if(p3.hitTestObject(j3))
     {   p3.x = j3.x; p3.y = j3.y; f3 = true;
         if(f1 && f2 && f3 && f4 && f5 && f6 && f7 && f8 && f9 )
         { finishtext.visible = true;}
         } else     {p3.x = 680; p3.y = 470; }
      p3.stopDrag(); }
p4.addEventListener(MouseEvent.MOUSE_DOWN, ClickToDrag4);            //侦听 p4 中鼠标按下事件并处理
function ClickToDrag4(event:MouseEvent):void
{    p4.startDrag();}
stage.addEventListener(MouseEvent.MOUSE_UP,ReleaseToDrop4);
function ReleaseToDrop4(event:MouseEvent):void
{    if(p4.hitTestObject(j4))
```

```
        {  p4.x = j4.x; p4.y = j4.y; f4 = true;
           if(f1 && f2 && f3 && f4 && f5 && f6 && f7 && f8 && f9 )
           {finishtext.visible = true;}
           }  else  {p4.x = 460; p4.y = 470; }
         p4.stopDrag();}
p5.addEventListener(MouseEvent.MOUSE_DOWN, ClickToDrag5);   //侦听 p5 中鼠标按下事件并处理
function ClickToDrag5(event:MouseEvent):void
{    p5.startDrag();}
stage.addEventListener(MouseEvent.MOUSE_UP, ReleaseToDrop5);
function ReleaseToDrop5(event:MouseEvent):void
{    if(p5.hitTestObject(j5))
     {  p5.x = j5.x; p5.y = j5.y; f5 = true;
        if(f1 && f2 && f3 && f4 && f5 && f6 && f7 && f8 && f9 )
        {finishtext.visible = true;}
        }  else    {p5.x = 20; p5.y = 640; }
     p5.stopDrag();}
p6.addEventListener(MouseEvent.MOUSE_DOWN, ClickToDrag6);   //侦听 p6 中鼠标按下事件并处理
function ClickToDrag6(event:MouseEvent):void
{    p6.startDrag();}
stage.addEventListener(MouseEvent.MOUSE_UP, ReleaseToDrop6);
function ReleaseToDrop6(event:MouseEvent):void
{    if(p6.hitTestObject(j6))
     {  p6.x = j6.x; p6.y = j6.y; f6 = true;
        if(f1 && f2 && f3 && f4 && f5 && f6 && f7 && f8 && f9 )
        {finishtext.visible = true;}
        } else {p6.x = 240; p6.y = 640; }
     p6.stopDrag();}
p7.addEventListener(MouseEvent.MOUSE_DOWN, ClickToDrag7);   //侦听 p7 中鼠标按下事件并处理
function ClickToDrag7(event:MouseEvent):void
{    p7.startDrag();}
stage.addEventListener(MouseEvent.MOUSE_UP, ReleaseToDrop7);
function ReleaseToDrop7(event:MouseEvent):void
{    if(p7.hitTestObject(j7))
     {  p7.x = j7.x; p7.y = j7.y; f7 = true;
        if(f1 && f2 && f3 && f4 && f5 && f6 && f7 && f8 && f9 )
        {finishtext.visible = true;}
        }  else  {p7.x = 680; p7.y = 640 }
      p7.stopDrag();}
p8.addEventListener(MouseEvent.MOUSE_DOWN, ClickToDrag8);   //侦听 p8 中鼠标按下事件并处理
function ClickToDrag8(event:MouseEvent):void
{    p8.startDrag();}
stage.addEventListener(MouseEvent.MOUSE_UP,ReleaseToDrop8);
function ReleaseToDrop8(event:MouseEvent):void
{    if(p8.hitTestObject(j8))
    {  p8.x = j8.x; p8.y = j8.y; f8 = true;
        if(f1 && f2 && f3 && f4 && f5 && f6 && f7 && f8 && f9 )
        {finishtext.visible = true;}
        }  else  {p8.x = 680; p8.y = 300; }
     p8.stopDrag();}
```

```
p9.addEventListener(MouseEvent.MOUSE_DOWN,ClickToDrag9);    //侦听 p9 中鼠标按下事件并处理
function ClickToDrag9(event:MouseEvent):void
{    p9.startDrag();}
stage.addEventListener(MouseEvent.MOUSE_UP, ReleaseToDrop9);
function ReleaseToDrop9(event:MouseEvent):void
{    if(p9.hitTestObject(j9))
     {   p9.x = j9.x; p9.y = j9.y; f9 = true;
         if(f1 && f2 && f3 && f4 && f5 && f6 && f7 && f8 && f9 )
         {finishtext.visible = true;}
         }   else   {p9.x = 20; p9.y = 470; }
     p9.stopDrag();}
againbutton.addEventListener(MouseEvent.CLICK, MouseClickHandler);
//"再来"按钮侦听鼠标单击事件,将所有子图片复原,并将标记都设置成原始状态
function MouseClickHandler(event:MouseEvent):void
{ play();p8.x = 680;p8.y = 300; p9.x = 20; p9.y = 470; p1.x = 240;p1.y = 470; p4.x = 460;p4.y = 470;
  p3.x = 680;p3.y = 470; p5.x = 20;p5.y = 640; p6.x = 240;p6.y = 640; p2.x = 460;p2.y = 640; p7.
x = 680;p7.y = 640;
finishtext.visible = false; f1 = false,f2 = false,f3 = false,f4 = false,f5 = false,f6 = false,
f7 = false,f8 = false,f9 = false ;}
```

(2) 此时 An 设计窗口如图 6.99 所示,"库"面板中有设计界面中所有用到的素材。测试并保存影片。

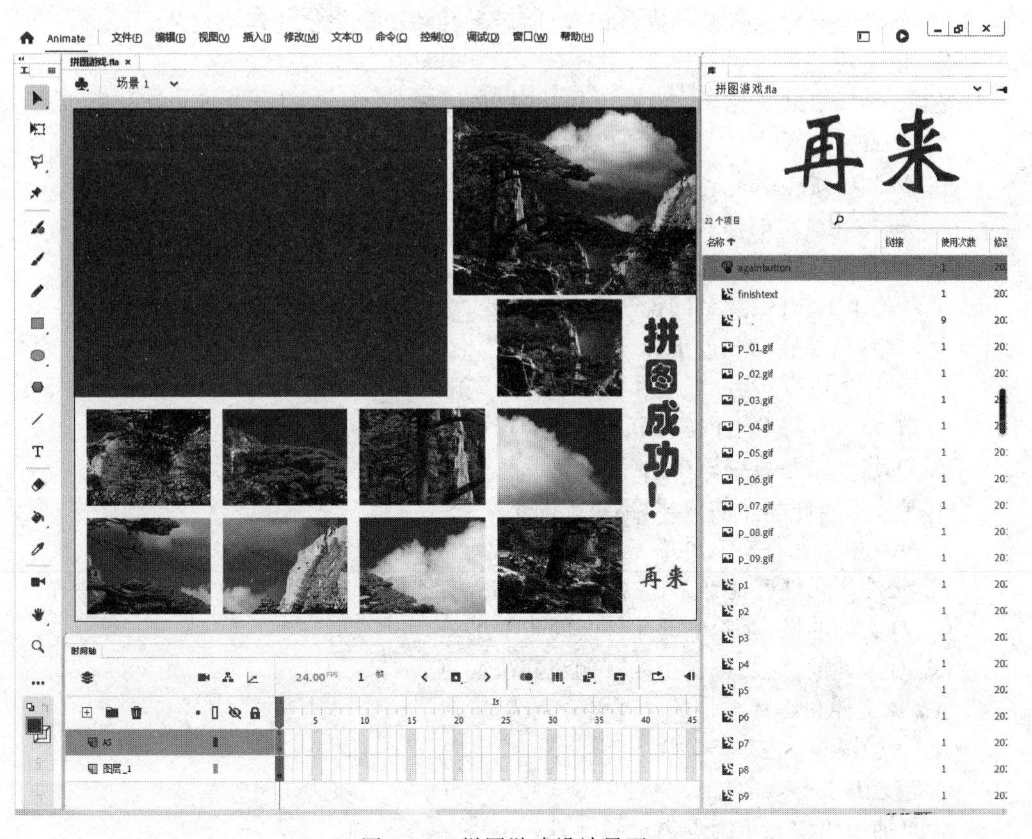

图 6.99 拼图游戏设计界面 2

习　题

一、判断题

1. 设置帧速率就是设置动画的播放速度，帧速率越大，播放速度越慢；帧速率越小，播放速度越快。(　　)

2. 按 F5 键可创建普通帧，按 F6 键可创建关键帧，按 F7 键可创建空白关键帧。(　　)

3. MP3 格式的声音文件不可以被导入到 An 中。(　　)

4. 如果想让一个图形元件从可见到不可见，应将其 Alpha 值从 0 调节到 100。(　　)

5. 在画 An 引导线时，可以使用铅笔工具、钢笔工具等。(　　)

6. 在 An 遮罩动画中，被遮罩物遮盖的部分看不到，没有被遮罩的区域可以看到。(　　)

二、选择题

1. 在 An 时间轴上，选取连续的多帧或选取不连续的多帧时，分别需要按下________键后，再使用鼠标进行选取。

A. Shift、Alt　　B. Shift、Ctrl　　C. Ctrl、Shift　　D. Esc、Tab

2. 以下关于逐帧动画和补间动画的说法正确的是________。

A. 两种动画模式 An 都必须记录完整的各帧信息

B. 前者必须记录各帧的完整记录，而后者不用

C. 前者不必记录各帧的完整记录，而后者必须记录完整的各帧记录

D. 以上说法均不对

3. 在 An 中，如果要对字符设置形状补间，必须按________组合键将字符打散。

A. Ctrl＋J　　B. Ctrl＋O　　C. Ctrl＋B　　D. Ctrl＋S

4. 在 An 中，帧速率表示________。

A. 每秒钟显示的帧数　　B. 每帧显示的秒数

C. 每分钟显示的帧数　　D. 动画的总时长

5. 下列关于工作区、舞台的说法不正确的是________。

A. 舞台是编辑动画的地方

B. 影片生成发布后，观众看到的内容只局限于舞台上的内容

C. 工作区和舞台上内容，影片发布后均可见

D. 工作区是指舞台周围的区域

6. 下列关于元件和库的叙述，不正确的是________。

A. An 中的元件有三种类型

B. 元件从元件库拖到工作区就成了实例，实例可以进行复制、缩放等各种操作

C. 对实例的操作，库中的元件会同步变更

D. 对元件的修改，舞台上的实例会同步变更

7. An 源文件和影片文件的扩展名分别为________。

A. *.fla、*.flv　　B. *.fla、*.swf

C. *.flv、*.swf　　D. *.doc、*.gif

8. 时间轴上用空心小圆点表示的帧是________。

A. 普通帧　　B. 关键帧　　C. 空白关键帧　　D. 过渡帧

9. 测试影片的组合键是________。

A. Ctrl+Enter　　B. Ctrl+Alt+Enter

C. Ctrl+Shift+Enter　　D. Alt+Shift+Enter

10. 在一个新建的 An 文档的舞台中输入文本“TEAM”后，将其打散成 4 个单独的字母，再对这 4 个字母执行一次“分散到图层”操作，则________。

A. 该文档将包含 4 个图层　　B. 该文档只包含 1 图层

C. 该文档将包含 5 个图层　　D. 该文档将包含 3 图层

11. 下列关于 An 引导层说法正确的是________。

A. 为了在绘画时帮助对齐对象，可以为其添加传统运动引导层

B. 所添加的传统运动引导层的层名前 4 个字符一定是“引导层:”，且不能更改

C. 一个引导层可以引导多个层

D. 传统运动引导层必须放置于最顶层

12. 在制作引导动画时，运动元件的________要与引导线两端分别重合。

A. 顶点　　B. 中心点　　C. 下端点　　D. 任意一点

13. 一个 An 动画有两个图层：图层 1 是一幅风景画，图层 2 是一个红色五角星；图层 1 为被遮罩层，图层 2 为遮罩层。则测试影片最终看到的动画效果是________。

A. 看到红色五角星　　B. 看到里边是风景画的五角星

C. 看到整个风景画　　D. 看到部分风景画与红色五角星

14. 在新 An 文档中仅进行两个操作：在第 1 帧画一个正圆，第 20 帧按 F7 键，则第 10 帧上显示的内容是________。

A. 不能确定　　B. 空白

C. 一个正圆　　D. 有图形，但不是正圆

15. 在引导层动画中，被引导层对象只可添加________类型。

A. 传统补间动画　　B. 补间动画

C. 逐帧动画　　D. 形状补间动画

16. 在 An 中，插入帧的作用是________。

A. 等于插入了一张白纸

B. 起延时作用

C. 完整地复制前一个关键帧的所有内容

D. 插入一个空白关键帧

17. 元件和与它对应的实例直接的关系是________。

A. 改变元件，则相应实例一定会改变

B. 改变元件，则相应实例不一定会改变

C. 改变实例，则相应元件一定会改变

D. 改变实例，则相应元件可能会改变

18. 在 An 中，如果想把一段较复杂的动画作成元件，这个元件是________。

A. 图形元件　　B. 按钮元件　　C. 影片剪辑元件　　D. 以上都是

三、实践练习

1. 形状补间动画练习：制作一个红色的五角星逐渐变形成为一朵黄色的花朵图形，再

由花朵逐渐变回五角星的动画。

2. 引导层动画练习：制作“庄周梦蝶”动画效果，有多只蝴蝶在庄子周围飞舞。

3. 遮罩动画练习：制作“飞机穿越山峰”动画效果，已有飞机和山峰两图片，飞机从左边水平飞到右边，当经过山峰耸立的石头时，不显示出来，如图 6.100 所示。

(a) 飞机

(b) 山峰

(c) 飞机穿越山峰效果

图 6.100　飞机穿越山峰动画

提示：

(1) 山峰为背景图，飞机为被遮罩层，飞机使用补间动画制作从左到右动画。

(2) 在飞机上方创建一个遮罩层，用钢笔工具勾勒出飞机显示的轮廓区域，然后填充该区域。

4. 考题题目：

(1) 设置电影舞台的大小为 300×300px，背景色为淡黄色(颜色值为＃FFFFCC)。

(2) 整个动画共占 30 帧；在舞台正中央绘制一个等边三角形 ABC；要求：①将等边三角形所在图层命名为“图形”层；②等边三角形的边长为 200px，底边 BC 水平，边线的颜色为蓝色，线宽为 2px，类型为实线，填充类型为无。

(3) 制作一个画出等边三角形底边上的高 AD 的变形动画；要求：①高单独占一层，名称为“高”层；②高的颜色为红色，线宽为 2px，类型为实线；③高由长度为 1px 的线段逐渐伸长得到，并以 A 点为起点。

(4) 标注字母 ABCD；要求：①所有标注字母单独占一层，并命名为“文字”层；②标注字母字体为隶书、颜色为红色、字号为 20、位置适当。

5. 自创一个 An 案例：可网上搜索原材料，再利用形状补间动画、引导动画、遮罩动画、影片剪辑元件等知识点合成最后效果。

第7章 音频编辑与处理

7.1 音频基础知识

声音是携带信息的重要媒体,自然界中存在各种各样的声音,也是多媒体的重要组成部分。声音是人们传递信息、交流感情时最方便、最熟悉的方式之一,在多媒体作品中加入声音,能唤起人们在听觉上的共鸣,增强多媒体作品的趣味性和表现力。通常所说的数字化声音是数字化语音、声响和音乐的总称。

7.1.1 音频的基本概念

1. 认识声音

声音是由物体振动产生的。波是能量的传递形式,它有能量,所以能产生效果,但是它不同于光,光有质量,有能量,有动量,声音在物理上只有压力,没有质量。一切声音都是由物体振动而产生的,声源实际是一个振动源,它使周围的媒介如气体、液体、固体等产生振动,并以波的形式从声源向四周传播,人耳如果能感觉到这种传来的振动,再反映到大脑,就听到了声音。正常人耳能够听见 20～20 000Hz 的声音,而老年人的高频声音减少到 10 000Hz 或 6000Hz 左右。人们把频率高于 20 000Hz 的声音称为超声波,低于 20Hz 的称为次声波。

音频是个专业术语,人类能够听到的所有声音都称为音频。声音被录制下来以后,无论是说话声、歌声、乐器声,都可以通过数字音乐软件处理,或是把它制作成 CD。音频是存储在计算机里的声音。

音频信息用数字信号表示,实际上,人耳听不到数字信号,只有模拟信号才能被人耳感知,但模拟信号在录制和处理过程中损失很大,所以计算机一般采用数字信号来表示声音。计算机在输出音频文件时,一般首先利用数模转换器(D/A 转换器)把数字格式的音频文件通过一次 D/A 转换成模拟信号进行输出,从而产生人耳听到的各种声音。

数字音频(Audio)可分为波形声音、语音和音乐。

(1) 波形声音实际上已经包含所有的声音形式,它可以将任何声音都进行采样量化,相应的文件格式是 WAV 文件或 VOC 文件。

(2) 语音也是一种波形声音,所以和波形声音的文件格式相同。

(3) 音乐是符号化了的声音,乐谱可转变为符号媒体形式。对应的文件格式是 MID 或 CMF 文件。

2. 声音三要素

声音的三要素是音调、音色和音强。就听觉特性而言，这三者决定了声音的质量。

（1）音调：代表声音的高低，也称音高。声音的高低由“频率”决定，频率越高音调越高，频率的单位是 Hz。人的耳朵所能感知的范围一般为 20Hz～20kHz。频率高的声音被称为高音，频率低的声音被称为低音。

（2）音色：音色是指声音的感觉特性，具有特色的声音，表示声音的品质。两个声音的音调和音强相同的情况下，其声音有不同的感觉。音色是由声音中所包含的谐波成分所决定的，与声音的频谱、波形、声压等参数有关。声压是由声波使空气的大气压发生变化的幅度，单位是 Pa。声压变动的幅度越大，声音就越大。不同的发声体由于材料、结构不同，发出声音的音色也就不同，如二胡和笛子的音色就不同。

（3）音强：声音的强度。声音的大小，有时也被称为声音的响度，也就是常说的音量，音强是声音信号中主音调的强弱程度，是判别乐音的基础。衡量声音强弱有一个标准尺度，就是表示声音强弱的单位，通常使用 dB(Decibel，分贝)来表示。

7.1.2 音频数字化

当物体在空气中震动时，便会发出连续波，叫声波，这种波传到人的耳朵，引起耳膜震动，这就是人们听到的声音。声波在时间上和幅度（振幅）上都是连续变化的模拟信号，可用模拟正弦波形表示。模拟声音的录制是将代表声音波形的电信号转换到适当的媒体上，如磁带或唱片。播放时将记录在媒体上的信号还原为波形。模拟音频技术应用广泛，使用方便。但模拟声音信号在多次重复转录后，会使模拟信号衰弱，造成失真。

音频数字化就是将模拟的（连续的）声音波形数字化（离散化），通过采样和量化两个过程把模拟量表示的音频信号转换成由二进制数 1 和 0 组成的数字音频文件，如图 7.1 所示。

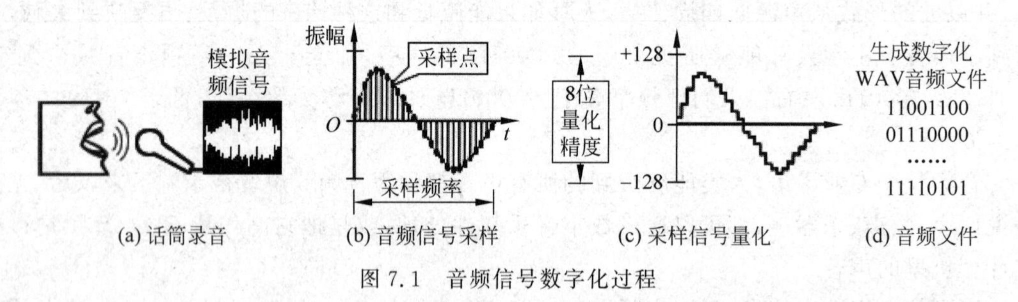

图 7.1 音频信号数字化过程

采样的目的是在时间轴上对信号数字化，量化的目的是在幅度轴上对信号数字化。

1. 采样

以适当的时间间隔观测模拟信号波形幅值的过程叫采样。采样频率是将模拟声音波形转换为数字时，每秒钟所抽取声波幅度样本的次数，也就是每秒钟对声音波形进行采样的次数，单位是 Hz。

当前常用的采样频率一般为 11.025kHz、22.05kHz、44.1kHz 和 48kHz 等。11.025kHz 的采样率获得的声音称为电话音质，基本上能分辨出通话人的声音；22.05kHz 称为广播音质；44.1kHz 称为 CD 音质。采样频率越高，声音失真越小，音频数据量也越大。

2. 量化

将采样时刻的信号幅值归整(四舍五入)到与其最接近的整数标度叫作量化。量化数据位数(也称量化级)是能够用来表示每个采样点的数据范围,经常采用的有8位、16位、24位和32位。

例如,8位量化级表示每个采样点可以表示成256个(0～255)不同量化值,而16位量化级则是指每个采样点可表示成65 536个不同量化值。量化位数越高,表示可区分的声音越细致,所以音质越好,数据量也越大。

3. 编码

量化后的整数,即存储在计算机中的数字化声音并不是声音的真正幅值,而是幅值代码。用一个二进制数码序列来表示量化后的整数称为编码。

4. 声道数

声道数是声音通道的个数,指一次采样的声道波形个数。记录声音时,如果每次生成一个声道波形数据,称为单声道;每次生成两个声波数据,称为立体声(双声道)。四声道环绕(4.1声道)是为了适应三维音效技术而产生的,四声道环绕规定了4个发音点:前左、前右、后左、后右,并增加一个低音音箱,以加强对低频信号的回放处理。

5. 数字音频的存储量

可用以下公式估算声音数字化后每秒所需的存储量(未经压缩的):

存储数据量(B/s)=(采样频率×量化位数×声道数)/8

例如,数字激光唱盘(CD-DA)的标准采样频率为44.1kHz,量化位数为16位,立体声。每秒钟CD-DA音乐所需的存储量为44 100×16×2÷8 =176 400B(约合172KB)。

7.1.3 音频文件格式

1. CD格式

CD格式是标准的激光唱片文件格式,文件扩展名为.cda。该格式的文件音质好,大多数音频播放软件都支持该格式。在播放软件的"打开文件类型"中,都可以看到"*.cda"格式,这就是CD音轨。标准CD格式是44.1kHz的采样频率,16位量化位数,因此CD音轨近似无损,从而数据量很大。CD音轨,通常被认为是具有最好音质的音频格式。

2. WAV格式

WAV格式是微软公司开发的一种声音文件格式,也称波形文件。文件扩展名为.wav,Windows平台的音频信息资源都是WAV格式,几乎所有的音频软件都支持WAV格式。WAV格式的声音文件质量和CD相差无几,但由于存储时不经过压缩,占用存储空间也很大,因此,也不适合长时间记录高质量声音。WAV格式被称为"无损的音乐",它直接记录了真实声音的二进制采样数据。

3. MP3格式

MP3是对MPEG Layer 3的简称,是目前最热门的音乐文件。MP3是MPEG标准中的音频部分,也就是MPEG音频层。根据压缩质量和编码处理的不同分为3层,分别对应"*.mp1""*.mp2""*.mp3"。MPEG音频文件的压缩是一种有损压缩,MP3音频编码具有10∶1～12∶1的高压缩率,同时基本保持低音频部分不失真,但是牺牲了声音文件中12～16kHz高音频部分的质量来换取文件的尺寸。相同长度的音乐文件,用MP3格式来存储，一般只有 WAV 文件的 1/10，当然，音质要次于 CD 格式或 WAV 格式的声音文件。MP3 因为具有压缩比高、音质接近 CD、制作简单和便于交换等优点，非常适合在网上传播，是目前使用最多的音频格式文件。

4. MIDI 格式

MIDI 是 Musical Instrument Digital Interface（乐器数字接口）的缩写。它是由世界上主要的电子乐器制造厂商建立起来的一个通信标准，并于 1988 年正式提交给 MIDI 制造商协会，已成为数字音乐的一个国际标准。MIDI 标准规定了电子乐器与计算机连接的电缆硬件以及电子乐器之间、乐器与计算机之间传送数据的通信协议等规范。MIDI 标准使不同厂家生产的电子合成乐器可以互相发送和接收音乐数据。

MIDI 记录的不是完整的声音波形，而是像记乐谱一样地记录下演奏的音乐特征，特别适合于记录电子乐器的演奏信息，通常称为电子音乐。其最大优点是文件非常小，缺点是由于不是真正地记录数字化声音，因此只能播放简单的电子音乐。MIDI 文件主要用于原始乐器作品，流行歌曲的业余表演，游戏音轨以及电子贺卡等。

同样半小时的立体声音乐，MID 文件只有 200KB 左右，而 WAV 文件则要差不多 300MB。MIDI 格式的主要限制是：缺乏重现真实自然声音的能力。MIDI 只能记录标准所规定的有限种乐器的组合，而且回放质量受声卡上合成芯片的限制，难以产生真实的音乐演奏效果。

5. RM 格式

RM（Real Media）是 Real Networks 公司开发的网络流媒体文件格式，是目前在 Internet 上相当流行的跨平台的客户/服务器结构多媒体应用标准。它采用音视频流和同步回放技术来实现在 Intranet 上全带宽地提供最优质的多媒体，同时也能够在 Internet 上以 28.8kb/s 的传输速率提供立体声和连续视频。

RM 格式文件小但质量损失不大，适合在互联网上传输。此文件格式是 Real 文件的主要格式，可以随网络带宽的不同而改变声音的质量，在保证大多数人听到流畅声音的前提下，令带宽较充裕的听众获得较好的音质。

6. APE 格式

APE 是目前流行的数字音乐文件格式之一。与 MP3 不同，APE 使用一种无损压缩音频技术，庞大的 WAV 音频文件可以通过 Monkey's Audio 这个软件压缩为 APE，音频数据文件压缩成 APE 格式后，可以再还原，而还原后的音频文件与压缩前相比没有任何损失。APE 的文件大小大概为 CD 的一半，可以节约大量的资源。随着宽带的普及，APE 也成为最有前途的网络无损格式，因此，APE 格式受到了许多音乐爱好者的青睐。

7. VQF 格式

VQF 的音频压缩率比标准的 MPEG 音频压缩率高出近一倍，可以达到 18∶1 左右甚至更高。一首 4min 的 WAV 文件的歌曲压成 MP3，大约需要 4MB 左右的存储空间，使用 VQF 音频压缩技术，只需要 2MB 左右的存储空间。相同情况下压缩后 VQF 的文件体积比 MP3 小 30%～50%，更利于网上传播，同时音质较好，接近 CD 音质。它是 YAMAHA 公司的专用音频格式。采用减少数据流量但保持音质的方法来达到更高的压缩比，该文件格式并不常见。

8. WMA格式

WMA(Windows Media Audio)和日本YAMAHA公司开发的VQF格式一样，是以减少数据流量但保持音质的方法来达到比MP3压缩率更高的目的，WMA的压缩率一般都可以达到18∶1左右，WMA的另一个优点是内容提供商可以通过DRM(Digital Rights Management)方案，如Windows Media Rights Manager 7，加入防复制保护。这种内置的版权保护技术可以限制播放时间和播放次数，甚至播放的机器等。另外，WMA还支持音频流(Stream)技术，适合在互联网上在线播放。

9. OGGVorbis格式

OGGVorbis是一种新的音频压缩格式，类似于MP3等现有的音乐格式。但有一点不同的是，它是完全免费、开放和没有专利限制的。OGGVorbis文件的扩展名是.ogg。OGGVorbis采用有损压缩，但通过使用更加先进的声学模型减少了损失，因此，相同码率编码的OGGVorbis比MP3音质更好一些，文件也更小一些。目前，OGGVorbis虽然还不普及，但在音乐软件、游戏音效、便携播放器、网络浏览器上已得到广泛支持。

10. AMR格式

自适应多速率宽带编码(Adaptive Multi-Rate，AMR)，采样频率为16kHz，是一种同时被国际电联电信标准化组织ITU-T和3GPP采用的宽带语音编码标准，也称为G722.2标准。AMR格式提供语音带宽范围达到50～7000Hz，用户可主观感受到话音比以前更加自然、舒适和易于分辨。主要用于移动设备的音频，压缩比率较大，但相对于无损压缩格式来说质量较差。

11. FLAC格式

FLAC(Free Lossless Audio Codec)是一种自由音频压缩编码技术，是一种无损压缩技术。不同于其他有损压缩编码如MP3，它不会破坏任何原有的音频信息，所以可以还原音乐光盘音质，现在它已被很多软件及硬件音频产品所支持。

7.1.4 常用声音编辑软件

声音数字化转换软件是指把声音转换成数字化音频文件。代表性的软件有以下几种。

(1) Esay CD-DA Extractor——把光盘音轨转换成WAV格式的数字化音频文件。

(2) Exact Audio Copy——把多种格式的光盘音轨转换成WAV格式的数字化音频文件。

(3) Real Jukebox——在Internet上录制、编辑、播放数字音频信号。

声音编辑处理软件可对数字化声音进行剪辑、编辑、合成和处理，还可以对声音进行声道模式变换、频率范围调整、生成各种特殊效果、采样频率变换、文件格式转换等。典型的软件有以下几种。

(1) Adobe Audition(前身是Cool Edit Pro)——带有数字录音功能，编辑功能强大、系统庞大的声音处理软件。

(2) Gold Wave——带有数字录音、编辑、合成等功能的声音处理软件。

(3) Acid WAV——声音编辑与合成器。

声音压缩软件可通过某种压缩算法，把普通的数字化声音进行压缩，在音质变化不大的前提下，大幅度减少数据量，以利于网络传输和保存。常见的软件有以下几种。

(1) L3Enc——将WAV格式的普通音频文件转换成MP3格式的文件。

(2) Xingmp3 Encoder——把 WAV 格式的音频文件转换成 MP3 格式的文件。

(3) WinDAC32——把光盘音轨直接转换并压缩成 MP3 格式的文件。

7.2 Audition 相关知识

Adobe 公司推出的 Adobe Audition 软件是一个完整的、应用于运行 Windows 系统的 PC 上的多音轨唱片工作室。Audition 是一款功能强大、效果出色的多轨录音和音频处理软件,是一个非常出色的数字音乐编辑器和 MP3 制作软件,不少人把它形容为音频"绘画"程序。

Adobe Audition 提供了高级混音、编辑、控制和特效处理能力,是一个专业级的音频工具,允许用户编辑个性化的音频文件,创建循环,引进了 45 个以上的 DSP 特效以及高达 128 个音轨。拥有集成的多音轨和编辑视图、实时特效、环绕支持、分析工具、恢复特性和视频支持等功能,为音乐、视频、音频和声音设计专业人员提供了全面集成的音频编辑和混音解决方案。它包括灵活的循环工具和数千个高质量、免除专利使用费的音乐循环,有助于音乐跟踪和音乐创作。提供了可视化的用户界面,允许用户删减和调整窗口的大小,创建一个高效率的音频工作区域。一个窗口管理器能够跟踪打开的文件、特效和各种爱好,批处理工具可以高效率处理诸如对多个文件的所有声音进行匹配、把它们转换为标准文件格式之类的日常工作。

Adobe Audition 为视频项目提供了高品质的音频,允许用户对能够观看影片重放的 AVI 声音音轨进行编辑、混合和增加特效,广泛支持工业标准音频文件格式,包括 WAV、AIFF、MP3、MP3PRO 和 WMA,还能够利用高达 32 位的位深度来处理文件,采样速度超过 192 kHz,从而能够以最高品质的声音输出磁带、CD、DVD 或 DVD 音频。

本书以 Adobe Audition 2020 为例进行讲解。

视频讲解

7.3 案例 古诗录制编辑并配乐

要求:熟悉 Adobe Audition 2020 软件,录制《明日歌》古诗的配音,进行简单编辑,并进行人声处理,最后给古诗配乐。

具体操作步骤如下。

1. 录音

录制《明日歌》古诗,将录音文件分别保存为"明日歌.wav"和"明日歌.mp3"。

(1) 录音准备:请将自备带麦克风的耳机(一般手机自带的耳麦即可)连接计算机,戴上耳机;将计算机系统音量调到最大。

(2) 启动 Adobe Audition,选择"文件"→"新建"→"音频文件",打开"新建音频文件"对话框,如图 7.2 所示,单击"确定"按钮,进入"波形编辑"视图。

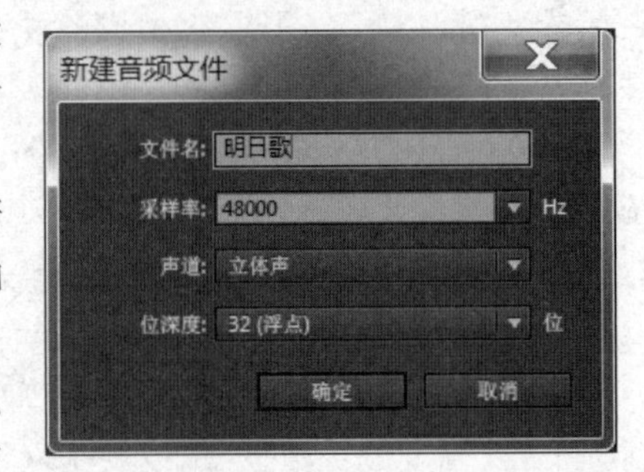

图 7.2 "新建音频文件"对话框

(3) 单击"编辑器"面板控制中的"录制"按钮。为了以后给声音进行降噪处理,过几秒钟后才开始正式录音。录音文字如下。

明日歌

明日复明日，明日何其多。

我生待明日，万事成蹉跎。

世人苦被明日累，春去秋来老将至。

朝看水东流，暮看日西坠。

百年明日能几何？请君听我明日歌。

(4) 如果硬件和软件设置正常，在波形编辑视图中，编辑器会显示出录制的声音波形，录音的音频波形如图 7.3 所示。

图 7.3　波形编辑器

(5) 录音结束时再次单击“录制”按钮即可停止录音。如果录制不理想，可以不保存文件，或者利用 Ctrl＋A 组合键全选后，按 Delete 键删除后重新开始录音。

(6) 选择“文件”→“另存为”，打开如图 7.4 所示“另存为”对话框，选择文件存储位置，输入文件名“明日歌”，单击“确定”按钮，将录制好的声音保存为声音文件，默认将声音波形存储为 WAV 波形文件。

(7) 再打开“另存为”对话框，修改文件格式为“MP3 音频”，如图 7.5 所示，保存为“明日歌.mp3”文件。比较不同声音格式的文件大小。

2. 人声处理

1) 降噪处理

拖动选择部分录制前的环境噪声波形，选择“效果”→“降噪/恢复”→“降噪(处理)”，打开“效果-降噪”对话框，如图 7.6 所示，降噪参数采用默认值，单击“捕捉噪声样本”按钮，采集当前选区为噪声样本。可通过单击“保存”按钮，把噪声样本保存到指定的文件，这样以后在同一环境进行录音就不需要再采集噪声样本了。如已有噪声样本，可通过“加载”按钮加载硬盘中的噪声样本。

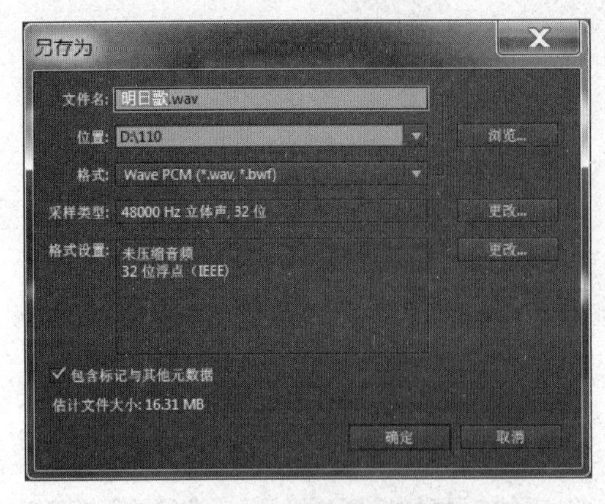

图 7.4　WAV 格式保存

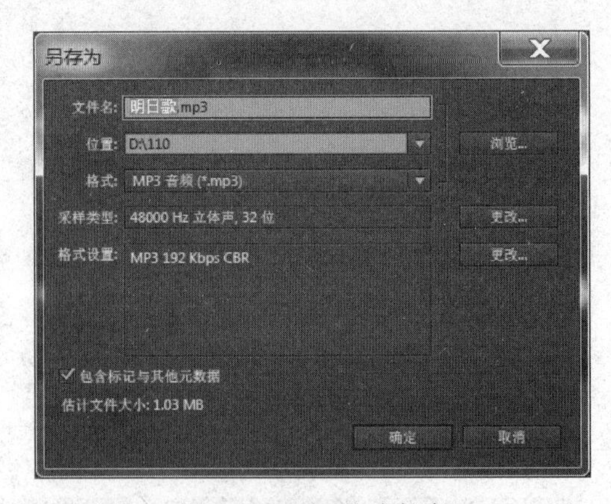

图 7.5　MP3 格式保存

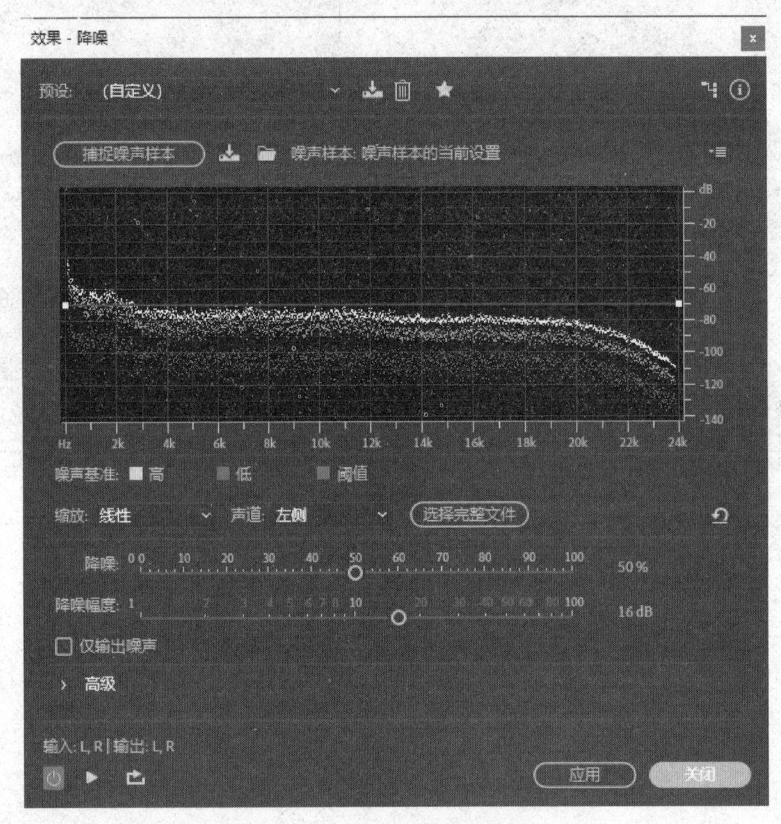

图 7.6　“效果-降噪”对话框

单击“选择完整文件”按钮，将需要降噪的整个波形选中，然后单击“应用”按钮就开始降噪处理。降噪后波形如图 7.7 所示。

2) 标准化处理

标准化属于幅度类效果器，用于将声音提升到不失真的最大音量。选择“效果”→“振幅与压限”→“标准化(处理)”，打开如图 7.8 所示的“标准化”对话框，单击“应用”按钮即可标准化波形振幅。

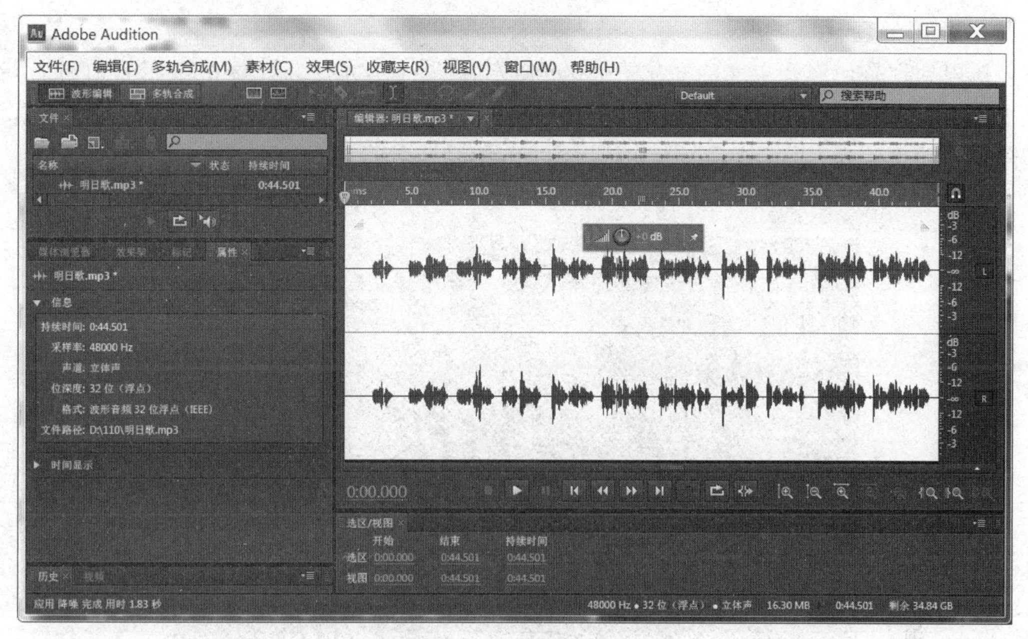

图 7.7　降噪后波形

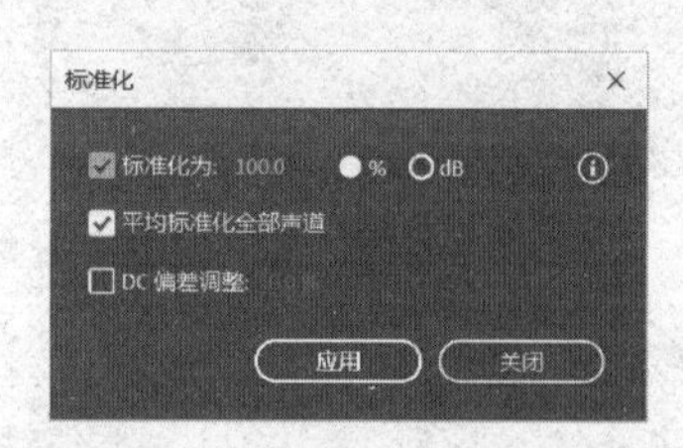

图 7.8　“标准化”对话框

标准化后波形如图 7.9 所示。

图 7.9　标准化后的波形

3）压限处理

压限处理是使声音幅度的变化更加平滑，避免声音的忽高忽低，调节某个范围内的声音电平的大小，把振幅很高的波形降低，振幅较低的则进行适当提升。选择"效果"→"振幅与压限"→"动态处理"，打开如图 7.10 所示的"效果-动态处理"对话框。

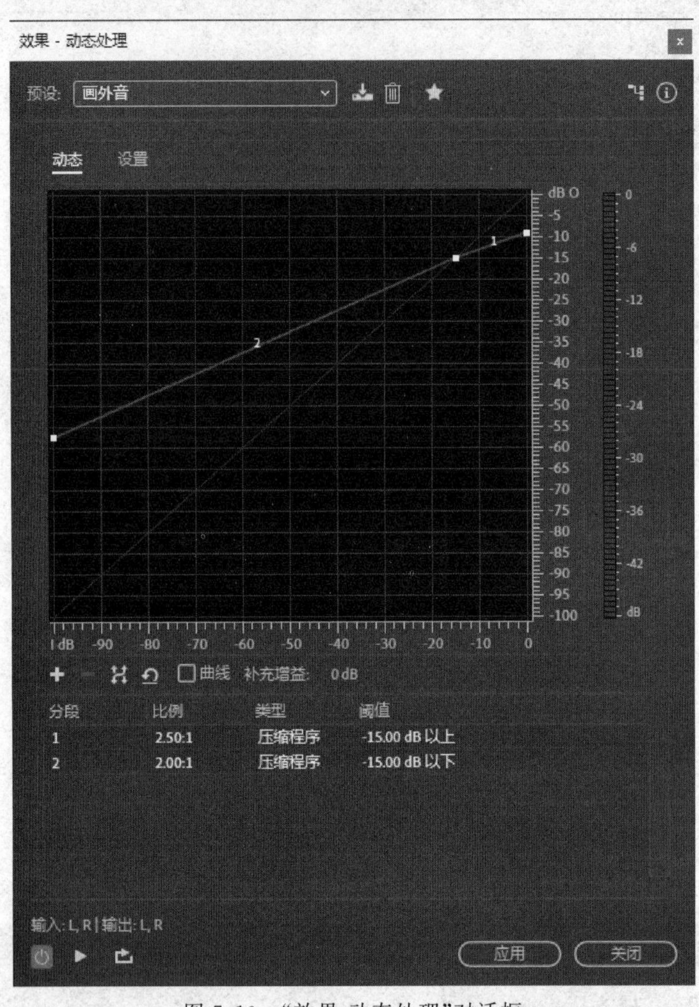

图 7.10 "效果-动态处理"对话框

横坐标表示输入音量的大小，从左到右递增，纵坐标表示经过效果处理器后的声音大小，从下往上递增，默认为一根斜线，表示输入与输出一样。可以在曲线上单击增加控制点，用鼠标拖动控制点可以改变动态处理曲线的形状，来实现所需要的处理效果。这里在"预设"下拉列表框中选择"画外音"选项。单击"应用"按钮即可使声音变化更加平缓。另保存文件为"明日歌(已处理).mp3"。

4）声音的变速与变调处理

声音的变速用于处理声音的速度与持续的时间变化，主要效果选项有：倍速、减速、加速、升调、快速讲话、降调等。

选择"效果"→"时间与变调"→"伸缩与变调(处理)"，打开如图 7.11 所示的"效果-伸缩与变调"对话框。

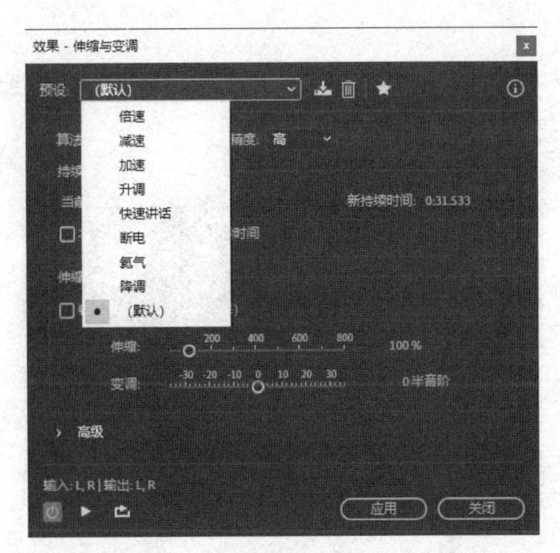

图 7.11 “效果-伸缩与变调”对话框

这里在“预设”下拉列表框中选择“升调”选项。

单击“预览播放”按钮 可以预听声音变调效果,单击“应用”按钮可实现声音变调处理。另存声音文件为“明日歌(变).mp3”。

3. 配乐

1) 导入背景音乐并裁剪

(1) 选择“文件”→“导入”→“文件”,打开“导入文件”对话框,选择相应的背景音乐(如“时间都去哪了.mp3”)文件。

(2) 双击打开该文件,在单轨编辑状态下,利用选区/视图窗口选取 3:16～4:06 时间段,如图 7.12 所示。右击选区,在弹出的快捷菜单中选择“裁剪”。另存已裁剪的声音文件为“时间都去哪了(裁剪).mp3”。

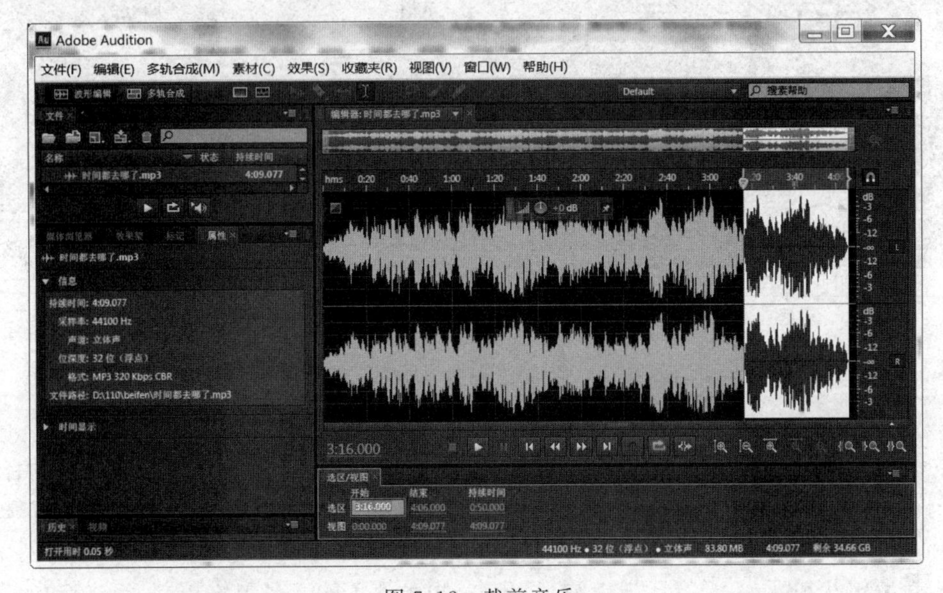

图 7.12 裁剪音乐

2）多轨编排

（1）选择“视图”→“多轨编辑器”，打开“新建多轨会话”对话框，选择相应的文件夹保存位置，项目名称为“明日歌朗诵”，如图 7.13 所示。

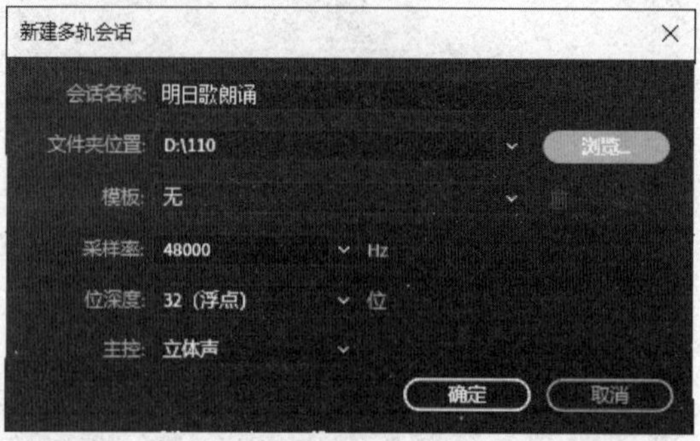

图 7.13 “新建多轨会话”对话框

（2）右击背景音乐“时间都去哪了(裁剪)”，在弹出的快捷菜单中选择“插入到多轨混音中”→“明日歌朗诵”。单击轨道 2，再右击“明日歌(变)”，同样插入到多轨，如图 7.14 所示。使背景音乐在轨道 1，诗歌朗诵在轨道 2。

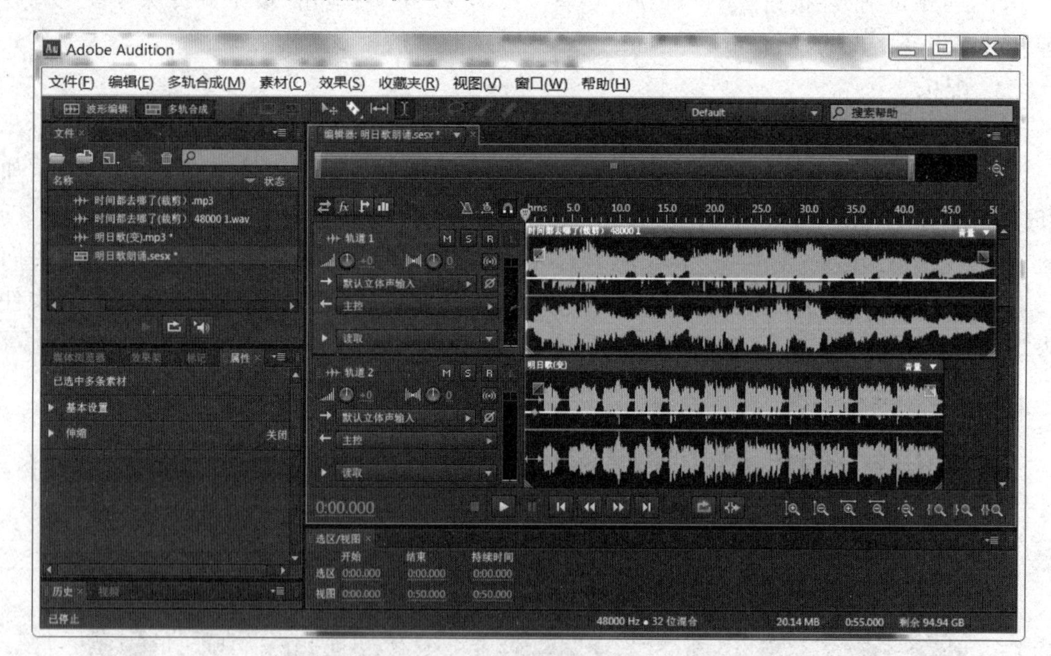

图 7.14 多轨合成

（3）向右拖动轨道 2 中的“明日歌(变)”最开始位置，使其从 2s 处开始。

3）音量包络编辑

包络是指某个参数随时间的变化。音量包络是指音频波形随时间变化而产生的音量变化，也就是音量变化的走势曲线。通过控制音量包络曲线来改变某个音轨上音频信号的音量大小，是非常直观的方法。

多轨编辑状态下，每个音频轨道波形上有一根黄褐色的音量包络控制线，光标指向它时显示为“音量”。直接往上拖曳该包络线，可以使音量提升，往下拖曳可以降低音量，单击它可添加控制点，拖曳这些控制点可以改变音量的大小。

淡化是指音量的逐渐变化，音量由小到大的变化称为淡入，音量由大到小的变化称为淡出。针对选中激活的波形，在左上方有一个“淡入”图标▨，往右拖曳该图标即可快速拉出一根淡入包络线。在右上方有一个“淡出”图标▨，往左拖曳该图标即可快速拉出一根淡出包络线。

如图 7.15 所示，试着拖动音量包络线，并设置淡入、淡出效果。

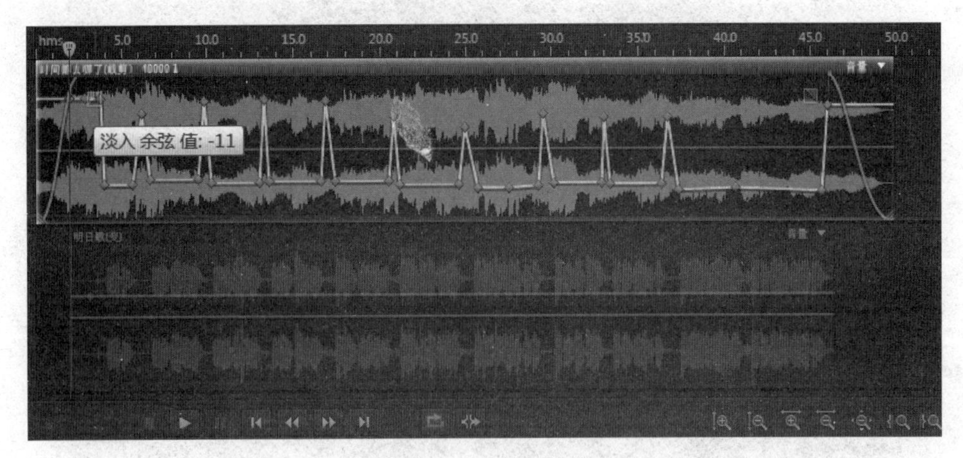

图 7.15　音量包络线

4）将诗歌和背景音乐混缩到新文件

选择“文件”→“导出”→“多轨混音”→“整个会话”，打开“导出多轨混音”对话框，选择相应的文件夹位置，选择 MP3 格式，文件名为“明日歌朗诵_缩混”，如图 7.16 所示。单击“确定”按钮即可完成混缩输出。

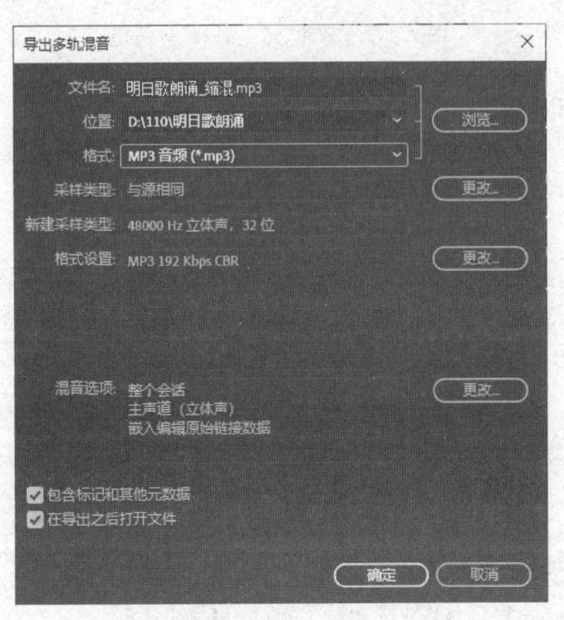

图 7.16　混缩输出

5）为混缩文件添加混响效果

将“明日歌朗诵_缩混.mp3”文件用 Adobe Audition 应用程序打开，在单轨编辑界面，选择“效果”→“混响”→“完整混响”，打开“效果-完全混响”对话框，在“预设”选项中选择“大会堂”，如图 7.17 所示，单击“应用”按钮。选择“文件”→“另存为”，保存声音文件名为“明日歌朗诵_完成”。

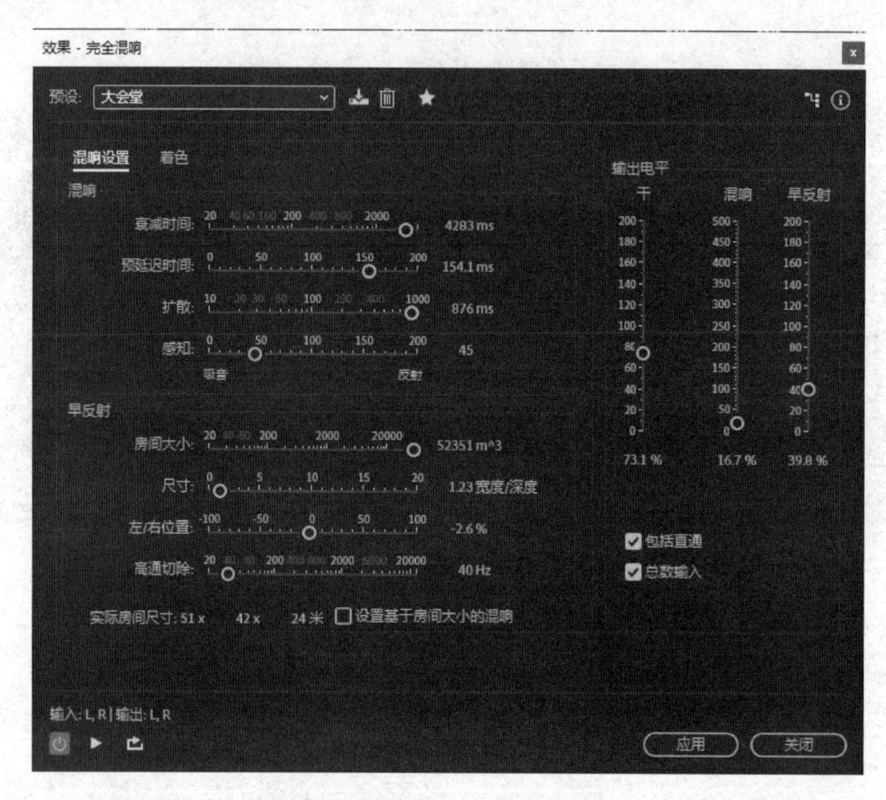

图 7.17 “效果-完全混响”对话框

习 题

一、判断题

1. 正常人耳能听见的声音频率是 20～20 000kHz。(　　)

2. 按照在时间上和幅度上是否连续，音频可以分为模拟音频和数字音频两种。(　　)

3. 波形声音实际上已经包含所有的声音形式，它相应的文件格式是 WAV 文件或者 MID 文件。(　　)

二、选择题

1. 下列不属于声音三要素的是________。

A. 音调　　B. 音色　　C. 音频　　D. 音强

2. 下列不属于音频文件格式的是________。

A. MP3　　B. WAV　　C. MP4　　D. MIDI

3. 记录声音时,每次生成两个声波数据,称为________。

A. 共振　　B. 单声道　　C. 立体声　　D. 共鸣

4. 一般说来,要求声音的质量越高,则________。

A. 量化级数越低和采样频率越低　　B. 量化级数越低和采样频率越高

C. 量化级数越高和采样频率越低　　D. 量化级数越高和采样频率越高

5. 下列文件格式中,不属于音频格式的是________。

A. MP3　　B. WAV　　C. JPG　　D. CDA

6. 下列不属于音频相关的计算机硬件的是________。

A. 显卡　　B. 麦克风　　C. 声卡　　D. 音响

7. 在 Adobe Audition 中,调节波形的幅度将会影响声音的________。

A. 频率　　B. 音量　　C. 声道　　D. 噪声

8. 在 Adobe Audition 中,声音的变调是通过调节声音的________实现的。

A. 频率　　B. 音量　　C. 声道　　D. 幅度

9. 30s 声音,四声道,8 位量化位数,采样频率为 11.025kHz,数据量(未经压缩)为________。

A. 10.09MB　　B. 0.66MB　　C. 2.6MB　　D. 1.26MB

10. 为迎接歌咏比赛,音乐教师将班内的学生分为"高音声部"和"低音声部"。这里"高"和"低"是指声音的________。

A. 音调　　B. 音色　　C. 音强　　D. 振幅

11. 文件格式不是音频文件格式的是________。

A. CD　　B. WAV　　C. MIDI　　D. AVI

三、实践练习

1. 任选一些音频素材,通过 Adobe Audition 进行编辑并添加一定效果,制作一段有个性的手机铃声。

2. 下载自己喜欢的歌曲伴奏,用 Adobe Audition 录制并合成一首音乐作品。

第8章 视频编辑与合成

8.1 视频基础知识

动画一般是由绘制的画面组成的，视频一般是由摄像机摄制的画面组成的。视频来源于数字摄像机、数字化的模拟摄像资料、视频素材库等。

8.1.1 视频概述

1. 视频的定义

视频是一组连续画面信息的集合，连续的图像变化每秒超过24帧画面以上时，根据视觉暂留原理，人眼无法辨别单幅的静态画面，看上去是平滑连续的视觉效果，这样连续的画面叫作视频。

视频是由一系列静态图像按一定顺序排列组成，每一幅称为一帧。当这些图像以一定速率连续地投射到屏幕上时，由于人眼视觉滞留效应，便产生了运动的效果。当速率达到12fps以上时，就可以产生连续视频效果，典型的帧速率为24～30f/s，这样的视频图像看起来既是连续的又是平滑的。

2. 视频的分类

按照信号组成和存储方式的不同，视频分为模拟视频和数字视频。模拟视频是由连续的模拟信号组成的图像，如电影、电视、VCD和录像的画面；数字视频是由一系列连续的数字图像和一段同时播放的数字伴音共同组成的多媒体文件。NTSC、PAL和SECAM制式的电视信号均是模拟视频信号，用普通摄像机摄制的视频信号也是模拟视频信号。HDTV制式的电视信号和用数字摄像机摄制的视频信号是数字视频信号。

视频可分为全屏幕视频和全运动视频。全屏幕视频是指显示的视频图像充满整个屏幕，因此它与显示分辨率有关；全运动视频是指以每秒30帧的画面刷新速度进行播放，这样可以消除闪烁感，使画面连贯。

3. 电视制式

电视制式即电视的播放标准。不同的电视制式，对电视信号的编码、解码、扫描频率以及画面的分辨率均不相同。在计算机系统中，要求计算机处理的视频信号应与和计算机连接的视频设备的电视制式相同。常见的电视制式有如下几种。

NTSC(全国电视系统委员会)制式：美国研制的一种与黑白电视兼容的彩色电视制式，它规定每秒钟播放30帧画面，每帧图像有526行像素，场扫描频率为60Hz，隔行扫描，屏幕的宽高比为4∶3。美国、加拿大和日本采用这种制式。

PAL(逐行倒相)制式：联邦德国研制的一种与黑白电视兼容的彩色电视制式，它规定每秒钟播放 25 帧画面，每帧图像有 625 行像素，场扫描频率为 50Hz，隔行扫描，屏幕的宽高比为 4∶3。中国和欧洲的多数国家采用这种制式。

SECAM(顺序与存储彩色电视系统)制式：法国研制的一种与黑白电视兼容的彩色电视制式，它规定每秒钟播放 25 帧画面，每帧图像有 625 行像素，场扫描频率为 50Hz，隔行扫描，屏幕的宽高比为 4∶3。它采用的编码和解码方式与 PAL 制式完全不同。法国、俄罗斯和东欧的一些国家采用这种制式。

HDTV(高清晰度电视)制式：HDTV 制式的电视信号和用数字摄像机摄制的视频信号都是数字视频信号。数字视频信号也可以通过对模拟视频信号进行采样、模/数转换、色彩空间变换等处理后转换为数字视频信号。它规定，传输的信号全部数字化，每帧的扫描行数在 1000 行以上，逐行扫描，屏幕的宽高比为 16∶9。它是正在发展的电视制式。

8.1.2 视频的采集和处理

视频动态图像是由多幅连续的单帧图像序列构成的。当每一帧图像为实时获取的自然景物或活动对象时，称为动态影像视频，简称动态视频或视频。视频同动画媒体相比，是对现实世界的真实记录。借助计算机对多媒体的控制能力，可以实现视频的播放、暂停、快速播放、反序播放、单帧播放等功能。

视频卡是视频信号采集中的重要设备，是 PC 上用于处理视频信息的设备卡。其主要功能是将模拟视频信号转换成数字化视频信号或将数字信号转换成模拟信号。视频卡根据功能不同可分为以下多种类型。

(1) 视频采集卡：用于将摄像机、录像机等设备播放的模拟视频信号经过数字化采集到计算机中。

(2) 压缩/解压缩卡：用于将静止和动态的图像按照 JPEG/MPEG 标准进行压缩或还原。

(3) 视频输出卡：用于将计算机中加工处理的视频信息转换编码，并输出到电视机等设备上。

(4) 电视接收卡：用于将电视机中的节目通过该设备卡的转换处理，在计算机的显示器上播放。

8.1.3 视频信息表示

要想使用计算机对视频信息进行处理，必须将模拟视频图像数字化。视频数字化过程同音频相似，在一定时间内以一定速度对单帧视频图像进行采样、量化和编码等过程，实现模数转换、彩色空间变换和编码压缩等，这些通过视频捕捉卡和相应软件来实现。在数字化后，如果视频信息不加以压缩，其数据量为：

数据量＝帧速率×每幅图像的数据量

例如，要在计算机上连续显示分辨率为 1280×1024px 的 24 位真彩色高质量电视图像，按每秒 30 帧计算，显示 1s，则需要：

1280(列)×1024(行)×24÷8(B)×30(fp/s)≈112.6MB

一张 650MB 光盘只能存放 6s 左右电视图像，可见在所有媒体中，数字视频数据量最大，而且视频捕捉和回放要求很高的数据传输率，因此视频压缩和解压缩是需要解决的关键技术之一。数字视频数据量巨大，通常采用特定的算法对数据进行压缩，根据压缩算法的不同，保存数字视频信息的文件格式也不同。

8.1.4 视频文件格式

1. MPEG 文件格式

MPEG(Moving Pictures Experts Group，活动图像专家组)，始建于 1988 年，专门负责为 CD 建立视频和音频标准，其成员均为视频、音频及系统领域的技术专家。目前 MPEG 已完成 MPEG-1、MPEG-2、MPEG-4、MPEG-7 以及 MPEG-21 等多个标准版本的制定，适用于不同带宽和数字影像质量的要求。

MPEG 文件格式是运动图像压缩算法的国际标准，它采用有损压缩方法减少运动图像中的冗余信息，同时保证每秒 30 帧的图像动态刷新率，已被几乎所有的计算机平台共同支持。MPEG 标准包括 MPEG 视频、MPEG 音频和 MPEG 系统(视频、音频同步)三个部分，前文介绍的 MP3 音频文件就是 MPEG 音频的一个典型应用，而 Video CD (VCD)、Super VCD (SVCD)、DVD (Digital Versatile Disk)则是全面由 MPEG 技术所产生的新型消费类电子产品。

使用 MPEG 方法进行压缩的全运动视频图像，在适当的条件下，可在 1024×768px 的分辨率下以每秒 24 帧，25 帧或 30 帧的速率播放有 128 000 种颜色的全运动视频图像和同步 CD 音质的伴音。大多数视频处理软件都支持 MPG 格式的视频文件。

MPEG4 格式是一种非常先进的多媒体文件格式，能够在不损失画质的前提下大大缩小文件的尺寸，将 DVD 格式压缩为 MPEG4 以后，体积缩小到只有原来的四分之一，但是画质没有任何损害。

MPG 格式文件扩展名是 mpg。MPG 还有两个变种 MPV 和 MPA。MPV 只有视频不含音频，MPA 是不包含视频的音频。

2. AVI 文件格式

AVI(Audio Video Interleaved，音频视频交错)是微软公司开发的一种符合 RIFF 文件规范的数字音频与视频文件格式，最早用于 Microsoft Video for Windows，现在 Windows、OS/2 等多数操作系统都直接支持该格式。

AVI 格式文件是一种不需要专门硬件支持就能实现音频与视频压缩处理、播放和存储的文件，扩展名是 avi。AVI 文件将视频和音频信号混合交错地存储在一起，较好地解决了音频信息与视频信息同步的问题。一般可实现软回放每秒播放 15 帧，具有从硬盘或光盘播放、在内存容量有限的计算机上播放、快速加载和播放以及高压缩比、高视频序列质量等特点。

AVI 实际上包括两个工具：视频捕获工具；视频编辑、播放工具，一般软件中大都只包含播放工具。AVI 文件使用的压缩方法有好几种，主要使用有损压缩方法，压缩比较高。文件结构通用、开放，调用、编辑该类文件十分方便，视频的画面图像质量好，是目前 PC 上最常用的视频格式。

3. RM/RMVB 文件格式

Real Media 格式文件是 Real Networks 公司开发的流式视频文件格式，包括 RA(Real

Audio)、RM(Real Video)和RF(Real Flash)三类文件。它包含在Real Networks公司所制定的音频视频压缩规范Real Media中，主要用来在低速率的广域网上实时传输活动视频影像，可以根据网络数据传输速率的不同而采用不同的压缩比率，从而实现影像数据的实时传送和实时播放。

其中，RA用来传输接近CD音质的音频数据从而实现音频的流式播放；RM主要用来在低速率的网络上实时传播活动视频影像，在数据传输过程中边下载边播放视频影像。RF是Real Networks公司与Macromedia公司新近推出的一种高压缩比的动画格式，主要工作原理基本上和RM相同。它在网络上提供实时观看，压缩比大，文件小，属于网络上较新的流技术。当然，它也有缺点，由于采用了较高的压缩比，它的声音和视频都有一些粗糙的感觉。

4. MOV文件格式

MOV是Apple公司开发的一种音频、视频文件格式，是数字媒体领域事实上的工业标准，是创建三维动画、实时效果、虚拟现实、音频、视频和其他数字流媒体的重要基础，用于保存音频和视频信息，具有先进的视频和音频功能，被包括Apple Mac OS、Microsoft Windows在内的所有主流计算机平台支持，使用QuickTime播放器播放。

MOV流媒体视频格式采用十分优良的视频编码技术，支持25位彩色。在保持视频质量的同时具有很高的压缩比。MOV格式文件扩展名是mov，可以合成视频、音频、动画和静止图像等多种素材。也采用有损压缩算法，在相同版本的压缩算法下，MOV格式的画面质量要好于AVI格式的画面质量。

5. ASF/WMV流媒体文件格式

微软公司推出的ASF(Advanced Streaming Format，高级流格式)也是一个在Internet上实时传播多媒体的技术标准，ASF的主要优点包括：本地或网络回放、可扩充的媒体类型、部件下载等。

ASF是网上实时观看的视频文件压缩格式，属于Windows Media流媒体系统，是由微软公司推出的一种可以直接在网上实时观看的视频文件压缩格式，使用的是MPEG-4压缩算法。

WMV的主要优点是本地或网络回放、可扩充的媒体类型、部件下载、可伸缩的媒体类型、流的优先级化、多语言支持、环境独立性、丰富的流间关系以及扩展性等。

6. DivX

DivX视频编码技术是一种新生视频压缩格式，是由MPEG-4衍生出的另一种视频编码(压缩)标准，也即通常所说的DVDrip格式，它采用了MPEG-4的压缩算法同时又综合了MPEG-4与MP3各方面的技术，这种标准使用DivX压缩技术对DVD盘片的视频图像进行高质量压缩，同时用MP3或AC3对音频进行压缩，然后再将视频与音频合成并加上相应的外挂字幕文件而形成视频格式。其画质直逼DVD并且体积只有DVD的数分之一。这种编码对机器的要求也不高，所以DivX视频编码技术可以说是一种对DVD造成威胁最大的新生视频压缩格式，号称DVD杀手或DVD终结者。

7. DAT格式

DAT格式文件是VCD影碟使用的视频文件格式，也是采用MPEG方法压缩而成，是VCD专用的格式文件，文件结构与MPG文件格式基本相同。DAT格式文件扩展名是dat。

8.1.5 常用的视频编辑和合成软件

视频处理技术在视频后期合成、特效制作等方面发挥着巨大作用,利用各种视频处理软件可以实现对视频的编辑处理。以下列举比较常用的视频编辑软件。

Premiere 是 Adobe 公司推出的产品,它是非常优秀的视频编辑软件,能对视频、声音、动画、图片、文本进行编辑加工,并最终生成电影文件。

After Effects 是 Adobe 公司推出的一款图形图像视频处理软件,属于影视后期合成软件,能与其他 Adobe 系列软件无缝链接。

Video Studio 是 Ulead 公司推出的一款面向普通家庭用户、简单易学的数码声像编辑软件。

HyperCam 是一个影像截取工具软件。它不仅截取方便,而且能将截获的影像自动转换为 AVI 动画文件格式。

Video For Windows 是一套用于视频简单编辑和播放 AVI 格式视频文件的软件。

QuickTime 是 Apple 公司推出的,用于播放 Macintosh 计算机使用的视频文件的软件。

Ulead MediaStudio Pro 是 Ulead 公司开发的一款专业级数字视频和音频处理软件,可以配合硬件进行视频信号的捕捉、编辑和输出,进行数字音频的编辑。

绘声绘影:它是 Ulead 公司开发的一款业余的数字视频处理软件,界面简洁,操作简单。

8.2 Premiere 相关知识

Adobe Premiere 是 Adobe System 公司推出的一种专业化数字视频处理软件。在视频、音频编辑的非线性编辑软件中,Premiere 是一个佼佼者,由它首创的时间轴编辑、剪辑项目管理等概念,已经成为事实上的工业标准。Adobe Premiere 除了用于非线性编辑外,还可以用来建立 Video for Windows 或 QuickTime 影片,用于演示或制作 CD-ROM。

Premiere 给出了改变从一个剪辑到另一个剪辑变化的多种选择,可提供纹理、渐变和特殊效果。Premiere 融视音频处理于一身,功能强大,其核心技术是将视频文件逐帧展开,以帧为精度进行编辑,并与音频文件精确同步。它可以配合多种硬件进行视频捕捉和输出,能产生广播级质量的视频文件。

Adobe Premiere 的主要特点如下。

(1) 广泛的兼容性:Adobe Premiere 支持众多的文件格式,如 JPG、TGA、TIF、FLC、WAV 等,这使得 Adobe Premiere 可以和许多软件配合使用。

(2) 视音频实施采集 Premiere 配合计算机上的视频卡,实现对模拟视音频的实施采集,同时对于记录在磁带上的视音频可以实现几倍速的上载,在采集过程中,可以对视音频信号进行调整,如果丢帧,可以指出丢帧率。

(3) 非线性编辑及后期处理:Premiere 具有 99 道视频轨道和 99 道音频轨道,可以精确实现声、画同步,并以帧的精度进行编辑。

(4) 叠加和字幕创作 Premiere 提供了多种叠加方式,已实现多层画面的同屏显示,而传统方式只有色键和亮度键两种。

本书以 Adobe Premiere Pro 2020 为例进行讲解。

8.3 After Effects 相关知识

After Effects 2020 是 Adobe 公司推出的一款用于高端视频特效的专业特效合成编辑软件，功能比以前的版本更加强大，良好的通用性和易用性使它拥有越来越多的用户。

该软件适用于从事设计和视频特技的机构，包括电视台、动画制作公司、个人后期制作工作室以及多媒体工作室。尤其是随着 DV 的广泛运用和 Web 的日益发展，人们越来越需要一个得心应手的工具来合成和编辑视频，因此 After Effects 软件已经成为目前最为流行的影视后期合成软件。

它提供了 Premiere 不具备的几种功能，如创建贝塞尔蒙版、创建运动路径和创建复合项目。如果想在 After Effects 中创建蒙版或特效，可能会发现将视频素材导入 After Effects 中，并在 After Effects 中对其进行修整(修改素材的入点和出点)会更方便。

After Effects 可以支持多种视频格式的编辑，还将 Photoshop 中层的概念引入，可以对多图层的合成图像进行分层编辑。另外，除了对视频进行剪辑、修复，还提供了高级的关键帧运动控制、路径动画、变形特效、粒子特效等功能。Photoshop 是处理静态图片软件，而 After Effects 是处理动态视频软件，两款软件都是 Adobe 公司的产品，都是基于层的方式编辑，在工作中，可以把 After Effects 看作“动态的 Photoshop”。在 Photoshop 中的许多想法完全可以应用到 After Effects 中来编辑。

本书以 Adobe After Effects 2020 为例进行讲解。

8.4 Premiere 案例一　十二生肖视频制作

视频讲解

要求：熟悉 Adobe Premiere Pro 2020，利用十二生肖图制作视频，并应用特效控制，加入背景音乐、字幕等。主要涉及的功能还有“时间轴”面板应用、特效控制台应用、视频特效处理、视频切换、渲染输出等。

具体操作步骤如下。

1. 新建项目，导入图片

(1) 启动 Adobe Premiere Pro 2020，选择“文件”→“新建”→“项目”，打开“新建项目”对话框，如图 8.1 所示，指定文件保存的位置(如“d:\001”)和名称(“生肖视频”)，也可以设置其他常规选项，这里采用默认设置。单击“确定”按钮。

(2) 选择“文件”→“新建”→“序列”，打开“新建序列”对话框，如图 8.2 所示，选择“标准 32kHz”，单击“确定”按钮。

(3) 进入 Adobe Premiere Pro 主界面。Premiere 的默认操作界面主要分为源监视器、节目监视器、项目面板、时间轴面板和工具箱等主要部分。在源素材预览区域，通过选择不同的选项卡，可以显示特效控制台、调音台和元数据等面板。在项目面板区域，通过选择不同的选项卡，可以显示媒体浏览器、信息、效果、标记和历史面板，如图 8.3 所示。

(4) 选择“文件”→“导入”，或者双击左下角“项目”面板，打开“导入”对话框。打开图片所在的文件夹，使用 Ctrl+A 组合键选择所有要导入的图片“01 鼠.jpg”“02 牛.jpg”“03 虎.jpg”……(图片文件名命名时汉字前最好有个序号，以便于自动排序)，如图 8.4 所示，单击“打开”按钮。

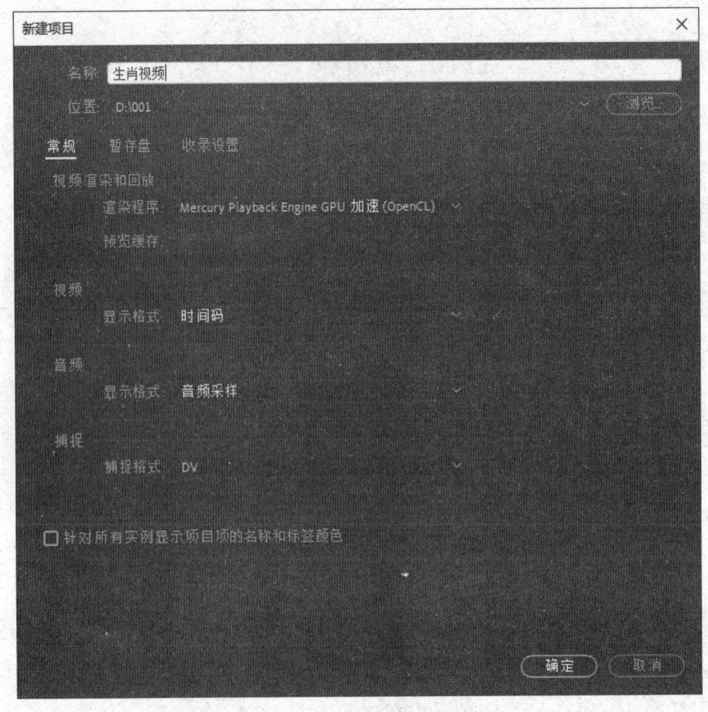

图 8.1 “新建项目”对话框

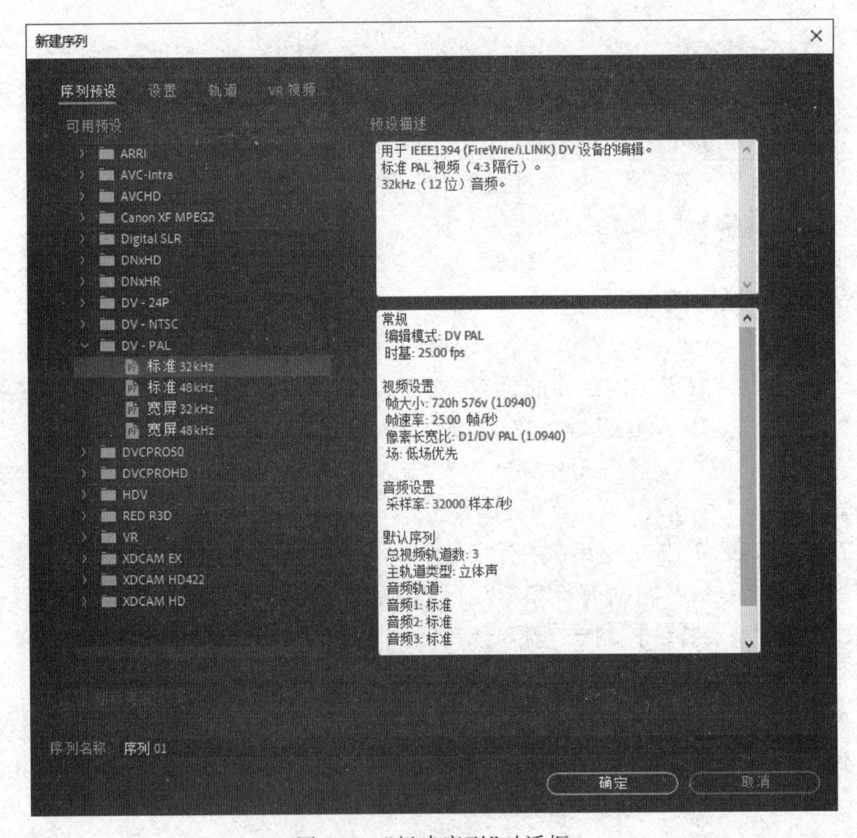

图 8.2 “新建序列”对话框

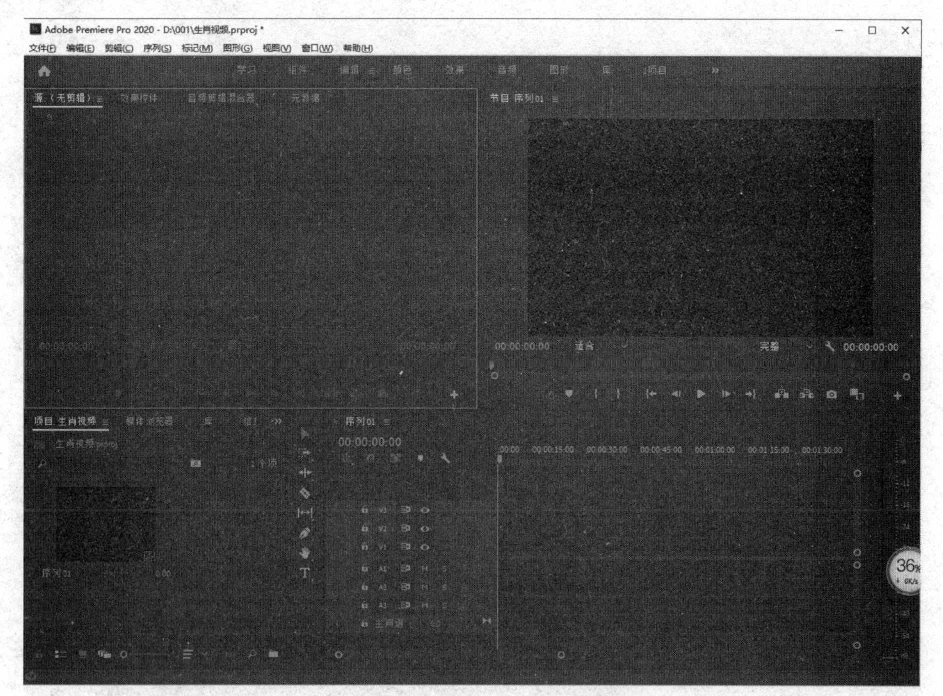

图 8.3　Premiere Pro 主界面

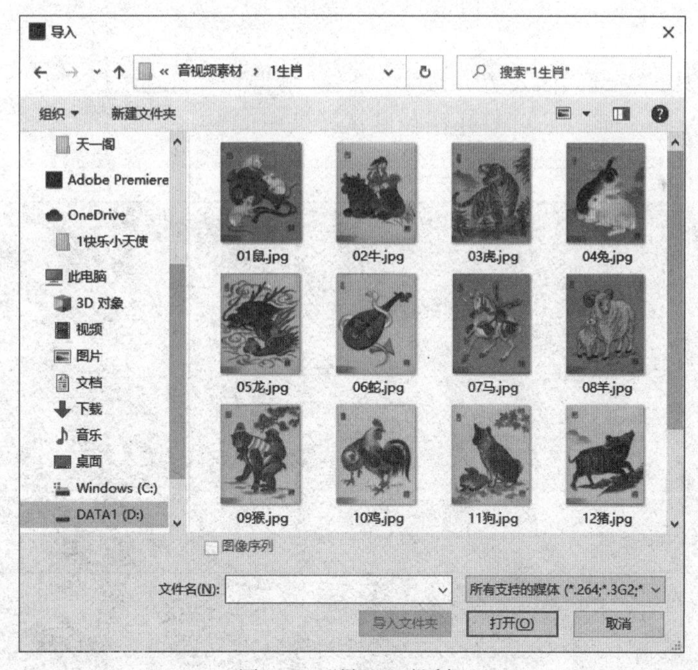

图 8.4　"导入"对话框

(5) 导入的图片都会显示在左下角"项目"面板中,按住 Shift 键,先单击"01 鼠.jpg",再单击"12 猪.jpg",这样就连续选择了所有图片,松开 Shift 键。选择"剪辑"→"插入",这样所有图片都插入视频 V1 轨道中,默认图片将按照选择的先后顺序依次排列,此时每张静态图片的持续时间都是 5 秒 1 帧,如图 8.5 所示。

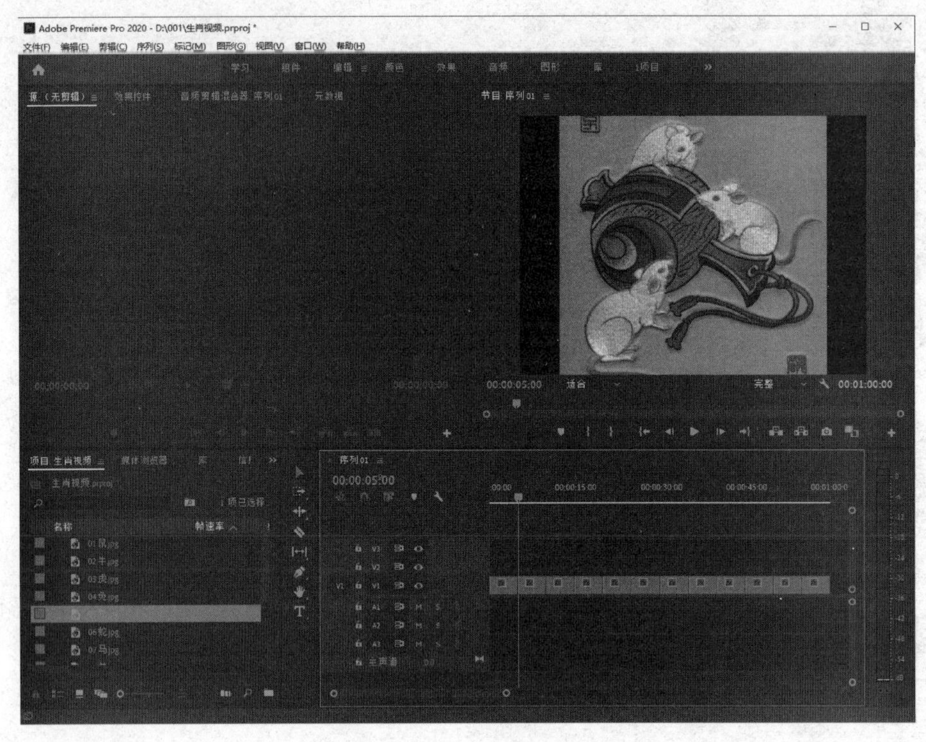

图 8.5　导入所有图片后

静态图像默认的持续时间设置方法为：选择“编辑”→“首选项”→“时间轴”，打开“首选项”对话框，如图 8.6 所示，默认“静止图像默认持续时间”为 5s。

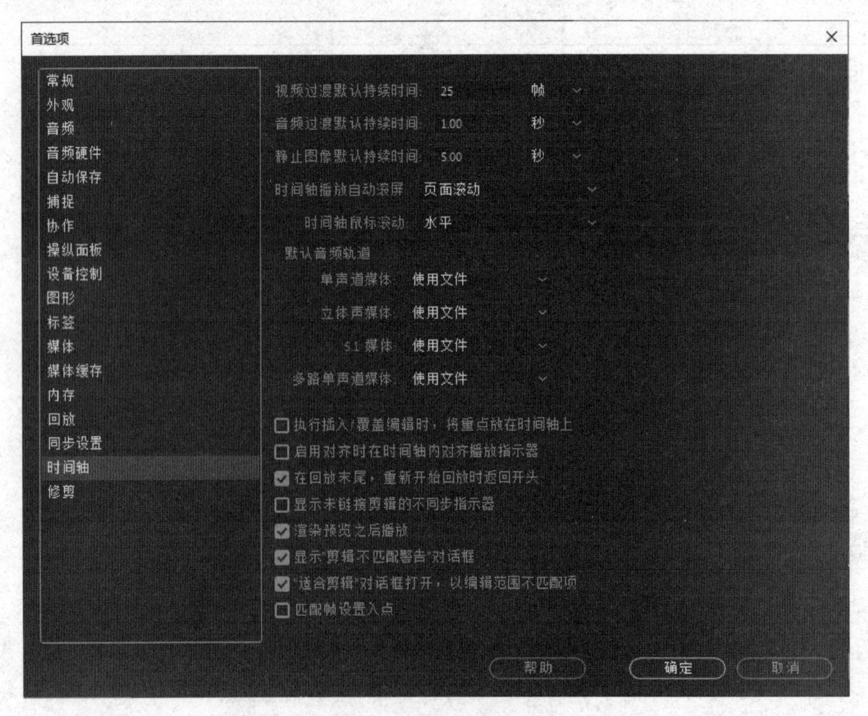

图 8.6　“首选项”对话框

2. 时间轴面板

时间轴面板主要由时间标尺、播放头、视频轨道、音频轨道和缩放时间标尺组成。在时间轴序列 01 中,单击时间标尺或者拖动播放头到其他位置。也可以单击时间轴面板中左上角显示的时间显示框 00:01:00:00 (默认时间码格式为“小时：分钟：秒钟：帧”),直接修改可进行精确定位,修改成 00:00:00:00 ,这时播放头也会跟过来。简便的方法也可以直接输入数字,如输入“2007”按 Enter 键,可以直接定位到 00:00:20:07 ,如图 8.7 所示。

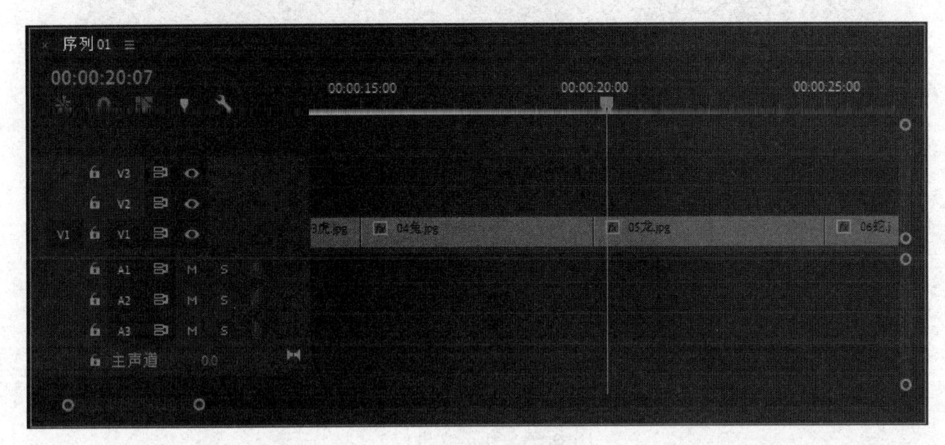

图 8.7　时间轴面板

在时间轴中右击“01 鼠.jpg”,在弹出的快捷菜单中选择“速度/持续时间”,打开“剪辑速度/持续时间”对话框,如图 8.8 所示。将持续时间改为 8s,选中“波纹编辑,移动尾部剪辑”复选框,单击“确定”按钮。

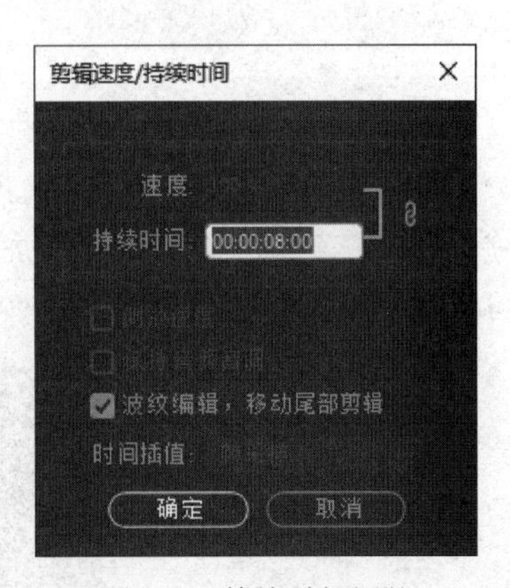

图 8.8　持续时间调整

3. 效果控件

(1) 将时间轴定位在 00:00:00:00,单击选中“01 鼠.jpg”图片,选择“窗口”→“效果控件”,展开“运动”项,单击“缩放”前面的按钮,按钮变成,并设置比例为 50。再将时间轴定位在 00:00:05:00,缩放比例改为 100;再将时间轴定位在 00:00:08:00,缩放比例改为 80,如图 8.9 所示。可以看到此时建立了三个关键帧,实现了从 50%逐步放大到 100%,再缩小至 80%。

(2) 设置完毕后,播放头拖回到 00:00:00:00,在“节目:序列 1”窗口中,单击“播放-停止切换”按钮中的“播放”按钮,可以看到图片先放大再缩小的效果。单击“停止”按钮停止播放。

(3) 在序列 1 时间轴中右击第 1 张图片,在弹出的快捷菜单中选择“复制”,然后右击第 2 张图片,在弹出的快捷菜单中选择“粘贴属性”,拖动播放头观察,可以发现第 2 张图片也实现了先放大再缩小的效果。

(4) 将时间轴定位在 00:00:08:00,单击选中“02 牛.jpg”图片,在效果控件面板中,设置不透明度为 30%;将时间轴定位在 00:00:13:00,设置不透明度为 100%。预览播放可以看到图片从暗到明的一个过程。

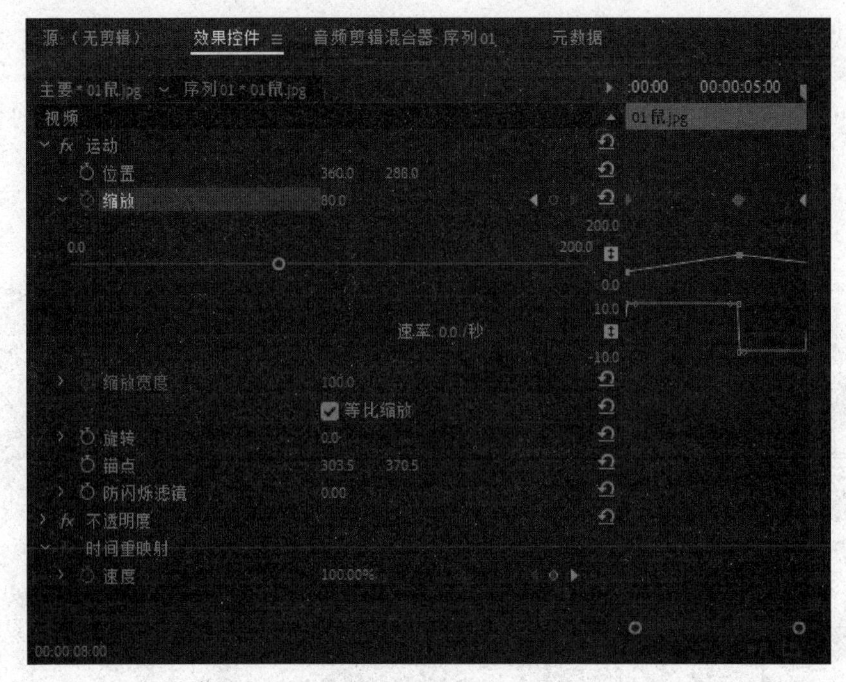

图 8.9　缩放效果设置

(5) 将序号为单号的图片的属性复制成和第 1 张图片一样，双号的图片复制第 2 张图片的属性。

4. 视频效果

(1) 选择“窗口”→“效果”，展开“视频效果”→“图像控制”→“黑白”项，如图 8.10 所示，拖动“黑白”到时间轴上的“03 虎.jpg”图片，在特效控制台中出现了黑白项。拖动播放头，可以看到该图片变成了黑白图片。

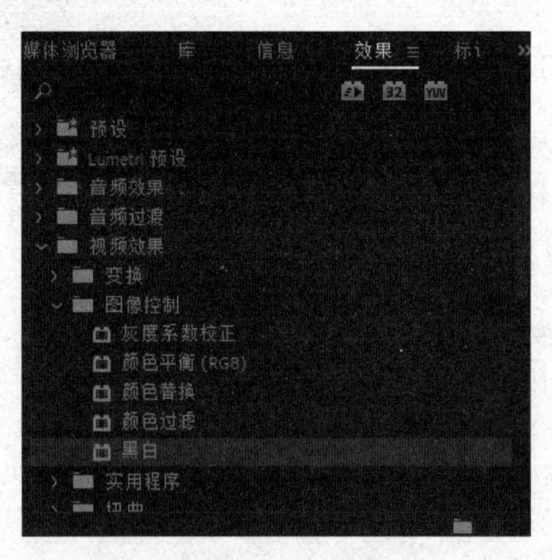

图 8.10　黑白效果

(2) 将时间轴定位在 00:00:15:12，在“效果”选项卡中，展开“视频效果”→“过渡”→“百叶窗”项，拖动该项到时间轴上的“03 虎.jpg”图片。在特效控制台中出现了百叶窗项，设置过渡完成为0%，将时间轴定位在00:00:18:00，设置过渡完成为80%。时间轴定位在00:00:16:00，可以看到百叶窗效果，如图8.11所示。

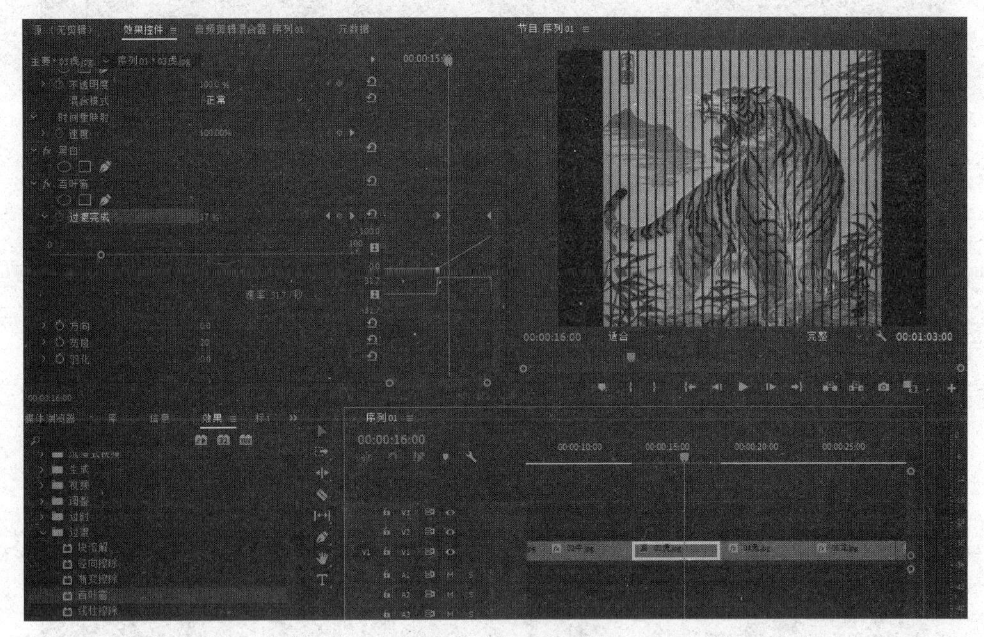

图8.11　百叶窗特效

(3) 在序列1时间轴中，复制“03虎.jpg”图片属性到“05龙.jpg”图片；单击选中“05龙.jpg”图片，在效果控件中右击“黑白”，在弹出的快捷菜单中选择“清除”将其删除。效果百叶窗保留。

5. 视频过渡

(1) 在“效果”面板中，展开“视频过渡”→“3D运动”→“立方体旋转”项，拖动该项到时间轴上的“07马.jpg”和“08羊.jpg”之间。

(2) 单击“工具”面板中的“选择工具”按钮，再单击时间轴中插入的切换效果“立方体旋转”，移动光标到右边，拖动其边界，延长该效果时间轴。拖动播放头到中间，节目监视器中可以看到效果，如图8.12所示。

(3) 在“08羊.jpg”和“09猴.jpg”之间添加“擦除”→“棋盘”效果。在“10鸡.jpg”和“11狗.jpg”之间添加“页面剥落”→“翻页”效果。

6. 背景音乐

视频一般都是有伴音的，这里导入背景音乐，并将音量降低，在开始处淡入，在结束处淡出。

(1) 选择“文件”→“导入”，导入“背景音乐.mp3”，将时间轴定位在00:00:00:00，拖动背景音乐到音频1轨道的起始位置。

(2) 由于背景音乐的长度与图片素材持续的时间不一样，所以要将其多余的部分删除。将时间轴定位在00:01:03:00，单击“工具”面板中的“剃刀工具”按钮，再单击播放头位置，将背景音乐在00:01:03:00断开。

(3) 单击“工具”面板中的“选择工具”按钮，单击选中后面的背景音乐部分，按Delete键删除。

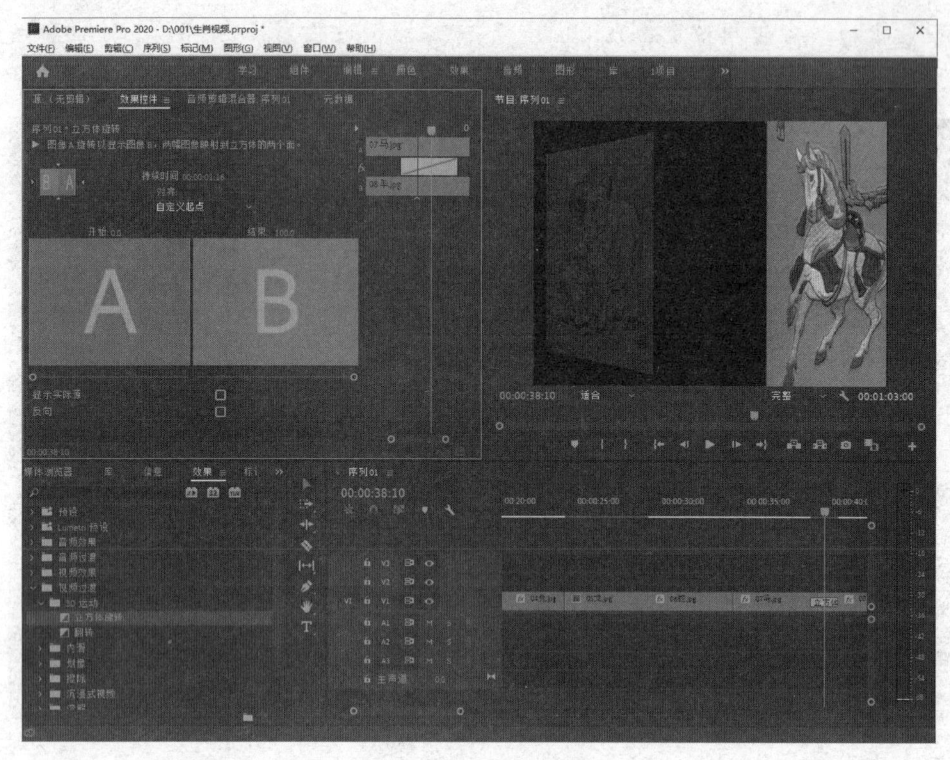

图 8.12　视频过渡

(4)选中插入的背景音乐,在特效控制台展开“音量”,将时间轴定位在 00:00:00:00,设置“级别”为“－50dB”;将时间轴定位在 00:00:05:00,设置“级别”为“－10dB”。将时间轴定位在 00:00:58:00,单击音量设置的右边“添加/移除关键帧”按钮,单击后该按钮变成,这样就添加了一个关键点,00:00:05:00～00:00:58:00 的级别均为“－10dB”。将时间轴定位在 00:01:03:00 处,设置“级别”为“－50dB”,如图 8.13 所示。

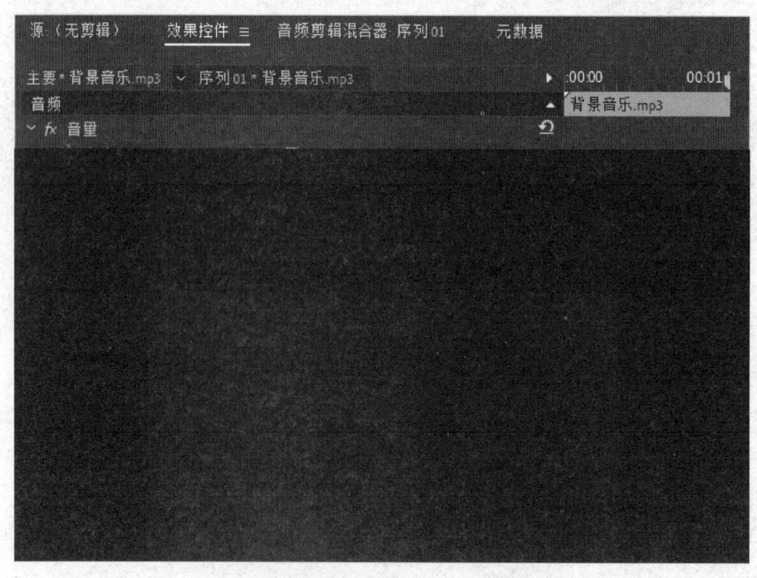

图 8.13　背景音乐音量设置

7. 字幕制作

(1)将时间轴定位在 00:00:00:00,选择"文件"→"新建"→"旧版标题",打开"新建字幕"对话框,名称为"字幕 01",如图 8.14 所示,单击"确定"按钮。

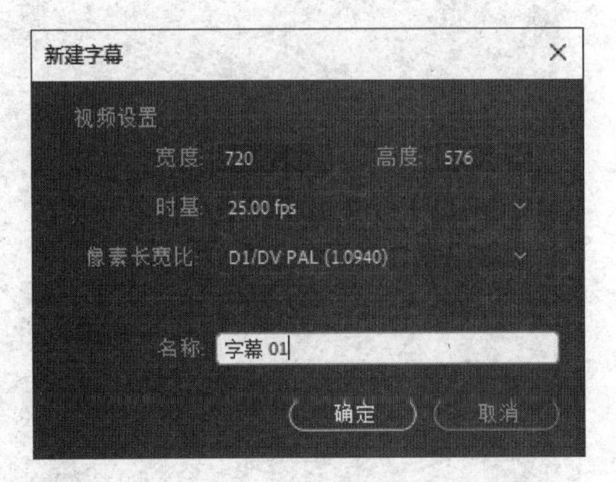

图 8.14 "新建字幕"对话框

(2) 在"项目"面板中双击"字幕 01",打开字幕制作窗口,单击"输入工具"按钮 T,再单击预览窗口右上角位置,输入"鼠"字,如图 8.15 所示。利用该窗口选择工具,可以移动文字。如果显示不出汉字,请重新设置字体。设置字体颜色为红色。单击"关闭"按钮 ×,这样"字幕 01"制作好了。

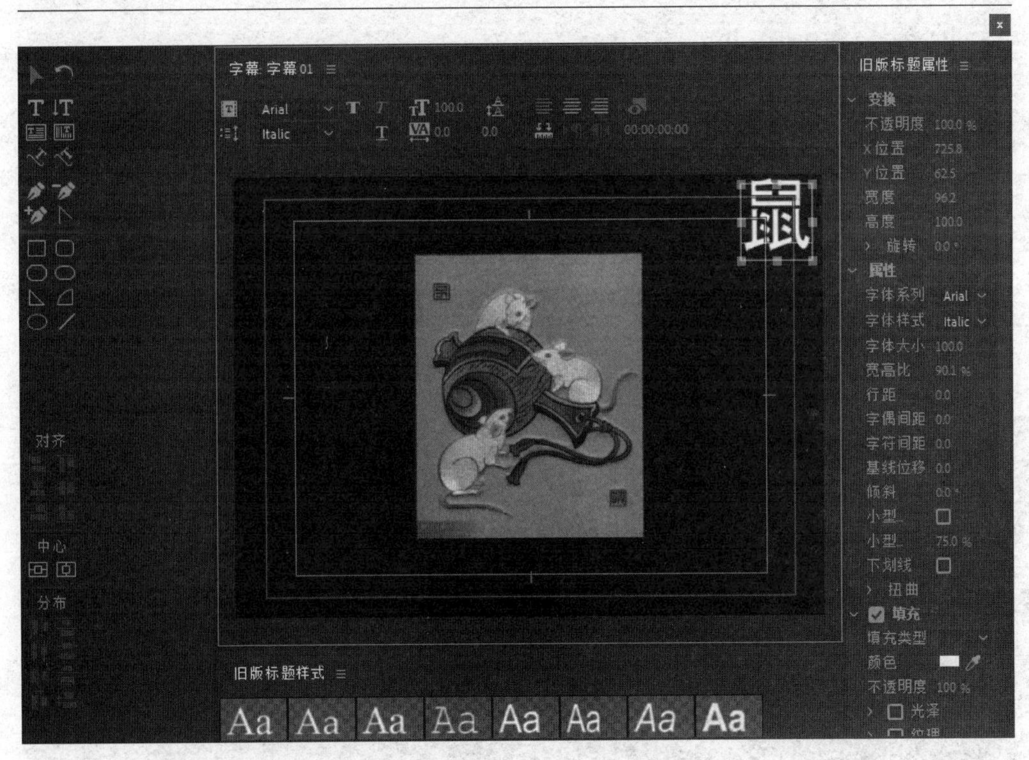

图 8.15 插入字幕

(3) 拖动"项目"面板中的"字幕 01"到视频 2 轨道的开始处。利用"选择工具"拖动延长字幕 01 的时间轴,使字幕 01 正好延续到图片 1 播放结束。

(4) 右击"项目"面板中的"字幕 01",在弹出的快捷菜单中选择"复制","项目"面板中将出现"字幕 01 复制 01",可将其改名为"字幕 02",双击"项目"面板中的"字幕 02",修改文字"鼠"为"牛",再将各字幕放入相应图片视频上方 V2 轨道,完成所有字幕制作,如图 8.16 所示。当然也可以先全部完成复制,放入 V2 轨道后,再移动时间轴定位后双击相对应的字幕修改文字。

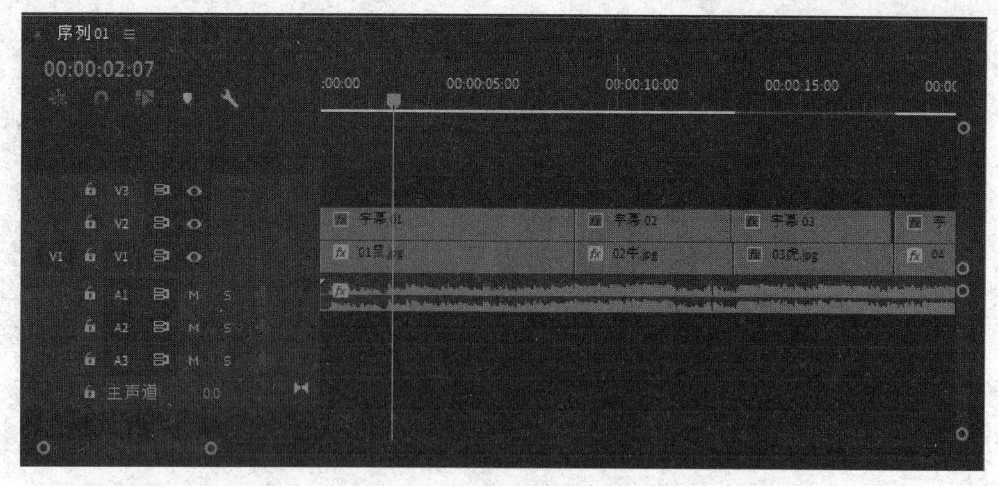

图 8.16　字幕制作完成

8. 保存项目和渲染输出

(1) 保存项目：选择“文件”→“保存”保存项目。

(2) 渲染输出：选中序列 01，选择“文件”→“导出”→“媒体”，打开“导出设置”对话框，如图 8.17 所示。选择导出文件“格式”为“H.264”，单击“输出名称”输入“十二生肖.mp4”，单击“导出”按钮。导出过程如图 8.18 所示，结束后在相应文件夹会发现生成的视频文件。

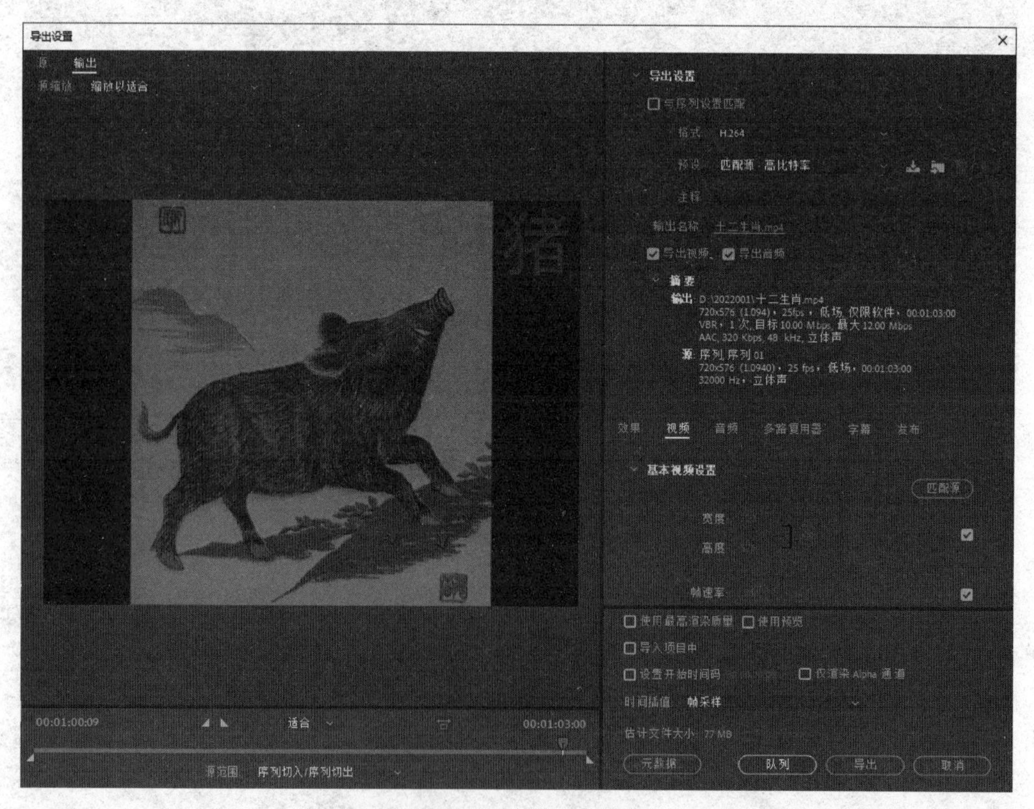

图 8.17　“导出设置”对话框

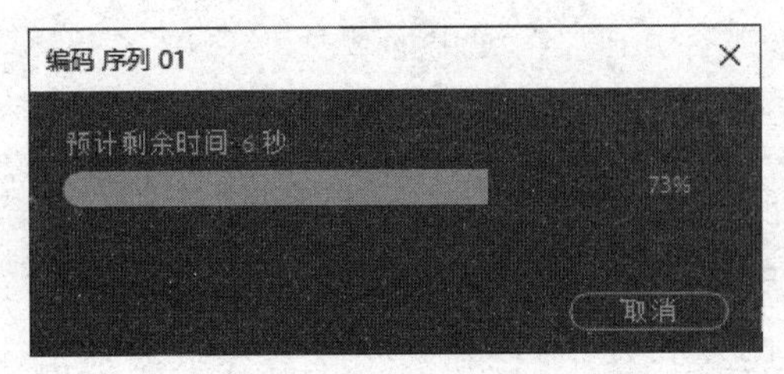

图 8.18　导出过程

8.5　Premiere 案例二　微机组装

要求：熟悉 Adobe Premiere Pro 2020，利用微机组装的多段视频（主板的安装、CPU 的安装、内存的安装……）进行剪辑、组合制作视频。主要知识点有视频特效应用、视频切换效果应用、加入背景音乐、添加字幕、增加片头等。

具体操作步骤如下。

1. 导入素材、添加片头

(1) 启动 Adobe Premiere Pro，在欢迎窗口中单击"新建项目"按钮，新建"微机组装"项目，打开"导入"对话框，如图 8.19 所示，将该案例图片文件"微机组装片头.jpg"、视频文件"1 主板的安装.wmv""2CPU 的安装.wmv"等所有素材选中，单击"打开"按钮。

图 8.19　导入素材

（2）右击“1 主板的安装. wmv”，在弹出的快捷菜单中选择“从剪辑新建序列”，创建一个新的与现有视频匹配的序列“1 主板的安装”，将此序列重命名为“微机组装”。

（3）时间轴面板定位到 00:00:00:00，右击“微机组装片头. jpg”，在弹出的快捷菜单中选择“插入”。

2. 剪辑视频

（1）在项目面板中双击“1 主板的安装. wmv”，在源监视器中显示该视频。单击“播放-停止切换”按钮▶可以预览视频。

（2）设置开始位置：拖动播放头，再结合使用“逐帧退”按钮◀和“逐帧进”按钮▶，或者滚动鼠标进行精确定位。当然如果已经知道要剪辑的位置的话，可以直接单击修改源监视器中的显示时间点，定位到 00:02:50:24；单击“标记入点”按钮{设置视频起点位置。

（3）设置结束位置：再次拖动播放头滑块，精确定位到 00:04:58:10；单击“标记出点”按钮}，此时入点和出点标记如图 8.20 所示。

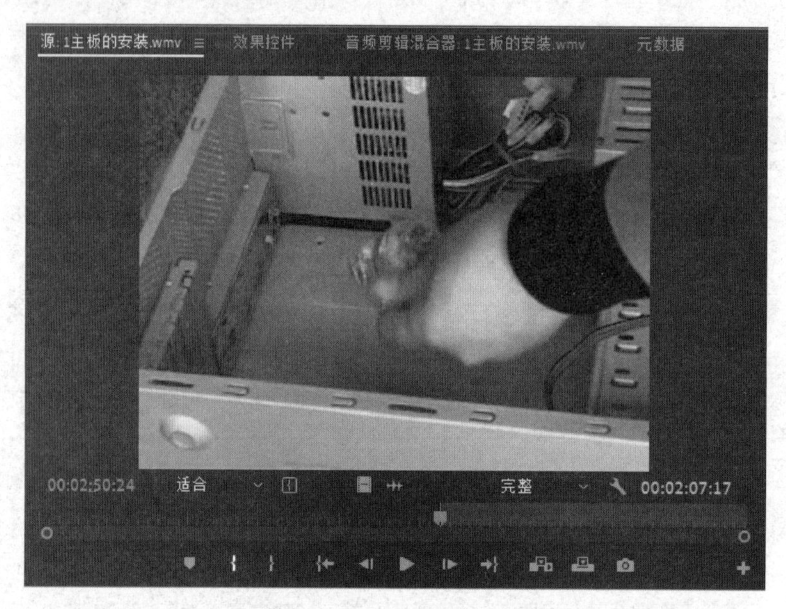

图 8.20　入点和出点标记

（4）将播放头定位到片头后面，单击“覆盖”按钮（因为主板的安装视频已经插入一次，现在剪辑后要覆盖），将标记范围内的视频插入到 V1 轨道中。此时“微机组装”项目和时间轴面板如图 8.21 所示。

（5）标记“2CPU 的安装. wmv”视频出入点 00:01:32:14～00:02:55:04，将播放头定位到上一视频后面，单击项目面板右下方“自动匹配序列”按钮，打开“序列自动化”对话框，如图 8.22 所示，单击“确定”按钮。这个步骤是避免只能插入视频而不能插入音频的情况。

（6）按照上一步骤方法，插入“3 内存的安装. wmv”00:00:35:22～00:01:36:02、“4 显卡的安装. wmv”00:00:21:17～00:01:32:15、“5 声卡的安装. wmv”00:00:27:23～00:00:51:02、“6 硬盘的安装. wmv”00:00:36:01～00:01:34:17、“7 光驱的安装. wmv”00:00:51:29～00:01:51:09、“8 系统的连接. wmv”00:00:06:12～00:01:34:25。插入以后，时间轴面板如图 8.23 所示。

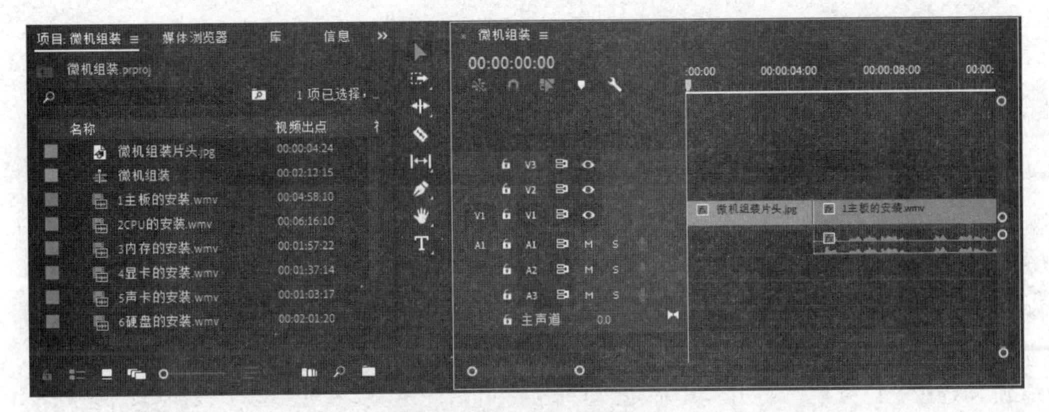

图 8.21　项目和时间轴面板

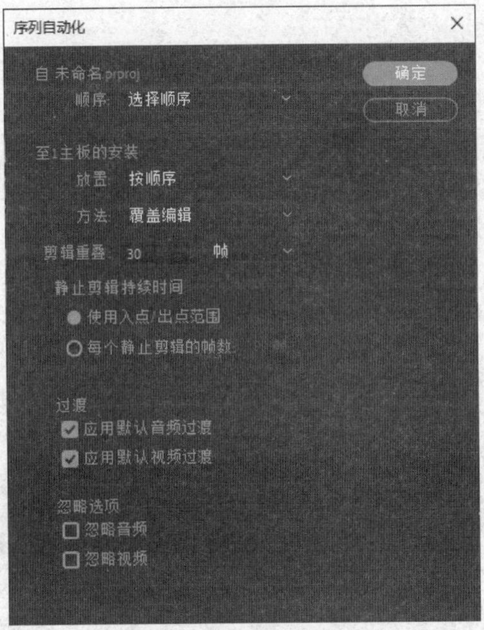

序列自动化

自 未命名.prproj

顺序：选择顺序

确定

取消

至1主板的安装

放置：按顺序

方法：覆盖编辑

剪辑重叠：30 帧

静止剪辑持续时间

使用入点/出点范围

每个静止剪辑的帧数

过渡

应用默认音频过渡

应用默认视频过渡

忽略选项

忽略音频

忽略视频

图 8.22　“序列自动化”对话框

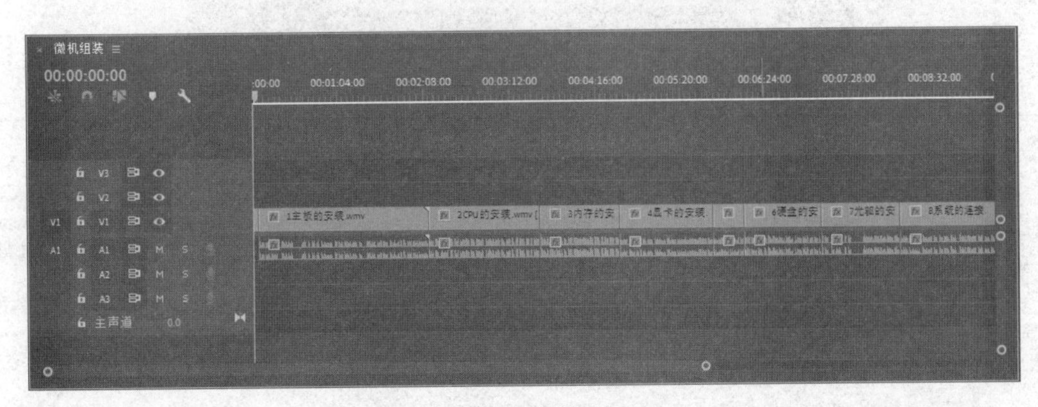

图 8.23　序列 1 时间轴面板 2

3. 添加字幕

(1) 移动时间轴最下方的滑块，将光标定位在右边滑块中，向左拖动鼠标，放大显示轨道的细节。

(2) 将时间轴定位在 00:00:00:00，选择“文件”→“新建”→“旧版标题”，打开“新建字幕”对话框，名称为“字幕 01”，在“项目”面板中双击“字幕 01”，打开字幕制作窗口，单击“输入工具”按钮，输入“微机组装”文字。

(3) 字幕对话框中，在字幕下方单击“滚动/游动选项”按钮，打开“滚动/游动选项”对话框，如图 8.24 所示，设置相应内容。其中，字幕类型为“滚动”，选中“开始于屏幕外”和“结束于屏幕外”复选框。单击“确定”按钮。

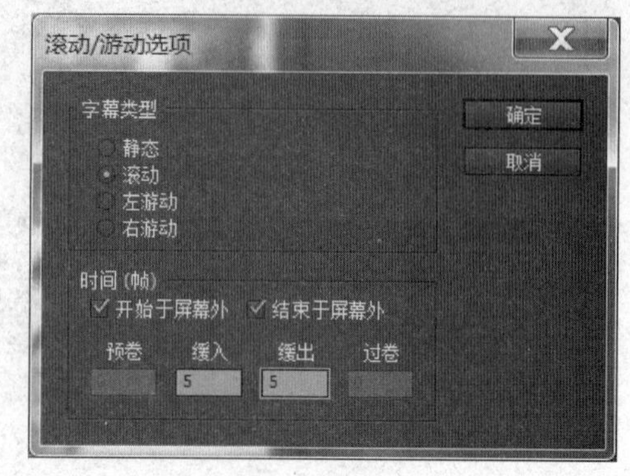

图 8.24 “滚动/游动选项”对话框

(4) 拖动“项目”面板中的“字幕 01”字幕到 V2 轨道的播放头处。

(5) 新建静态字幕“主板的安装”，如图 8.25 所示。拖动“主板的安装”字幕到视频 2 轨道的播放头处，并适当拖动延长字幕的时间轴，使字幕正好延续到“1 主板的安装.wmv”视频播放结束。

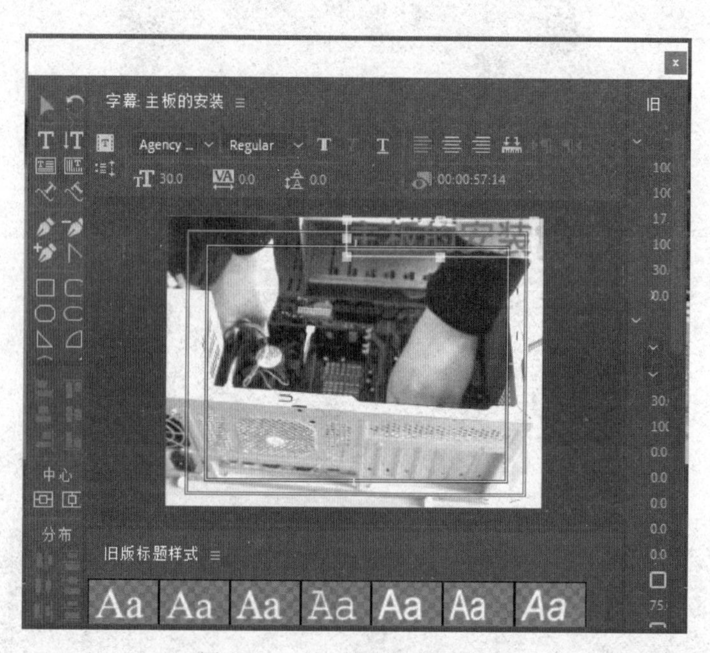

图 8.25 主板的安装字幕制作

(6) 通过项目面板中复制和修改“主板的安装”字幕，完成其他视频字幕。时间轴如图 8.26 所示。

4. 完善视频，保存输出

(1) 模仿片头，制作片尾，插入制作人信息和制作日期。

(2) 选中“微机组装”序列，选择“文件”→“导出”→“媒体”，打开“导出设置”对话框，选

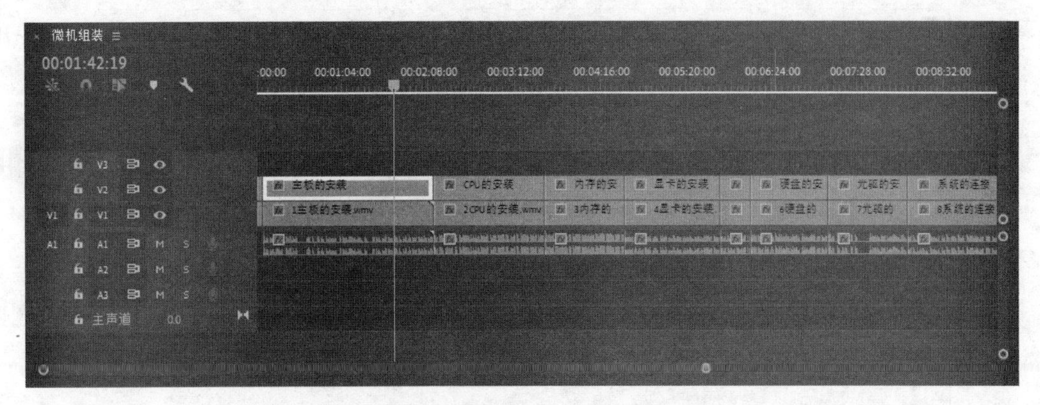

图 8.26　视频插入字幕制作等完成

择导出文件格式“H.264”，单击“输出名称”，选择输出位置和文件名“微机组装.mp4”，单击“导出”按钮。

8.6　After Effects 案例一　视频合成

要求：熟悉 Adobe After Effects 2020 软件，将已有的视频“海浪.mp4”“跳舞.mp4”“心粒子.mp4”“烟花.mp4”组合在一个视频文件中，并导入 An“红星闪闪.swf”文件，视频合成效果如图 8.27 所示。主要知识点有钢笔处理蒙版小窗口播放视频、视频混合模式、其他 Adobe 成品导入、解释素材循环播放、渲染导出等。

图 8.27　视频合成效果

具体操作步骤如下。

1. 导入并合成视频

（1）打开 After Effects 应用程序，选择“文件”→“导入”→“文件”，打开“导入文件”对话框，选择“海浪.mp4”，如图 8.28 所示，选中“创建合成”复选框，单击“导入”按钮。

（2）在“项目”面板中，自动生成与视频匹配的“海浪”合成。

（3）打开“导入文件”对话框，选中“跳舞.mp4”，取消选中“创建合成”复选框，导入。

（4）拖动“项目”面板中的“跳舞.mp4”到时间轴图层“海浪.mp4”上方，移动该图层使之与下一层底部对齐，设置混合模式为“屏幕”。定位到时间轴 0:00:02:15，效果如图 8.29 所示。

（5）同样地导入并插入“心粒子.mp4”，设置混合模式为“屏幕”，单击预览面板中的▶按钮，可以看到三个视频已经有机地融合在一起播放了。

图 8.28 “导入文件”对话框

图 8.29 混合模式

2. 蒙版小窗口视频播放

(1) 导入并插入“烟花.mp4”,单击▶展开烟花图层,展开“变换”项,设置“缩放”为56%,如图8.30所示。移动烟花视频到左边。

(2) 选择“工具”中的“钢笔工具”,用钢笔工具顺时针单击矩形各顶点,使烟花右上部被圈中,如图8.31(a)所示。当钢笔路径闭合后,其他区域就看不见了,只显示钢笔闭合区域,如图8.31(b)所示。

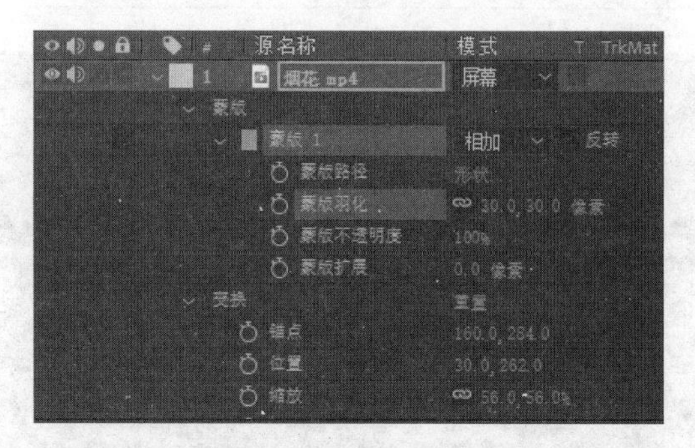

图 8.30　缩放、蒙版羽化设置

(a) 钢笔工具路径没闭合

(b) 钢笔工具路径闭合

图 8.31　蒙版窗口

(3) 选择“工具”中的“选取工具”，移动烟花可视区域到左下角。展开烟花图层，展开“蒙版”项，展开“蒙版 1”项，设置“蒙版羽化”为 30；展开“变换”项，设置位置为“30,262”，如图 8.30 所示。

(4) 设置混合模式“屏幕”，预览效果。

3. 合成 An 源文件

(1) 导入“红星闪闪.swf”，在“项目”面板中右击它，在弹出的快捷菜单中选择“解释素材”→“主要”，出现“解释素材：红星闪闪.swf”对话框，设置“循环”2 次，如图 8.32 所示。

(2) 拖动“红星闪闪.swf”插入至时间轴，展开缩放属性设置为 20%，设置位置为“50,50”。

(3) 此时设计图效果如图 8.33 所示。

4. 渲染导出

(1) 选择“文件”→“保存”，保存成“视频合成.aep”。单击选定“项目”面板中的“海浪”合成，选择“文件”→“导出”→“添加到渲染队列”。

(2) 出现“渲染队列”面板，单击“输出模块”右边的“无损”，出现“输出模块设置”对话框，设置格式为 QuickTime，通道为 RGB＋Alpha，如图 8.34 所示，单击“确定”按钮。在“渲染队列”面板中单击“输出到”右边的“尚未指定”或“海浪.mov”，设置文件保存位置，修改文件名为“视频合成.mov”。如果格式为 AVI，修改文件名为“视频合成.avi”。

(3) 单击“渲染队列”面板右边的“渲染”按钮。当“状态”为“完成”时，表示渲染完毕，如图 8.35 所示。

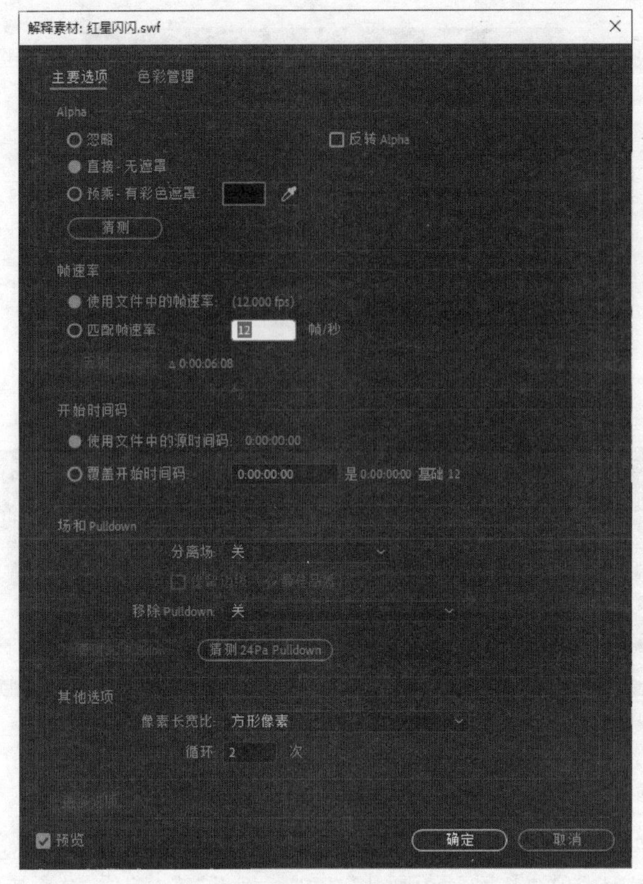

图 8.32　解释素材

图 8.33　视频合成设计图效果

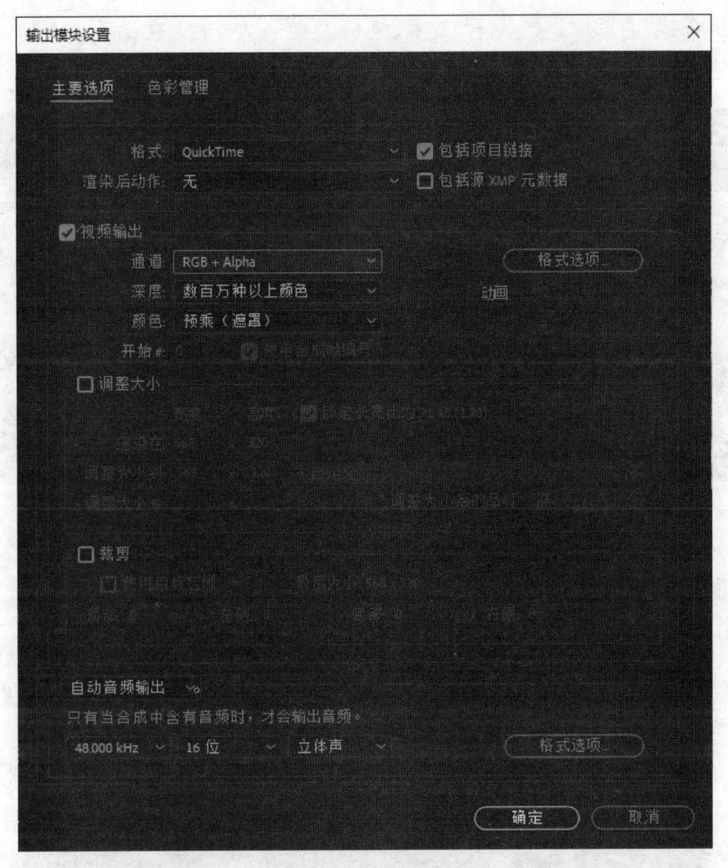

图 8.34　输出模块设置

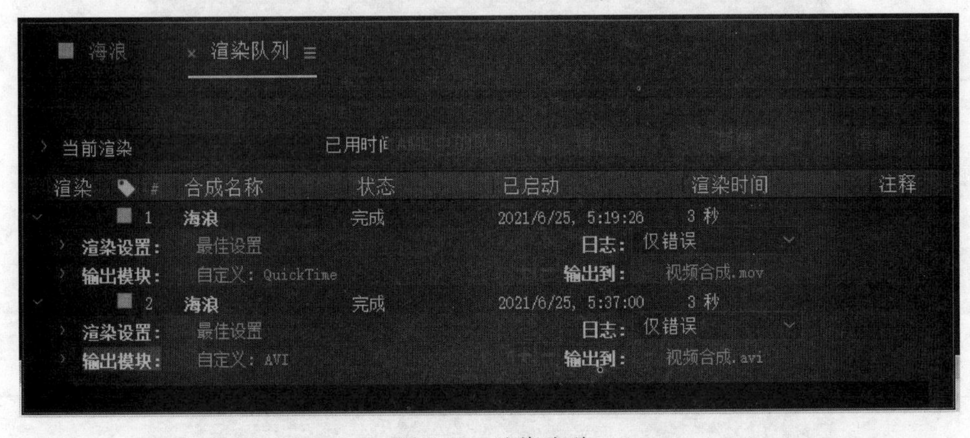

图 8.35　渲染队列

8.7　After Effects 案例二　天一阁欢迎你

要求：熟悉 Adobe After Effects 2020 软件，根据已有的照片组合在一个视频文件中，并导入“雄鹰展翅.gif”文件，视频合成效果如图 8.36 所示。主要知识点有固定窗口播放视频、轨道遮罩、预合成、序列图层、路径文字、缩放及位置动画设置、其他 Adobe 成品导入、解释素材循环播放、渲染导出等。

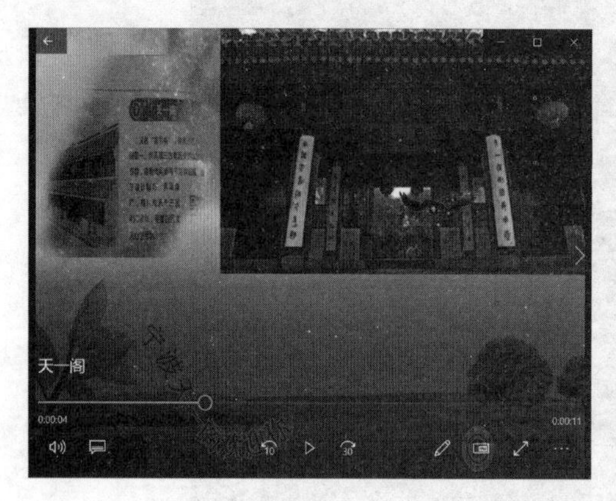

图 8.36 “宁波天一阁欢迎你”播放效果

具体操作步骤如下。

1. 序列合成

(1) 打开 After Effects 应用程序，选择“合成”→“新建合成”，新建“天一阁”合成，预设 PAL D1/DV，如图 8.37 所示。

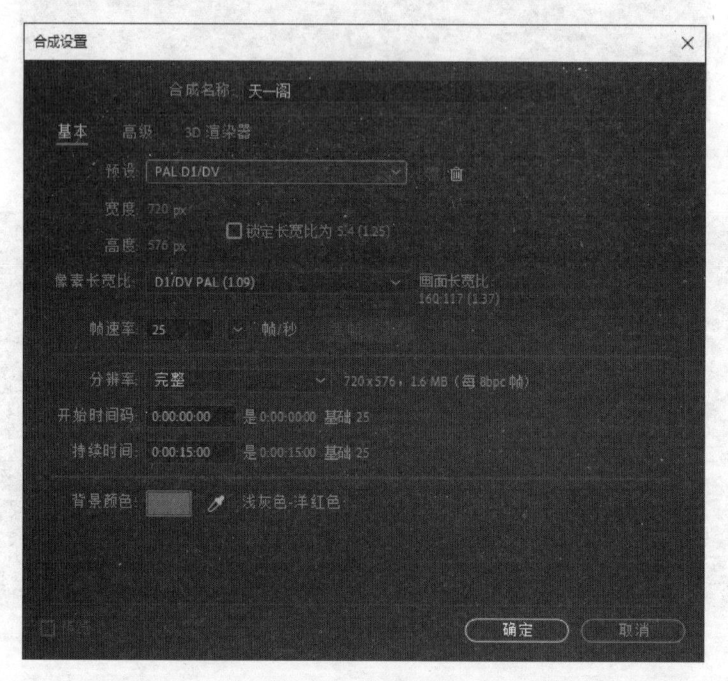

图 8.37 合成设置

(2) 在“项目”面板中导入“天一阁照片 1”“天一阁照片 2”…… “天一阁照片 5”。

(3) 拖动选中这 5 张照片，右击，在弹出的快捷菜单中选择“基于所选项新建合成”，打开“基于所选项新建合成”对话框，设置“静止持续时间”为“0:00:03:00”，勾选“序列图层”复选框，如图 8.38 所示，单击“确定”按钮。

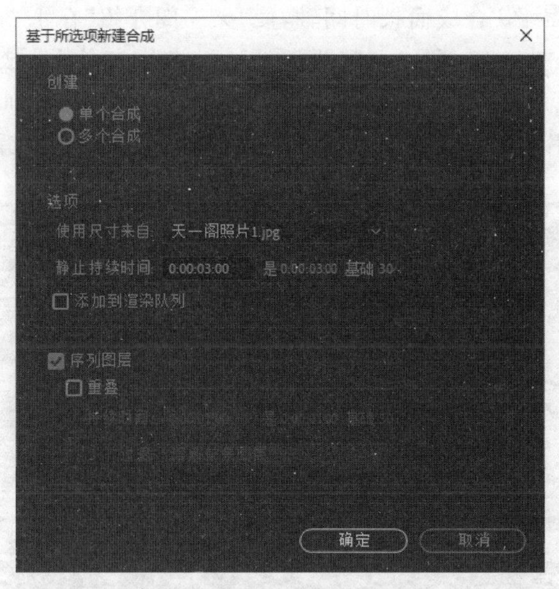

图 8.38　基于所选项新建合成

(4) 在“项目”面板中,重命名生成的“天一阁照片 1”合成为“天一阁照片”。

(5) 在“项目”面板中,导入“背景”图片并拖动到“天一阁”合成,此时背景图片就插入到了“天一阁”合成中,拖动四角适当放大图片,使之覆盖舞台。

(6) 拖动“项目”面板中的“天一阁照片”合成到时间轴“天一阁”合成最上层,单击 按钮展开“天一阁照片”图层,展开“变换”项,设置“缩放”为 35%,位置拖动到右上角。

2. 预合成及轨道遮罩

(1) 在“项目”面板中导入“天一阁导游图.jpg”和“天一阁介绍.jpg”图片,同时拖动到时间轴“天一阁”合成最上层,同时选中这两层,右击,在弹出的快捷菜单中选择“预合成”,打开“预合成”对话框,新合成名称改为“介绍导游图”,选中“打开新合成”复选框,如图 8.39 所示,单击“确定”按钮。

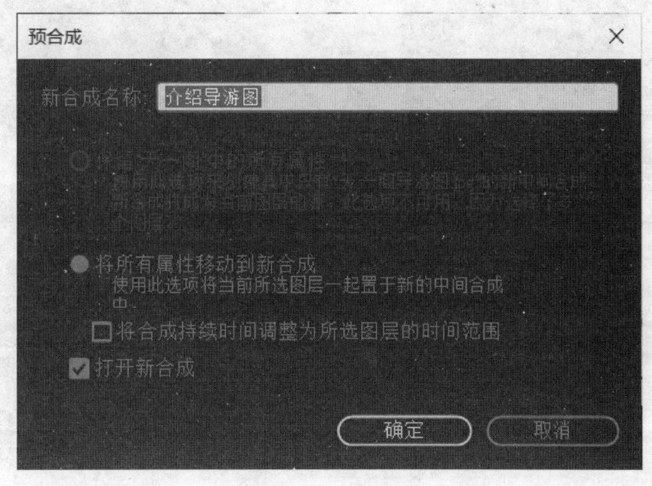

图 8.39　预合成

(2) 调整“介绍导游图”合成面板时间轴，使“天一阁介绍”在 1～6s 显示，“天一阁导游图”在 6～15s 显示，如图 8.40 所示，调整两张图大小，并靠右。预合成后，可以方便调整“介绍导游图”合成中的图片及其他。时间轴中关闭“介绍导游图”合成面板和“天一阁照片”合成面板。如果发现图片位置不合适，可以随时打开“介绍导游图”合成面板进行调整。

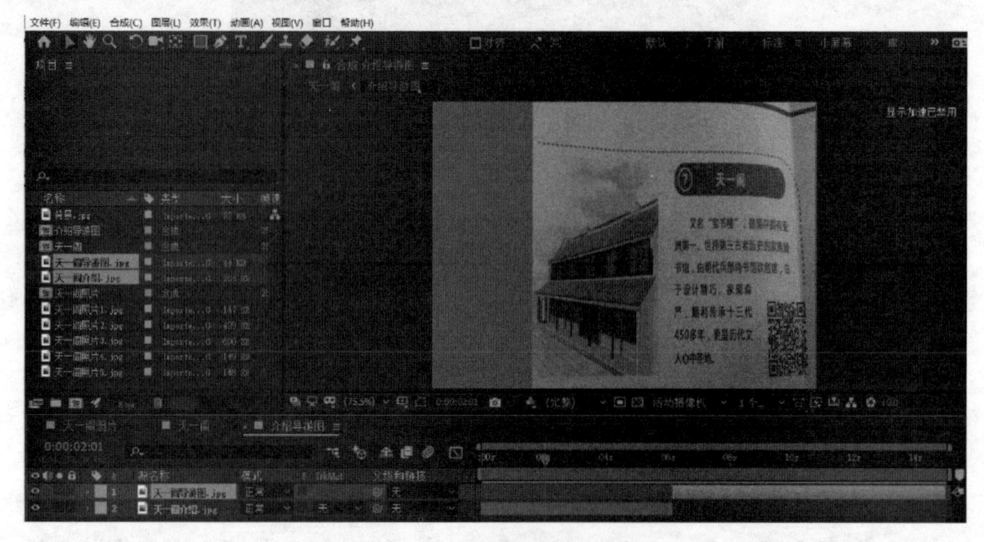

图 8.40 “介绍导游图”合成

(3) 在“天一阁”合成时间轴面板中，设置“介绍导游图”合成缩放到原来的 45%左右，适当调整其大小，将其显示在舞台左上方。

(4) 导入“笔刷. psd”，导入种类选择“素材”，图层选项为“合并的图层”，拖动插入“天一阁”合成最上层，移动笔刷到左边合适位置。设置“介绍导游图”图层轨道遮罩为“Alpha 遮罩笔刷. psd”，如图 8.41 所示。

图 8.41 轨道遮罩

(5) 双击打开“介绍导游图”合成，在不同时间轴位置分别调整两图片的位置，使得其在“天一阁”合成中左边笔刷位置隐约显示大部分内容。

3. 制作路径文字

(1) 右击“天一阁”合成时间轴面板空白位置，在弹出的快捷菜单中选择“新建”→“纯色”，打开“纯色设置”对话框，名称和颜色默认设置，单击“确定”按钮。

(2) 右击建好的纯色层，在弹出的快捷菜单中选择“效果”→“过时”→“路径文本”，打开“路径文字”对话框，字体选择 SimSun，输入文字“宁波天一阁欢迎你”，如图 8.42 所示，单击“确定”按钮。

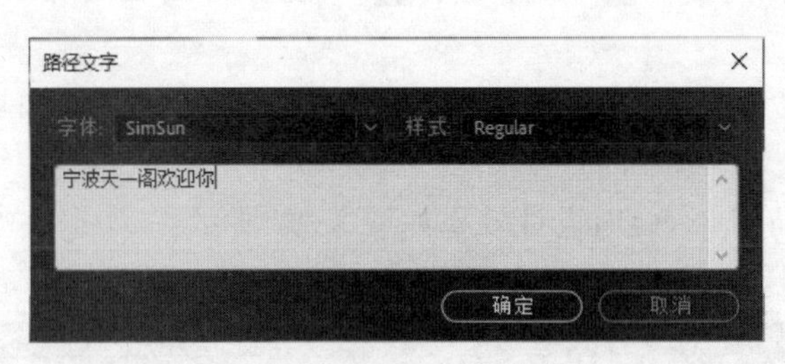

图 8.42 路径文字插入

(3) 使用“钢笔工具”在舞台下方区域绘制类似正弦波路径，效果参照图 8.43。

图 8.43 路径文字设置

(4) 在“效果控件”面板路径文本中设置“路径选项”的“自定义路径”为“蒙版 1”，此时文字会顺着路径排列。

(5) 设置“填充和描边”的“选项”为“在描边上填充”，填充颜色任意，描边宽度为 5px。

(6) 移动时间轴到 0s，单击“字符”的“大小”前面的按钮后，图标会变成，“大小”输入 0 后按 Enter 键；移动时间轴到 10s，大小输入 80 后按 Enter 键；移动时间轴到 15s，大小输入 50 后按 Enter 键。

(7) 同上一步方法，设置“左边距”：0s 对应值 0，6s 对应值 200，10s 对应值 280，15s 对应值 100。

(8) 此时路径文本效果如图 8.43 所示。关闭效果控件面板,使用“预览”面板中的播放,观看文字特效。

4. 合成各种其他素材

(1) 导入“雄鹰展翅.gif”动画,右击它,在弹出的快捷菜单中选择“解释素材”→“主要”,在打开的对话框中设置循环 50 次。拖动“雄鹰展翅.gif”动画到“天一阁”合成面板最上层。

(2) 除“雄鹰展翅.gif”,锁定其他图层,将时间轴移动到 0s,展开该图层中的“变换”,分别单击“位置”和“缩放”前面的⏱,图标变成⏱。设置“雄鹰展翅.gif”图层“缩放”为 10%,并移动雄鹰到右上角。

(3) 将时间轴移动到 8s,“缩放”为 50%,并拖动雄鹰到中间区域。将时间轴拖动到 15s,“缩放”为 10%,拖动雄鹰到左上角。

(4) 将时间轴移动到 8s,此时设计效果如图 8.44 所示。

图 8.44　天一阁设计效果 1

(5) 导入“心粒子.mp4”视频,右击选择“解释素材”,设置循环 3 次,并加入到“天一阁”合成;适当放大使其覆盖整个舞台,其“模式”设置为“屏幕”。

(6) 导入并加入“宁波大学校徽.png”图片到舞台右下角;导入并加入“一个人的精彩.mp3”音频文件;使用“横排文字工具”在舞台左下角输入你的姓名。

5. 渲染导出

(1) 将时间轴移动到 6s,此时设计效果如图 8.45 所示,使用“预览”面板中的“播放”按钮,可以看到播放效果。

(2) 选择“文件”→“保存”,保存成“天一阁.aep”。

(3) 单击选定“项目”面板中的“天一阁”合成,选择“文件”→“导出”→“添加到渲染队列”,出现“渲染队列”面板,单击“输出模块”右边的“无损”,打开“输出模块设置”对话框,设置格式为 AVI,通道为 RGB,单击“确定”按钮。

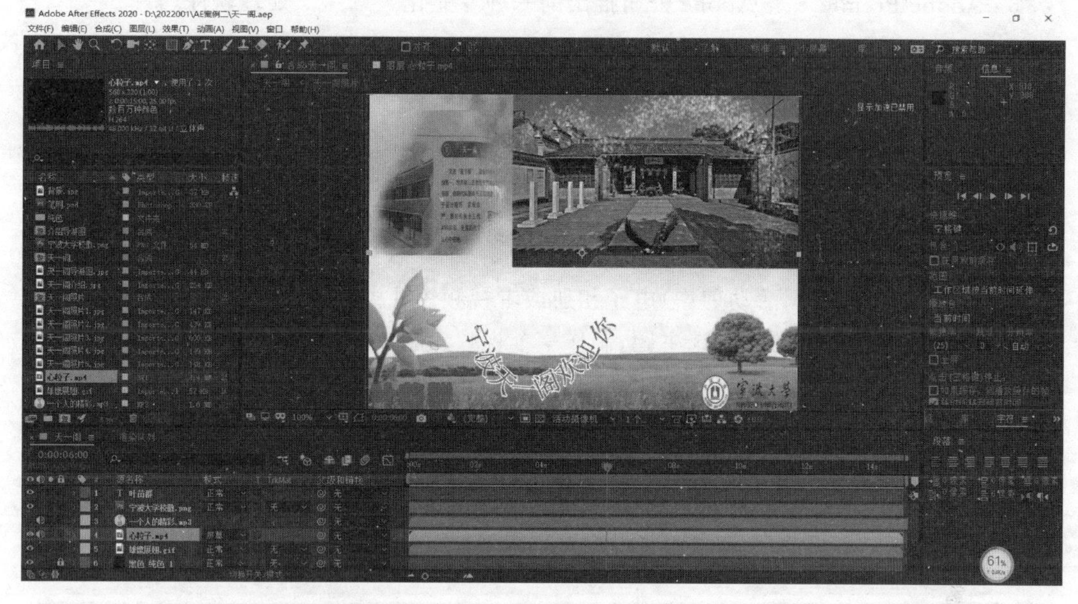

图 8.45　天一阁设计效果 2

(4) 在“渲染队列”面板中，单击“输出到”右边的“天一阁.avi”，设置文件保存位置。

(5) 单击“渲染队列”面板右边的“渲染”按钮。

习　题

一、判断题

1. 视频一般由绘制的画面组成，动画一般是由摄像机摄制的画面组成的。(　　)

2. 视频是一组连续画面信息的集合，根据视觉暂留原理，达到看上去是平滑连续的视觉效果。(　　)

3. 按照信号组成和存储方式的不同，视频分为模拟视频和数字视频。(　　)

二、选择题

1. 下列________制式的电视信号是数字视频信号。

A. NTSC　　B. HDTV　　C. PAL　　D. SECAM

2. 视频是由一系列________按一定顺序排列组成的。

A. 静态图像　　B. 动画

C. 动态图像　　D. 数字或模拟信号

3. 视频可以分为全屏幕视频和全运动视频。全运动视频是指以每秒________帧的画面刷新速度进行播放。

A. 24　　B. 30　　C. 40　　D. 45

4. 视频编辑中，最小的单位是________。

A. 小时　　B. 分　　C. 秒　　D. 帧

5. Adobe Premiere 是 Adobe 公司推出的一种专业化________处理软件。

   A. 模拟视频　　B. 数字视频　　C. 模拟音频　　D. 数字音频

6. 下列不属于视频文件的后缀名为________。

   A. mp4　　B. avi　　C. wav　　D. mov

7. 我国大陆地区的电视制式为________制式。

   A. SECAM　　B. NTSC　　C. PAL　　D. MPEG

三、实践练习

1. 设计与制作《校园活动剪影》电子相册或者视频短片。
2. 以环境保护为主题或自选主题,制作一个视频专题片。

参 考 文 献

[1] 叶苗群.办公软件高级应用与多媒体实用案例[M].北京：电子工业出版社，2018.

[2] 吴卿.办公软件高级应用[M].3版.浙江：浙江大学出版社，2018.

[3] 黄林国.大学计算机二级考试应试指导(办公软件高级应用)[M].2版.北京：清华大学出版社，2013.

[4] 李政，梁海英，等.VBA应用基础与实例教程[M].2版.北京：国防工业出版社，2009.

[5] 龚沛曾，李湘梅.多媒体技术应用[M].2版.北京：高等教育出版社，2013.

[6] 杨彦明.多媒体设计任务驱动教程[M].北京：清华大学出版社，2013.

[7] 关文涛.选择的艺术 Photoshop 图像处理深度剖析[M].3版.北京：人民邮电出版社，2015.

[8] 韩雪，朱琦.Premiere Pro 2020 视频编辑基础教程[M].北京：清华大学出版社，2020.

[9] 马建党.新编 After Effects CC 影视后期制作实用教程[M].西安：西北工业大学出版社，2016.

[10] 吉家进.中文版 After Effects CC 影视特效制作 208 例[M].2版.北京：人民邮电出版社，2017.

图书资源支持

感谢您一直以来对清华版图书的支持和爱护。为了配合本书的使用，本书提供配套的资源，有需求的读者请扫描下方的“书圈”微信公众号二维码，在图书专区下载，也可以拨打电话或发送电子邮件咨询。

如果您在使用本书的过程中遇到了什么问题，或者有相关图书出版计划，也请您发邮件告诉我们，以便我们更好地为您服务。

我们的联系方式：

地　　址：北京市海淀区双清路学研大厦 A 座 714

邮　　编：100084

电　　话：010-83470236　010-83470237

客服邮箱：2301891038@qq.com

QQ：2301891038（请写明您的单位和姓名）

资源下载：关注公众号“书圈”下载配套资源。

资源下载、样书申请

书圈

获取最新书目

观看课程直播